造价员速学手册丛书

装饰装修工程造价员速学手册

（第二版）

赵莹华　主编

知识产权出版社

内容提要

本书主要依据《建设工程工程量清单计价规范》GB 50500—2008、《全国统一建筑装饰装修工程消耗量定额》GYD—901—2002等最新规范进行编写，内容包括装饰装修工程绪论、装饰装修工程制图与识图、装饰装修工程定额计价、装饰装修工程量清单计价、装饰装修工程定额工程量计算、装饰装修工程清单工程量计算以及装饰装修工程造价工作的编制与审查。本书在编写中，将工程造价理论与实际应用紧密结合，力求语言精炼、通俗易懂、图文确切、案例丰富、方便学习。

本书可以作为高等学校的建筑工程、工程造价、工程管理等专业的特色教材、工程造价专业领域基层人员培训教材、学习用书，也可作为造价工程师、建造师、监理工程师等的执业参考书。

图书在版编目（CIP）数据

装饰装修工程造价员速学手册/赵莹华主编. —2版. —北京：知识产权出版社，2011.3

（造价员速学手册丛书）

ISBN 978-7-5130-0363-6

Ⅰ.①装…　Ⅱ.①赵…　Ⅲ.①建筑装饰-工程造价-手册　Ⅳ.①TU723.3-62

中国版本图书馆CIP数据核字（2011）第003575号

责任编辑：陆彩云　　**责任出版**：卢运霞

执行编辑：石陇辉　　**装帧设计**：段维东

造价员速学手册丛书

装饰装修工程造价员速学手册（第二版）

赵莹华　主编

出版发行：知识产权出版社

社　　址:北京市海淀区马甸南村1号	**邮　　编**:100088
网　　址:http://www.ipph.cn	**邮　　箱**:bjb@cnipr.com
发行电话:010-82000860转8101/8102	**传　　真**:010-82005070/82000893
责编电话:010-82000860转8110	**责编邮箱**:lcy@cnipr.com
印　　刷:知识产权出版社电子制印中心	**经　　销**:新华书店及相关销售网点
开　　本:720mm×960mm　1/16	**印　　张**:21.75
版　　次:2011年4月第2版	**印　　次**:2011年4月第2次印刷
字　　数:400千字	**定　　价**:35.00元
印　　数:3001～6000册	

ISBN 978-7-5130-0363-6/TU·015（3282）

《装饰装修工程造价员速学手册》(第二版)
编 写 人 员

主　编　赵莹华

编　委（按姓氏笔画排序）

王　叙　王晓蕾　方纪明　史卫东　刘慧馨
李　丕　李　鹏　李文波　苏　迪　邹　剑
初　平　张　伟　张　琦　赵　伟　洪　峙
栾秀菊　黄金春　崔永祥　韩少锋　裘　志

前　言

随着我国城市化水平的不断提高，科学技术的进步和社会的发展，尤其是作为国民经济支柱产业的建筑业及房地产的迅猛发展，装饰装修需求日益扩大，给建筑装饰业提供了持续、良好的市场发展前景。然而，科技的进步要求从业人员具有更高的技术素质，因此，对从业人员的知识和能力结构提出了更新、更高的要求。

为满足广大装饰装修工程造价工作人员对于装饰装修工程造价理论与实际应用的迫切学习需求，我们组织相关专家及学者编写了本书。本书主要依据《建设工程工程量清单计价规范》GB 50500—2008、《全国统一建筑装饰装修工程消耗量定额》GYD—901—2002等最新规范进行编写，内容包括装饰装修工程绪论、装饰装修工程制图与识图、装饰装修工程定额计价、装饰装修工程量清单计价、装饰装修工程定额工程量计算、装饰装修工程清单工程量计算以及装饰装修工程造价工作的编制与审查。此次再版，在第一版的基础上，更加突出和体现了装饰装修工程造价理论与实际应用的紧密结合，案例更加丰富、实用，是读者学习装饰装修工程造价知识的最佳帮手。

本书既可以作为高等院校相关专业的教材，又可作为社会相关行业的培训教材，并适合该行业从业人员或对装饰设计感兴趣的人员自学使用。

本书在编写过程中参阅和借鉴了许多优秀教材、专著和有关文献资料，在此一并致谢。由于装饰装修工程预算具有阶段性和地区性，有关理论和方法正在不断发展，加之作者水平有限、时间仓促，虽然在编写过程中反复推敲核实，但内容难免有疏漏或未尽之处，恳请有关专家和广大读者予以批评指正，以便作进一步修改和完善。

编者

目　录

第一章　装饰装修工程绪论

第一节　装饰装修工程概述

要点

近年来，我国建筑装饰装修业的兴起以及建筑装饰装修材料工业的发展，使得我国建筑业的现代化水平和建筑施工技术水平已同国际水平靠近了一大步。本节首先来了解一下装饰装修工程的概念、分类及作用。

解释

◆装饰装修工程的概念

建筑装饰装修工程是指在工程技术与建筑艺术综合创作的基础上，对建筑物或构筑物的局部或全部进行修饰、装饰、点缀的一种再创作的艺术活动。

在建筑学中，建筑装饰和装修一般是不易明显区分的。通常，建筑装修是指为了满足建筑物使用功能的要求，在主体结构工程以外进行的装潢和装饰，例如门、窗、阳台、楼梯、栏杆、扶手等配件的装潢，以及墙、柱、梁、挑檐、雨篷等表面的修饰。建筑装饰主要是为了满足人的视觉要求而对建筑物进行的艺术加工，例如在建筑物内外加设的雕塑、绘画以及室内家具、器具等的陈设布置等。所以，装饰和装修仅在“粗”和“细”的程度方面存在一定的区别，在实质方面并没有区别。二者都是为增加建筑物的耐用、舒适和美观程度而进行的技术与艺术的再创作活动。

◆装饰装修工程的分类

1. 按装饰装修部位分类

按装饰装修部位的不同，可分为室内装饰（或内部装饰），室外装饰（外部装饰）和环境装饰等。

（1）内部装饰

内部装饰是指对建筑物室内所进行的建筑装饰，通常包括：1）楼地面；2）墙柱面、墙裙、踢脚线；3）顶棚；4）室内门窗（包括门窗套、贴脸、窗帘盒、窗帘及窗台等）；5）楼梯及栏杆（板）；6）室内装饰设施（包括给排水与卫生设备、电气与照明设备、暖通设备、用具、家具以及其他装饰设施)。

内部装饰的作用:1)保护墙体及楼地面;2)改善室内使用条件;3)美化内部空间,创造美观舒适、整洁的生活和工作环境。

(2)外部装饰

外部装饰也称室外建筑装饰,通常包括:1)外墙面、柱面、外墙裙(勒脚)、腰线;2)屋面、檐口、檐廊;3)阳台、雨篷、遮阳篷、遮阳板;4)外墙门窗,包括防盗门、防火门、外墙门窗套、花窗、老虎窗等;5)台阶、散水、落水管、花池(或花台);6)其他室外装饰,例如楼牌、招牌、装饰条、雕塑等外露部分的装饰。

外部装饰的主要作用:1)保护房屋主体结构;2)保温、隔热、隔声、防潮等;3)使建筑物更加美观,点缀环境,美化城市。

(3)环境装饰

室外环境装饰包括围墙、院落大门、灯饰、假山、喷泉、水榭、雕塑小品、院内(或小区)绿化以及各种供人们休闲小憩的凳椅、亭阁等装饰物。室外环境装饰和建筑物内外装饰有机融合,形成居住环境、城市环境和社会环境的协调统一,营造一个幽雅、美观、舒适、温馨的生活和工作氛围。因此,环境装饰也是现代建筑装饰的重要配套内容。

2. 按装修时间分类

(1)前期装饰

前期装饰也称前装饰,是指建筑物的工程结构施工完成后,按照建筑设计装饰施工图所进行的室内、外装饰施工,例如内墙面抹灰,喷刷涂料,贴墙纸,外墙面水刷石、贴面砖等。前期装饰也称为一般装饰、普通装饰、传统装修或粗装修。

(2)后期装饰

后期装饰是指原房屋的一般装饰已完工或尚未完工的情况下,依据用户的某种使用要求,对建筑物或构筑物的局部或全部所进行的内外装饰工程。目前社会上泛称的装饰工程,多数是指后期装饰,也有人称之为高级装饰工程或现代装饰工程。

◆装饰装修工程的作用

1)具有丰富建筑设计和体现建筑艺术表现力的功能。

2)具有保护房屋建筑不受风、雨、雪、雹以及大气的直接侵蚀,延长建筑物寿命的功能。

3)具有改善居住和生活条件的功能。

4)具有美化城市环境,展示城市艺术魅力的功能。

5)具有促进物质文明与精神文明建设的作用。

6)具有弘扬祖国建筑文化和促进中西方建筑艺术交流的作用。

相关知识

◆装饰装修工程设计要求

建筑装饰装修工程设计的原则为：适用、经济、美观。

1. 适用原则

适用，是指建筑装饰工程必须满足使用功能的需要，使建筑装饰与人们的生活以及生产环境相和谐，并能满足保温、隔热、隔声、照明、采光和通风等基本使用要求。

2. 经济原则

经济，则表现为建筑装饰成本应最大限度地降低，在保证使用功能的前提下，正确选择与合理使用装饰材料，选择方便可行的施工方法，降低人工消耗，以保证建筑装饰的适用性。

3. 美观原则

美观，是指建筑装饰所表现出的综合效果与使用要求的一致性及与外部环境的和谐性。

适用、经济、美观相辅相成，缺一不可。设计人员在进行建筑装饰工程设计时，必须遵守上述设计原则。

第二节　装饰装修工程的内容

要点

建筑装饰工程的内容，就装饰装修的范围而言，可分为室内建筑装饰、室内设备设施装饰和室外建筑结构及环境装饰三大部分。本节将分别予以介绍。

解释

◆室内建筑装饰

室内建筑装饰，按其不同结构部位和内容（或称分部分项），可细分为室内墙柱面工程、楼地面工程、顶棚工程、门窗工程、木装饰工程、涂装涂料裱糊工程和其他室内工程等的装饰装修。

1. 室内墙柱面装饰

通常是指墙、柱体（包括间壁墙、隔墙、隔断墙），结构施工完成后在其表面上所进行的各种不同材料的装饰装修。它包括传统装修中的一般抹灰、装饰抹灰（例如内墙拉条、拉毛、喷涂等）、镶贴块料面层（例如大理石板、花岗岩板、汉白玉板、瓷板等）和现代装饰面装饰（例如玻璃幕墙、镭射玻璃饰面、镜面玻璃饰面等）。

2. 室内楼地面装饰

通常是指室内地面或楼面结构施工完成后，在其面层上所进行的各种不同材料的装饰装修。它包括传统装修中的一般水泥砂浆整体面层、块料面层(例如大理石、花岗岩、汉白玉板、缸砖、水泥地砖、陶瓷锦砖等)和现代楼地面装饰(例如地板革、地板块、木地板、地毯、橡胶板、玻璃钢、镭射玻璃、陶瓷砖、假麻石块等)。

3. 室内顶棚装饰

通常是指屋架或屋面梁结构施工完成后，在其结构上所进行的各种不同材料的装饰装修。它包括传统装饰中的一般室内混凝土屋面板抹灰、喷浆、秫秸龙骨吊顶裱糊白纸、木龙骨吊顶麻刀青灰顶棚和现代木、轻钢、铝合金龙骨吊顶的喷涂、石膏板、吸声板、夹丝玻璃、中空采光玻璃等顶棚及装饰。

4. 室内门窗装饰

通常是指木、钢、铝合金、塑料、彩板、玻璃等材料的装饰装修。它包括制作、安装在内的各类入室(户)门、浴厕门、隔门、阳台门、纱门；各类室内前窗、后窗、隔墙窗、侧窗、采光窗、百叶窗、纱窗、窗台板；各类窗帘盒(箱)、窗帘、浴帘；各类室内门锁及门、窗五金等的装饰装修。

5. 室内木装饰

通常是指以各种硬木(例如樟木、楠木、水曲柳等)、软木(例如白松)、胶合板、木纹皮(纸)等木材的装饰，包括制作、安装在内的室内墙、柱、梁面(例如墙裙、踢脚、挂镜线等)、地面、顶棚、隔断、壁橱、阁楼及其他(例如阳台护板、窗台、扶手、压条、装饰条、家具、陈设)等的装饰装修。

6. 室内涂装、涂料装饰

涂料、辅料可统称涂料，属装饰材料。品种繁多，用途广泛。通常是指将黏性液体或粉状涂料，经配比调制成各种浆料或水质与油质涂料，用于木材、金属、水泥、混凝土、纸、塑料等制品表层上的装饰装修。涂料涂施于物体表层上不仅是一种工程装饰材料，而且还具有防腐、防锈、防潮等保护功能。

7. 室内其他建筑装饰

通常是指与上述室内建筑装饰有关的其他部位(例如壁柜、挂柜、墙面油饰彩画、零星裱糊等)的装饰。

◆室内设备设施装修

以民用建筑为例，通常是指工作、学习与生活上所需要的各种设备、设施上的装饰装修。它包括暖气设备、给排水与卫生设备、电气与照明设备、煤气设备及其他设备。

1. 暖气设备装饰

通常是指供人们采暖用设备的装饰。它包括暖气管、阀门和各种暖气加罩

(挂板式、平墙式、明式、半凹半凸式等)的装饰。

2. 给排水卫生设备装饰

通常是指供人们用水与污水排放和浴厕器具的装饰。它包括给水与排水管、分户水表、阀门以及面盆、便器、浴缸等的装饰。

3. 电气与照明设备装饰

通常是指供电、电气器具与设备的装饰。它包括电气设备(例如电灯、电话、电热水器等)明线暗敷、电气开关、各种灯具等的装饰。

4. 煤气设备装饰

通常是指供生产与生活用燃煤、燃油器具的装饰。它包括煤气发生器、灶具、管路、煤气表、阀门、煤气热水器等的装饰。

5. 其他设备装饰

凡属于与上述设备装饰有关的其他设备用具(例如电加热器、取暖器、烤箱、消毒器等)的装饰。

需要强调的是,凡属室内设备的装饰装修,特别是家庭装饰时,必须注意室内暖气、卫生、电气和煤气等设备及管路的安全和使用功能要求,装饰时只能作外观处理并应符合有关方面的规定和要求。

◆室外建筑结构与环境装饰

按房屋建筑用途、结构,对房屋室外建筑结构部位进行装饰装修及其周围环境美化、绿化,是现代建筑装饰工程不可忽视的重要组成内容。它可划分为室外建筑结构装饰和室外环境装饰两部分。

1. 室外建筑结构装饰

室外建筑结构装饰通常是指建筑物与构筑物自身的外部装饰。若按其不同结构部位和内容(或称分部分项),也可细分为室外墙、柱、廊面工程,屋面工程,散水与甬道工程,门窗工程,涂装涂料工程,以及其他室外工程等的装饰装修。

1) 室外墙、柱、廊面装饰,通常是指外墙、柱及附属工程(例如外廊),结构施工完成后在其面层上所进行的各种不同材料的装饰装修。它包括一般外墙、柱、廊勾缝(清水墙);外墙、柱、廊贴各种面砖(例如陶瓷、大理石等)、拉毛、水刷石、斩假石等混水墙、柱;须弥座、台基、女儿墙等的装饰装修。

2) 屋面装饰,通常是指室外屋顶的面层装饰装修。它包括各种屋面瓦、屋檐、飞檐屋脊及各种铁皮、塑料、橡胶等屋面材料的装饰装修。

3) 散水、甬道装饰,通常是指勒脚以外地面的装饰装修。它包括各种材料(例如卵石、素混凝土、砖等)的散水、通往庭院和室内的通路等的装饰装修。

4) 门窗装饰,通常是指室外门窗的装饰装修。它包括室外防盗门(安全门)、防火门、太平门、月亮门和外墙窗及窗套、漏窗(花窗)、百叶窗、屋面以上的老虎窗、天窗、气窗等的装饰装修。

5）涂装涂料装饰，通常是指室外各结构部位的装饰装修。它包括室外墙、柱、廊、屋面、门窗及其他零散部位的装饰装修。

6）其他室外装饰，通常是指上述室外结构装饰以外的其他零星装饰装修。它包括店铺门面招牌、楼牌、压条、装饰条、美术字等的装饰装修。

2. 室外环境装饰

为形成与室内装饰装修相和谐的优美、清新的室外环境，对庭院、居住与生活小区的装饰，主要是指室外居住环境和城市、村镇生活环境的美化、绿化。它包括各种围墙、院门和街心公园、房屋之间的各种花草绿地、树木、灯饰、水榭、亭阁、小溪、小桥、假山、雕塑小品等的修饰和点缀。

相关知识

◆装饰装修工程的施工特点

1. 工程量大，施工时间较长

根据一般的施工经验数字统计表明，装饰工程的施工工期要占地面以上工程施工工期的30%～40%，高级装饰占总工期的50%～60%。建筑装饰工期所占的比重之所以如此之高，主要是由于装饰工程的工程量较大、装饰项目繁多所致，而且建筑装饰标准较高，施工过程琐碎，施工难度较大。

2. 新型材料用量大，劳动消耗量多

为了达到设计要求的装饰效果，建设单位与施工单位必须选择材质好、单价高的新型建筑装饰材料，因而要求较高的建筑装饰施工工艺。此外，我国现在的装饰设计、施工，大都采用手工操作，机械化程度较低，所以必然导致劳动消耗量的增加。据目前的有关资料表明，装饰工程所耗用的劳动量占建筑工程总劳动量的15%～30%。

3. 装饰造价较高，装饰质量不稳定

装饰工程的造价占建筑总造价的30%左右，一些装饰要求较高的建筑则占总造价的50%以上。这与装饰过程量大、工期长、劳动消耗量大等因素密切相关。另外，目前建筑装饰材料市场上，普遍存在质量不稳定、以次充好的问题，以致建筑装饰质量不稳定，这也是造成建筑装饰造价提高的一个因素。

第三节 装饰装修工程项目的划分

要点

我们知道，想要直接计算出整个项目的总投资是很难的，为了算出工程造价，必须先把项目分解成若干个简单的、易于计算的基本构成部分，再计算出每个基本构成部分所需的工、料、机械台班消耗量和相应的价值，则整个工程的造价即各组成部分费用的总和。为此，将建设项目由大到小划分为建设项目、单项工程、单位工程、分部工程和分项工程五个组成部分，这样既有利于对项目进行科学管理，包括投资管理、项目实施管理和技术管理，又有利于经济核算，便于编制工程概预算。

解释

◆建设项目的划分

建设工程，按其组成的内容不同，可分为建设项目、单项工程、单位工程、分部工程、分项工程。了解建设工程各个组成部分，对工程造价的确定具有重要的作用。

1. 建设项目

建设项目是指在一个场地或几个场地上按一个总体设计进行施工的各类房屋建筑、土木工程、设备安装、管道、线路敷设、装饰装修等固定资产投资的新建、改建、扩建等各个单项工程的总和。其特征是每一个建设项目都编制有设计任务书、独立的总体设计、独立的经济核算、建设单位在行政上具有独立的组织形式和法人资格。

2. 单项工程

单项工程是建设项目的组成部分。单项工程是指在一个建设项目中，具有独立的设计文件，竣工后可以独立发挥生产能力或使用效益的项目。

3. 单位工程

单位工程是单项工程的组成部分。单位工程是指具有独立设计文件，可以独立组织施工，但完工后一般不能独立发挥生产能力或使用效益的工程。

4. 分部工程

分部工程是单位工程的组成部分。一般是按单位工程的各个部位、结构形式、使用材料的不同进行划分。

5. 分项工程

分项工程是分部工程的组成部分。分项工程是指分部工程中，按照施工方法、使用的材料、结构构件的不同等因素划分的，用较简单的施工过程就能完成，以适当的计量单位就能计算工程量消耗的最基本构成项目。例如，建筑装饰工程中的楼地面分部可分为块料面层饰面和栏杆、栏板、扶手两大类，其中块料面层又分为大理石、花岗岩、彩釉砖、缸砖、广场砖、木地板、PVC 普通地板、地毯、木踢脚线等。每个分项工程都可以用一定的计量单位(例如地板砖的计量单位为 $100m^2$)计算，并能求出完成相应计量单位分项工程所需消耗的人工、材料、机械台班的数量及其预算价值。

综上所述,工程建设项目的组成之间的关系,具体如图1-1所示。

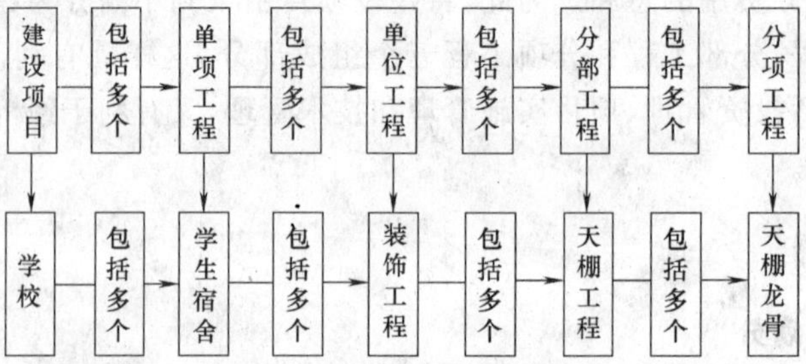

图1-1　基本建设项目组成之间的关系

相关知识

◆工程建设造价文件的分类

工程建设造价是指某一建设项目从开始设想到竣工直到使用阶段所花费(预期花费和实际花费)的全部固定资产投资费用,即该项目通过建设形成相应的固定资产和无形资产所需要的一次性费用总和。工程建设造价文件包括:投资估算、设计概算、施工图预算、施工预算、竣工结算、竣工决算。

1. 投资估算

投资估算是指在可行性研究阶段和编制设计任务书阶段,由可行性研究主管部门或建设单位对建设项目投资数额进行估计的经济文件。

投资估算一般较为粗略,主要作为控制设计总概算的重要依据,一般是根据平方米、立方米、产量等指标进行估算。例如,某单位拟装点式玻璃幕墙300m^2,而同类型的点式玻璃幕墙装修为850元/m^2,则该单位装修点式玻璃幕墙共需要资金300m^2×850元/m^2=255000元。

2. 设计概算

设计概算是在工程初步设计或扩大初步设计阶段,根据初步设计或扩大初步设计图纸及技术文件、预算定额及有关取费标准等而编制的概算造价经济文件。工程各项费用的总和称为设计总概算(各单项工程设计概算、其他工程设计概算、预备费概算)。设计概算一般由设计单位编制。

3. 施工图预算

施工图预算是在工程施工图设计完成后工程开工前由施工单位根据施工图纸、施工方案、工程预算定额及有关取费标准而编制的工程造价的经济性文件。

施工图预算具有计算简单、工作量较小、编制速度较快,便于工程造价管理部门集中统一管理的特点,特别适合于计算机运用初期阶段,尤其在手工计算造价过程中。

4. 施工预算

施工预算是在施工阶段，根据施工图纸、施工方案、施工定额编制的，用以体现施工中所需消耗的人工、材料、机械台班的数量标准，施工预算一般是由施工单位编制。

5. 竣工结算

竣工结算是指一个(单项工程、单位工程、分部工程、分项工程)在竣工验收阶段，由施工单位根据合同、设计变更、技术核定单、现场签证、隐蔽工程记录、预算定额、材料价格、有关取费标准等竣工资料编制，经建设或委托的监理单位签认，作为结算工程造价依据的经济文件。

6. 竣工决算

竣工决算是指建设项目在竣工验收合格后，由业主或委托方根据各局部工程竣工结算和其他工程费用等实际开支的情况进行计算和编制的，综合反映该建设项目从筹建到竣工投产或交付使用全过程各项资金使用情况和建设成果的总结性经济文件。

综上所述，工程建设造价文件在不同的阶段相互之间有不同的形式和内容，具体如图 1-2 所示。

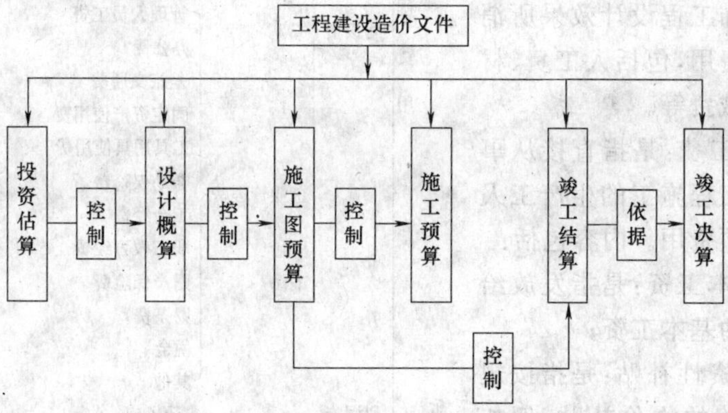

图 1-2　工程建设造价文件之间的关系

第四节　装饰装修工程费用的构成

要点

在工程建设中，建筑装饰是创造价值的生产活动。建筑装饰企业在生产过程中，既要将劳动力、装饰建筑材料和施工机械结合转化为建筑装饰产品，同时还要为社会新创造一定的价值,这些直接和间接的活动消耗、物质消耗以及为社会新创造的价值,是通过计算装饰工程的直接费、间接费、利润和税金等来反映的,并以货币的形式表现出来,称为装饰工程费用。

建筑装饰工程费用组成如图 1-3 所示。

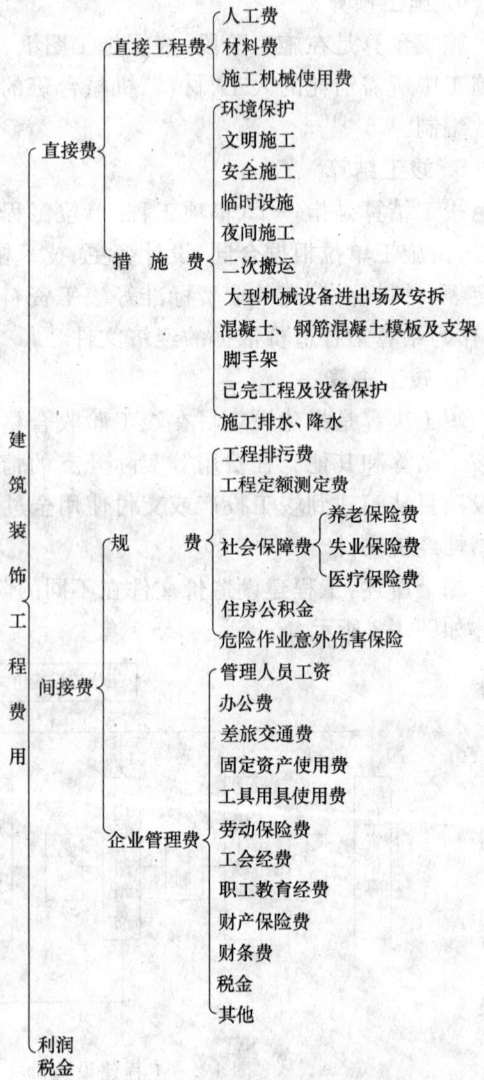

图 1-3　建筑装饰工程费用组成

解释

◆直接费

直接费包括直接工程费和措施费。

1. 直接工程费

(1) 直接工程费的内容

直接工程费是指在施工过程中直接构成工程实体和有助于达到装饰工程设计效果所消耗的各种费用,包括人工费、材料费和机械费等。

1) 人工费:是指直接从事建筑装饰工程施工的生产工人开支的各项费用。内容包括:

① 基本工资:是指发放给生产工人的基本工资;

② 工资性补贴:是指按规定标准发放的物价补贴,例如煤、燃气补贴,交通补贴,住房补贴,流动施工津贴等;

③ 生产工人辅助工资:是指生产工人年有效施工天数以外非作业天数的工资,包括职工学习、培训期间的工资,调动工作、探亲、休假期间的工资,因气候影响的停工工资,女工哺乳时间的工资,病假在 6 个月以内的工资及产、婚、丧假期等的工资;

④ 职工福利费:是指按规定标准计提的职工福利费;

⑤ 生产工人劳动保护费:是指按规定标准发放的劳动保护用品的购置费及

维修费，学徒工服装补贴，防暑降温费，在有碍身体健康环境中施工的保健费用等。

2）材料费：是指施工过程中耗费的构成工程实体的原材料、辅助材料、构配件、零件及半成品的费用。内容包括：

① 材料原价（或供应价格）；

② 材料运杂费：是指材料自来源地运至工地仓库或指定堆放地点所发生的全部费用；

③ 运输损耗费：是指材料在运输装卸过程中不可避免的损耗；

④ 采购及保管费：是指为组织采购、供应和保管材料过程中所需要的各项费用，包括采购费、仓储费、工地保管费、仓储损耗；

⑤ 检验试验费：是指对建筑材料、构件和建筑安装物进行一般鉴定、检查所发生的费用，包括自设试验室进行试验所耗用的材料和化学药品等费用；不包括新结构、新材料的试验费和建设单位对具有出厂合格证明的材料进行检验，对构件做破坏性试验及其他特殊要求检验试验的费用等。

3）施工机械使用费：是指施工机械作业所发生的机械使用费以及机械安拆费和场外运费。施工机械台班单价的组成费用如下：

① 折旧费：是指施工机械在规定的使用年限内，陆续收回其原值及购置资金的时间价值；

② 大修理费：是指施工机械按规定的大修理间隔台班进行必要的大修理，以恢复其正常功能所需的费用；

③ 经常修理费：是指施工机械除大修理以外的各级保养和临时故障排除所需的费用。包括为保障机械正常运转所需替换设备与随机配备工具附具的摊销和维护费用，机械运转中日常保养所需润滑与擦拭的材料费用及机械停滞期间的维护和保养费用等；

④ 安拆费及场外运费：安拆费是指施工机械在现场进行安装与拆卸所需的人工、材料、机械和试运转费用以及机械辅助设施的折旧、搭设、拆除等费用；场外运费指施工机械整体或分体自停放地点运至施工现场或由一施工地点运至另一施工地点的运输、装卸、辅助材料及架线等费用；

⑤ 人工费：是指施工机械的司机（司炉）和其他操作人员的工作日人工费及上述人员在施工机械规定的年工作台班以外的人工费；

⑥ 燃料动力费：是指施工机械在运转作业中所消耗的固体燃料（煤、木柴）、液体燃料（汽油、柴油）及水、电等；

⑦ 养路费及车船使用税：是指施工机械按照国家规定和有关部门规定应缴纳的养路费、车船使用税、保险费及年检费等。

(2) 直接工程费的计算公式及应用

$$直接工程费=人工费+材料费+施工机械使用费 \tag{1-1}$$

1) 人工费。

$$人工费=\sum(工时\times日工资单价) \tag{1-2}$$

$$日工资单价(G)=\sum_{i=1}^{5}G_i \tag{1-3}$$

① 基本工资；

$$基本工资(G_1)=\frac{生产工人平均月工资}{年平均每月法定工作日} \tag{1-4}$$

② 工资性补贴；

$$工资性补贴(G_2)=\frac{\sum年发放标准}{全年日历日-法定假日}+\frac{\sum月发放标准}{年平均每月法定工作日}+每工作日发放标准 \tag{1-5}$$

③ 生产工人辅助工资；

$$生产工人辅助工资(G_3)=\frac{全年无效工作日\times(G_1+G_2)}{全年日历日-法定假日} \tag{1-6}$$

④ 职工福利费；

$$职工福利费(G_4)=(G_1+G_2+G_3)\times福利费计取比例(\%) \tag{1-7}$$

⑤ 生产工人劳动保护费。

$$生产工人劳动保护费(G_5)=\frac{生产工人年平均支出劳动保护费}{全年日历日-法定假日} \tag{1-8}$$

2) 材料费。

$$材料费=\sum(材料消耗量\times材料基价)+检验试验费 \tag{1-9}$$

① 材料基价；

$$材料基价=\{(供应价格+运杂费)\times[1+运输损耗率(\%)]\}\times[1+采购保管费率(\%)] \tag{1-10}$$

② 检验试验费；

$$检验试验费=\sum(单位材料检验试验费\times材料消耗量) \tag{1-11}$$

(3) 施工机械使用费。

$$施工机械使用费=\sum(施工机械台班消耗量\times机械台班单价) \tag{1-12}$$

其中

$$机械台班单价=台班折旧费+台班大修费+台班经常修理费+台班安拆及场外运费+台班人工费+台班燃料动力费+台班养路费及车船使用税 \tag{1-13}$$

2. 措施费

措施费是指为完成工程项目施工，在施工前和施工过程中耗费的非工程实体项目的费用。内容包括安全、文明施工费，夜间施工增加费，二次搬运费，冬雨期施工增加费等。

(1) 安全、文明施工费

安全防护、文明施工措施费用，是指按照国家现行的建筑施工安全、施工现场环境与卫生标准和有关规定，购置和更新施工安全防护用具及设施、改善安全生产条件和作业环境所需要的费用。

建筑工程安全防护、文明施工措施费用，是由《建筑安装工程费用项目组成》中措施费所含的环境保护费、文明施工费、安全施工费和临时设施费组成。

1) 环境保护费。环境保护费的计算方法如下：

$$环境保护费=直接工程费\times环境保护费费率(\%) \tag{1-14}$$

$$环境保护费费率(\%)=\frac{本项费用年度平均支出}{全年建安产值\times直接工程费占总造价比例(\%)} \tag{1-15}$$

2) 文明施工费。文明施工费的计算方法如下：

$$文明施工费=直接工程费\times文明施工费费率(\%) \tag{1-16}$$

$$文明施工费费率(\%)=\frac{本项费用年度平均支出}{全年建安产值\times直接工程费占总造价比例(\%)} \tag{1-17}$$

3) 安全施工费。安全施工费的计算方法如下：

$$安全施工费=直接工程费\times安全施工费费率(\%) \tag{1-18}$$

$$安全施工费费率(\%)=\frac{本项费用年度平均支出}{全年建安产值\times直接工程费占总造价比例(\%)} \tag{1-19}$$

4) 临时设施费。临时设施费的构成包括周转使用临建费、一次性使用临建费及其他临时设施费。其计算公式为：

$$临时设施费=(周转使用临建费+一次性使用临建费)\times[1+其他临时设施费所占比例(\%)] \tag{1-20}$$

① 周转使用临建费的计算；

$$周转使用临建费=\sum\left[\frac{临建面积\times每平方米造价}{使用年限\times365\times利用率(\%)}\times工期(天)\right]+一次性拆除费 \tag{1-21}$$

② 一次性使用临建费的计算；

$$一次性使用临建费=\sum\{临建面积\times每平方米造价\times[1-残值率(\%)]\}+一次性拆除费 \tag{1-22}$$

③ 其他临时设施费在临时设施费中所占比例，可由各地区造价管理部门依据典型施工企业的成本资料经分析后综合测定。

(2) 夜间施工增加费

夜间施工增加费,是指因夜间施工所发生的夜班补助费、夜间施工降效、夜间施工照明设备摊销以及照明用电等费用。计算方法如下：

$$夜间施工增加费=\left(1-\frac{合同工期}{定额工期}\right)\times\frac{直接工程费中的人工费合计}{平均日工资单价}\times 每工日夜间施工费开支 \quad (1\text{-}23)$$

(3) 二次搬运费

二次搬运费是指因施工场地狭小等特殊情况而发生的二次搬运费用。计算方法如下：

$$二次搬运费=直接工程费\times 二次搬运费费率(\%) \quad (1\text{-}24)$$

$$二次搬运费费率=\frac{年平均二次搬运费开支额}{全年建安产值\times 直接工程占总造价的比例(\%)} \quad (1\text{-}25)$$

(4) 冬雨期施工增加费

冬雨期施工费,是指在冬期雨期施工期间,为了确保工程质量,采取保温、防雨措施所增加的材料费、人工费和设施费用,以及因工效和机械作业效率降低所增加的费用。其计算方法如下：

$$冬雨期施工增加费=直接工程费\times 冬雨期施工增加费费率(\%) \quad (1\text{-}26)$$

$$冬雨期施工增加费费率(\%)=\frac{年平均冬雨期施工增加费开支额}{全年建安产值\times 直接工程费占总造价的比例(\%)} \quad (1\text{-}27)$$

(5) 大型机械设备进出场及安拆费

大型机械设备进出场及安拆费,是指机械整体或分体自停放场地运至施工现场,或由一个施工地点运至另一个施工地点,所发生的机械进出场运输及转移费用,及机械在施工现场进行安装、拆卸所需的人工费、材料费、机械费、试运转费和安装所需的辅助设施的费用。其计算方法如下：

$$大型机械进出场及安拆费=\frac{一次进出场及安拆费\times 年平均安拆次数}{年工作台数} \quad (1\text{-}28)$$

(6) 施工排水费

施工排水费是指为了确保工程在正常条件下施工,采用各种排水措施所发生的各种费用。计算方法如下：

$$施工排水费=\sum 排水机械台班费\times 排水周期+排水使用材料费、人工费 \quad (1\text{-}29)$$

(7) 施工降水费

施工降水费是指为了确保工程在正常条件下施工,采用各种降水措施所发生的各种费用。计算方法如下：

$$施工降水费=\sum 降水机械台班费\times 降水周期+降水使用材料费、人工费 \quad (1\text{-}30)$$

(8) 地上地下设施、建筑物的临时保护设施费

地上地下设施、建筑物的临时保护设施费，是指为了保护施工现场的一些成品免受其他施工工序的破坏，而在施工现场搭设一些临时保护设施所发生的费用。

这两项费用一般都以直接工程费为取费依据，根据工程所在地工程造价管理机构测定的相应费率计算支出。

(9) 已完工程及设备保护费

已完工程及设备保护费是指竣工验收前，对已完工程及设备进行保护所需费用。计算方法如下：

$$已完工程及设备保护费=成品保护所需机械费+材料费+人工费 \tag{1-31}$$

(10) 专业措施项目费

1) 混凝土、钢筋混凝土模板及支架费：是指混凝土施工过程中需要的各种钢模板、木模板、支架等的支、拆、运输费用及模板、支架的摊销(或租赁)费用。

模板及支架分为自有和租赁两种，采取不同的计算方法。

① 自有模板及支架费的计算；

$$模板及支架费=模板摊销量\times模板价格+支、拆、运输费 \tag{1-32}$$

$$摊销量=一次使用量\times(1+施工损耗)\times\left[\frac{1+(周转次数-1)\times补损率}{周转次数}-\frac{(1-补损率)\times50\%}{周转次数}\right] \tag{1-33}$$

② 租赁模板及支架费的计算。

$$租赁费=模板使用量\times使用日期\times租赁价格+支、拆、运输费 \tag{1-34}$$

2) 脚手架费：是指施工需要的各种脚手架搭、拆、运输费用及脚手架的摊销(或租赁)费用。脚手架同样分为自有和租赁两种，采取不同的计算方法。

① 自有脚手架费的计算；

$$脚手架搭拆费=脚手架摊销量\times脚手架价格+搭、拆、运输费 \tag{1-35}$$

$$脚手架摊销量=\frac{单位一次使用量\times(1-残值率)}{(耐用期/一次使用量)} \tag{1-36}$$

② 租赁脚手架费的计算。

$$租赁费=脚手架每日租金\times搭设周期+搭、拆、运输费 \tag{1-37}$$

◆间接费

1. 间接费的组成

1) 规费：是指政府和有关权力部门规定必须缴纳的费用(简称规费)。包括：①工程排污费：是指施工现场按规定缴纳的用于工程排污所需的费用；②社会保障费：包括养老保险费、失业保险费、医疗保险费；③住房公积金：是指企业按规定标准为职工缴纳的住房公积金；④危险作业意外伤害保险：是指按照建筑法规定，企业为从事危险作业的建筑装饰施工人员支付的意外伤害保险费。

2）企业管理费：指建筑装饰企业组织施工生产和经营管理所需费用。内容包括：

① 管理人员工资：是指管理人员的基本工资、工资性补贴、职工福利费和劳动保护费等；

② 办公费：是指企业管理办公用的文具、纸张、账表、印刷、邮电、书报、会议、水电、烧水和集体取暖（包括现场临时宿舍取暖）用煤等费用；

③ 差旅交通费：是指职工因公出差、调动工作的差旅费、住勤补助费，市内交通费和误餐补助费，职工探亲路费，劳动力招募费，职工离退休、退职一次性路费，工伤人员就医路费，工地转移费以及管理部门使用的交通工具的油料、燃料、养路费及牌照费；

④ 固定资产使用费：是指管理和试验部门及附属生产单位使用的属于固定资产的房屋、设备仪器等的折旧、大修、维修或租赁费；

⑤ 工具用具使用费：是指企业管理过程中使用的不属于固定资产的生产工具、器具、家具、交通工具和检验、试验、测绘、消防用具等的购置、维修和摊销费；

⑥ 劳动保险费：是指由企业支付离退休职工的易地安家补助费、职工退职金、6个月以上的病假人员工资、职工死亡丧葬补助费、抚恤费、按规定支付给离休干部的各项经费；

⑦ 工会经费：是指企业按职工工资总额计提的工会经费；

⑧ 职工教育经费：是指企业为职工学习先进技术和提高文化水平，按职工工资总额计提的费用；

⑨ 财产保险费：是指施工管理用财产、车辆保险费用；

⑩ 财务费：是指企业为筹集资金而发生的各种费用；

⑪ 税金：是指企业按规定缴纳的房产税、车船使用税、土地使用税、印花税等；

⑫ 其他：包括技术转让费、技术开发费、业务招待费、绿化费、广告费、公证费、法律顾问费、审计费和咨询费等。

2. 间接费的计算方法

$$\text{间接费} = \text{取费基数} \times \text{间接费费率} \tag{1-38}$$

间接费的取费基数有三种，分别是：以直接费为计算基础，以人工费和机械费合计为计算基础，以及以人工费为计算基础。

$$\text{间接费费率}(\%) = \text{规费费率}(\%) + \text{企业管理费费率}(\%) \tag{1-39}$$

在不同的取费基数下，规费费率和企业管理费费率采用不同的计算方法。

(1) 以直接费为计算基础

1）规费费率。

$$\text{规费费率}(\%) = \frac{\sum \text{规费缴纳标准} \times \text{每万元发承包价计算基数}}{\text{每万元发承包价中的人工费含量}} \times$$

人工费占直接费的比例(%) (1-40)

2）企业管理费费率。

$$企业管理费费率(\%)=\frac{生产工人年平均管理费}{年有效施工天数\times人工单价}\times人工费占直接费的比例(\%) \tag{1-41}$$

（2）以人工费和机械费合计为计算基础

1）规费费率。

$$规费费率(\%)=\frac{\sum规费缴纳标准\times每万元发承包价计算基数}{每万元发承包价中的人工费含量和机械费含量}\times100\% \tag{1-42}$$

2）企业管理费费率。

$$企业管理费费率(\%)=\frac{生产工人年平均管理费}{年有效施工天数\times(人工单价+每一工日机械使用费)}\times100\% \tag{1-43}$$

（3）以人工费为计算基础

1）规费费率。

$$规费费率(\%)=\frac{\sum规费缴纳标准\times每万元发承包价计算基数}{每万元发承包价中的人工费含量}\times100\% \tag{1-44}$$

2）企业管理费费率。

$$企业管理费费率(\%)=\frac{生产工人年平均管理费}{年有效施工天数\times人工单价}\times100\% \tag{1-45}$$

◆利润

利润是指施工企业完成所承包工程获得的盈利。利润的计算因计算基础的不同而不同。

1）以直接费为计算基础时利润的计算方法。

$$利润=(直接费+间接费)\times相应利润率(\%) \tag{1-46}$$

2）以人工费和机械费为计算基础时利润的计算方法。

$$利润=直接费中的人工费和机械费合计\times相应利润率(\%) \tag{1-47}$$

3）以人工费为计算基础时利润的计算方法。

$$利润=直接费中的人工费合计\times相应利润率(\%) \tag{1-48}$$

◆税金

建筑装饰工程税金是指国家税法规定的应计入建筑装饰工程费用的营业税,城市维护建设税及教育费附加。

1. 营业税

营业税是按计税营业额乘以营业税税率确定。其中,建筑装饰企业营业税税率为3%。计算公式为：

$$应纳营业税=计税营业额\times 3\% \tag{1-49}$$

计税营业额是含税营业额，指从事建筑、安装、修缮、装饰及其他工程作业收取的全部收入，包括建筑、修缮、装饰工程所用原材料及其他物资和动力的价款。当安装设备的价值作为安装工程产值时，亦包括所安装设备的价款。但是建筑装饰工程总承包方将工程分包或转包给他人的，其营业额中不包括付给分包或转包方的价款。营业税的纳税地点为应税劳务的发生地。

2. 城市维护建设税

城市维护建设税是指为筹集城市维护和建设资金，稳定和扩大城市、乡镇维护建设的资金来源，而对有经营收入的单位和个人征收的一种税。

城市维护建设税是按应纳营业税额乘以适用税率确定，计算公式为：

$$应纳税额=应纳营业税额\times 适用税率(\%) \tag{1-50}$$

城市维护建设税的纳税地点在市区，其适用税率为营业税的7%；所在地为县镇，其适用税率为营业税的5%；所在地为农村，其适用税率为营业税的1%。城市维护建设税的纳税地点与营业税纳税地点相同。

3. 教育费附加

教育费附加是按应纳营业税额乘以3%确定，计算公式如下：

$$应纳税额=应纳营业税额\times 3\% \tag{1-51}$$

建筑装饰企业的教育费附加要与其营业税同时缴纳。即使办有职工子弟学校的建筑装饰企业，也应当先缴纳教育费附加，教育部门可根据企业的办学情况，酌情返还给办学单位，作为对办学经费的补助。

4. 税金的综合计算

在工程造价的计算过程中，三种税金一般一并计算。由于营业税的计税依据是含税营业额，城市维护建设税及教育费附加的计税依据是应纳营业税额，而在计算税金时，通常已知条件是税前造价，即直接费、间接费、利润之和。所以，税金的计算通常需要将税前造价先转化为含税营业额，再按相应的公式计算缴纳税金。营业额的计算公式为：

$$营业额=\frac{直接费+间接费+利润}{1-营业税率-营业税率\times 城市维护建设税率-营业税率\times 教育费附加率} \tag{1-52}$$

为了简化计算，可以直接将三种税合并为一个综合税率，按下式计算应纳税额：

$$应纳税额=(直接费+间接费+利润)\times 综合税率(\%) \tag{1-53}$$

综合税率的计算因企业所在地的不同而不同。

1）纳税地点在市区的企业综合税率的计算。

$$税率(\%)=\frac{1}{1-3\%-(3\%\times 7\%)-(3\%\times 3\%)}-1 \tag{1-54}$$

2）纳税地点在县城、镇的企业综合税率的计算。

$$税率(\%)=\frac{1}{1-3\%-(3\%\times5\%)-(3\%\times3\%)}-1 \qquad (1\text{-}55)$$

3）纳税地点不在市区、县城、镇的企业综合税率的计算。

$$税率(\%)=\frac{1}{1-3\%-(3\%\times1\%)-(3\%\times3\%)}-1 \qquad (1\text{-}56)$$

相关知识

◆装饰装修工程费用的计算程序

装饰装修工程造价理论计算程序分为以下三种：

1）以直接费为计算基础的计算程序，见表 1-1。

表 1-1　以直接费为计算基础的计算程序

序　号	费用项目	计算方法	备　注
1	直接工程费	按预算表	
2	措施费	按规定标准计算	
3	小计	(1)＋(2)	
4	间接费	(3)×相应费率	
5	利润	[(3)＋(4)]×相应利润率	
6	合计	(3)＋(4)＋(5)	
7	含税造价	(6)×(1＋相应税率)	

注：括号内的数据代表序号。

2）以人工费和机械费为计算基础的计算程序，见表 1-2。

表 1-2　以人工费和机械费为计算基础的计算程序

序　号	费用项目	计算方法	备　注
1	直接工程费	按预算表	
2	其中人工费和机械费	按预算表	
3	措施费	按规定标准计算	
4	其中人工费和机械费	按规定标准计算	
5	小计	(1)＋(3)	
6	人工费和机械费小计	(2)＋(4)	
7	间接费	(6)×相应费率	
8	利润	(6)×相应利润率	
9	合计	(5)＋(7)＋(8)	
10	含税造价	(9)×(1＋相应税率)	

注：括号内的数据代表序号。

3）以人工费为计算基础的计算程序，见表 1-3。

表1-3　以人工费为计算基础的计算程序

序　号	费用项目	计算方法	备　注
1	直接工程费	按预算表	
2	直接工程费中人工费	按预算表	
3	措施费	按规定标准计算	
4	措施费中人工费	按规定标准计算	
5	小计	(1)+(3)	
6	人工费小计	(2)+(4)	
7	间接费	(6)×相应费率	
8	利润	(6)×相应利润率	
9	合计	(5)+(7)+(8)	
10	含税造价	(9)×(1+相应税率)	

注:括号内的数据代表序号。

实例分析

◆例 1-1

××装修工程预算人工费2545元,材料费14521元,机械使用费2115元,措施费为4599元,间接费费率为4.3%,利润率为6.1%,税率为3.11%,试计算该工程预算费用为多少?

解:1) 直接工程费=人工费+材料费+机械使用费

=2545+14521+2115=19181(元)

2) 措施费:4599元

3) 直接费小计=直接工程费+措施费=19181+4599=23780(元)

4) 间接费=直接工程费×间接费费率=19181×4.3%=824.78(元)

5) 直接费+间接费=23780+824.78=24604.78(元)

6) 利润=(直接费+间接费)×利润率=24604.78×6.1%=1500.89(元)

7) 税金=(直接费+间接费+利润)×税率

=(24604.78+1500.89)×3.11%=811.89(元)

8) 预算费用合计=直接费+间接费+利润+税金

=24604.78+1500.89+811.89=26917.56(元)

◆例 1-2

××小区内住宅楼室内装饰工程的直接工程费为854786元,已知环境保护费率为0.4%,安全、文明施工费率为0.98%,二次搬运费率为0.85%,该工程临时设施费为5423元,脚手架搭拆费7684元,已完工程成品保护费2100元,夜间施工增加费为7125元,试计算该工程的措施费。

解:1) 直接工程费=854786(元)

2）环境保护费＝直接工程费×环境保护费率

＝854786×0.4％＝3419.14(元)

3）安全、文明施工费＝直接工程费×安全、文明施工费率

＝854786×0.98％＝8376.9(元)

4）二次搬运费＝直接工程费×二次搬运费率

＝854786×0.85％＝7265.68(元)

5）临时设施费＝5423(元)

6）脚手架费＝7684(元)

7）已完工程成品保护费＝2100(元)

8）夜间施工增加费＝7125(元)

9）措施费＝环境保护费＋安全、文明施工费＋二次搬运费＋临时设施费＋脚手架费＋已完工程成品保护费＋夜间施工增加费

＝3419.14＋8376.9＋7265.68＋5423＋7684＋2100＋7125

＝41393.72(元)

◆例 1-3

××大厦楼内装饰工程人工费合计为 86542 元，间接费率为 35％(企业管理费与规费费率之和)，试计算该工程的间接费。

解：间接费＝86542×35％＝30289.7(元)

◆例 1-4

××投标单位确定按分部分项工程费为基础的 3％计算临时设施费。经计算，该工程的分部分项工程费为 895551 元，试计算该工程的临时设施费。

解：临时设施费＝分部分项工程费×临时设施费费率

＝895551×3％＝26866.53(元)

◆例 1-5

××写字楼装饰装修工程的定额直接费为 516500 元，其中定额人工费为 84000 元，已知该地区装饰装修工程的其他直接费费率(见表 1-4，其中预算包干费由双方协商而定)，无冬期施工。试计算各项其他直接费。

表 1-4　其他直接费费率

序号	其他直接费名称	计算基础	取费率(％)
1	冬期施工增加费	冬期实际完成定额人工费	13
2	雨期施工增加费	定额人工费	1.3
3	流动施工补贴费	定额人工费	9
4	施工工具用具使用费	定额人工费	4
5	检验试验费	定额人工费	1.3
6	三项费用	定额人工费	2.6
7	预算包干费	定额人工费	8

解:冬期施工增加费=0(元)

雨期施工增加费=84000×1.3%=1092(元)

流动施工补贴费=84000×9%=7560(元)

施工工具用具使用费=84000×4%=3360(元)

检验试验费=84000×1.3%=1092(元)

三项费用=84000×2.6%=2184(元)

预算包干费=84000×8%=6720(元)

其他费用总和为:0+1092+7560+3360+1092+2184+6720=22008(元)

◆例 1-6

××砖混结构装饰工程外墙装饰面积为 7562m^2,查装饰工程预算定额装饰脚手架项目的定额基价为 599.92 元/100m^2,以直接费为计算基础的管理费费率为 14%、利润率为 8%,试计算脚手架费用。

解:脚手架费用=直接费×(1+管理费费率+利润率)

=7562×(599.92/100)×(1+14%+8%)

=55346.46(元)

◆例 1-7

××写字楼装饰装修工程的定额直接费为 421000 元,其中定额人工费为 65000 元,已知该地区装饰装修工程间接费费率分别为施工管理费费率 57%,临时设施费费率 6%,劳动保险基金费率 7%。试计算各项间接费。

解:施工管理费:65000×57%=37050(元)

临时设施费:65000×6%=3900(元)

劳动保险基金:65000×7%=4550(元)

间接费用即为上述三项费用之和,即:37050+3900+4550=45500(元)

第二章　装饰装修工程制图与识图

第一节　装饰装修工程制图

要点

建筑装饰施工图用来表明建筑室内外装饰的形式和构造，其中必然会涉及一些专业上的知识，我们要看懂建筑装饰施工图，必须要了解建筑装饰工程制图的基本规定，否则这将会成为读图的障碍。

解释

◆图纸幅面

1）图纸幅面及图框尺寸应符合表 2-1 的规定及图 2-1～图 2-3 的格式。

表 2-1　图幅及图框尺寸　　单位：mm

尺寸代号	幅面代号				
	A0	A1	A2	A3	A4
$b\times l$	841×1189	594×841	420×594	297×420	210×297
c	10			5	
a	25				

2）需要微缩复制的图纸，其一个边上应附有一段准确的米制尺度，四个边上均附有对中标志，米制尺度的总长应为 100mm，分格应为 10mm。对中标志应画在图纸各边长的中点处，线宽应为 0.35mm，伸入框内应为 5mm。

3）图纸的短边一般不应加长，长边可加长，但是应符合表 2-2 的规定。

表 2-2　图纸长边加长尺寸　　单位：mm

幅面尺寸	长边尺寸	长边加长后尺寸						
A0	1189	1486	1635	1783	1932	2080	2230	2378
A1	841	1051	1261	1471	1682	1892	2102	
A2	594	743	891	1041	1189	1338	1486	1635
		1783	1932	2080				
A3	420	630	841	1051	1261	1471	1682	1892

注：有特殊需要的图纸，可采用 $b\times l$ 为 841mm×891mm 与 1189mm×1261mm 的幅面。

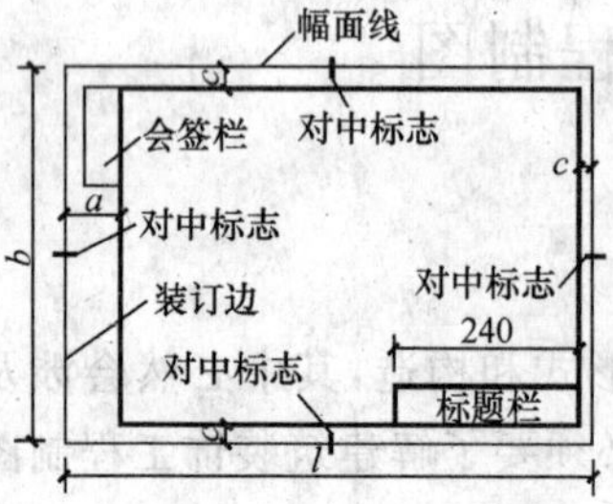

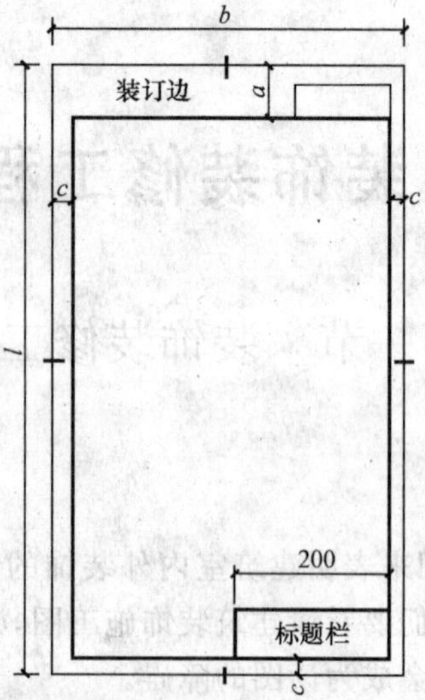

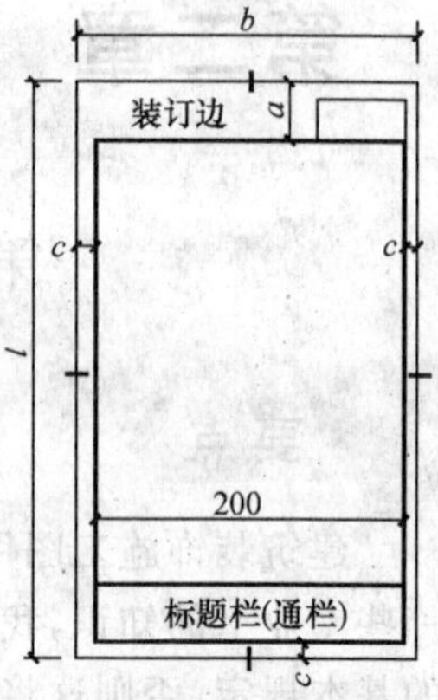

图 2-1 A0～A3 横式幅面　　图 2-2 A0～A3 立式幅面　　图 2-3 A4 立式幅面

4）图纸以短边作为垂直边称为横式，以短边作为水平边称为立式。一般A0～A3 图纸宜横式使用；必要时，也可立式使用。

5）一项工程设计中，每个专业所使用的图纸，一般不宜多于两种幅面，不含目录及表格所采用的 A4 幅面。

◆**标题栏与会签栏**

1）图纸的标题栏、会签栏及装订边的位置，应符合图 2-4 和图 2-5 的规定。

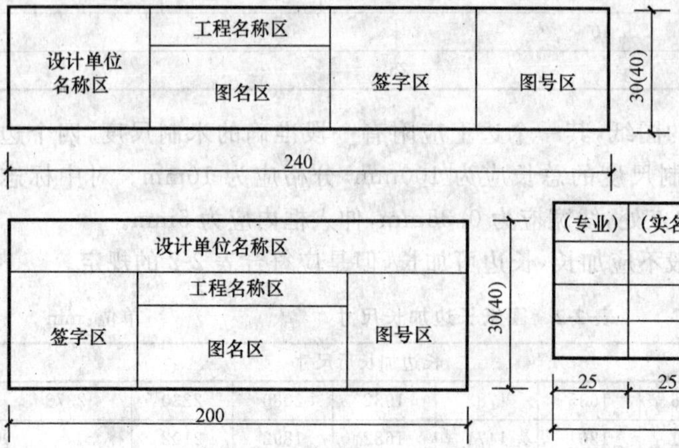

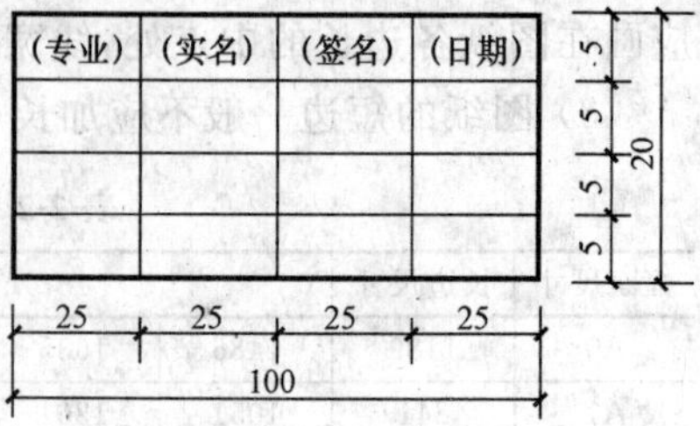

图 2-4 图纸的标题栏　　图 2-5 会签栏

2）标题栏应按图 2-4 所示，根据工程需要确定其尺寸、格式及分区。签字区应包含实名列和签名列。涉外工程的标题栏内，各项主要内容的中文下方应附有译文,设计单位的上方或左方,应加“中华人民共和国”字样。

3) 会签栏应按图 2-5 的格式绘制,其尺寸应为 100mm×20mm,栏内应填写会签人员所代表的专业、姓名、日期(年、月、日);一个会签栏不够时,可另加一个,两个会签栏应并列;不需会签的图纸可不设会签栏。

◆图线

图线的宽度 *b*,宜从下列线宽系列中选取:2.0mm、1.4mm、1.0mm、0.7mm、0.5mm、0.35mm。每个图样,应根据其复杂程度与比例大小,先选定基本线宽 *b*,再选用表 2-3 中相应的线宽组。

表 2-3 线宽组 单位:mm

线宽比	线宽组					
b	2.0	1.4	1.0	0.7	0.5	0.35
0.5*b*	1.0	0.70	0.5	0.35	0.25	0.18
0.25*b*	0.5	0.35	0.25	0.18		

注:1. 需要缩微的图纸,不宜采用 0.18mm 及更细的线宽。
2. 同一张图纸内,各种不同线宽中的细线,可统一采用较细线宽组的细线。

◆线型

工程图样是由各种不同形式、不同宽度的图线组成的。建筑制图应根据图样的复杂程度和比例大小选用表 2-4 所示的线型。

表 2-4 图线类型及应用范围

序号	名称	线形	宽度	适用范围
1	粗实线		*b*	1)立面图外轮廓线,剖切线 2)平面图、剖面图的截面轮廓 3)图框线
2	中实线		*b*/2	平、装门面图上门、窗和突出部分(檐口、窗台、台阶等)的外轮廓线
3	细实线		*b*/4	1)尺寸线、尺寸界线及引出线等 2)剖面图中的次要线条(如粉刷线)
4	粗点画线		*b*	结构平面图中梁和桁架的轴线位置线、吊车轨道线
5	点画线		*b*/4	1)定位轴线 2)中心线
6	粗虚线		*b*	地下管道
7	虚线		*b*/2	地下管道
8	折断线		*b*/4	被断开部分的边线
9	波浪线		*b*/4	表示构造层次的局部界线

◆图框线、标题栏线

工程建设制图,图纸的图框线和标题栏线,可采用表2-5的线宽。

表2-5　图框线、标题栏线的宽度要求　　单位:mm

图幅代号	图框线	标题栏外框线	标题栏分格线、会签栏线
A0、A1	1.4	0.7	0.35
A2、A3、A4	1.0	0.7	0.35

◆其他规定

1) 同一张图纸内,相同比例的各图样,应选用相同的线宽组。

2) 相互平行的图线,其间隙不宜小于其中的粗线宽度,且不宜小于0.7mm。

3) 虚线、单点长画线或双点长画线的线段长度和间隔,宜各自相等。

4) 单点长画线或双点长画线,当在较小图形中绘制有困难时,可用实线代替。

5) 单点长画线或双点长画线的两端,不应是点。点画线与点画线交接或点画线与其他图线交接时,应是线段交接。

6) 虚线与虚线交接或虚线与其他图线交接时,应是线段交接。虚线为实线的延长线时,不得与实线连接。

7) 图线不得与文字、数字或符号重叠、混淆,不可避免时,应首先保证文字等的清晰。

◆比例

图样的比例是图形与实际建筑物相对应的线性尺寸之比。例如1∶100就是用图上1m的长度表示房屋实际长度100m。比例的大小系指比值的大小,例如1∶50大于1∶100。建筑工程中大都用缩小比例。比例宜注写在图名的右侧。绘图所用比例,应根据图样的用途和复杂程度选用,建筑制图常用比例见表2-6。

表2-6　绘图所用的比例

常用比例	1∶1、1∶2、1∶5、1∶10、1∶20、1∶50、1∶100、1∶150、1∶200、1∶500、1∶1000、1∶2000、1∶5000、1∶10000、1∶20000、1∶50000、1∶100000、1∶200000
可用比例	1∶3、1∶4、1∶6、1∶15、1∶25、1∶30、1∶40、1∶60、1∶80、1∶250、1∶300、1∶400、1∶600

◆尺寸标准

1) 图样尺寸包括:尺寸界线、尺寸线、尺寸起止符号和尺寸数字,如图2-6所示。

2) 尺寸数字读数方向。当尺寸线为水平时,尺寸数字注写在尺寸线上方中部,按从左至右的顺序读数;当尺寸线为竖直时,尺寸数字注写在尺寸线的左侧中部，按从下至上的顺序读数；当尺寸线为倾斜时，则以读数方便为准。

3）半径、直径、角度的标准。半径的尺寸线，应一端从圆心开始，另一端画箭头指向圆弧。半径数字前应加注半径符号“R”。直径尺寸应通过圆心，两端画箭头指至圆周，直径数字前，应加符号“ϕ”。角度的尺寸线应以圆弧表示。角度的起止符号以箭头表示，或用圆点代替。

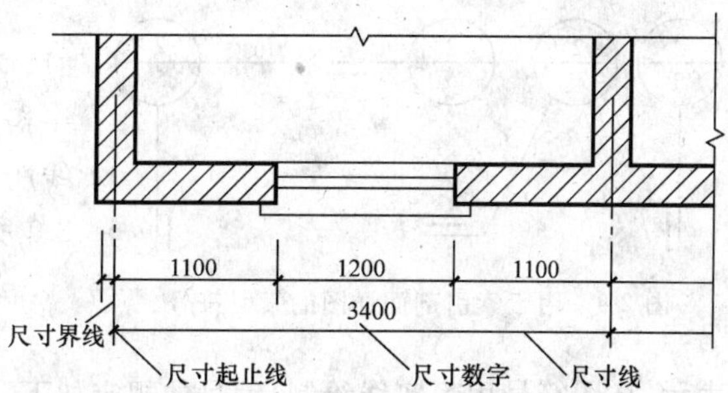

图 2-6　尺寸的组成与标注

◆标高

房屋各主要部位的高度用标高表示。标高符号用细实线绘制，其形式如图 2-7 所示。标高数字应以“m”为单位，注至小数点后第三位。零点的标高应写成±0.000，正数标高不注“＋”，负数标高应注“－”。

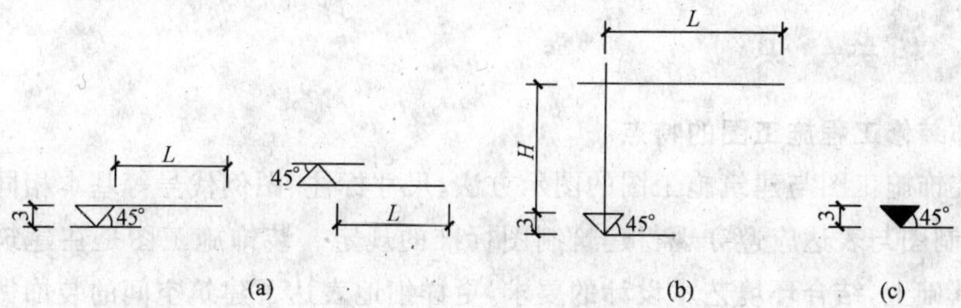

图 2-7　建筑标高符号

(a)一般情况下使用；(b)标注位置不够时使用；(c)总平面图的室外标高使用的标高符号

◆索引符号和详图符号

表示详图与基本图，详图与详图之间关系的符号称索引符号和详图符号。

1. 索引符号

索引符号一般在图样中的某一局部或构件需要另画详图时使用。如图 2-8(a)所示，索引符号用细实线绘制直径为 10mm 的圆及水平直径，上半圆中的符号表示标注详图的编号，下半圆中的符号表示标注详图所在的图纸编号。

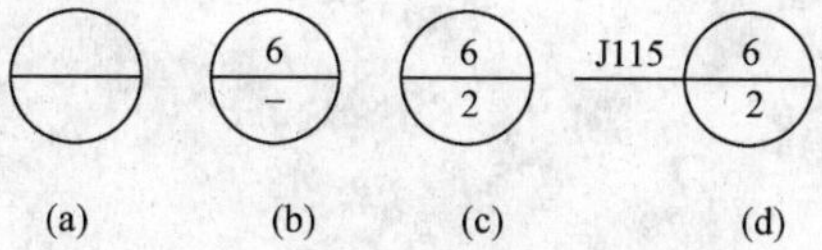

图 2-8　索引符号

其中图 2-8(b)表示所画的详图在同一张图纸内；图 2-8(c)表示所画的详图不在同一张图纸内，而在图纸编号为“2”的图纸内；图 2-8(d)表示采用标准图，其标准图册的编号为 J115。

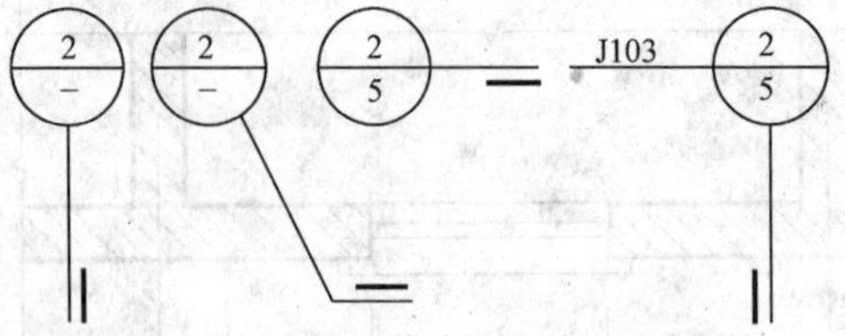

图 2-9　用于索引剖面详图的索引符号

索引符号用于索引剖视详图时，应在索引符号的引出线一侧画一粗实线，表示剖切位置线，引出线所在的一侧应为剖视方向，如图 2-9 所示。

2. 详图符号

详图的位置和编号以详图符号表示，详图符号用粗实线绘制，编号的规定如下：

1）图 2-10(a)表示详图与被索引的图样在同一张图纸上，详图符号内注写详图的编号；

2）图 2-10(b)表示详图与被索引的图样不在同一张图纸上，详图符号的上半圆中注写详图编号，下半圆中注写被索引图纸编号。

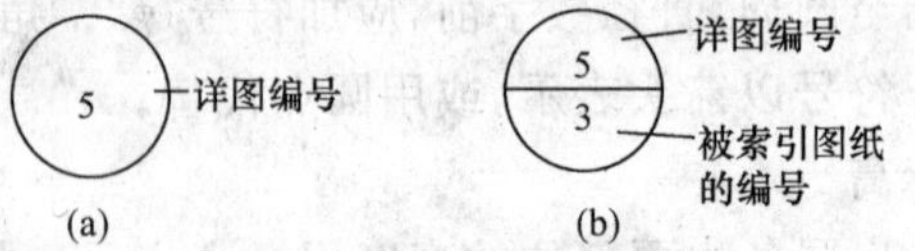

图 2-10　详图符号

相关知识

◆装饰装修工程施工图的特点

装饰施工图与建筑施工图的图示方法、尺寸标注、图例代号等基本相同。因此，其制图与表达应遵守现行建筑制图标准的规定。装饰施工图是在建筑施工图的基础上，结合环境艺术设计的要求，更详细地表达了建筑空间的装饰做法及整体效果，它既反映了墙、地、顶棚三个界面的装饰结构、造型处理和装修做法，又图示了家具、织物、陈设、绿化等的布置。

第二节　装饰装修工程常用图例

要点

本节主要介绍装饰装修工程中的常用图例，包括材料图例、建筑构造及配件图例和卫生间设备及水池图例，读者应对此部分内容有所了解。

解释

◆材料图例

常用装饰装修材料应按表 2-7 图例画法绘制。

表 2-7　常用建筑材料图例

序号	名称	图　　例	备　　注
1	砂、灰土	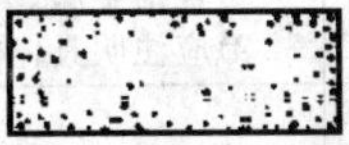	靠近轮廓线绘制点较密
2	砂砾石、碎砖三合土		—
3	石材	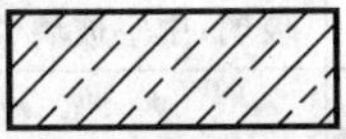	—
4	毛石		—
5	普通砖	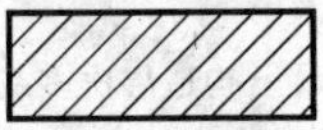	包括实心砖、多孔砖、砌块等砌体。断面较窄不易绘出图例线时，可涂红
6	耐火砖		包括耐酸砖等砌体
7	空心砖		指非承重砖砌体
8	饰面砖	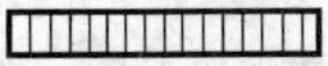	包括铺地砖、陶瓷锦砖、人造大理石等
9	焦渣、矿渣	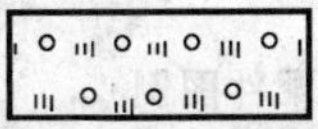	包括与水泥、石灰等混合而成的材料
10	多孔材料		包括水泥珍珠岩、沥青珍珠岩、泡沫混凝土、非承重加气混凝土、软木、蛭石制品等
11	纤维材料	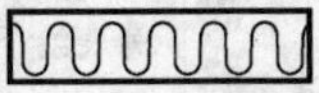	包括矿棉、岩棉、玻璃棉、麻丝、木丝板、纤维板等
12	泡沫塑料材料	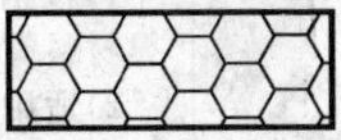	包括聚苯乙烯、聚乙烯、聚氨酯等多孔聚合物类材料
13	木材	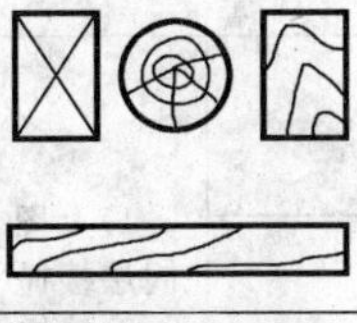	1)上图为横断面，上左图为垫木、木砖或木龙骨 2)下图为纵断面
14	胶合板	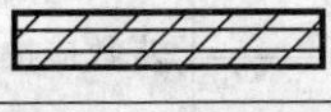	应注明为×层胶合板
15	石膏板	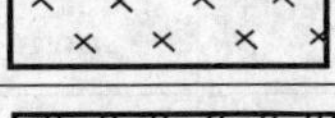	包括圆孔、方孔石膏板、防水石膏板等
16	金属	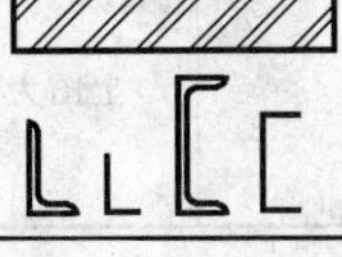	1)包括各种金属 2)图形小时，可涂黑

续表

序号	名称	图　例	备　注
17	网状材料		1)包括金属、塑料网状材料 2)应注明具体材料名称
18	液体	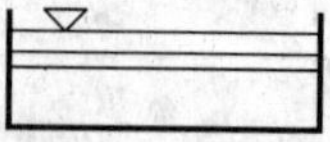	应注明具体液体名称
19	玻璃	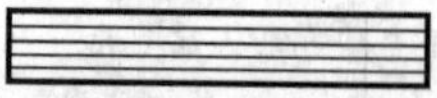	包括平板玻璃、磨砂玻璃、夹丝玻璃、钢化玻璃、中空玻璃、加层玻璃、镀膜玻璃等
20	橡胶		—
21	塑料		包括各种软、硬塑料及有机玻璃等
22	防水材料		构造层次多或比例大时,采用上面图例
23	粉刷		本图例采用较疏的点

注:序号 3、5、6、10、12、13、14、20、21 图例中的斜线、短斜线、交叉斜线等的角度一律为 45°。

◆建筑构造及配件图例

常用建筑装饰装修构造及配件图例见表 2-8。

表 2-8　构造及配件图例

序号	名　称	图　例	备　注
1	墙体		应加注文字或填充图例表示墙体材料,在项目设计图纸说明中列材料图例表给予说明
2	隔断		1)包括板条抹灰、木制、石膏板、金属材料等隔断 2)适用于到顶与不到顶隔断
3	栏杆	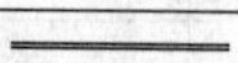	—
4	楼梯	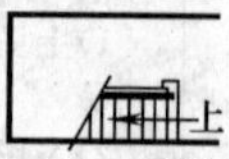 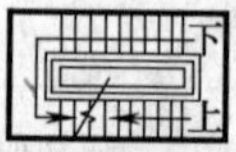 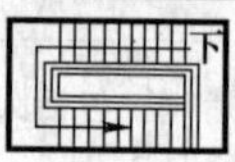	1)上图为底层楼梯平面,中图为中间层楼梯平面,下图为顶层楼梯平面 2)楼梯及栏杆扶手的形式和梯段踏步数应按实际情况绘制
5	坡道	 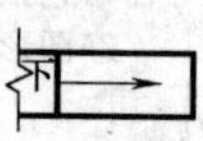	上图为长坡道,下图为门口坡道

续表

序号	名　称	图　例	备　注
5	坡道	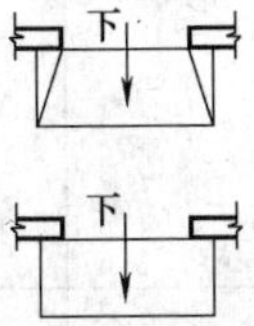	上图为长坡道，下图为门口坡道
6	平面高差	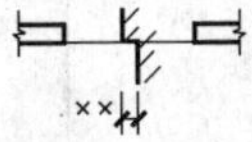	适用于高差小于 100mm 的两个地面或楼面相接处
7	检查孔		左图为可见检查孔 右图为不可见检查孔
8	孔洞		阴影部分可以涂色代替
9	坑槽		—
10	墙预留洞	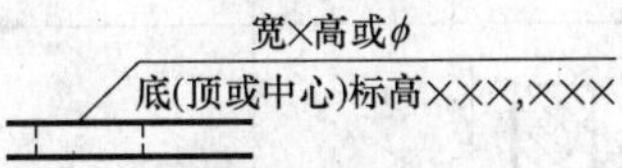	1)以洞中心或洞边定位 2)宜以涂色区别墙体和留洞位置
11	墙预留槽	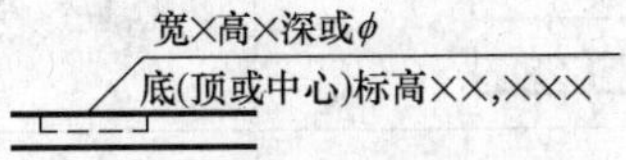	
12	烟道	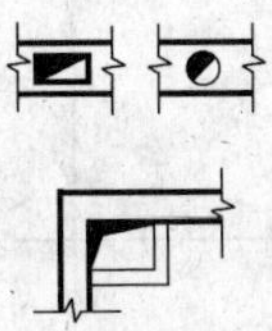	1)阴影部分可以涂色代替 2)烟道与墙体为同一材料，其相接处墙身线应断开
13	通风道	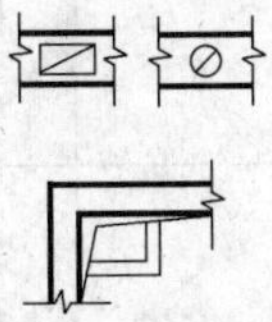	
14	新建的墙和窗	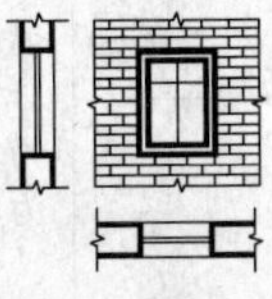	1)本图以小型砌块为图例，绘图时应按所用材料的图例绘制，不易以图例绘制的，可在墙面上以文字或代号注明 2)小比例绘图时平、剖面窗线可用单粗实线表示
15	改建时保留的原有墙和窗	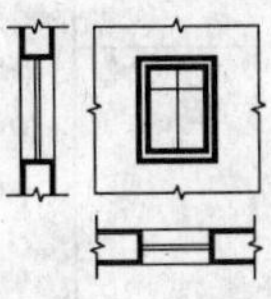	—

续表

序号	名　称	图　例	备　注
16	应拆除的墙	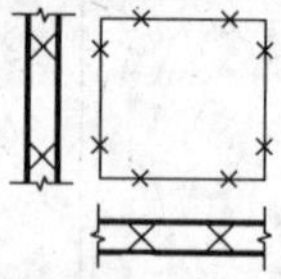	—
17	在原有墙或楼板上新开的洞	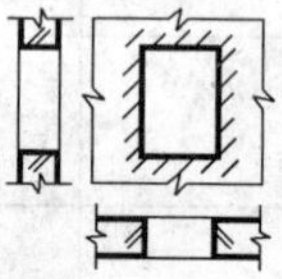	—
18	在原有洞旁扩大的洞	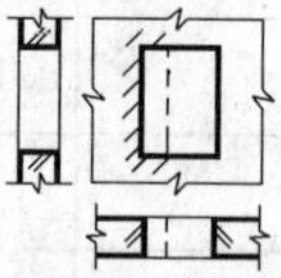	—
19	在原有墙或楼板上全部堵塞的洞	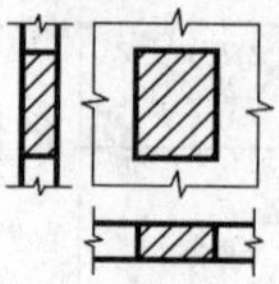	—
20	在原有墙或楼板上局部填塞的洞	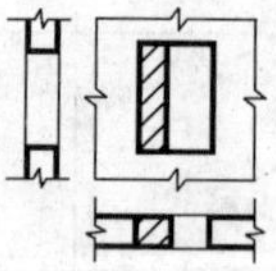	—
21	空门洞	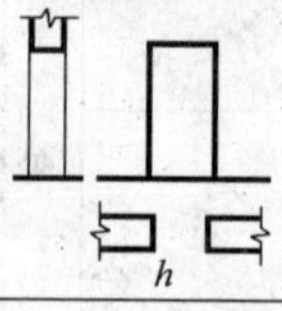	h 为门洞高度
22	单扇门(包括平开或单面弹簧)	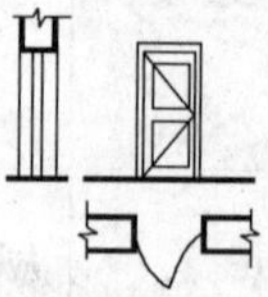	1)门的名称代号用 M 2)图例中剖面图左为外、右为内,平面图下为外、上为内 3)立面图上开启方向线交角的一侧为安装合页的一侧,实线为外开,虚线为内开 4)平面图上门线应 90°或 45°开启,开启弧线宜绘出 5)立面图上的开启线在一般设计图中可不表示,在详图及室内设计图上应表示 6)立面形式应按实际情况绘制
23	双扇门(包括平开或单面弹簧)	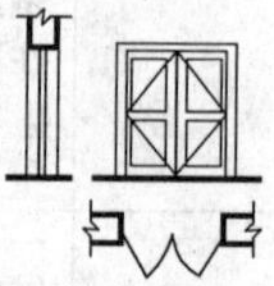	
24	双开折叠门	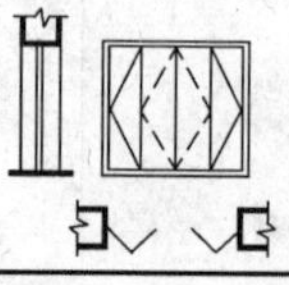	

续表

序号	名　　称	图　　例	备　　注
25	推拉门	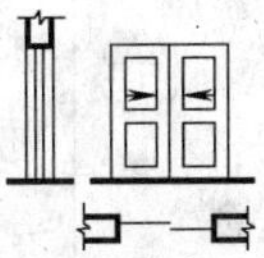	1)门的名称代号用 M 2)图例中剖面图左为外、右为内，平面图下为外、上为内 3)立面形式应按实际情况绘制
26	墙外单扇推拉门	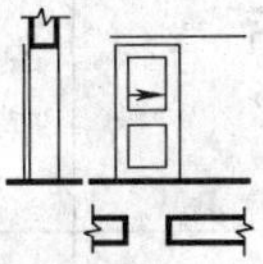	1)门的名称代号用 M 2)图例中剖面图左为外、右为内，平面图下为外、上为内 3)立面形式应按实际情况绘制
27	墙外双扇推拉门	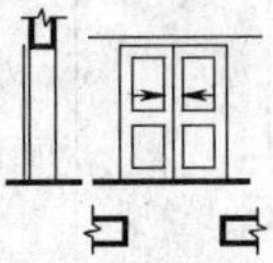	
28	墙中单扇推拉门	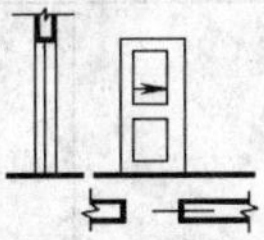	
29	墙中双扇推拉门	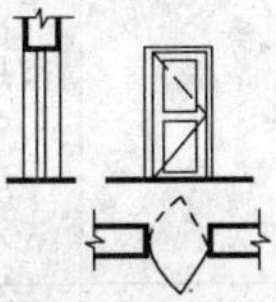	1)门的名称代号用 M 2)图例中剖面图左为外、右为内，平面图下为外、上为内 3)立面图上开启方向线交角的一侧为安装合页的一侧，实线为外开，虚线为内开 4)平面图上门线应为 90°或 45°开启，开启弧线宜绘出 5)立面图上的开启线在一般设计图中可不表示，在详图及室内设计图上应表示 6)立面形式应按实际情况绘制
30	单扇双面弹簧门	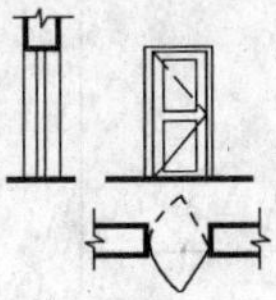	
31	双扇双面弹簧门	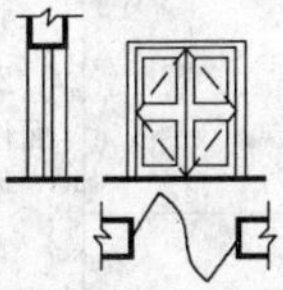	
32	单扇内外开双层门（包括平开或单面弹簧）	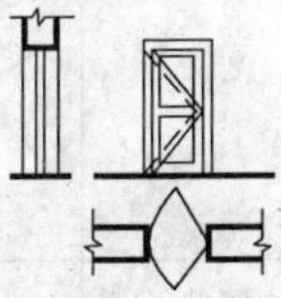	
33	双扇内外开双层门（包括平开或单面弹簧）	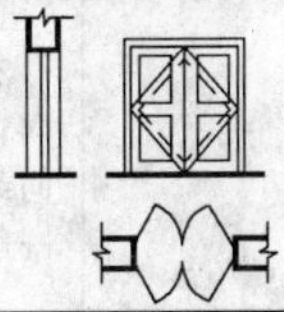	

续表

序号	名　称	图　例	备　注
34	转门	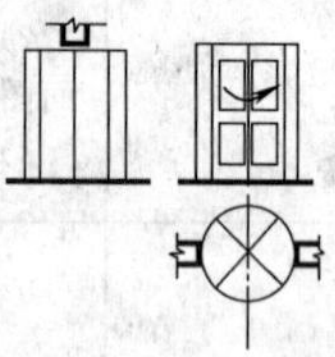	1)门的名称代号用M 2)图例中剖面图左为外、右为内,平面图下为外、上为内 3)平面图上门线应90°或45°开启,开启弧线宜绘出 4)立面图上的开启线在一般设计图中可不表示,在详图及室内设计图上应表示 5)立面形式应按实际情况绘制
35	自动门	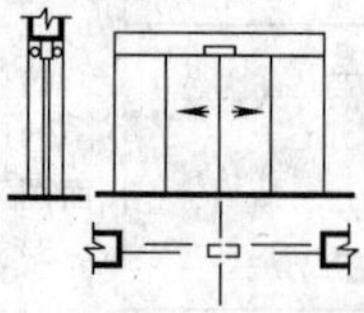	1)门的名称代号用M 2)图例中剖面图左为外、右为内,平面图下为外、上为内 3)立面形式应按实际情况绘制
36	折叠上翻门	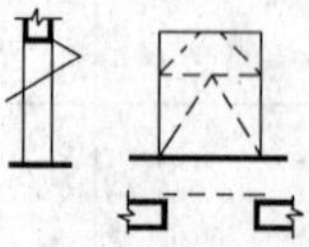	1)门的名称代号用M 2)图例中剖面图左为外、右为内,平面图下为外、上为内 3)立面图上开启方向线交角的一侧为安装合页的一侧,实线为外开,虚线为内开 4)立面形式应按实际情况绘制 5)立面图上的开启线设计图中应表示
37	竖向卷帘门	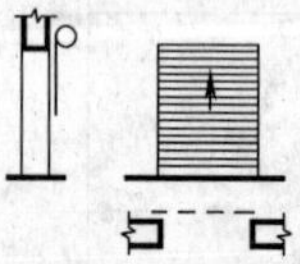	
38	横向卷帘门	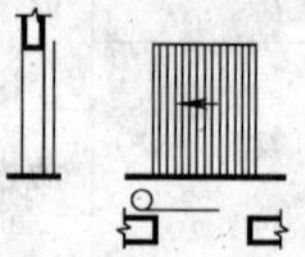	1)门的名称代号用M 2)图例中剖面图左为外、右为内,平面图下为外、上为内 3)立面形式应按实际情况绘制
39	提升门	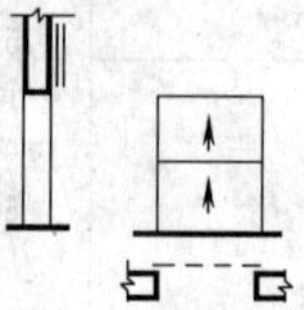	
40	单层固定窗	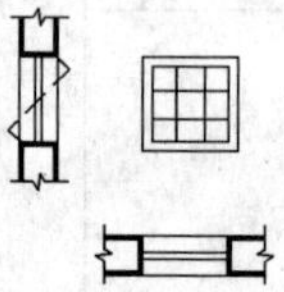	1)窗的名称代号用C表示 2)立面图中的斜线表示窗的开启方向,实线为外开,虚线为内开;开启方向线交角的一侧为安装合页的一侧,一般设计图中可不表示

续表

序号	名　称	图　例	备　注
41	单层外开上悬窗	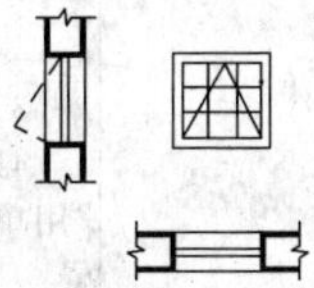	
42	单层中悬窗	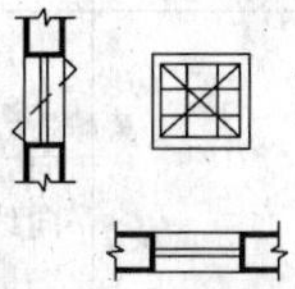	
43	单层内开下悬窗	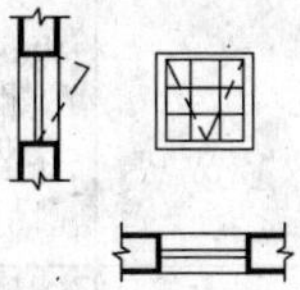	
44	立转窗	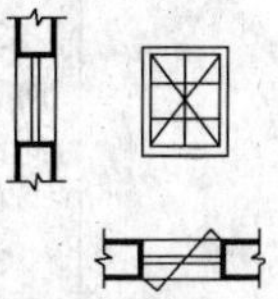	3)图例中，剖面图所示左为外，右为内，平面图所示下为外，上为内 4)平面图和剖面图上的虚线仅说明开关方式，在设计图中不需表示 5)窗的立面形式应按实际绘制 6)小比例绘图时平、剖面的窗线可用单粗实线表示
45	单层外开平开窗	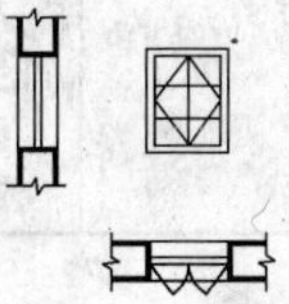	
46	单层内开平开窗	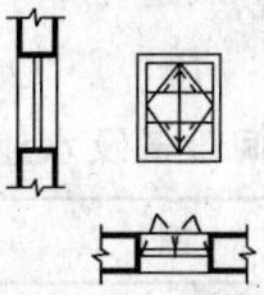	
47	双层内外开平开窗	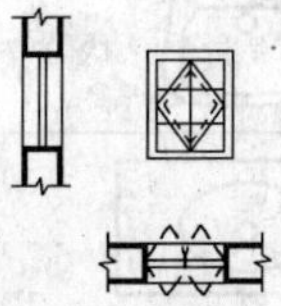	
48	推拉窗	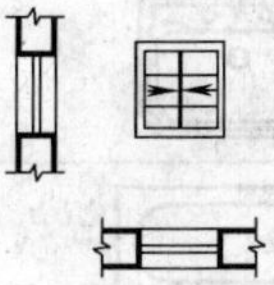	1)窗的名称代号用C表示 2)图例中，剖面图所示左为外，右为内，平面图所示下为外，上为内

续表

序号	名　称	图　例	备　注
49	上推窗	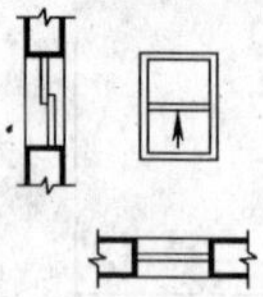	3)窗的立面形式应按实际绘制 4)小比例绘图时平、剖面的窗线可用单粗实线表示
50	百叶窗	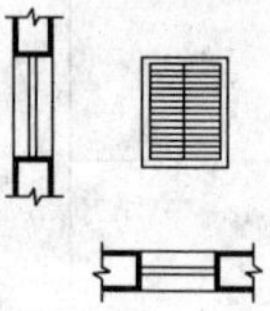	1)窗的名称代号用C表示 2)立面图中的斜线表示窗的开启方向,实线为外开,虚线为内开;开启方向线交角的一侧为安装合页的一侧,一般设计图中可不表示 3)图例中,剖面图所示左为外,右为内,平面图所示下为外,上为内 4)平面图和剖面图上的虚线仅说明开关方式,在设计图中不需表示 5)窗的立面形式应按实际绘制
51	高窗	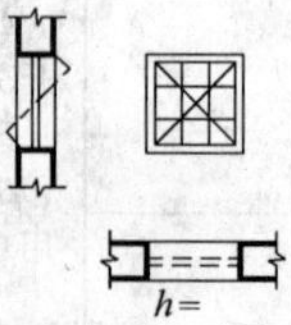	1)窗的名称代号用C表示 2)立面图中的斜线表示窗的开启方向,实线为外开,虚线为内开;开启方向线交角的一侧为安装合页的一侧,一般设计图中可不表示 3)图例中,剖面图所示左为外,右为内,平面图所示下为外,上为内 4)平面图和剖面图上的虚线仅说明开关方式,在设计图中不需表示 5)窗的立面形式应按实际绘制 6)h 为窗底距本层楼地面的高度

◆卫生间设备及水池图例

卫生间设备及水池的图例见表 2-9。

表 2-9　卫生间设备及水池

序号	名　称	图　例	备　注
1	立式洗脸盆		—
2	台式洗脸盆	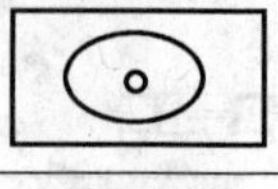	—
3	挂式洗脸盆	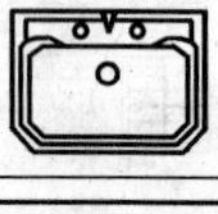	—
4	浴盆	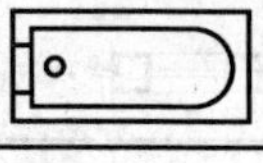	—

续表

序号	名　　称	图　　例	备　　注
5	化验盆、洗涤盆	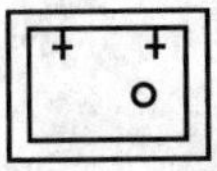	—
6	带沥水板洗涤盆	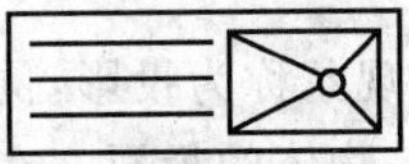	不锈钢制品
7	盥洗槽	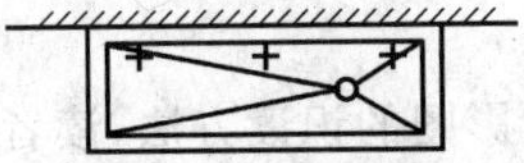	—
8	污水池		—
9	妇女卫生盆		—
10	立式小便器		—
11	壁挂式小便器		—
12	蹲式大便器	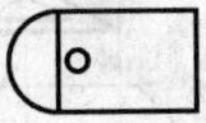	—
13	坐式大便器	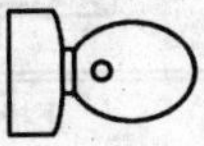	—
14	小便槽		—
15	淋浴喷头	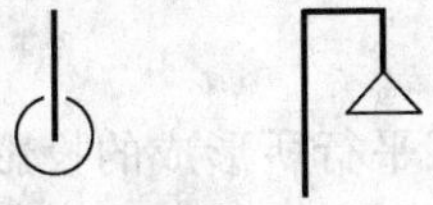	—

相关知识

◆装饰装修工程施工图的作用

装饰装修工程施工图不仅是建设单位(业主)委托施工单位进行施工的依据,还是造价师(员)计算工程数量、编制工程预算、核算工程造价、衡量工程投资效益的依据。

第三节　投影与投影图识读

要点

光线照射物体产生影子的现象称为投影，例如光线照射物体在地面或其他背景上产生影子，这个影子就是物体的投影。在制图学上，把此称为投影图(或称视图)。

本节主要介绍投影与投影图的识读方法，读者应予以了解。

解释

◆投影的分类

投影分中心投影和平行投影两大类。

1. 中心投影

中心投影是指由一点发出投影线所形成的投影，如图 2-11(a)所示。

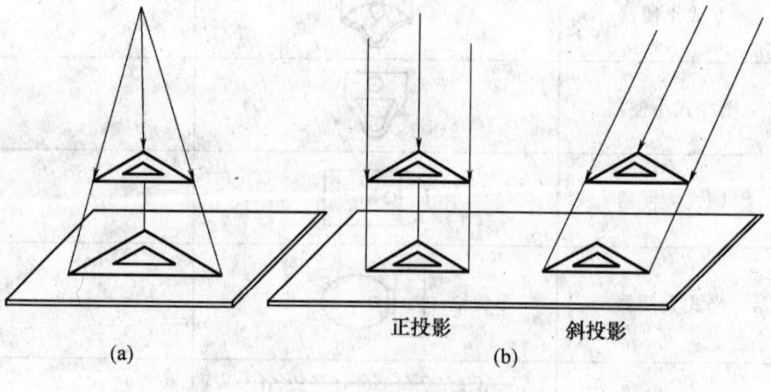

图 2-11　投影的分类

(a)中心投影；(b)平行投影

2. 平行投影

平行投影是指投影线相互平行所形成的投影。依据投影线与投影面的夹角不同，平行投影又分为两种，如图 2-11(b)所示。

1) 正投影。投影线相互平行且垂直于投影面的投影。

2) 斜投影。投影线倾斜于投影面所形成的投影。

在正投影条件下，使物体的某个面平行于投影面，则该面的正投影反映其实际形状和大小。因此，一般工程图样都选用正投影原理绘制。我们把运用正投影法绘制的图形称为正投影图。在投影图中，可见轮廓画成实线、不可见的画成虚线，如图 2-12 所示。

◆正投影的基本特性

正投影具有作图简便、度量性好、能反映实形等优点，所以在工程中得到广泛的应用。

1. 积聚性

直线或平面与投影面垂直时，其投影积聚成点或直线，如图 2-13 所示。这种性质称为正投影的积聚性。

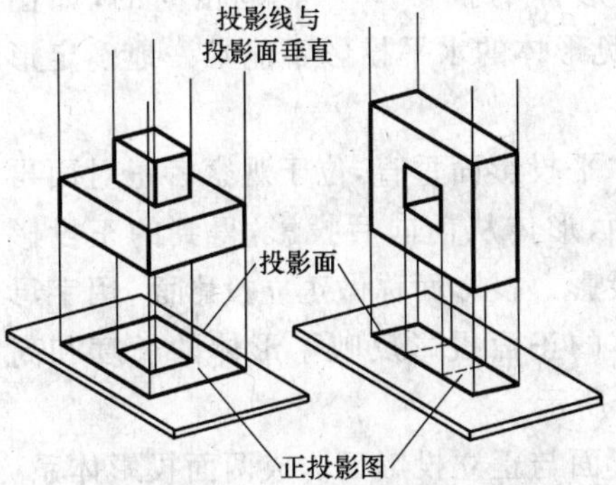

图 2-12　正投影图

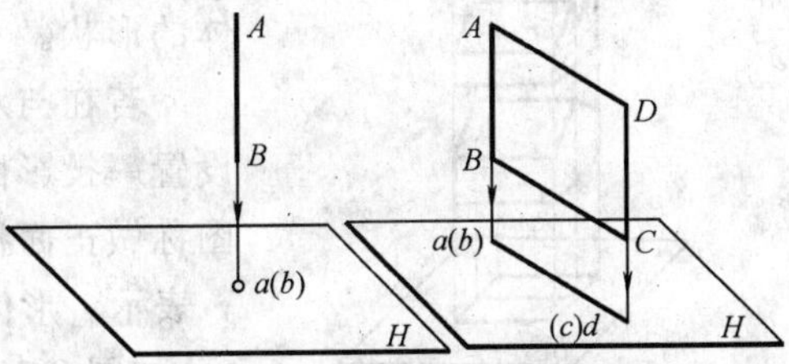

图 2-13　投影的积聚性

2. 显实性

直线或平面与投影面平行时，其投影反映直线或平面的实形，如图 2-14 所示。直线段 AB 平行于投影面 H，它在平面 H 上的投影反映直线段 AB 的实长，即 $AB=ab$。平面 $ABCD$ 平行于投影面 H，其在 H 面上的投影反映平面 $ABCD$ 的真实形状和实际大小，即$\square ABCD\cong\square abcd$。这种性质称为正投影的显实性。

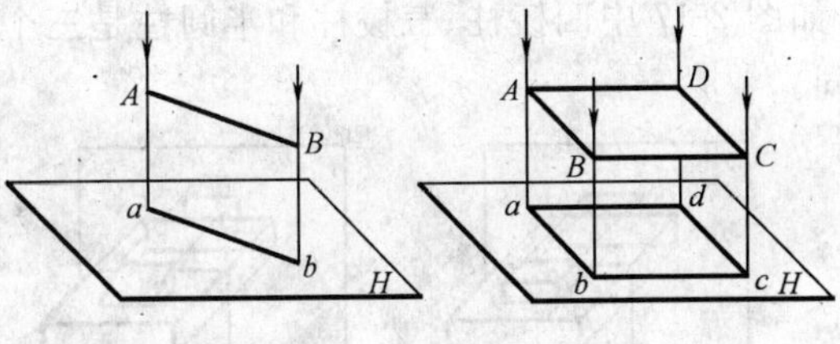

图 2-14　投影的显实性

3. 类似性

直线段或平面与投影面倾斜时，直线段的投影还是直线段，但短于原直线段的实长；平面的投影还是平面，但形状和大小都发生变化。如图 2-15 所示，当直线段 AB 或平面 $ABCD$ 不平行于投影面时，其投影 $ab<AB$；平面 $ABCD$ 的投影 $abcd$ 还是平面，但 $abcd$ 不仅比平面 $ABCD$ 小，而且形状也发生了变化。这种性质称为正投影的类似性。

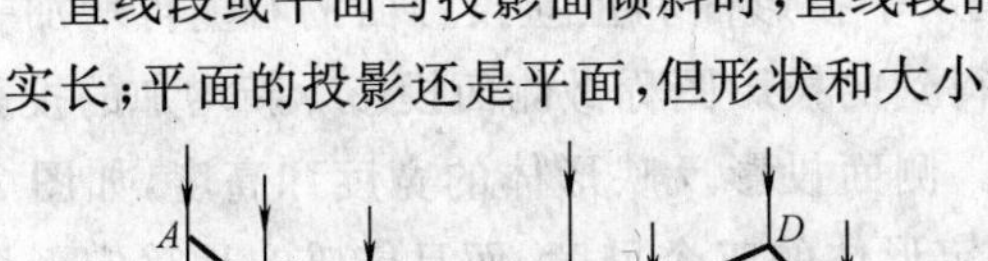

图 2-15　投影的类似性

◆**三面正投影图**

1. 三面投影图的形成

如果将一形体放置于水平面之上，从上向下作投影，得到的投影图称做水平投影图。水平面称做水平投影面，用字母 H 表示。水平投影反映形体的长度和宽度，但形体的水平投影不能将形体的所有尺度(长、宽、高)全部反映出来，而且不同形体的投影图可能是相同的，如图2-16所示，可见形体的水平投影不能唯一地确定形体的形状。

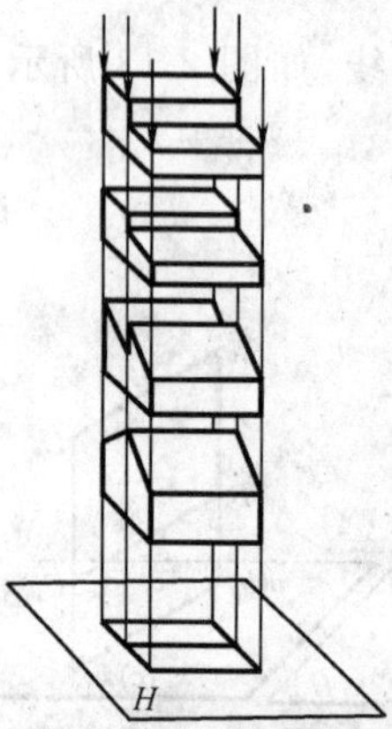

图 2-16　形体的水平投影

若在与水平投影面垂直，位于观察者正对面再设置一投影面，形体从前向后投影，得到的正投影图称做正面投影。投影面称做正立投影面，用字母 V 表示。形体的正面投影反映了形体的长度和高度，如图 2-17 所示。

水平投影面与正立投影面构成两面投影体系，它们的交线称投影轴，用 OX 表示。形体的两面投影能将形体的长度、宽度和高度全部反映出来，但是却不能唯一地反映形体的形状，如图 2-17 中四棱柱、三棱柱和半圆柱是三个不同的形体，其两面投影却完全相同。

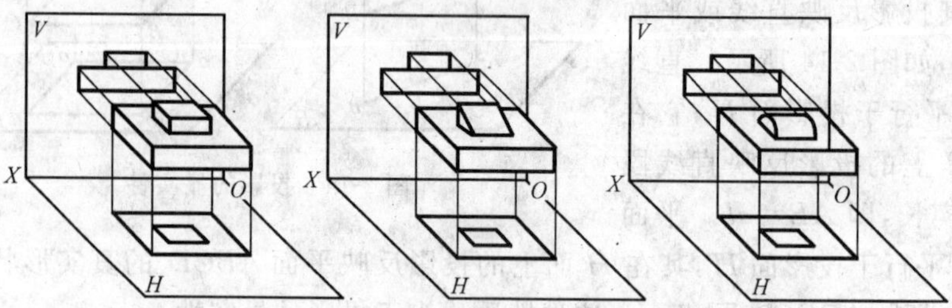

图 2-17　形体的两面投影

为了能完全区分形体的形状，在水平投影面和正立投影面的右侧再增加一个投影面，形体从左向右作正投影，得到的投影图称做侧面投影。新增加的投影面称为侧立投影面，用字母 W 表示。侧面投影反映形体的宽度和高度，如图 2-18 所示。形体的三面投影不仅能确定形体的三个尺度，而且能唯一地确定形体的形状，如图 2-18 所示，可将四棱柱、三棱柱和半圆柱区别开来。

因此，作形体投影图时，应建立三面投影体系，即水平投影面(H)、正立投影面(V)和侧立投影面(W)。它们互相垂直相交，交线称做投影轴，水平投影面和正立投影面的交线用 OX 轴表示，水平投影面和侧立投影面的交线用 OY 轴表

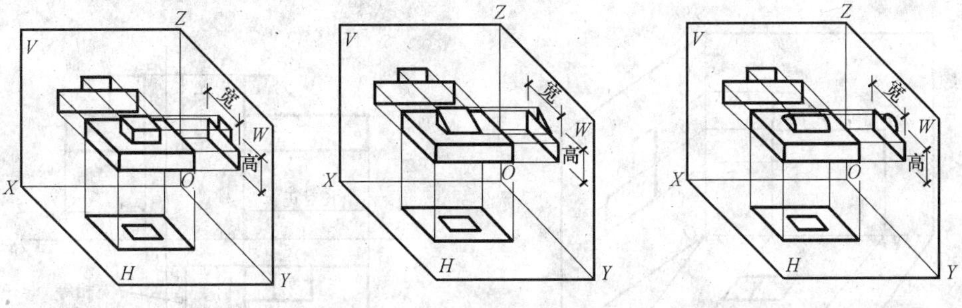

图 2-18　形体的三面投影

示，正立投影面与侧立投影面的交线用 OZ 轴表示，如图 2-19 所示。形体在三面投影体系中的投影称做三面投影图，如图 2-20 所示。

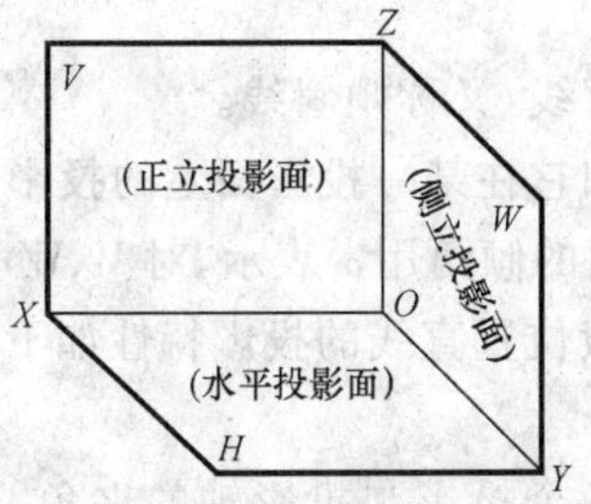

图 2-19　三面投影体系的建立

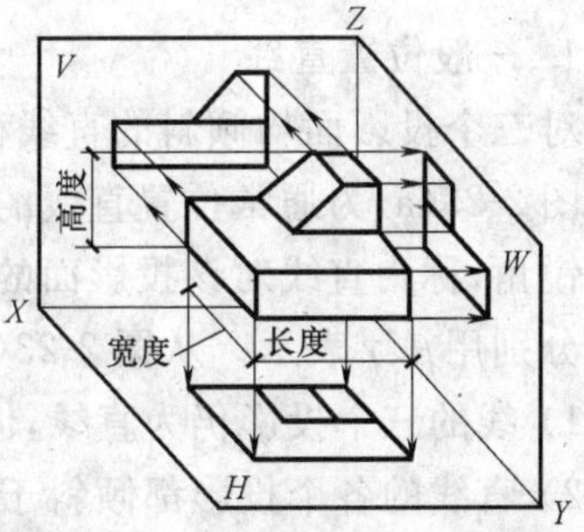

图 2-20　三面投影图的形成

2. 三面投影体系的展开

三个投影面分别位于三个互相垂直的平面上，为了作图方便，将水平投影面绕 OX 轴向下旋转 90°，与正立投影面在一个平面内；将侧立投影面绕 OZ 轴向后旋转 90°，使其与正立投影面也在一个平面内。这样，三个投影面被摊开在一个平面内的方法，叫做三面投影体系的展开，如图 2-21 所示。

3. 三面投影图的规律

由于作形体投影图时形体的位置不变，展开后，同时反映形体长度的水平投影和正面投影左右对齐——长对正，同时反映形体高度的正面图和侧面图上下对齐——高平齐，同时反映形体宽度的水平投影和侧面投影前后对齐——宽相等，如图 2-22 所示。

“长对正、高平齐、宽相等”是形体三面投影图的规律，无论是整个物体还是物体的局部投影都应符合这条规律。

◆直线的三面正投影特性

直线按其与投影面相对位置的不同，可分为一般位置线、投影面平行线和投影面垂直线，后两种直线统称为特殊位置直线。

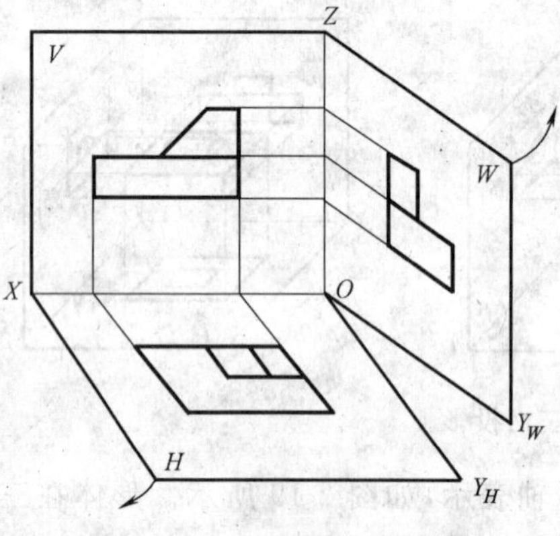

图 2-21　三面投影体系的展开

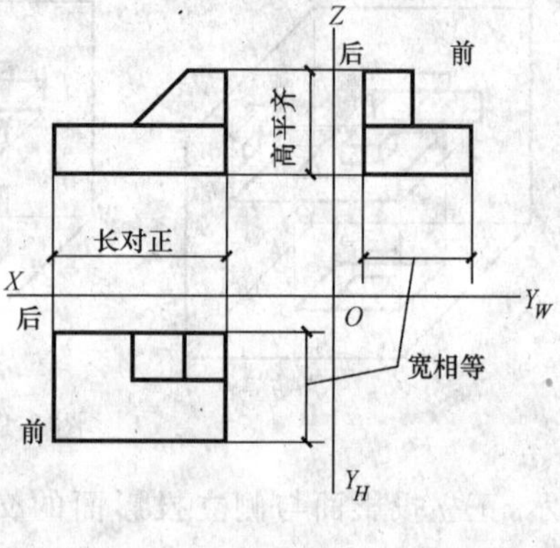

图 2-22　三面投影图的规律

1. 一般位置直线

对三个投影面均倾斜的直线称为一般位置直线,又称倾斜线。

图 2-23(a)为通常位置直线的直观图,直线和它在某一投影面上的投影所形成的锐角,称为直线对该投影面的倾角。对 H 面的倾角用 α 表示,对 V、W 面的倾角分别用 β、γ 表示。从图 2-23(b)中看出,一般位置直线的投影特性如下:

1) 线的三个投影仍为直线,但是不反映实长。

2) 直线的各个投影都倾斜于投影轴,并且各个投影与投影轴的夹角,都不反映该直线与投影面的真实倾角。

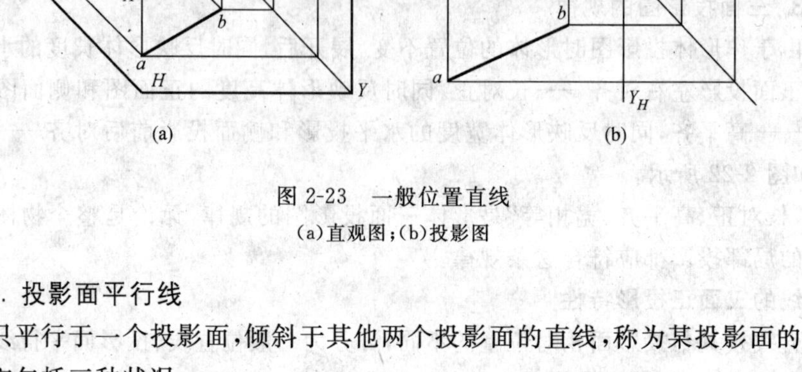

图 2-23　一般位置直线

(a)直观图;(b)投影图

2. 投影面平行线

只平行于一个投影面,倾斜于其他两个投影面的直线,称为某投影面的平行线。它包括三种状况:

1）水平线：与 H 面平行且与 V、W 面倾斜的直线，见表 2-10 中的 AB 直线。

2）正平线：与 V 面平行且与 H、W 面倾斜的直线，见表 2-10 中的 CD 直线。

3）侧平线：与 W 面平行且与 H、V 面倾斜的直线，见表 2-10 中的 EF 直线。

表 2-10　投影面平行线的投影特性

名称	直观图	投影图	投影特性
水平线	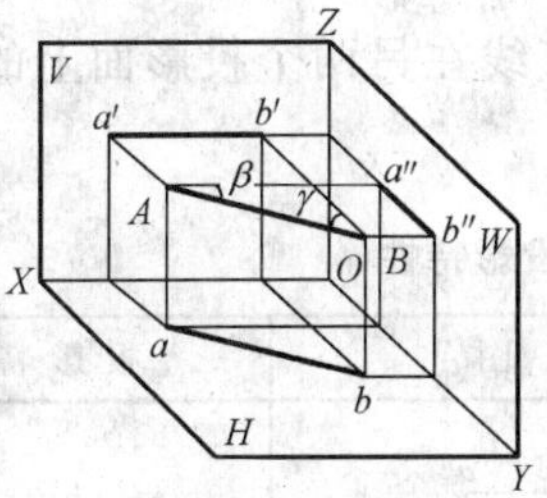	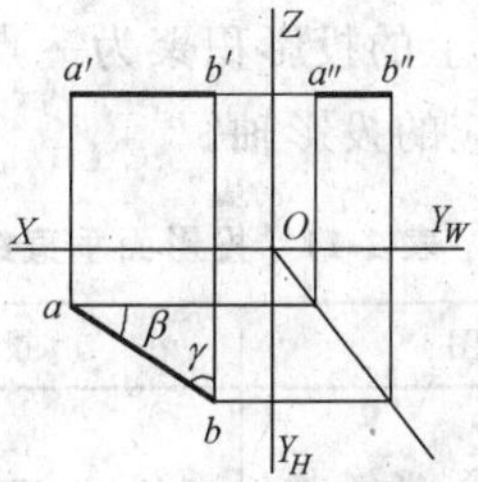	1)水平投影反映实长 2)水平投影与 X 轴和 Y 轴的夹角分别反映直线与 V 面的倾角 β 和 γ 3)正面投影和侧面投影分别平行于 X 轴及 Y 轴，但不反映实长
正平线	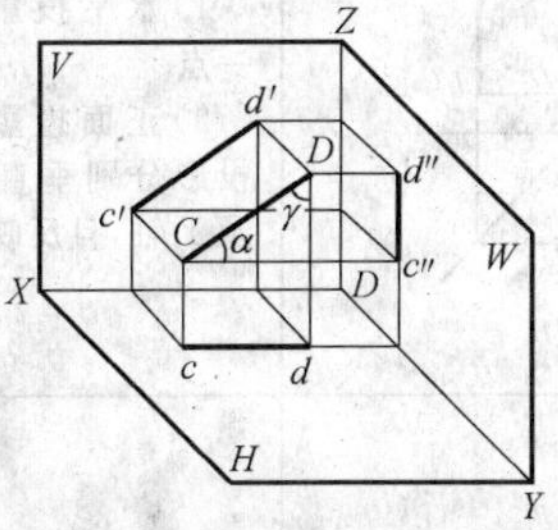	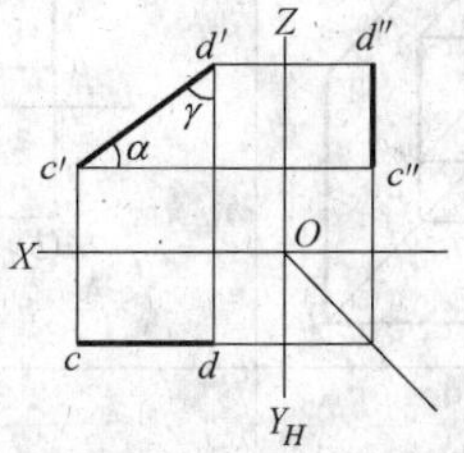	1)正面投影反映实长 2)正面投影与 X 轴和 Z 轴的夹角，分别反映直线与 H 面和 W 面的倾角 α 和 γ 3)水平投影及侧面投影分别平行于 X 轴及 Z 轴，但不反映实长
侧平线	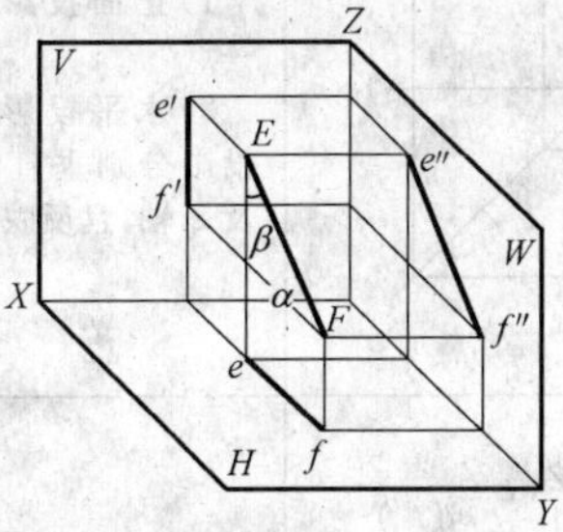	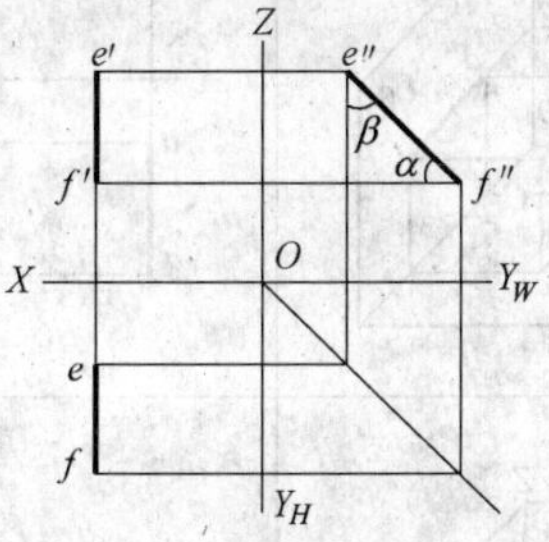	1)侧面投影反映实长 2)侧面投影与 Y 轴和 Z 轴的夹角，分别反映直线与 H 面和 Y 面的倾角 α 和 β 3)水平投影及正面投影分别平行于 Y 轴及 Z 轴，但不反映实长

由表 2-10 各投影面平行线的投影特性，可概括出它们的共同特性：投影面平行线在它所平行的投影面上的投影反映实长，并且该投影与相应投影轴的夹角，反映直线与其他两个投影面的倾角；直线在另外两个投影面上的投影分别平行于相应的投影轴，但是不反映实长。

3. 投影面垂直线

只垂直于一个投影面，同时平行于其他两个投影面的直线。投影面垂直线也有三种状况：

1）铅垂线只垂直于 H 面，同时平行于 V、W 面的直线，见表 2-11 中的

AB 线。

2) 正垂线只垂直于 *V* 面，同时平行于 *H*、*W* 面的直线，见表 2-11 中的 *CD* 线。

3) 侧垂线只垂直于 *W* 面，同时平行于 *V*、*H* 面的直线，见表 2-11 中的 *EF* 线。

综合表 2-11 中的投影特性，可知投影面垂直线的共同特性为：投影面垂直线在其所垂直的投影面上的投影积聚为一点；直线在另两个投影面上的投影反映实长，并且垂直于相应的投影轴。

表 2-11　投影面垂直线的投影特性

名称	直观图	投影图	投影特性
铅垂线	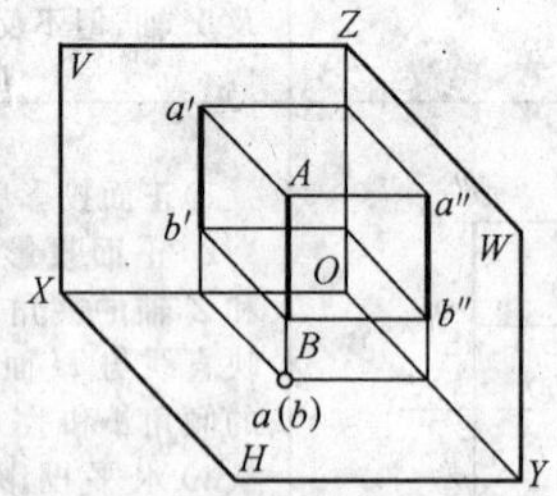	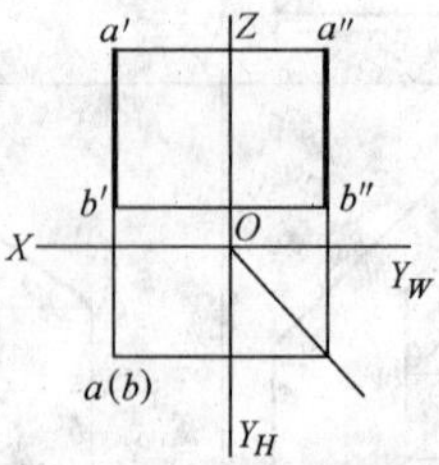	1）水平投影积聚成一点 2）正面投影及侧面投影分别垂直于 *X* 轴及 *Y* 轴，且反映实长
正垂线	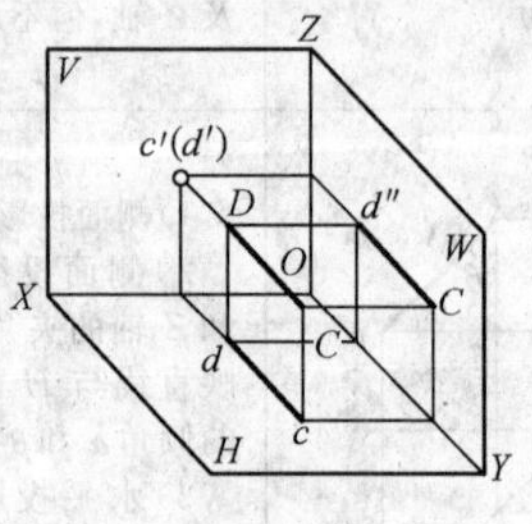	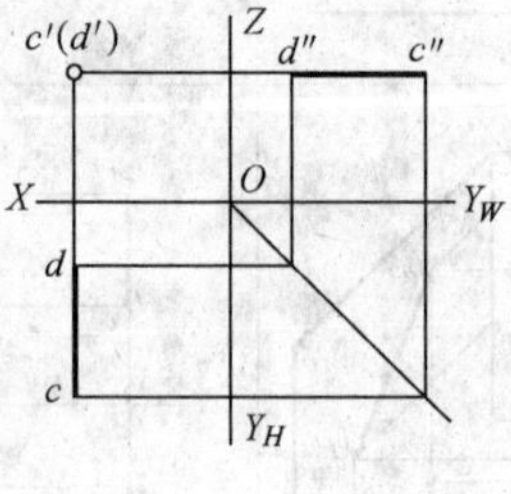	1）正面投影积聚成一点 2）水平投影及侧面投影分别垂直于 *X* 轴及 *Z* 轴，且反映实长
侧垂线	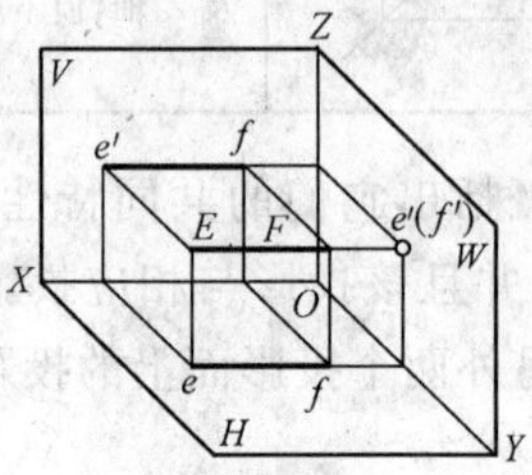	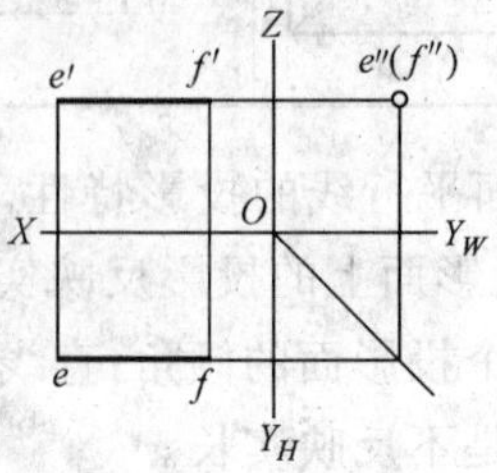	1）侧面投影积聚成一点 2）水平投影及正面投影分别垂直于 *Y* 轴及 *Z* 轴，且反映实长

◆平面的三面正投影特性

平面与投影面之间按相对位置的不同，可分为：一般位置平面、投影面平行面和投影面垂直面，后两种统称为特殊位置平面。

1. 一般位置平面

与三个投影面均倾斜的平面称为一般位置平面，也称倾斜面。图 2-24 所示为一般位置平面的投影。

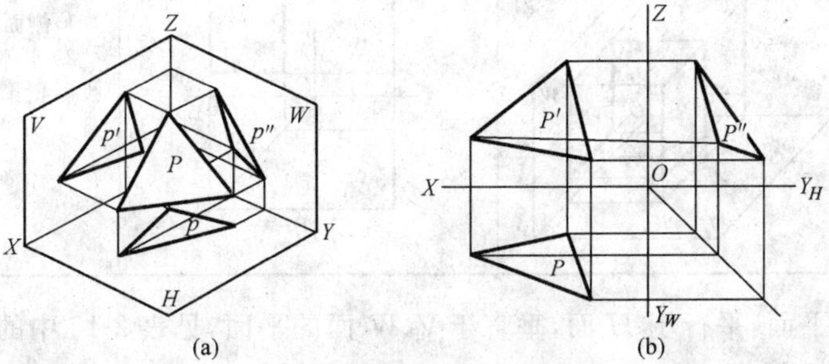

图 2-24　一般位置平面的投影
(a)直观图；(b)投影图

由图可知，它的任何一个投影，既不反映平面的实形，也无积聚性。因此，一般位置平面的各个投影，为原平面图形的类似形。

2. 投影面平行面

平行于某一投影面，因而垂直于另两个投影面的平面，称为投影面平行面。投影面平行面有三种状况，见表 2-12。

表 2-12　投影面平行面的投影特性

名称	直观图	投影图	投影特性
水平面	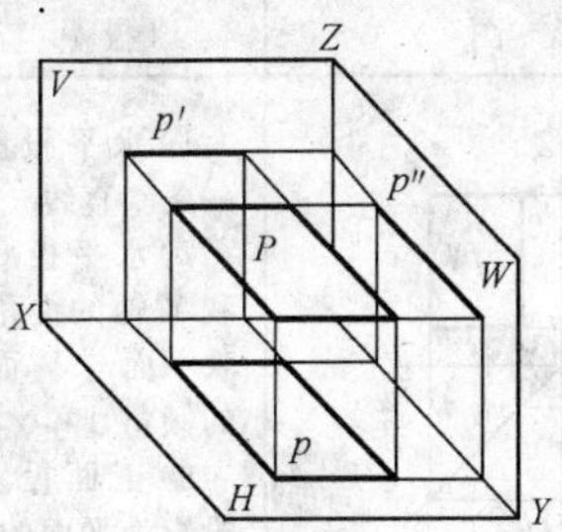	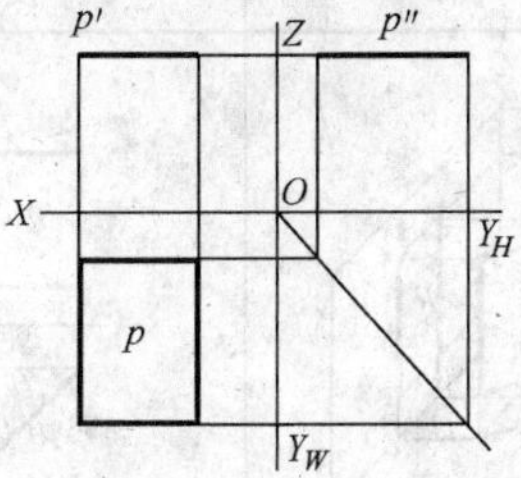	1)水平投影反映实形 2)正面投影及侧面投影积聚成一条直线，且分别平行于 X 轴及 Y 轴
正平面	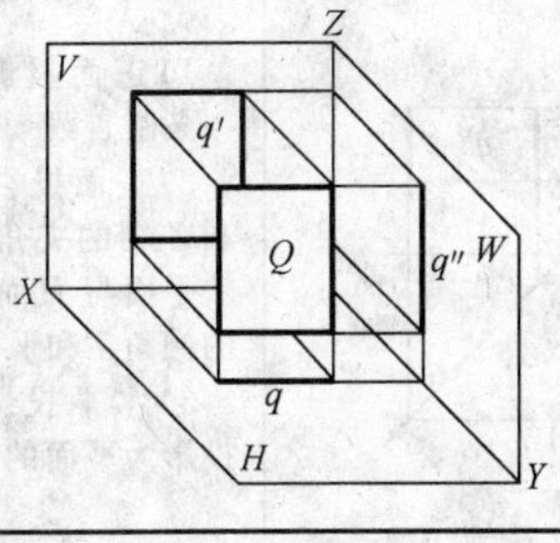	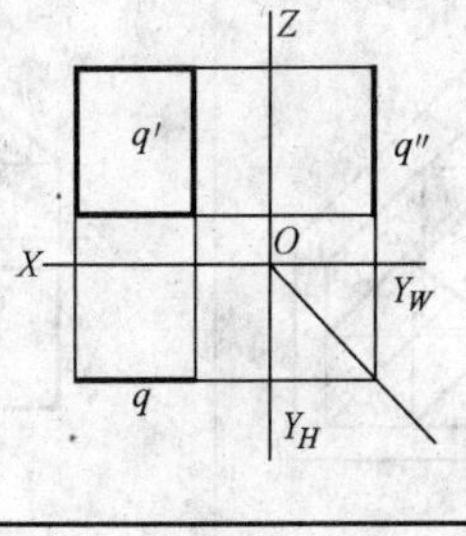	1)正面投影反映实形 2)水平投影及侧面投影积聚成一条直线，且分别平行于 X 轴及 Z 轴

续表

名称	直观图	投影图	投影特性
侧平面	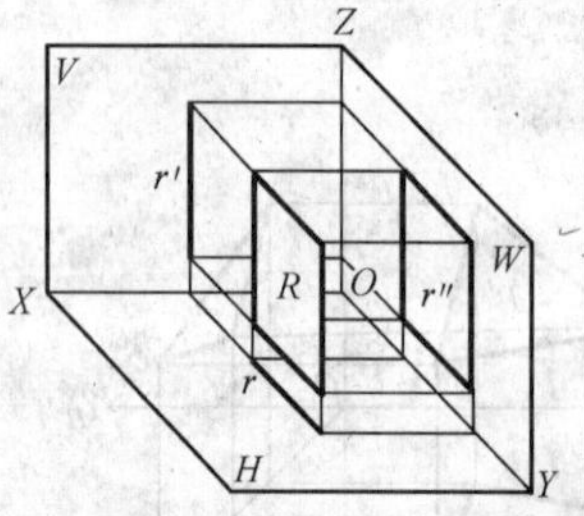	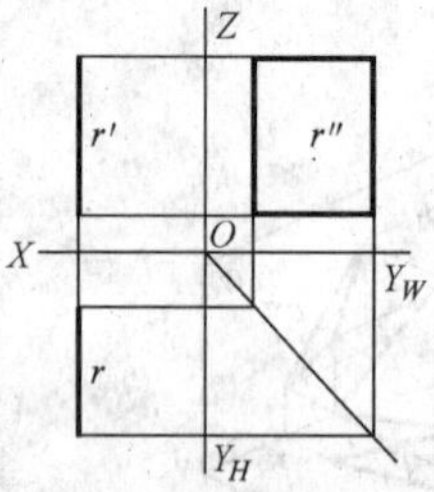	1)侧面投影反映实形 2)水平投影及正面投影积聚成一条直线，且分别平行于 Y 轴及 Z 轴

1) 水平面:平行于 H 面,垂直于 V、W 面的平面,见表 2-12 中的 P 平面。

2) 正平面:平行于 V 面,垂直于 H、W 面的平面,见表 2-12 中的 Q 平面。

3) 侧平面:平行于 W 面,垂直于 V、H 面的平面。见表 2-12 中的 R 平面。

综合表 2-12 中的投影特性,可知投影平行面的共同特性为:投影面平行面在它所平行的投影面的投影反映实形,在其他两个投影面上投影积聚为直线,并且与相应的投影轴平行。

3. 投影面垂直面

垂直于一个投影面,同时倾斜于其他投影面的平面称为投影面垂直面。投影面垂直面也有三种状况,其状况如下:

1) 铅垂面:垂直于 H 面,倾斜于 V、W 面的平面,见表 2-13 中的 P 平面。

表 2-13　投影面垂直面的投影特性

名称	直观图	投影图	投影特性
铅垂面	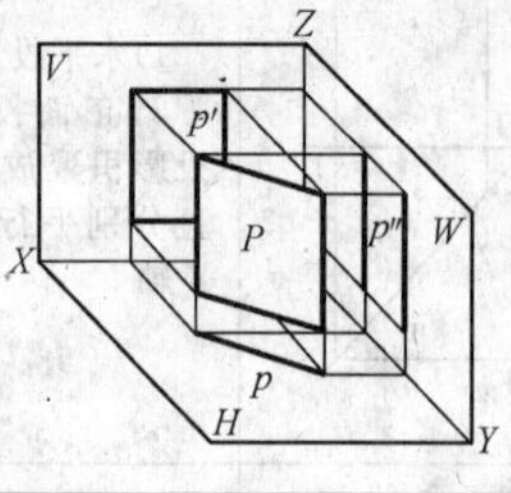	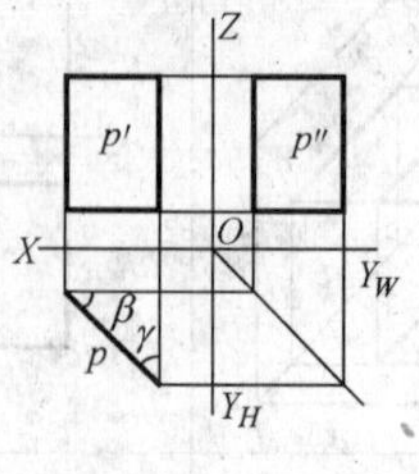	1)水平投影积聚成一条斜直线 2)水平投影与 X 轴和 Y 轴的夹角,分别反映平面与 V 面和 W 面的倾角 β 和 γ 3)正面投影及侧面投影为平面的类似形
正垂面	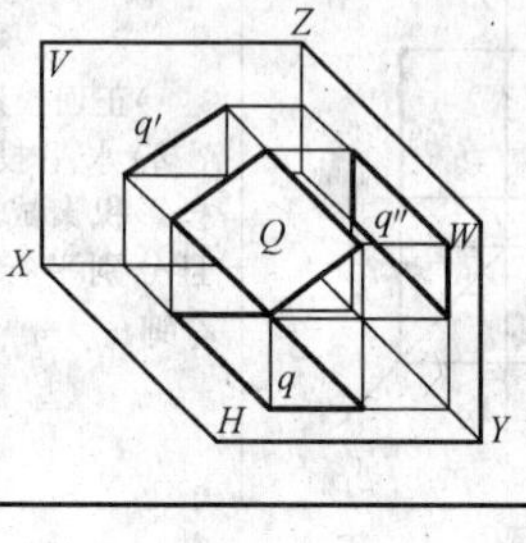	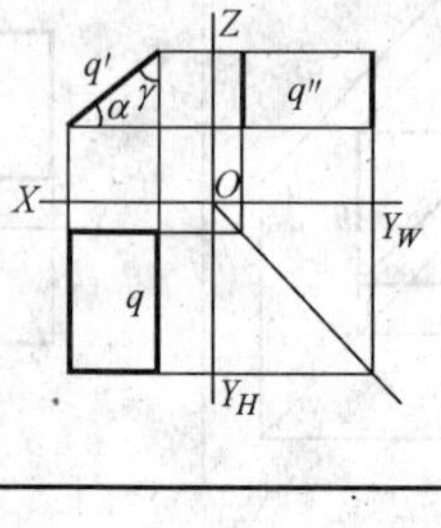	1)正面投影积聚成一条斜直线 2)正面投影与 X 轴和 Z 轴的夹角,分别反映平面与 H 面和 W 面的倾角 α 和 γ 3)水平投影及侧面投影为平面的类似形

续表

名称	直 观 图	投 影 图	投影特性
侧垂面	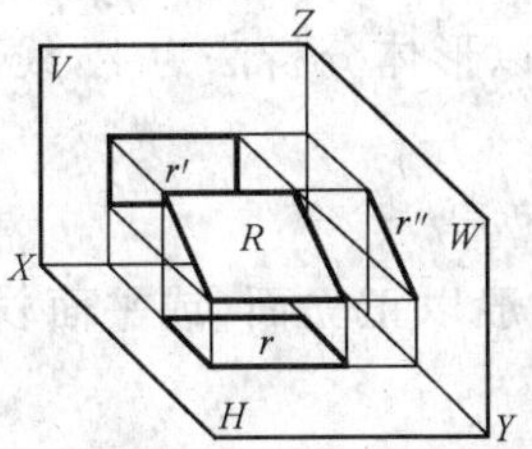	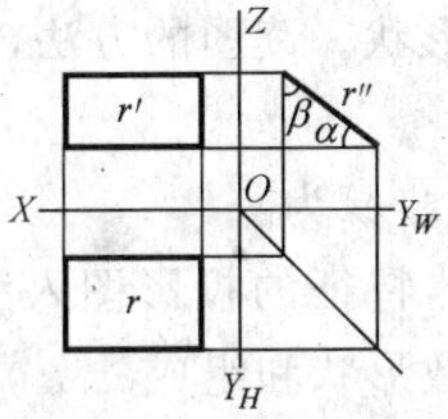	1)侧面投影积聚成一条斜直线 2)侧面投影与 Y 轴和 Z 轴的夹角,分别反映平面与 H 面和 V 面的倾角 α 和 β 3)水平投影及正面投影为平面的类似形

2）正垂面:垂直于 V 面,倾斜于 H、W 面的平面,见表 2-13 中的 Q 平面。

3）侧垂面:垂直于 W 面,倾斜于 H、V 面的平面,见表 2-13 中的 R 平面。

综合表 2-13 中的投影特性,可知投影面垂直面的共同特性为:投影面垂直面在它所垂直的投影面上的投影积聚为一斜直线,它与相应投影轴的夹角,反映该平面对其他两个投影面的倾角;在另两个投影面上的投影反映该平面的类似形,且小于实形。

◆投影图的识读

读图是根据形体的投影图,运用投影原理和特性,对投影图进行分析,想象出形体的空间形状。识读投影图的方法包括形体分析法和线面分析法。

1. 形体分析法

形体分析法是根据基本形体的投影特性,在投影图上分析组合体各组成部分的形状和相对位置,然后综合起来想象出组合体的形状。

2. 线面分析法

线面分析法是以线和面的投影规律为基础,根据投影图中的某些棱线和线框,分析它们的形状和相互位置,从而想象出它们所围成形体的整体形状。

为应用线面分析法,必须掌握投影图上线和线框的含义,才能结合起来综合分析,想象出物体的整体形状。投影图中的图线(直线或曲线)可能代表的含义如下:

1）形体的一条棱线,即形体上两相邻表面交线的投影。

2）与投影面垂直的表面(平面或曲面)的投影,即为积聚投影。

3）曲面的轮廓素线的投影。

投影图中的线框,可能有如下含义:

1）形体上某一平行于投影面的平面的投影。

2）形体上某平面类似性的投影(即平面处于一般位置)。

3）形体上某曲面的投影。

4) 形体上孔洞的投影。

3. 投影图阅读步骤

阅读图纸的顺序通常是先外形,后内部;先整体,后局部;最后由局部回到整体,综合想象出物体的形状。读图的方法,一般以形体分析法为主,线面分析法为辅。

阅读投影图的基本步骤为:

1) 从最能反映形体特征的投影图入手,一般以正立面(或平面)投影图为主,粗略分析形体的大致形状和组成。

2) 结合其他投影图阅读,正立面图与平面图对照,三个视图联合起来,运用形体分析法和线面分析法,形成立体感,综合想象,得出组合体的全貌。

3) 结合详图(剖面图、断面图),综合各投影图,想象整个形体的形状与构造。

相关知识

◆轴测投影简介

1. 轴测投影的形成

轴测投影(简称"轴测图")是将形体以及确定形体空间位置的直角坐标轴一起向某一投影面进行平行投影,所得到的能够反映形体三个侧面形状的立体图。形成轴测投影的那个投影面称为轴测投影面,通常用 P 作代号,如图 2-25 所示。图中 O_1X_1、O_1Y_1、O_1Z_1 是空间直角坐标轴 OX、OY、OZ 的轴测投影,称为轴测轴。在 P 面上,相邻轴测轴之间的夹角,称为轴间角。

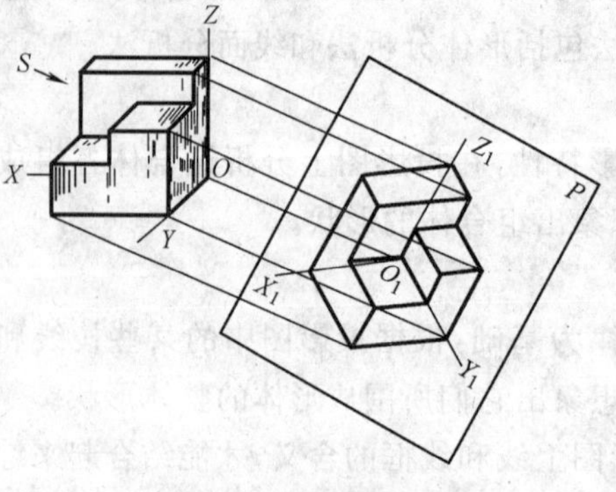

图 2-25 轴测投影的形成

2. 轴测投影的分类

轴测投影根据投影线与轴测投影面的夹角不同分为以下两类。

(1) 正轴测投影

平行投影的方向垂直于轴测投影面,并且空间直角坐标轴 OX、OY、OZ 均倾斜于轴测投影面时所形成的轴测投影,简称正轴测。

(2) 斜轴测投影

平行投影的方向倾斜于轴测投影面,而空间直角坐标轴中有两根坐标轴平行于轴测投影面时所形成的轴测投影,简称斜轴测。

第四节　剖面图与断面图识读

要点

用一个假想的剖切平面将形体剖切开，移去观察者和剖切平面之间部分，作出剩余部分的正投影，叫做剖面图。如图 2-26 所示。

对于某些单一的杆件或需要表示某一部位的截面形状时，可以只画出形体与剖切平面相交的那部分图形，即假想用剖切平面将物体剖切后，仅画出断面的投影图称为断面图，简称断面。如图 2-27 所示。

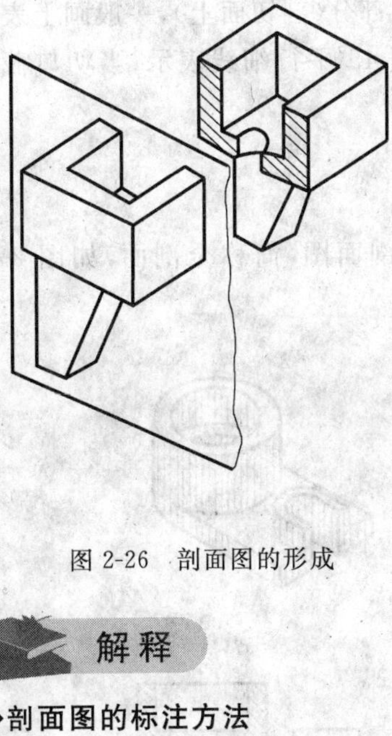

图 2-26　剖面图的形成

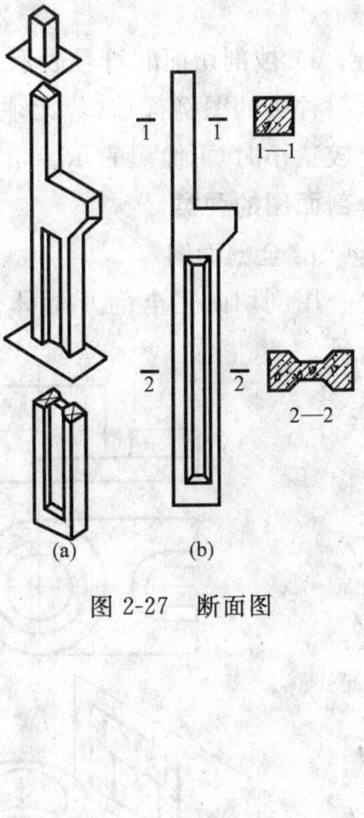

图 2-27　断面图

解释

◆剖面图的标注方法

1. 剖切位置

一般把剖切平面设置成平行于某一投影面的位置，或设置在较长形的对称轴线位置及需要剖切的洞口的中心。

2. 剖切符号

剖切位置投影方向用剖切符号表示，剖切符号由剖切位置线和剖视方向线组成。这两种线均用粗实线绘制。剖切位置线的长度一般为 6～16mm。剖视方向线应垂直于剖切位置线，长度为 4～6mm，剖切符号应尽量不穿越图画上的图线。

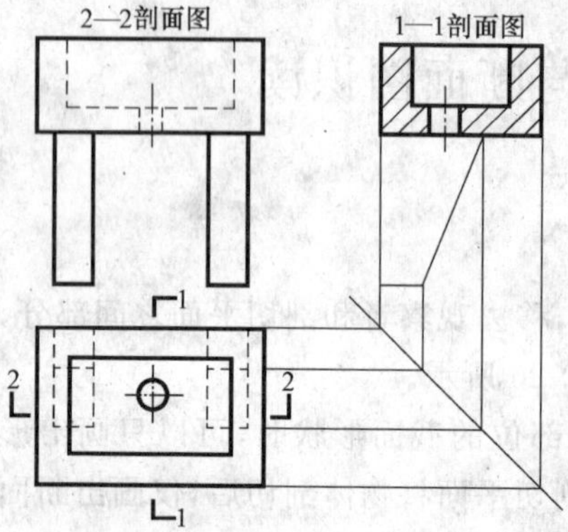

图 2-28　剖面图示例

3. 编号

用阿拉伯数字编号，并注写在剖视方向线的端部，编号应按顺序由左至右，由下而上连续编排，如图 2-28 所示。

◆**剖面图的画法**

剖面图应画出剖切后留下部分的投影图，其绘图要点是：

1）图线。被剖切的轮廓线用粗实线，未剖切的可见轮廓线为中或细实线。

2）不可见线。在剖面图中，看不见的轮廓线一般不画，特殊情况可用虚线表示。

3）被剖切面的符号表示。剖面图中的切口部分(剖切面上)，一般画上表示材料种类的图例符号；若无须示出材料种类，用 45°平行细线表示；当切口截面比较狭小时，可涂黑表示。

◆**剖面图的种类**

1. 全剖面图

用剖切面完全剖开形体的剖面图称为全剖面图，简称全剖面，如图 2-29 所示。

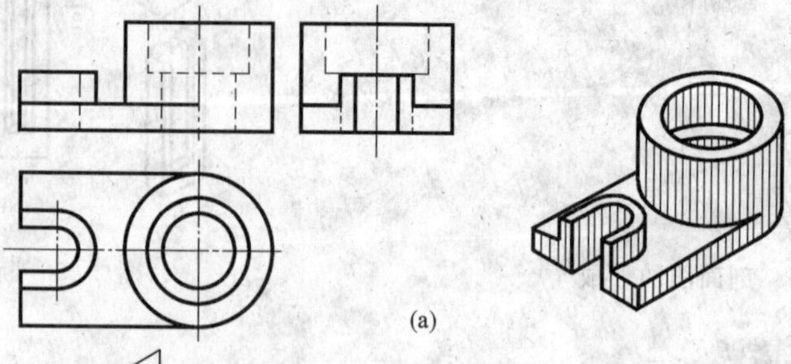

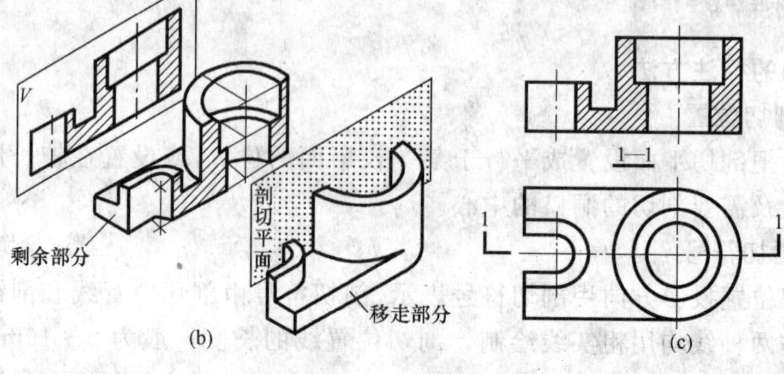

图 2-29　全剖面

(a)形体三视图及立体图；(b)全剖面图的形成；(c)画全剖面图

1）适用范围。当形体的外形比较简单，内形较复杂，而图形又不对称时，或外形简单的回转体形体，为了便于标注尺寸也常采用全剖面图，如图 2-30 所示。

2）剖面图的标注。如图 2-29、图 2-30 所示，由于都是采用单一剖切面通过形体的对称面剖切，且剖面图按投影关系配置，故可省略标注。

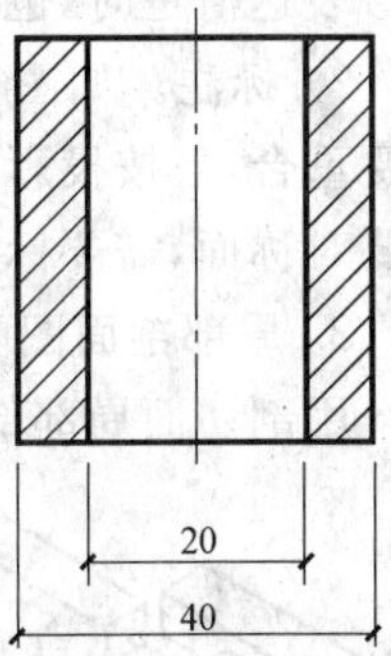

图 2-30 全剖面的标注

2. 半剖面图

当形体具有对称平面时，向垂直于对称平面的投影面上投影所得的图形，可以以对称中心线为界，一半画成剖面图，一半画成视图，这种剖面图称为半剖面图，简称半剖面，如图 2-31 所示。

画半剖面图时，当视图与剖面图左右配置时，规定把剖面图画在中心线的右边。当视图与剖面图上下配置时，规定把剖面图画在中心线的下边。

注意：不能在中心线的位置上画上粗实线。

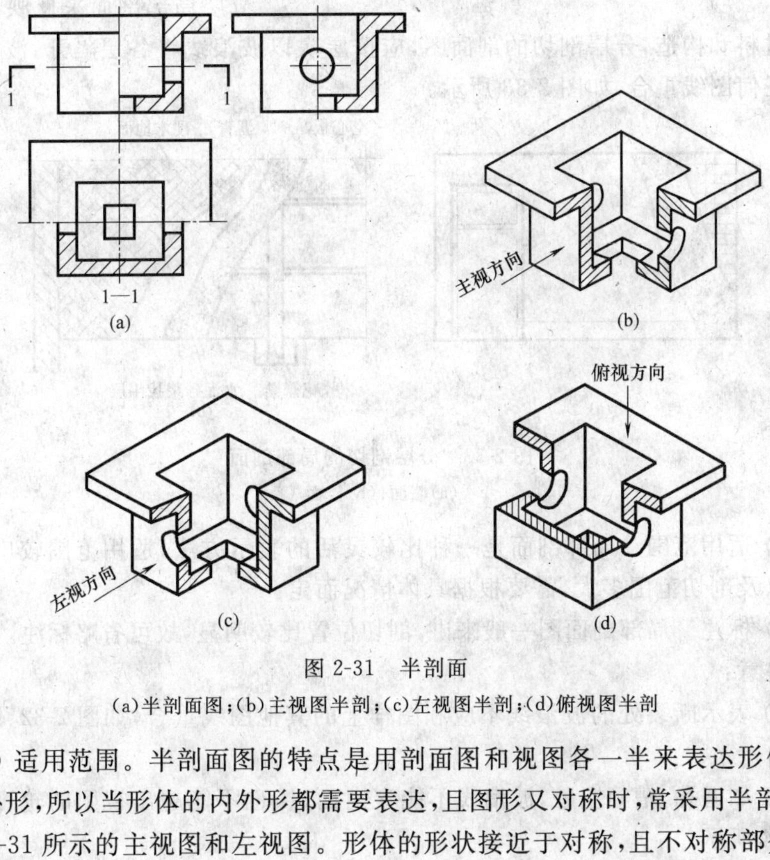

图 2-31 半剖面

(a)半剖面图；(b)主视图半剖；(c)左视图半剖；(d)俯视图半剖

1）适用范围。半剖面图的特点是用剖面图和视图各一半来表达形体的内形和外形，所以当形体的内外形都需要表达，且图形又对称时，常采用半剖面图，如图 2-31 所示的主视图和左视图。形体的形状接近于对称，且不对称部分已有图形表达清楚时，也可采用半剖面图，如图 2-31 所示的俯视图。

2）标注。如图 2-31 所示，在左视图上的半剖面图，因剖切面与形体的对称面要重合，且按投影关系配置，故可省略标注。对俯视图来说，因剖切面未通过主要对称面，需要标注。

3. 局部剖面图

用剖切面局部剖开形体所得的剖面图称为局部剖面图，简称局部剖面。

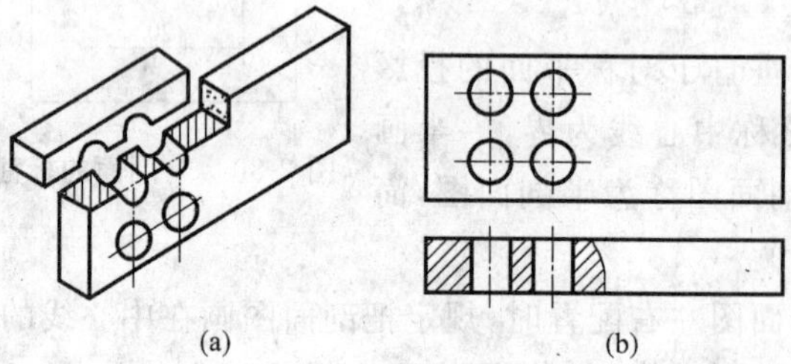

图 2-32　局部剖面

(a)局部剖面图的形成；(b)局部剖面图

如图 2-32 所示的结构，若采用全剖面不仅不需要，而且画图也麻烦，这种情况宜采用局部剖面。剖切后其断裂处用波浪线分界以示剖切的范围。

建筑物的墙面、楼面及其内部构造层次较多，可用分层局部剖面来反映各层所用的材料和构造，分层剖切的剖面图，应按层次以波浪线将各层隔开，波浪线不应与任何图线重合，如图 2-33 所示。

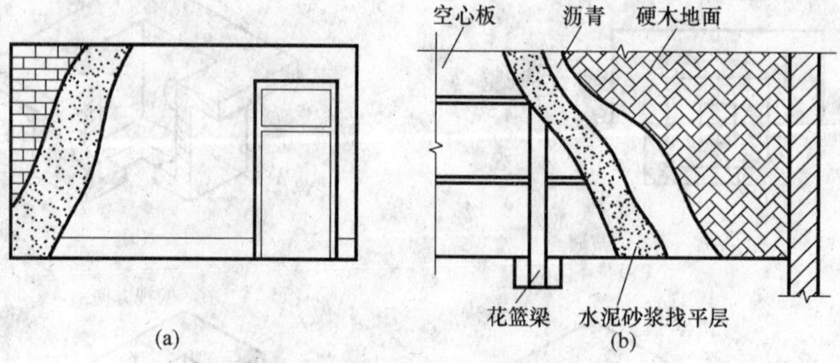

图 2-33　分层剖切的局部剖面

(a)墙面；(b)楼面

1）适用范围。局部剖面是一种比较灵活的表示方法，适用范围较广，怎样剖切以及剖切范围多大，需要根据具体情况而定。

2）标注。局部剖面图一般来讲，剖切位置比较明显，故可省略标注。

注意：

① 表示断裂处的波浪线不应和图样上的其他图线重合，如图 2-32、图 2-33 所示；

② 如遇孔、槽等空腔，波浪线不能穿空而过，也不能超出视图的轮廓线，如图 2-34 所示。

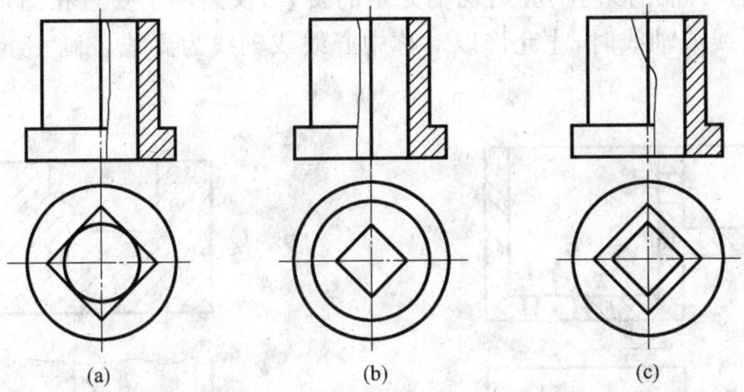

图 2-34　局部剖面(棱线与中心线重合)

(a)对称中心线与外轮廓线重合时的局部剖面图;

(b)对称中心线与内轮廓线重合时的局部剖面图;

(c)对称中心线同时和内外轮廓线重合时的局部剖面图

4. 阶梯剖面图

有些形体内部层次较多,其轴线又不在同一平面上,要把这些结构形状都表达出来,需要用几个相互平行的剖切面相切。

这种用几个相互平行的剖切面把形体剖切开所得到的剖面图称为阶梯剖面图,简称阶梯剖面,如图 2-35 所示。

图 2-35　阶梯剖面

(a)阶梯剖面图的形成;(b)阶梯剖面图

1) 阶梯剖面图的适用范围。当形体上的孔、槽、空腔等内部结构不在同一平面内而呈多层次时,应采用阶梯剖面图,如图 2-36 所示。

2) 阶梯剖面图的标注。阶梯剖面图应标注剖切位置线、剖视方向线和数字编号,并在剖面图下方用相同字母标注剖视图的名称,如图 2-36 所示。

读图时注意:

① 剖切面的转折处不应与图上轮廓线重合,且不要在两个剖切面转折处画上粗实线投影,如图 2-35(b)所示;

② 在剖切面图形内不应出现不完整的要素，仅当两个要素在图形上具有公共对称中心线或轴线时，才允许以对称中心线或轴线为界线各画一半，如图2-37所示。

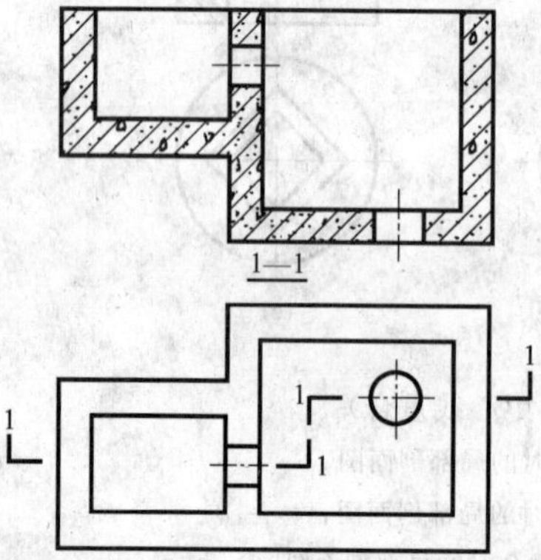

图 2-36　阶梯剖面的标注

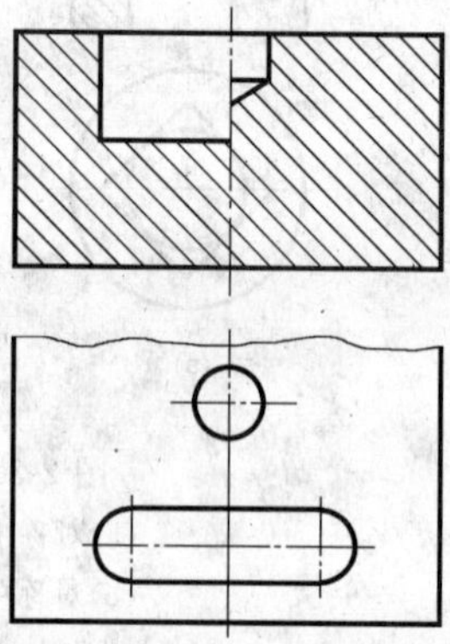

图 2-37　具有公共中心线或轴线时不完整要素画法

5. 旋转剖面图

用相交的两剖切面剖切形体所得到的剖面图称为旋转剖面图，简称旋转剖面，如图 2-38 所示。

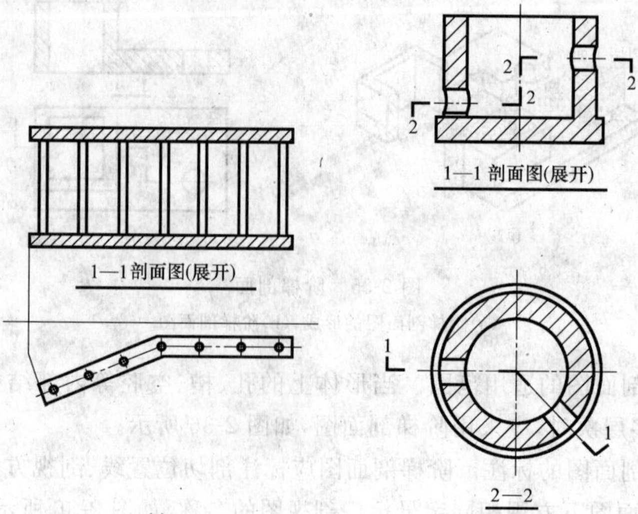

图 2-38　旋转剖面

1）旋转剖面图的适用范围。当形体的内部结构需要用两个相交的剖切面剖切，才能将其完全表达清楚，且这个形体又有回转轴线时，应采用旋转剖面图，如图 2-38 所示。

2）旋转剖面图的标注。旋转剖面图应标注剖切位置线、剖视方向线和数字编号，并在剖面图下方用相同数字标注剖视图的名称“1—1(展开)”。

注意：画旋转剖面图时应注意剖切后的可见部分仍按原有位置投射，如图 2-38(b)所示的小孔。在旋转剖面中，虽然两个剖切平面在转折处是相交的，但规定不能画出其交线。

6. 复合剖面图

当形体内部结构比较复杂，不能单一用上述剖切方法表示形体时，需要将几种剖切方法结合起来使用。一般情况是把某一种剖视与旋转剖视结合，这种剖面图称为复合剖面图，简称复合剖面。

画复合剖面图时，应标注剖切位置线、剖视方向线和数字编号，并在剖面图的下方用相同数字标注剖面图的名称。

◆断面图的标注方法与画法

断面图的剖切位置线用断开的两段短粗线表示；剖视方向用编号所在位置来表示，编号在哪方，就向哪方投影；编号用阿拉伯数字。

断面图只画被切断面的轮廓线，用粗实线画出，不画未被剖切部分和看不见的部分。断面内按材料图例画；断面狭窄时，涂黑表示；或不画图例线，用文字予以说明。

◆断面图的表示方法

1）将断面图画在视图之外位置称移出断面图，适用于形体的截面形状变化较多的情况，如图 2-27 所示。

2）将断面图画在视图之内称折倒断面图或重合断面图。它适用于形体截面形状变化较少的情况。断面图的轮廓线用粗实线，剖切面画材料符号；不标注符号及编号。

3）将断面图画在视图的断开处，称中断断面图。此种图适用于形体为较长的杆件且截面单一的情况。

相关知识

◆断面图与剖面图的区别

1）断面图只画出物体被剖切后剖切平面与形体接触的那部分，即只画出截断面的图形，而剖面图则画出被剖切后剩余部分的投影，如图 2-39 所示。

2）断面图和剖面图的符号也有所不同，断面图的剖切符号只画长度为 6～10mm 的粗实线作为剖切位置线，不画剖视方向线，编号写在投影方向的一侧。

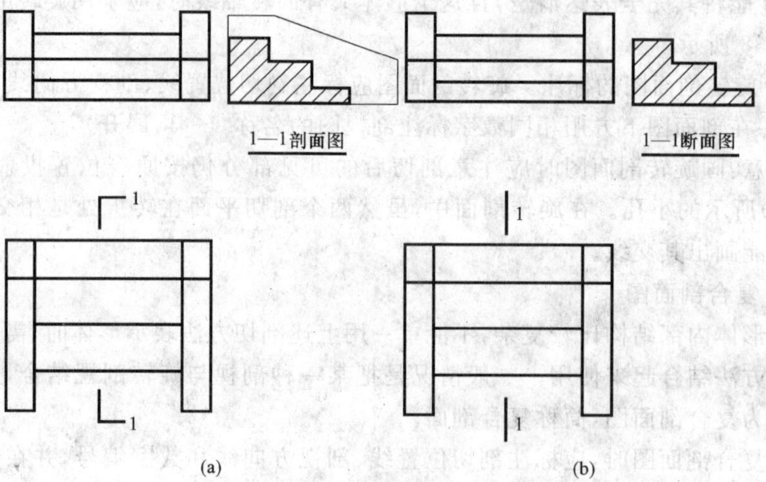

图 2-39　断面图与剖面图的区别

(a)剖面图的画法;(b)断面图的画法

第五节　装饰装修工程施工图识读

要点

一般施工图的分类如图 2-40 所示。本节主要介绍装饰装修工程施工图的组成及识读,读者应侧重掌握装饰装修工程施工图的识读方法。

解释

◆装饰装修工程图的组成及排序

1. 装饰装修工程图的组成

装饰装修工程图由效果图、建筑装饰施工图和室内设备施工图组成。从某种意义上讲,效果图也应该是施工图。在施工制作中,它是形象、材质、色彩、光影与氛围等艺术处理的重要依据,是建筑装饰工程所特有的、必备的施工图样。它所表现出来的诱人的整体效果,不单是

- 施工图分类
  - 按工种划分
    - 建筑工程(含建筑装饰)施工图
    - 结构工程施工图
    - 设备安装施工图
      - 给排水施工图
      - 采暖施工图
      - 通风空调施工图
      - 电气照明施工图
      - ……
  - 按作用划分
    - 基本图
      - 平面图
      - 立面图
      - 剖面图
    - 详图
      - 标准详图
      - 非标准详图

图 2-40　一般施工图的分类

为了招标投标时引起甲方的好感,更是施工生产者所刻意追求且最终应该达到的目标。

建筑装饰施工图分为基本图和详图两部分。基本图包括装饰平面图、装饰立面图和装饰剖面图,详图包括装饰构配件详图和装饰节点详图。

2. 装饰装修工程图的排序

建筑装饰工程图纸的编排顺序原则是:表现性图纸在前,技术性图纸在后;装饰施工图在前,室内配套设备施工图在后;基本图在前,详图在后;先施工的在前,后施工的在后。

建筑装饰施工图要对图纸进行归纳与编排。将图纸中未能详细标明或图样不易标明的内容写成设计施工总说明,将门、窗和图纸目录归纳成表格,并将这些内容放于首页。

建筑装饰施工图简称"饰施",室内设备施工图可简称为"设施",也可按工种不同,分别简称为"水施"、"电施"和"暖施"等。这些施工图都应在图纸标题栏内注写自身的简称(图别)与图号,例如"饰施 1"、"设施 1"、"水施 1"等。

◆装饰装修工程平面图识读

建筑装饰平面图是建筑功能、建筑技术、装饰艺术、装饰经济等在平面上的体现,在建筑装饰装修工程中非常受人重视。其效用主要表现为:

1) 建筑结构与尺寸。

2) 装饰布置与装饰结构及其尺寸的关系。

3) 设备、家具陈设位置及尺寸关系。

1. 装饰平面图的基本内容

1) 表明建筑物的平面形状与尺寸。建筑物在装饰平面图中的平面尺寸通常分为 3 个层次。最外一层是外包尺寸,表明建筑物的总长度。第二层是房间的净空尺寸。第三层是门窗、墙垛、柱、楼梯等的结构尺寸。

2) 表明装修装饰结构在建筑物内的平面位置以及与建筑结构的相互关系尺寸,表明装饰结构的具体形状和尺寸,表明装饰面的材料和工艺要求等。

3) 表明室内设备、家具安放的位置以及与装饰布局的关系尺寸,表明设备及家具的数量、规格和要求。

4) 表明各种房间的位置及功能。走道、楼梯、防火通道、安全门、防火门等人员流动空间的位置与尺寸。

5) 表明各剖面图的剖切位置、详图和通用配件等的位置及编号。

6) 表明门、窗的开启方向与位置尺寸。

7) 表明各立面图的视图投影关系和视图位置编号。

8) 表明台阶、水池、组景、踏步、雨篷、阳台及绿化设施的位置及关系尺寸。

9) 标注图名和比例。此外,整张图纸还有图标和会签栏,以作图纸的文件标志。

10）用文字说明图例和其他符号表达不足的内容。

2. 装饰平面图的识读要点

1）首先看图名、比例、标题栏，弄清是什么平面图。再看建筑平面基本结构及尺寸，把各个房间的名称、面积及门窗、走道等主要尺寸记住。

2）通过装饰面的文字说明，弄清施工图对材料规格、品种、色彩的要求，对工艺的要求。结合装饰面的面积，组织施工和安排用料。明确各装饰面的结构材料与饰面材料的衔接关系与固定方式。

3）确定尺寸。先要区分建筑尺寸与装饰装修尺寸，再在装饰装修尺寸中，分清定位尺寸、外形尺寸和结构尺寸(平面上的尺寸标注通常分布在图形的内外)。

4）通过平面布置图上的符号：

① 通过投影符号，明确投影面编号和投影方向，并进一步查出各投影方向的立面图；

② 通过剖切符号，明确剖切位置及其剖切方向，进一步查阅相应的剖面图；

③ 通过索引符号，明确被索引部位和详图所在位置。

3. 天棚平面图

(1) 基本内容

1）表明墙柱和门窗洞口位置。天棚平面图一般都采用镜像投影法绘制。用镜像投影法绘制的天棚平面图，其图形上的前后、左右位置与装饰平面布置图完全相同，纵横轴线的排列也与之相同。

2）表明天棚装饰造型的平面形式和尺寸，并通过附加文字说明其所用材料、色彩及工艺要求。

3）表明天棚所用的装饰材料及规格。

4）表明顶部灯具的种类、式样、规格、数量及布置形式和安装位置、空调风口、顶部消防与音响设备等设施的布置形式与安装位置、墙体顶部有关装饰配件(例如窗帘盒、窗帘等)的形式和位置。

5）表明天棚剖面构造详图的剖切位置及剖面构造详图的所在位置。作为基本图的装饰剖面图，其剖切符号不在天棚图上标注。

(2) 识读要点

1）应弄清楚天棚平面图与平面布置图各部分的对应关系，核对天棚平面图与平面布置图的基本结构和尺寸上是否相符。

2）对于某些有迭级变化的天棚，要分清它的标高尺寸和线型尺寸，并结合造型平面分区线，在平面上建立起二维空间的尺度概念。

3）通过天棚平面图，了解顶部灯具和设备设施的规格、品种和数量。

4）通过天棚平面图上的文字标注，了解天棚所用材料的规格、品种及其施工要求。

5）通过天棚平面图上的索引符号，找出详图对照着阅读，弄清楚天棚的详细构造。

◆**装饰装修工程立面图识读**

通常装饰平面图、剖面图只能表达建筑物、建筑空间与建筑构件的内部图像与断面形状，尚不能表达其外部的完整形象。而依照三向视图原理以正投影来反映建筑物外观墙面或建筑内部墙面与物体的图像，就是装饰立面图。它所表现的图像大多为可见轮廓线所构成的外视图像，不见或少见到它将伴随剖面或断面图像同时出现。

1. 装饰立面图的基本内容

1）表明装饰吊顶天棚的高度尺寸、建筑楼层底面高度尺寸、装饰吊顶顶面的迭级造型互相关系尺寸。

2）在立面图中，以室内地面为零点标高，以此为基准点来标明其他建筑结构、装饰结构及配件的标高。

3）表明墙面装饰造型和式样，用文字说明所需装饰材料及工艺要求。

4）表明墙面所用设备的位置尺寸、规格尺寸。

5）表明墙面与吊顶的衔接收口方式。

6）表明建筑结构与装饰结构的连接方式、衔接方式和相关尺寸。

7）表示门、窗、隔墙、装饰隔断物等设施的高度尺寸和安装尺寸。

8）表明楼梯踏步的高度和扶手高度以及所用装饰材料及工艺要求。

9）表明绿化、组景设置的高低错落位置尺寸。

2. 装饰立面图的识读要点

1）明确建筑装饰装修立面图上与该工程有关的各部分尺寸和标高。

2）弄清地面标高，装饰立面图一般都以首层室内地坪为零，高出地面者以正号表示，反之则以负号表示。

3）弄清每个立面上有几种不同的装饰面，这些装饰面所用材料以及施工工艺要求。

4）立面上不同材料饰面之间的衔接收口较多，要注意收口的方式、工艺和所用材料。

5）要注意电源开关、插座等设施的安装位置和方式。

6）弄清建筑结构与装饰结构之间的衔接，装饰结构之间的连接方法和固定方式，以便提前准备预埋件和紧固件。仔细阅读立面图中文字说明。

3. 外视立面图

建筑装饰立面图就是以建筑外视立面图为主体，结合装饰设计的要求，补充了图示的内容。

外视立面图多见于对建筑物与建筑构件的外观表现,任何物体外形均可用外视立面图来表现,它的使用范围很广泛。在建筑装饰装修工程中,外视立面图主要适用于室外装饰装修工程,其图示方法也适用于室内装饰立面图。

在三视图中外观立面图最富有感染力和空间存在感,任何人一看就能理解,用于建筑方案图上可以表现建筑造型和建筑效果。在建筑施工图中,建筑外观立面图表达了建筑外部做法,在建筑室外装饰装修工程施工图中表现了建筑装饰艺术。

◆装饰装修工程剖面图识读

剖面图的效用主要是为表达建筑物、建筑空间的竖向形象和装饰结构内部构造以及有关部件的相对关系。在建筑装饰装修工程中存在极其密切的关联和控制作用。

1. 装饰剖面图的基本内容

1）表示装饰面或装饰形体本身的结构形式、材料情况与主要支承构件的相互关系。

2）表现了内外墙、门窗洞、屋顶的形式,檐口做法,楼地面的设置,楼梯构造及室内外处理等。

3）表示装饰结构与建筑结构之间的衔接尺寸与连接方式。

4）表明剖切空间内可见实物的形状、大小和位置。

5）表示装饰面上的设备安装方式或固定方法,装饰面与设备间的收口收边方式。

6）表达了建筑物、建筑空间及装饰结构的竖向尺寸及关系。

7）表明图名、比例和被剖切墙体的定位轴线及其编号,以便与平面图对照阅读。

2. 装饰剖面图的识读要点

1）看剖面图首先要弄清该图从何处剖切而来。分清是从平面图上,还是从立面图上剖切的。剖切面的编号或字母,应与剖面图符号一致,了解该剖面的剖切位置与方向。

2）通过对剖面图中所示内容的阅读研究,明确装饰装修工程各部位的构造方法、尺寸、材料要求与工艺要求。

3）注意剖面图上索引符号,以便识读构件或节点详图。

4）仔细阅读剖面图竖向数据及有关尺寸、文字说明。

5）注意剖面图中各种材料结合方式以及工艺要求。

6）弄清剖面图中标注和比例。

◆装饰装修工程详图识读

建筑装饰装修工程详图是补充平、立、剖图的最为具体的图式手段。

建筑装饰施工平、立、剖三图主要是用以控制整个建筑物、建筑空间与装饰结构的原则性做法。但在建筑装饰全过程的具体实施中还存在一定的限度，还必须加以深化和提供更为详细和具体的图示内容，建筑装饰的施工才能继续下去，以求得其竣工后的满意效果。所指的详图应包含“三详”：1）图形详；2）数据详；3）文字详。

1. 局部放大图

放大图就是把原状图放大而加以充实，并不是将原状图进行较大的变形。

1）室内装饰平面局部放大图以建筑平面图为依据，按放大的比例图示出厅室的平面结构形式和形状大小、门窗设置等，对家具、卫生设备、电器设备、织物、摆设、绿化等平面布置表达清楚，同时还要标注有关尺寸和文字说明等。

2）室内装饰立面局部放大图是重点表现墙面的设计，先图示出厅室围护结构的构造形式，再对墙面上的附加物以及靠墙的家具都详细地表现出来，同时标注有关详细尺寸、图示符号和文字说明等。

2. 建筑装饰件详图

建筑装饰件项目很多，例如暖气罩、吊灯、吸顶灯、壁灯、空调箱孔、送风口、回风口等。这些装饰件都可能要依据设计意图画出详图。其内容主要是表明它在建筑物上的准确位置，与建筑物其他构配件的衔接关系，装饰件自身构造及所用材料等内容。

建筑装饰件的图示法要视其细部构造的繁简程度和表达的范围而定。有的只要一个剖面详图就行，有的还需要另加平面详图或立面详图来表示，有的还需要同时用平、立、剖面详图来表现。对于复杂的装饰件，除本身的平、立、剖面图外，还需增加节点详图才能表达清楚。

3. 节点详图

节点详图是将两个或多个装饰面的交汇点，按垂直或水平方向切开，并加以放大绘出的视图。

节点详图主要是表明某些构件、配件局部的详细尺寸、做法和施工要求；表明装饰结构与建筑结构之间详细的衔接尺寸和连接形式；表明装饰面之间的对接方式及装饰面上的设备安装方式和固定方法。

节点详图是详图中的详图。识读节点详图一定要弄清该图从何处剖切而来，同时注意剖切方向和视图的投影方向，弄清节点图中各种材料结合方式以及工艺要求。

相关知识

◆装饰装修工程施工图与建筑工程施工图的区别

建筑装饰装修工程施工图与建筑工程施工图在绘制原理和图示标识形式上

基本一致,但由于专业分工不同,图示内容不同,所以仍然存在一定的差异。其差异反映在图示方法上主要有以下几个方面:

1)由于建筑装饰装修工程不仅与建筑有关,而且与水、暖、电等设备,与家具、陈设、绿化及各种室内配套产品,还有钢、铁、铝、铜、木等不同材质的结构处理有关。因此,建筑装饰装修工程施工图中常出现建筑制图、家具制图、园林制图和机械制图等多种画法并存的现象。

2)建筑装饰装修工程施工图表达内容多,不仅要标明建筑的基本结构,还要表明装饰的形式、结构与构造。为了表达翔实,符合施工要求,装饰装修工程施工图一般都是将建筑工程施工图的一部分加以放大后进行图示,因其所用比例较大,故有建筑局部放大图之说。

3)由于建筑装饰装修工程施工图所用比例较大,又多是建筑物某一装饰部位或某一装饰空间的局部图示,有些细部描绘比建筑施工图更细腻。

4)建筑装饰装修工程施工图图例部分无统一标准,多是在流行中互相沿用,各地多少有点不同,有的还不具有普遍意义,不能让人一目了然,需加文字说明。

5)建筑装饰装修工程的标准定型化设计少,可采用的标准图不多,致使基本图中大部分局部和装饰配件都需要专门画出详图来标明其构造。

第三章　装饰装修工程定额计价

第一节　装饰装修工程定额概述

要点

装饰装修工程定额是指在一定的施工技术与装饰艺术综合作用下，为完成质量合格的单位产品所消耗在装饰装修工程基本构造要素上的人工、材料和机械数量标准及费用额度。在这里说的基本构造要素，就是通常所说的装饰装修分项工程或结构构件。

解释

◆装饰装修工程定额的分类

建筑装饰装修工程定额可以按照不同的原则和方法对它进行科学的分类。

1. 按定额反映的生产要素消耗内容分类

可以把建筑装饰装修工程定额划分为劳动消耗定额、机械消耗定额和材料消耗定额三种。

1）劳动消耗定额。简称劳动定额（也称人工定额），是指完成一定的合格产品（工程实体或劳务）规定活劳动消耗的数量标准。劳动定额的表现形式包括时间定额和产量定额。时间定额与产量定额互为倒数。

2）机械消耗定额。又称为机械台班定额，是指为完成一定合格产品所消耗的施工机械台班的数量标准。机械消耗定额的表现形式包括时间定额和产量定额。

3）材料消耗定额。简称材料定额，是指完成一定合格产品所需材料的数量标准。

材料是指装饰装修工程建设中使用的原材料、成品、半成品、构配件、燃料以及水、电等动力资源的统称。

2. 按定额的编制程序和用途分类

可以把建筑装饰装修工程定额分为施工定额、预算定额、概算定额、概算指标、投资估算指标五种。

1）施工定额。施工定额是指在正常的施工条件下，为完成单位合格产品

(施工过程)所必须消耗的人工、材料和机械台班的数量标准。施工定额以工序为研究对象。它是施工企业组织生产和加强管理,在企业内部使用的一种定额,属于企业定额的性质,是建筑装饰装修工程定额中的基础性定额。它由劳动定额、机械定额和材料定额三个相对独立的部分组成。

2)预算定额。预算定额是指在正常的施工条件下,为完成一定计量单位的分项工程或结构构件所需消耗的人工、材料、机械台班的数量标准。包括劳动定额、机械台班定额、材料消耗定额三个基本部分,是一种计价的定额。从编制程序上看,预算定额是以施工定额为基础综合扩大编制的,同时它也是编制概算定额的基础。

3)概算定额。概算定额是指在正常的施工条件下,为完成一定计量单位的扩大结构构件、扩大分项工程或分部工程所需消耗的人工、材料、机械台班的数量标准。概算定额也是一种计价性定额。它是编制扩大初步设计概算、确定装饰装修工程项目投资额的依据。概算定额的项目划分粗细,与扩大初步设计的深度相适应,一般是在预算定额的基础上综合扩大而成的,每一综合分项概算定额都包含了数项预算定额。

4)概算指标。预算定额是指在正常的施工条件下,为完成一定计量单位的建筑物或构筑物所需消耗的人工、材料、机械台班的数量标准。概算指标的内容包括劳动、机械台班、材料定额三个基本部分,同时还列出了各结构分部的工程量及单位建筑工程(以体积或面积计)的造价,是一种计价定额。概算指标的设定和初步设计的深度相适应,一般是在概算定额和预算定额的基础上编制的,比概算定额更加综合扩大。

5)投资估算指标。投资估算指标是在项目建议书和可行性研究阶段编制投资估算、计算投资需用量时使用的一种定额。它非常概略,往往以独立的单项工程或完整的工程项目为计算对象,编制内容是所有项目费用之和。它的概略程度和可行性研究阶段相适应。投资估算指标往往根据历史的预、决算资料和价格变动等资料编制,但其编制基础仍然离不开预算定额、概算定额。

3. 按照主编单位和管理权限分类

可以把建筑装饰装修工程定额分为全国统一定额、地区统一定额、企业定额和补充定额。

1)全国统一定额是由国家建设行政主管部门,综合全国工程建设中技术和施工组织管理的情况编制,并在全国范围内执行的定额。

2)地区统一定额包括省、自治区、直辖市定额。地区统一定额主要是考虑地区性特点和全国统一定额水平作适当调整和补充编制的。

3)企业定额是指由施工企业考虑本企业具体情况,参照国家、部门或地区定额的水平制定的定额。

施工企业所建立的内部企业定额应反映企业的施工水平、人员素质及机械装备水平和企业管理水平,作为考核建筑安装企业劳动生产率水平、管理水平的经验标准和确定工程成本、投标报价的依据。在计划经济时代,企业定额仅是对国家统一定额或地区性定额的一种补充,它仅用于施工企业内部施工管理。在市场经济条件下,工程造价管理体制改革不断深入,从2003年7月1日起,我国开始推行建设工程工程量清单计价。该方法实施的关键在于企业自主报价,而施工企业要想在激烈的市场竞争中获胜,必须根据企业自身的技术力量,机械装备和管理水平来制定能体现自身特点的企业定额,并且为了适应《建设工程工程量清单计价规范》实施后的市场竞争的发展态势,施工企业编制的企业定额应同时具有传统意义的"施工定额"和"预算定额"的双重作用和性质。

4) 补充定额是指随着设计、施工技术的发展,现行定额不能满足需要的情况下,为了补充缺陷所编制的定额。补充定额只能在指定的范围内使用,可以作为以后修订定额的基础。

◆装饰装修工程定额的性质

1. 科学性

建筑装饰装修工程定额是装饰装修工程进入科学管理阶段的产物,它的科学性,首先表现在用科学的态度制定定额,尊重客观实际,定额水平合理;其次表现在制定定额的技术方法上,利用现代科学管理的成就,形成一套系统的、完整的、在实践中行之有效的方法;第三表现在定额制定和贯彻一体化。制定是为了提供贯彻的依据,贯彻是为了实现管理的目标,也是对定额的信息反馈。

2. 指导性

随着我国建设市场的不断成熟和规范,建筑装饰装修工程定额尤其是统一定额原具备的法令性特点逐渐弱化,转而成为对整个建筑装饰装修市场和具体装饰装修产品交易的指导作用。

建筑装饰装修工程定额的指导性的客观基础是定额的科学性,只有科学的定额才能正确地指导客观的交易行为。它的指导性体现在两个方面:一方面,建筑装饰装修工程定额作为国家各地区和行业颁布的指导性依据,可以规范装饰装修市场的交易行为,在具体的装饰装修产品定价过程中也可以起到相应的参考性作用,同时统一定额还可作为政府投资项目定价以及造价控制的重要依据;另一方面,在现行的工程量清单计价方式下,承包商报价的主要依据是企业定额,但企业定额的编制和完善仍然离不开统一定额的指导。

3. 统一性和时效性

建筑装饰装修工程定额的统一性和时效性,主要表现在国家对装饰装修工程定额的管理,由行政职能向宏观调控职能的客观需要上。在市场经济条件下的装饰装修定额,只有统一尺度,才能利用定额对项目装饰装修决策、装饰装修设计和装饰装修工程招标、投标进行比较和引导。

另外,它的统一性还表现在既要有全国统一的装饰装修定额,也应有地区统一和部门统一的装饰装修定额。这是市场经济规律对各具特色的装饰装修工程的客观要求。

4. 群众性

建筑装饰装修工程定额的制定和执行,具有广泛的群众基础。定额的水平是装饰装修行业群众生产技术水平的综合反映;定额的编制,是在职工群众直接参与下进行的,使得定额既能从实际出发,又能把国家、企业、个人三者的利益结合起来;而且定额一旦颁发,则要运用于实践中,成为广大群众的奋斗目标。

总之,定额来自群众,又贯彻于群众。

5. 可变性与相对稳定性

建筑装饰装修工程定额水平的高低,是根据一定时期的社会生产力水平确定的。随着科学技术的进步,社会生产力的发展,当原有的定额已不适应生产需要时,就要对它进行修改和补充。但社会生产力的发展有一个由量变到质变的过程,因此,定额的执行也有一个相应的实践过程。所以,定额既不是固定不变的,但也决不能朝令夕改,既有时效性,又有一定的稳定期。

◆装饰装修工程定额的作用

1. 建筑装饰装修工程定额是企业计划管理的基础

建筑施工企业为了组织和管理装饰装修施工生产活动,必须编制各种计划。而计划的编制又要依据各种定额来计算人力、物力和财力的需用量。因此,定额是施工企业计划管理的重要基础。

2. 建筑装饰装修工程定额是提高劳动生产率的重要手段

施工企业要提高劳动生产率,应贯彻执行各种定额,把企业提高劳动生产率的任务,具体落实到每位职工身上,促使他们采用新技术、新工艺;改进操作方法,改善劳动组织,减少劳动强度,使用更少的劳动量,生产更多的产品。

3. 建筑装饰装修工程定额是衡量设计方案优劣的标准

使用定额和各种概算指标对一个工程的若干设计方案进行技术经济分析,能选择经济合理的最优设计方案。因此,定额是衡量设计方案经济合理性的标准。

4. 建筑装饰装修工程定额是科学组织施工和管理施工的有效工具

在组织施工时,无论是计算、平衡资源需用量,组织供应材料,合理配备劳动组织,调配劳动力,签发工程任务单和限额领料单,还是组织劳动竞赛,考核工料消耗,计算和分配劳动报酬等,都要以各种定额为依据。因此,定额是组织和管理装饰装修施工生产的有效工具。

5. 建筑装饰装修工程定额是企业实行经济核算的重要基础

企业进行工程成本核算时，要以定额为标准，分析比较企业各项成本，肯定成绩，找出差距，提出改进措施，不断降低各种消耗，提高企业的经济效益。

相关知识

◆装饰装修工程定额的形成与发展

定额是客观存在的，人们对它的认识是随着生产力的发展、生产经验的积累和人类自身认识能力的提高，随着社会生产管理的客观需要，由自发到自觉，再由自觉到定额的制定和管理这样一个逐步深化和完善的过程。

在人类社会发展初期，生产者是分散的、孤立的，个体生产者不需要什么定额，他们往往凭借个人的经验积累进行生产。随着简单商品经济的发展，作坊主或工场的工头依据他们自己的经验指挥和监督他人劳动和物资消耗。但这些劳动和物资消耗同样是依据个人经验而建立，并不能科学地反映生产和生产消耗之间的数量关系。这一时期是定额产生的萌芽阶段。

19 世纪末到 20 世纪初，随着科学管理理论的产生和发展，定额与定额管理才由自觉管理走向了科学制定与科学管理的阶段。美国工程师泰勒（1856—1915 年）进行了企业管理的研究，其目标为提高劳动生产率，提高工人的劳动效率。他通过科学试验，对工作时间、操作方法、工作时间的组成部分等进行细致的研究，制定出最节约工作时间的标准操作方法。同时，在此基础上，要求工人取消那些不必要的操作程序，制定出水平较高的工时定额，用工时定额来评价工人工作的好坏。

20 世纪 70 年代出现的系统管理理论，把管理科学与行为科学有机结合起来，从事物整体出发，系统地对劳动者、材料、机器设备、环境、人际关系等对工时产生影响的重要因素进行定性和定量相结合的分析与研究，从而选定适合本企业实际的最优方案，以此产生最佳效果，取得最好的经济效益。所以定额伴随管理科学的产生而产生，伴随管理科学的发展而发展。定额是企业管理科学化的产物，也是科学管理企业的基础和必要条件。

在我国古代工程建设中，已十分重视工料消耗计算。早在北宋时期，土木建筑专家李诫在公元 1100 年编修的《营造法式》，就可看做是古代的工料定额。它既是土木建筑工程的巨著，也是工料计算方面的巨著。清工部《工程做法则例》中，也有许多内容是说明工料计算方法的。直到今天，《仿古建筑及园林工程预算定额》仍将这些古代工料管理文献资料作为编制依据之一。

我国建筑工程定额，是在新中国成立以后从零开始，逐渐建立和日趋完善的。最初，吸取了苏联定额总做的经验；20 世纪 70 年代后期，又参考了欧洲多国和美国、日本等国家有关定额方面的管理科学内容；在各个时期，结合我国建筑工程施工的实际情况,编制了适合我国国情的切实可行的定额。

1956年,国家建委颁发了《建筑工程预算定额》,为建筑工程和装饰装修工程预算、结算的编制和工程造价的确定提供了统一的、法定的依据,规范了全国建筑工程产品价格的计算。1963年建工部又组织修编了《建筑工程预算定额》,作为编制地区统一的建筑工程预算定额的基础。"文化大革命"期间,按定额计价受到了冲击,取而代之的是按实报销,造成了建筑工程造价的失控。1978年国家又重新组织修编了全国统一的《建筑工程预算定额》,1981年进行了修订,作为各地编制地区统一建筑工程预算定额和行业的建筑工程预算定额,各地区或行业可根据气候、地理、材料、设计和操作方法的不同,对统一定额进行调整。其后,各地区统一建筑工程预算定额和行业统一预算定额相继颁发执行。1986年及以后几年,建设部又相继编制和颁发了《全国统一安装工程预算定额》《市政工程预算定额》《仿古建筑及园林绿化定额》和《全国统一施工机械台班费用定额》。这一阶段是我国定额计价的恢复与发展时期。

随着工程造价计价改革的发展和新形势的需要,1992年建设部颁发了《全国统一建筑工程装饰预算定额》,为新兴的装饰行业的计价提供了依据。为适应建筑工程改革的进一步深化,遵循市场经济原则,有利于全国统一市场的建立和市场竞争,规范市场建筑产品计价依据和市场行为,1995年建设部又组织编制和颁发了《全国统一建筑工程基础定额》(土建工程)和《全国统一建筑工程预算工程量计算规则》,为实行量、价分离以及工程实体消耗和施工措施消耗定额提供了依据,为逐步实行工程按个别成本报价、通过市场竞争形成价格起到了促进作用。2002年,又颁发了《全国统一装饰装修工程消耗定额》。

第二节　装饰装修工程施工定额

要点

装饰装修工程施工定额是以同一性质的施工过程或工序为测定对象,在正常的施工条件下,为完成一定计量单位的某施工过程或工序所需人工、材料和机械台班等消耗的数量标准。

施工定额包括劳动定额、材料消耗定额和机械台班消耗定额。

解释

◆劳动定额

劳动定额也称人工定额。它是表示建筑装饰装修工人劳动生产率的一个先进合理的指标,反映的是装饰装修工人劳动生产率的社会平均先进水平,是施工定额的重要组成部分。

1. 劳动定额的形式

劳动定额的表现形式可分为时间定额和产量定额。

1）时间定额。时间定额是指在正常装饰装修施工条件（生产技术和劳动组织）下，工人为完成单位合格装饰产品所必需消耗的工作时间。定额时间包括人工的有效工作时间（准备与结束时间、基本工作时间、辅助工作时间）、必需的休息与生理需要时间和不可避免的中断时间。

时间定额以“工日”为单位，按现行制度规定，每个工日工作时间为8h。

2）产量定额。产量定额是指在正常装饰装修施工条件（生产技术和劳动组织）下，工人在单位时间内完成合格装饰装修产品的数量。其计量单位为产品计量单位/工日。

时间定额与产量定额互为倒数。例如，已知干挂1m^2花岗岩内墙面的时间定额是0.0824工日，则每工日产量定额应是1/(0.0824工日/m^2)＝12.13m^2/工日。

2. 劳动定额的测定方法

劳动定额水平的测定方法较多，比较常用的方法有技术测定法、经验估计法、统计分析法和比较类推法四种。

1）技术测定法，是指在正常的施工条件下，对施工过程各工序时间的各个组成要素，进行现场观察测定，分别测定出每一工序的工时消耗，然后对测定的资料进行分析整理来制定定额的方法。该方法是制定定额最基本的方法。

2）经验估计法，是根据老工人、施工技术员和定额员的实践经验，并参照有关技术资料，综合施工图纸、施工工艺、施工技术组织条件和操作方法等，进行分析、座谈讨论和反复平衡来制定定额的方法。它适用于产品品种多、批量小的施工过程以及某些次要的定额项目。

3）统计分析法，是指把过去一定时期内实际施工中的同类工程或生产同类产品的实际工时消耗和产品数量的统计资料（如施工任务书、考勤报表和其他有关有关的统计资料）与当前生产技术水平相结合，进行分析研究制定定额的方法。该方法适用于条件正常、产品稳定、批量较大、统计工作制度健全的施工过程。

4）比较类推法，又称为典型定额法。它是以同类产品或工序定额作为依据，经过分析比较，以此推算出同一组定额中相邻项目定额的一种方法。该方法适用于产品品种多、批量小的施工过程。

◆材料消耗定额

材料消耗定额是指在正常装饰装修施工条件和节约、合理使用装饰材料的条件下，完成质量合格的单位产品所必须消耗的一定品种规格的材料、成品、半成品或配件等的数量标准。其计量单位为实物的计量单位。

1. 材料消耗的性质

施工材料的消耗,可分为直接用于建筑装饰工程的材料,即材料净用量和生产过程中不可避免的废料和不可避免的损耗,即材料的损耗量。

2. 确定材料消耗量的基本方法

(1) 非周转性材料消耗量的确定

非周转材料也称直接性消耗材料,它是指在建筑工程施工中,一次性消耗并直接用于工程实体的材料。

非周转性材料是通过现场技术测定、试验室试验、现场统计和理论计算等方法确定材料净用量定额和材料损耗定额数据。

(2) 周转性材料

周转性材料是指在施工中不是一次性消耗的材料,它是随着多次使用而逐渐消耗的材料,并在使用过程中不断补充,多次重复使用。

周转材料消耗指标,应当按照多次使用、分期摊销计算。

◆机械台班消耗定额

机械台班消耗定额,是指施工机械在正常的装饰装修施工条件下和合理的劳动组织条件下,完成单位合格产品所必需的工作时间(台班);或在单位台班,应完成合格产品的数量标准。

1. 机械台班定额的表现形式

机械台班消耗定额有两种表达形式,即机械时间定额和机械产量定额。

(1) 机械时间定额

机械时间定额是指在正常装饰装修施工条件下,在合理的劳动组织和合理使用机械的前提下,某种施工机械完成单位合格装饰产品所必须消耗的工作时间,包括有效工作时间、不可避免的中断时间和不可避免的空转时间等。

时间定额的单位是"台班",一个台班是一台机械工作8h。

(2) 机械产量定额

机械产量定额是指在正常的装饰装修施工条件下,在合理的劳动组织和合理使用机械的前提下,某种施工机械在每个台班时间内必须完成合格装饰装修产品的数量标准。

机械时间定额与机械产量定额互为倒数。

2. 确定机械台班定额消耗量的基本方法

1) 确定正常的施工条件。主要是拟定工作地点的合理组织和合理的工人编制。

2) 确定机械1h纯工作正常生产率。这是在正常施工组织条件下,具有必需的知识和技能的技术工人操纵机械1h的生产率。

3）确定施工机械的正常利用系数。这是机械在工作班内对工作时间的利用率。机械的利用系数和机械在工作班内的工作状况有着密切的关系。所以，应首先拟定机械工作班内的正常工作状况，保证合理利用工时。

4）计算施工机械台班定额。

施工机械台班产量定额＝机械1h纯工作正常生产率×工作纯工作时间　(3-1)

或

施工机械台班产量定额＝机械1h纯工作正常生产率×工作班延续时间×机械正常利用系数　(3-2)

施工机械时间定额＝1/机械台班产量定额　(3-3)

◆施工定额的编制原则

1. 施工定额的水平必须遵循平均先进的原则

定额水平是对定额消耗量的高低、松紧程度的描述。它指在正常的施工条件下，完成单位质量合格产品所必须消耗的人工、材料和机械台班等的数量标准。它是对施工管理水平、生产技术水平、劳动生产率水平和职工思想觉悟水平的综合反映。

在确定定额水平时，要本着有利于提高劳动生产率，降低消耗，便于考核劳动成果，有利于科学管理的原则。考虑那些已经成熟、被广泛推广的先进技术和经验以及市场竞争的环境要求，经认真地研究、比较和反复平衡后进行制定。使定额水平在正常条件下，具有多数企业或个人努力能够达到或超过，少数落后的企业或个人经过努力也能接近的鼓励先进、勉励中间、鞭策落后的平均先进的理想水平。

2. 施工定额的编制要遵循实事求是的原则

定额来源于生产实践，又用于组织生产。因此，在定额的编制过程中，除要进行全面的比较和反复平衡外，还要本着实事求是的原则，深入实际，调查各项影响因素，注意挖掘企业的潜力，考虑在现有的技术条件下能够达到的程度，经过科学分析、计算和试验，编制出切合实际的，不完全局限于劳动定额和预算定额水准的施工定额。

3. 施工定额的内容和形式要贯彻简明适用的原则

施工定额是直接在工人群众中施行的。这就要求它的内容和形式上要做到简明适用、灵活方便、通俗易懂；做到及时将已成熟的新材料、新结构和新技术以及缺少的定额项目，尽可能地补编到定额中；淘汰实际中不用、陈旧过时的项目，使得划分的定额项目少而全，严密明确，简明扼要，粗细适度；各项指标具有灵活性，以满足劳动组织、班组核算、计取劳动报酬和简化计算工作的要求，同时满足不同工程和地区的使用要求。注意计量单位的选择，系数的利用，说明和附注的合理设计,防止执行中发生争议。

4. 施工定额的编制要贯彻专群结合、以专为主的原则

定额的编制工作具有很强的技术性、政策性和经济性。这就要求施工定额的编制应由专门的机构和人员负责组织、协调指挥、掌握方针政策、制定编制方案,以具有丰富专业技术知识和管理经验的人员为主,对日常的定额资料,做好积累、分析、整理、测定、管理、编制、颁发和执行工作;以具有丰富实践经验的工人为辅,发挥其民主权利,取得他们的密切配合和支持。从而可以克服片面性,确保定额的质量,使定额的管理、使用和执行工作具有良好的群众基础。

◆施工定额的编制依据

施工定额的编制应遵守以下几个标准:

1) 现行的装饰装修工程劳动定额、材料消耗定额和机械台班消耗定额;

2) 现行的建筑装饰装修工程施工验收规范、质量检验评定标准、技术安全操作规程;

3) 现场测定的定额资料和有关的统计数据;

4) 建筑装饰工人技术等级标准;

5) 有关的技术资料,如标准图、半成品配合比资料等。

相关知识

◆施工定额的作用

1. 施工定额是编制施工组织设计和施工作业计划的依据

编制施工组织设计和施工作业计划,是施工组织管理的中心环节,编制中所安排的人工、材料和机械台班需用量,都必须依据施工定额来计算。施工定额是企业内部组织生产和计划管理的基础。

2. 建筑装饰装修工程施工定额是编制施工预算的依据

施工预算确定了单位工程人工、机械、材料和资金的需用量,而施工中的人工、材料和机械费用是工程成本的主要内容。认真执行施工预算,能更合理地组织施工生产,有效地控制资源和资金消耗,节约成本。因而施工预算是加强企业成本管理和经济核算的重要文件。施工预算是以施工定额为依据编制的。

3. 建筑装饰装修工程施工定额是施工队向工人班组签发施工任务书和限额领料单的依据

施工任务书是记录班组完成任务情况和结算班组工人工资的凭证,施工任务书的签发,是施工队伍落实到工人班组的具体步骤。施工任务的下达和工人计件工资的结算都需要根据施工定额计算。限额领料单是施工队随施工任务书同时签发的领取材料的凭证。其领料数量是班组完成施工任务所需材料消耗的最高限额,也需依施工定额的规定填写。工人节约材料的奖励,仍以施工定额来

衡量。

4. 建筑装饰装修工程施工定额是计算工人劳动报酬和奖励、实行按劳分配的依据

施工定额是计算计件工资的基础，也是对工人超额奖励的依据。施工定额的贯彻执行，使工效和材料消耗的考核有了尺度，并把工人的劳动付出和劳动所得直接联系起来，体现了多劳多得、少劳少得的社会主义分配原则。

5. 建筑装饰装修工程施工定额是编制预算定额的基础

预算定额是以施工定额为基础编制的。利用施工定额编制预算定额，可以减少现场测量定额的大量工作，使预算的定额更符合现实的施工生产和经营管理水平。

◆施工定额的应用

要正确使用装饰装修工程施工定额，首先必须熟悉定额的文字说明，了解定额项目的工作内容、有关规定、工程量计算规则、施工方法等，只有这样，才能正确地套用和换算定额。

1）定额的套用。当工程项目的设计要求、施工条件和施工方法与定额项目的内容和规定完全一致时，可直接套用施工定额分析工料。

2）定额的换算。当工程项目的设计要求、施工条件和施工方法与定额项目的内容和规定不完全相符时，可按定额规定进行换算。当工程项目的设计要求与定额项目内容相同，但施工条件或施工方法有所改变时，该工程的工、料用量应进行换算调整。

第三节　装饰装修工程预算定额

要点

装饰工程预算定额由定额目录、总说明、分部分项工程说明及其相应的工程量计算规则和方法、分项工程定额项目表及有关的附录或附表等组成。

装饰工程预算定额是建筑工程预算定额的组成部分，是完成规定计量单位的装饰分项工程计价的人工、材料和机械台班消耗量的标准，它是随着我国经济建设和装饰装修行业的发展而逐步形成的。

解释

◆预算定额的概念

预算定额是指在合理的施工组织设计、正常施工的条件下，生产一个规定计量单位合格的结构件、分项工程所需的人工、材料和机械台班的社会平均消耗量

标准。预算定额是工程建设中的一项重要的技术经济文件,是编制施工图预算的主要依据,是确定和控制工程造价的基础。

◆预算定额的用途及作用

1）预算定额是编制施工图预算、确定建筑安装工程造价的基础。施工图设计一经确定,工程预算造价就取决于预算定额水平和人工、材料及机械台班的价格。预算定额起着控制劳动消耗、材料消耗和机械台班使用的作用,进而起着控制建筑产品价格的作用。

2）预算定额是编制施工组织设计的依据。确定施工中所需人力、物力的供求量,并做出最佳安排,是施工组织设计的重要任务之一。施工单位在缺乏本企业的施工定额的情况下,根据预算定额,亦能够比较精确地计算出施工中各项资源的需要量,为有计划地组织材料采购和预制件加工、劳动力和施工机械的调配,提供了可靠的计算依据。

3）预算定额是工程结算的依据。工程结算是建设单位和施工单位按照工程进度对已完成的分部分项工程实现货币支付的行为。按进度支付工程款,需要依据预算定额算出已完分项工程的造价。单位工程验收后,再按竣工工程量、预算定额和施工合同规定进行结算,以确保建设单位建设资金的合理使用和施工单位的经济收入。

4）预算定额是施工单位进行经济活动分析的依据。预算定额规定的物化劳动和劳动消耗指标,是施工单位在生产经营中允许消耗的最高标准。施工单位必须以预算定额作为评价企业工作的重要标准,作为努力实现的目标。施工单位可依据预算定额对施工中的劳动、材料、机械的消耗情况进行具体的分析,以便找出并克服低功效、高消耗的薄弱环节,提高竞争能力。只有在施工中尽量降低劳动消耗,采用新技术,提高劳动者素质,提高劳动生产率,才能取得较好的经济效益。

5）预算定额是编制概算定额的基础。概算定额是在预算定额基础上综合扩大编制的。以预算定额作为编制依据,不仅可以节省编制工作的大量人力、物力和时间,收到事半功倍的效果,还可以使概算定额在水平上与预算定额保持一致,以免造成执行中的不一致。

6）预算定额是合理编制招标控制价和投标报价的基础。在深化改革中,预算定额的指令性作用将日益削弱,而对施工单位按照工程个别成本报价的指导性作用仍然存在,所以预算定额作为编制招标控制价的依据和施工企业报价的基础性作用仍将存在,这是由预算定额本身的科学性和指导性决定的。

◆预算定额的编制原则及依据

1. 预算定额的编制原则

1）按社会平均水平确定预算定额的原则。预算定额是确定和控制建筑安装工程造价的主要依据。所以,它必须遵守价值规律的客观要求,即按生产过程中所消耗的社会必要劳动时间确定定额水平。所以预算定额的平均水平,是在正常的施工条件下,合理的施工组织和工艺条件、平均劳动熟练程度和劳动强度下,完成单位分项工程基本构造要素所需要的劳动时间。

2）简明适用的原则。

① 在编制预算定额时,对于那些主要的、常用的、价值量大的项目,分项工程划分应细;次要的、不常用的、价值量相对较小的项目则可粗一些;

② 预算定额要项目齐全。要注意补充那些因采用新技术、新结构、新材料而出现的新的定额项目。若项目不全,缺项多,就会使计价工作缺少充足可靠的依据;

③ 要求合理确定预算定额的计算单位,简化工程量的计算,尽量避免同一种材料用不同的计量单位和一量多用,减少定额附注和换算系数。

3）坚持统一性和差别性相结合原则。统一性,就是从培育全国统一市场规范计价行为出发,计价定额的制订规划和组织实施由国务院建设行政主管部门归口管理,由其负责全国统一定额制定或修订,颁发有关工程造价管理的规章制度办法等。差别性,就是在统一性的基础上,各部门和省、自治区、直辖市主管部门在其管辖范围内,依据本部门和地区的具体情况,制定部门和地区性定额、补充性制度和管理办法,以适应我国幅员辽阔、地区间部门发展不平衡和差异大的实际情况。

2. 预算定额的编制依据

1）现行劳动定额和施工定额。预算定额是在现行劳动定额和施工定额的基础上编制的。预算定额中人工、材料、机械台班消耗水平,需要根据劳动定额或施工定额取定;预算定额的计量单位的选择,也参考施工定额,从而保证两者的协调性和可比性,减轻预算定额的编制工作量,缩短编制时间。

2）现行设计规范、施工及验收规范,质量评定标准和安全操作规程。

3）具有代表性的典型工程施工图及有关标准图。对这些图纸进行仔细研究分析,并计算出工程数量,作为编制定额时选择施工方法确定定额含量的依据。

4）新技术、新结构、新材料和先进的施工方法等。这类资料是调整定额水平和增加新的定额项目所必需的依据。

5）有关科学实验、技术测定和统计、经验资料。这些文件是确定定额水平的重要依据。

6）现行的预算定额、材料预算价格以及有关文件规定等。过去定额编制过程中积累的基础资料,也是编制预算定额的依据和参考。

◆**预算定额的编制程序及要求**

预算定额的编制，大致可以分为准备工作、收集资料、编制定额、报批和修改定稿五个阶段。每个阶段工作相互有交叉，有些工作还有多次反复。其中，预算定额编制阶段的主要工作如下：

1）确定编制细则。主要包括：统一编制表格及编制方法；统一计算口径、计量单位和小数点位数的要求；有关统一性规定，名称统一，用字统一，专业用语统一，符号代码统一；简化字要规范，文字要简练明确。

预算定额与施工定额计量单位通常不同。施工定额的计量单位一般按照工序或施工过程确定；而预算定额的计量单位主要是根据分部分项工程和结构构件的形体特征及其变化确定。由于工作内容综合，预算定额的计量单位也具有综合的性质。工程量计算规则的规定应确切反映定额项目所包含的工作内容。预算定额的计量单位关系到预算工作的繁简和准确性。因此，要正确地确定各分部分项工程的计量单位。通常依据建筑结构构件形状的特点确定。

2）确定定额的项目划分和工程量计算规则。计算工程数量，是为了通过计算出典型设计图纸所包括的施工过程的工程量，以便在编制预算定额时，有可能利用施工定额的人工、机械台班和材料消耗指标确定预算定额所含工序的消耗量。

3）定额人工、材料、机械台班耗用量的计算、复核和测算。

◆**预算定额消耗量的编制方法**

确定预算定额人工、材料、机械台班消耗指标时，必须先按施工定额的分项逐项计算出消耗指标，然后，再按预算定额的项目加以综合。这种综合不是简单的合并和相加，而是需要在综合过程中增加两种定额之间的适当的水平差。预算定额的水平，首先取决于这些消耗量的合理确定。

人工、材料和机械台班消耗量指标，应依据定额编制原则和要求，采用理论与实际相结合、图纸计算与施工现场测算相结合、编制人员与现场工作人员相结合等方法进行计算和确定，使定额既符合政策要求，又与客观情况相符，便于贯彻实施。

1. 预算定额人工工日消耗量的计算

人工的工日数可以以劳动定额为基础确定，还可以以现场观察测定资料为基础计算。以现场观察测定资料为基础计算，主要用于遇到劳动定额缺项时，采用现场工作日写实等测时方法查定和计算定额的人工耗用量。

预算定额中人工工日消耗量，是指在正常施工条件下，生产单位合格产品所必须消耗的人工工日数量，是由分项工程所综合的各个工序劳动定额包括的基本用工、其他用工两部分组成的。

(1) 基本用工

基本用工是指完成一定计量单位的分项工程或结构构件的各项工作过程的施工任务所必需消耗的技术工种用工。按技术工种相应劳动定额工时定额计算,以不同工种列出定额工日。基本用工包括:

1) 完成定额计量单位的主要用工。按综合取定的工程量和相应劳动定额进行计算。计算公式如下:

$$基本用工=\sum(综合取定的工程量\times劳动定额) \tag{3-4}$$

2) 按劳动定额规定应增(减)计算的用工量。由于预算定额是在施工定额子目的基础上综合扩大的,包括的工作内容较多,施工的工效视具体部位而不同,所以需要另外增加人工消耗,并且可以列入基本用工内。

(2) 其他用工

其他用工是指辅助基本用工消耗的工日。它包括以下几项:

1) 超运距用工。超运距是劳动定额中已包括的材料、半成品场内水平搬运距离与预算定额所考虑的现场材料、半成品堆放地点到操作地点的水平运输距离之差。

$$超运距=预算定额取定运距-劳动定额已包括的运距 \tag{3-5}$$

$$超运距用工=\sum(超运距材料数量\times时间定额) \tag{3-6}$$

实际工程现场运距超过预算定额取定运距时,可另行计算现场二次搬运费。

2) 辅助用工。它是技术工种劳动定额内不包括而在预算定额内又必须考虑的用工。例如机械土方工程配合用工、材料加工(筛砂、洗石、淋化石膏),电焊点火用工等。计算公式如下:

$$辅助用工=\sum(材料加工数量\times相应的加工劳动定额) \tag{3-7}$$

3) 人工幅度差。即预算定额与劳动定额的差额,主要是指在劳动定额中未包括而在正常施工情况下不可避免又很难准确计量的用工和各种工时损失。内容包括:

① 各工种间的工序搭接及交叉作业相互配合或影响所发生的停歇用工;

② 施工机械在单位工程之间转移及临时水电线路移动所造成的停工;

③ 质量检查和隐蔽工程验收工作的影响;

④ 班组操作地点转移用工;

⑤ 工序交接时对前一工序不可避免的修整用工;

⑥ 施工中不可避免的其他零星用工。

人工幅度差计算公式如下:

$$人工幅度差=(基本用工+辅助用工+超运距用工)\times人工幅度差系数 \tag{3-8}$$

人工幅度差系数一般为10%～15%。在预算定额中,人工幅度差的用工量列入其他用工量中。

2. 预算定额中材料消耗量的计算

材料消耗量计算方法主要包括:

1) 凡有标准规格的材料,按规范要求计算定额计量单位的耗用量,例如砖、防水卷材和块料面层等。

2) 凡设计图纸标注尺寸及下料要求的按设计图纸尺寸计算材料净用量,例如门窗制作用材料、方、板料等。

3) 换算法。各种胶结、涂料等材料的配合比用料,可以根据要求条件换算,得出材料用量。

4) 测定法。包括试验室试验法和现场观察法。各种强度等级的混凝土及砌筑砂浆配合比的耗用原材料数量的计算,须按照规范要求试配,经试压合格并经过必要的调整后得出水泥、砂子、石子、水的用量。对新材料、新结构又不能用其他方法计算定额消耗用量时,须用现场测定方法来确定,根据不同条件可以采用写实记录法和观察法,得出定额的消耗量。

材料损耗量是指在正常条件下不可避免的材料损耗,例如现场内材料运输及施工操作过程中的损耗等。其关系式如下:

$$材料损耗率=损耗量/净用量\times 100\% \tag{3-9}$$

$$材料损耗量=材料净用量\times 损耗率(\%) \tag{3-10}$$

$$材料消耗量=材料净用量+损耗量 \tag{3-11}$$

3. 预算定额中机械台班消耗量的计算

预算定额中的机械台班消耗量是指在正常施工条件下,生产单位合格产品(分部分项工程或结构构件)必须消耗的某种型号施工机械的台班数量。

1) 根据施工定额确定机械台班消耗量的计算。该方法是指用施工定额中机械台班产量加机械幅度差计算预算定额的机械台班消耗量。

机械台班幅度差是指在施工定额中所规定的范围内没有包括,但在实际施工中又不可避免产生的,影响机械或使机械停歇的时间。其内容如下:

① 施工机械转移工作面及配套机械相互影响损失的时间;

② 在正常施工条件下,机械在施工中不可避免的工序间歇;

③ 工程开工或收尾时工作量不饱满所损失的时间;

④ 检查工程质量影响机械操作的时间;

⑤ 临时停机、停电影响机械操作的时间;

⑥ 机械维修引起的停歇时间。

大型机械幅度差系数为:土方机械25%,打桩机械33%,吊装机械30%。

砂浆、混凝土搅拌机由于按小组配用，以小组产量计算机械台班产量，不另增加机械幅度差。其他分部工程，例如钢筋加工、木材、水磨石等各项专用机械的幅度差为10%。

综上所述，预算定额的机械台班消耗量按下式计算：

$$\frac{\text{预算定额机械}}{\text{耗用台班}}=\frac{\text{施工定额机械}}{\text{耗用台班}}\times(1+\text{机械幅度差系数}) \qquad (3\text{-}12)$$

2）以现场测定资料为基础确定机械台班消耗量。若遇到施工定额缺项者，则需要依据单位时间完成的产量测定。

相关知识

◆装饰装修工程预算定额的应用

装饰装修工程预算定额是确定装饰装修工程预算造价，办理工程价款，处理承发包工程经济关系的主要依据之一。定额应用得正确与否，直接影响装饰装修工程造价。因此，预算工作人员必须熟练而准确地使用预算定额。

1. 套用定额时应注意的几个问题

1）查阅定额前，应首先认真阅读定额总说明，分部工程说明和有关附注内容；要熟悉和掌握定额的适用范围，定额已考虑和未考虑的因素以及有关规定。

2）要明确定额中的用语和符号的含义。

3）要正确地理解和熟记建筑面积计算规则和各个分部工程量计算规则中所指出的计算方法，以便在熟悉施工图的基础上，能够迅速准确地计算备份各项工程（或配件、设备）的工程量。

4）要了解和记忆常用分项工程定额所包括的工作内容，人工、材料、施工机械台班消耗数量和计量单位，及有关附注的规定，做到正确地套用定额项目。

5）要明确定额换算范围，正确应用定额附录资料，熟练进行定额项目的换算和调整。

2. 定额编号

为了便于查阅、核对和审查定额项目选套是否准确合理，提高装饰装修工程施工图预算的编制质量，在编制装饰装修工程施工图预算时，必须填写定额编号。定额编号的方法，通常有以下两种：

（1）“三符号”编号法

“三符号”编号法，是以预算定额中的分部工程序号—分项工程序号（或子项目所在定额页数）—分项工程的子项目序号等三个号码，进行定额编号。其表达方式为：“分部—分项—子项目”或“分部—子项目所在定额页数—子项目”。

(2)“二符号”编号法

“二符号”编号法,是在“三符号”编号法的基础上,去掉一个符号(分项工程序号或分部工程序号),采用定额中分部工程序号(或子项目所在定额页数)——子项目序号等两个号码,进行定额编号。其表达形式为:“分部—子项目”或“子项目所在定额页数—子项目”。

3. 定额项目的选套方法

(1) 预算定额的直接套用

当施工图设计的工程项目内容与所选套的相应定额内容一致时,则必须按定额的规定直接套用定额。在编制装饰装修工程施工图预算、选套定额项目和确定单位预算价值时,绝大部分属于这种情况。

当施工图设计的工程项目内容与所选套的相应定额项目规定内容不相一致时,而定额规定又不允许换算或调整,此时也必须直接套用相应定额项目,不得随意换算或调整。直接套用定额项目的方法步骤如下:

1) 根据施工图设计的工程项目内容,从定额目录中查出该工程项目所在定额中的页数及其部位。

2) 判断施工图设计的工程项目内容与定额规定的内容是否相一致,当完全一致或虽然不相一致,此定额规定不允许换算或调整时,可直接套用定额基价。但是,在套用定额基价前,必须注意分项工程的名称、规格、计量单位要与定额规定的名称、规格、计量单位相一致。

3) 将定额编号和定额基价,其中包括人工费、材料费和施工机械使用费,分别填入装饰装修工程预算表内。

4) 确定工程项目预算价值。其计算公式如下:

$$工程项目预算价值=工程项目工程量\times相应定额基价 \quad (3\text{-}13)$$

(2) 套用换算后的定额项目

施工图设计的工程项目内容,与选套的相应定额项目规定的内容不相一致时,如果定额规定允许换算或调整时,则应在定额规定范围内换算或调整,套用换算后的定额项目。对换算后的定额项目编号应加括号,并在括号右下角注明“换”字,以示区别。

(3) 套用补充定额项目

施工图中的某些工程项目,由于采用了新结构、新构造、新材料和新工艺等原因,在编制预算定额时尚未列入。同时,也没有类似定额项目可供借鉴。在这种情况下,为了确定装饰装修工程预算造价,必须编制补充定额项目,报请工程造价管理部门审批后执行。套用补充定额项目时,应在定额编号的分部工程序号后注明“补”字,以示区别。

第四节　装饰装修工程消耗量定额

要点

消耗量定额是指在正常的施工条件下，为完成单位合格的建筑产品所必须消耗的人工、材料、机械台班及资金的数量标准。

建筑装饰装修工程消耗量定额是指在正常的施工条件下，为了完成一定计量单位的合格的建筑装饰装修工程产品所必需的人工、材料（或构、配件）和机械台班的数量标准。

解释

◆《全国统一建筑装饰装修工程消耗量定额》GYD 901—2002 的基本内容

《全国统一建筑装饰装修工程消耗量定额》GYD 901—2002 的基本内容包括目录表、总说明、分章说明及分项工程量计算规则、消耗量定额项目表和附录。

1. 总说明

《全国统一建筑装饰装修工程消耗量定额》的总说明，实质是消耗量定额的使用说明。在总说明中，主要阐述建筑装饰装修工程消耗量定额的用途和适用范围，编制原则和编制依据，消耗量定额中已经考虑的有关问题的处理办法和尚未考虑的因素，使用中应在注意的事项和有关问题的规定等。

1）本定额适用于新建、扩建和改建工程的建筑装饰装修。

新建工程是指在计划期内，从无到有，“平地起家”开始建设的项目。扩建工程是指原有企事业单位，经过扩充建设，因而增加主要产品生产能力或效益的建设项目。改建项目是指原有企事业单位，在已建的基础上，进行填平补齐增建一些附属辅助车间或非生产性工程，但并不增加单位主要产品生产能力或效益的项目。

以前的定额都说明适用新建、扩建工程，改建则说得较少。此次装饰装修工程消耗量定额适用范围增大，改建工程也适用，主要是基于以下考虑：一是再次装修发展迅速，投资增大，要认真对待；二是大多数项目，不论新建还是再次装修，其人工、材料消耗量相差不大，有差别的项目主要是墙柱面、天棚饰面的骨架基层处理上和原材料的垂直运输方式上，只要作一定的技术处理，既可简化计算，又可与新建工程通用。它的制定决定了装饰分部定额子目的划分和水平确定的适应性，既要能适用于扩建、新建，又要能适用于改建或再次装修。

2）本定额是按照正常施工条件、目前多数企业具备的机械装备程度、施工中常用的施工方法、施工工艺和劳动组织以及合理的工期进行编制的。

本定额是根据正常的施工条件、多数施工企业的装备程度、合理的施工组织和工艺、工期条件下的社会平均消耗水平编制的，既反映当前设计、施工和管理实际，又有利于促进技术进步和管理水平的提高。

3）本定额与《全国统一建筑工程基础定额》相同的项目，均以本定额项目为准；本定额未列项目(如找平层、垫层等)，则按《全国统一建筑工程基础定额》相应项目执行。

本定额未列项目(如找平、垫层等)，按《全国统一建筑工程基础定额》中相应项目执行；而与之相同的项目，则以本定额为准。这是因为现阶段《全国统一基础工程基础定额》与本定额有相互存在、相互补充的特性。考虑到本定额是最新颁布的，实物量计算法是发展趋势，与《全国统一建筑工程基础定额》相同项目，均以本定额为准。

4）卫生洁具、装饰灯具、给排水、电气等安装工程按《全国统一安装工程预算定额》相应项目执行。

鉴于卫生洁具、装饰灯具，给排水、电气等安装在使用功能上也属于装饰装修范畴，而本定额中没有编制这方面的内容，在实际工作中遇到卫生洁具、装饰灯具、给排水、电气安装等装饰装修项目时，可套用《全国统一安装工程预算定额》相应项目。

5）本定额中编制了材机代码，以便于计算操作。

材机代码，是指在定额编号中，各个项目名称都有一个相应的代码，以便于应用计算机。使人工材料、机械号码化，便于输入、输出、计算工程量和工料分析等。

2. 分章说明

《全国统一建筑装饰装修工程消耗量定额》将单位装饰装修工程按其不同性质、不同部位、不同工种和不同材料等因素，划分为以下七章(分部工程)：楼地面工程，墙柱面工程，顶棚工程，门窗工程，油漆、涂料、裱糊工程，其他工程，垂直运输。分部以下按工程性质、工作内容及施工方法、使用材料不同等，划分为若干节。如墙、柱面工程分为装饰抹灰面层、镶贴块料面层、墙柱面装饰、幕墙四节。在节以下按材料类别、规格等不同分成若干分项工程项目或子目。

章(分部)工程说明，它主要说明消耗量定额中各分部(章)所包括的主要分项工程，以及使用消耗量定额的一些基本规定，并列出了各分部分项的工程量计算规则和方法。

3. 消耗量定额项目表

消耗量定额项目表是具体反映各分部分项工程（子目）的人工、材料、机械台班消耗量指标的表格，通常以各分部工程按照若干不同的分项工程（子目）归类、排序所列的项目表，它是消耗量定额的核心。

消耗量定额项目表一般来说都包括以下方面：

(1) 表头

项目表的上部为表头，实质为消耗量标准的分节内容，包括分节名称、分节说明（分节内容），主要说明该节的分项工作内容。

(2) 项目表的分部分项消耗量指标栏

1) 表的右上方为分部分项名称栏，其内容包括分项名称、定额编号、分项做法要求，其中右上角表明的是分项计量单位。

现行《全国统一建筑装饰装修工程消耗量定额》中，其分部分项项目的编号采用的是"数符型"编号法。在数符型编码中，通常前面的数字表示章（分部）工程的顺序号，后面的数据表示该分部（章）工程中某分项工程项目或子目的顺序号，中间由一个短线相隔。其表达形式如图 3-1 所示。

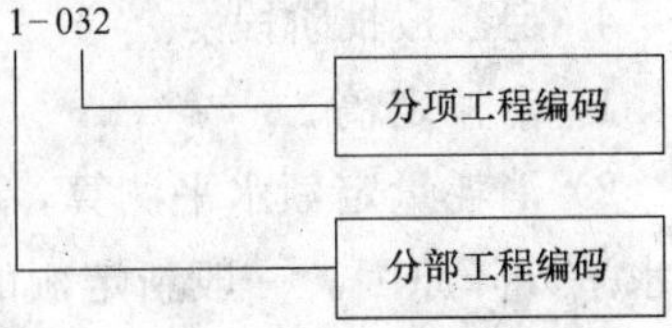

图 3-1　数符型编码的表达形式

2) 项目表的左下方为工、料、机名称栏，其内容包括：工料名称、工料代号、材料规格及质量要求。

3) 项目表的右下方为分部分项工、料、机消耗量指标栏，其内容包括表明完成单位合格的某分部分项工程所需消耗的工、料、机的数量指标。

4) 项目表的底部为附注，它是分项消耗量定额的补充，具有与分项消耗量指标同等的地位。

◆消耗量定额的编制依据

1) 现行设计规范、施工及验收规范、质量评定标准和安全操作规程。

2) 现行劳动定额和施工定额。

3) 具有代表性的典型工程施工图及有关标准图。

4) 新技术、新结构、新材料和先进的施工方法等。

5) 有关科学试验、技术测定的统计、经验资料。

6) 现行的消耗量定额及有关文件规定等。

◆消耗量定额的编制步骤

1. 准备工作阶段

1) 拟订编制方案。

2) 抽调人员根据专业需要划分编制小组和综合组。

2. 收集资料阶段

1）普遍收集资料。

2）专题座谈会。邀请建设单位、设计单位、施工单位及其他有关单位的有经验的专业人士开座谈会，就以往定额存在的问题提出意见和建议，以便在编制新定额时改进。

3）收集现行规定、规范和政策法规资料。

4）收集定额管理部门积累的资料。主要包括：日常定额解释资料；补充定额资料；新结构、新工艺、新材料、新机械、新技术用于工程实践的资料。

5）专项查定及实验。主要指混凝土配合比和砂浆试验资料。除收集试验试配资料外，还应收集一定数量的现场实际配合比资料。

3. 定额编制阶段

参见◆预算定额的编制程序及要求中预算定额编制阶段的主要工作部分内容。

4. 定额报批阶段

1）审核定稿。

2）消耗量定额水平测算，新定额编制成稿，必须与原定额进行对比测算，分析水平升降原因。一般新定额的水平应该不低于历史上已经达到过的水平，并略有提高。

5. 修改定稿，整理资料阶段

1）印发征求意见。定额编制初稿完成后，需要征求各有关方面意见和组织讨论，反馈意见。在统一意见的基础上整理分类，制定修改方案。

2）修改整理报批。按修改方案的决定，将初稿按照定额的顺序进行修改，并经审核无误后形成报批稿，经批准后交付印刷。

3）撰写编制说明。为顺利地贯彻执行定额，需要撰写新定额编制说明。

4）立档、成卷。定额编制资料是贯彻执行定额中需查对资料的唯一依据，也为修编定额提供历史资料数据，应作为技术档案永久保存。

以上各阶段工作相互有交叉，有些工作还有多次反复。

相关知识

◆消耗量定额的作用

1. 作为编制工程计划组织和管理施工的重要依据

为了更好地组织和管理建筑装饰装修施工生产，必须编制施工进度计划。在编制计划或组织管理施工生产中，直接或间接地要以消耗量定额作为计算人力、物力和资金需要量的依据。

2. 作为评定优选建筑装饰装修设计方案的依据

各个不同的国家在不同经济发展时期，对于建设工程项目设计都具有明确的方针政策。在我国现行的建筑设计方针是："适用、经济、在可能的条件下注意美观。"工程项目装饰装修设计是否经济，可以依据装装修工程消耗量定额来确定该项工程设计的技术经济指标，通过对建筑装饰装修工程的多个设计方案的技术经济指标的比较，确定设计方案的经济合理性，择优选用方案。

3. 作为编制建筑装饰装修工程分项单价的依据

建筑装饰装修工程消耗量定额中规定了工程分项划分原则、方法及其分项人工、材料、机械设备的消耗量标准。当建筑装饰装修工程设计文件完成以后，即明确规定了建筑装饰装修工程分项的特征。考虑装饰装修工程施工方法和建筑市场供应状况，依据相应的消耗量定额中所规定的人工、材料、机械设备的消耗量标准，按照各地现行的人工、材料、机械台班单价和各种工程费用的标准来确定各建筑装饰装修工程分项的单位价格。

4. 作为建筑企业和工程项目部实行经济责任制的重要依据

建筑工程项目承包责任制是实现工程建设工程管理体制改革的突破口。建筑装饰装修工程施工企业对外必须通过承揽工程任务，编制装饰装修工程投标报价，工程成本计划和成本控制及办理工程竣工结算等工作，均以建筑装饰装修工程消耗量定额为依据。

5. 是施工生产企业总结先进生产方法的手段

工程消耗量定额是一定条件下，通过对施工生产过程的观测、分析综合制定的。从而比较科学地反映出生产技术和劳动组织的先进合理程度。因此，我们可以利用消耗量定额的标定方法，对同一工程产品在同一施工操作条件下的不同生产方式的过程进行观测、分析和总结，从而找到比较先进的生产方法；或者对某种条件下形成的某种生产方法，通过对过程消耗量状态的比较来确定它的先进性；特别是对于建筑装饰装修工程而言，施工过程中新材料、新方法、新工艺应用极为频繁。

第五节　装饰装修工程单位估价表

要点

建筑装饰工程单位估价表，简称单位估价表，是指以全国统一建筑装饰装修工程预算定额或各省、直辖市和自治区建筑装饰工程预算定额规定的人工、材料和机械台班数量，按一个城市或地区的工人工资标准、材料及机械台班预算价格计算出的以货币形式表现的建筑装饰工程的各分项工程或结构构件中的定额单位预算价值的计算表。

解释

◆单位估价表的编制

1. 单位估价表的内容

单位估价表主要包括表头和表身,其表达形式见表 3-1。

(1) 表头

表头包括分项工程项目名称、预算定额编号、工作内容以及定额计量单位。

(2) 表身

表身包括完成某分项工程的建筑装饰装修工程预算定额规定的人工、材料和机械的名称单位及定额消耗量,人工、材料和机械的名称相应的日工资标准、材料和机械台班的预算价格。

单位估价表的内容与形式见表 3-1。

表 3-1 镶贴釉面砖单位估价表 单位:100m^2

定额编号				1-50		1-51		1-52	
项目名称		单位	单元(元)	外墙贴釉面砖					
				墙面、墙裙		梁柱面		挑檐天沟	
				数量	合价(元)	数量	合价(元)	数量	合价(元)
合计		元			3964.11		4042.82		4029.24
其中	人工费	元	7.11	39.37	279.92	50.44	358.63	48.53	345.05
	材料费	元			3661.04		3661.04		3061.04
	机械使用费	元			23.15		23.15		23.15
材料	水泥砂浆 1∶1	m^3	169.04	0.100	16.90	0.100	16.90	0.100	16.90
	混合砂浆 1∶1∶2	m^3	133.30	0.720	95.98	0.720	95.98	0.720	95.98
	水泥砂浆 1∶3	m^3	107.22	1.830	196.21	1.830	196.21	1.830	196.21
	石灰膏	m^3	118.19	0.24	28.37	0.24	28.37	0.24	28.37
	彩釉外面砖 152mm×75mm	千块	337.86	9.02	3047.50	9.02	3047.50	9.02	3047.50
	水泥 42.5 级综合	kg	0.19	1107.00	210.33	1107.00	210.33	1107.00	210.33
	中砂(净)	m^3	29.380	2.012	59.11	2.012	59.11	2.012	59.11
	水	m^3	0.390	0.579	0.23	0.579	0.23	0.579	0.23
	其他材料费	元	1.00		6.41		6.41		6.41
机械	砂浆搅拌机(200L)	台班	15.740	0.460	7.24	0.460	7.24	0.460	7.24
	单筒快速卷扬机(1t)	台班	24.110	0.660	15.91	0.660	15.91	0.660	15.91

2. 单位估价表的编制依据和方法

(1) 编制依据

1) 现行的预算定额。

2) 地区现行的预算工资标准。

3) 地区各种材料的预算价格。

4) 地区现行的施工机械台班费用定额。

(2) 编制方法

1) 按有关规定认真填写好分项工程项目名称、预算定额编号、工作内容及定额计量单位等单位估价表的表头内容。

2) 根据建筑装饰装修工程预算定额计算人工费、材料费、机械使用费和预算单价。

3) 编写文字说明。

3. 单位估价表的编制步骤

编制单位估价表是一项政策性很强,并且十分细致、复杂的工作,必须有组织、有计划和有步骤地进行。

(1) 准备工作阶段

1) 组织编制单位估价表的临时机构。

2) 拟订工作计划。

3) 收集编制单位估价表的基础材料。

4) 了解掌握编制地区范围内的技术、经济等方面情况。

5) 提出单位估价表的编制方案。

(2) 编制工作阶段

1) 选定建筑装饰工程预算定额项目。

2) 抄录定额人工、材料、机械消耗数量。

3) 选择与填写单价。

4) 计算、填写、复核工作。

5) 编写文字说明。

(3) 审定工作阶段

1) 对编出的单位估价表的初稿进行全面审核、修改和定稿。

2) 上报主管部门审批。

在编制单位估价表时,其材料单价的选用有两种情况:若材料品种、规格单一,选用它的预算价格作为单算单价;若材料品种、规格繁多,则必须进行综合选价。

材料选价是指按照一定比例,以材料预算价格为基础综合测定的价格。

综合选价是根据预算定额所综合的材料品种、规格,以及工程特点、结构类型、工业与民用建筑各自所占的比例等,测算出该定额项目工作中通常采用的不同品种、规格和用量,并结合当时的供应情况,按照一定的比例,在材料预算价格的基础上综合测定的价格。

◆单位估价汇总表

在单位估价表编制完成以后,应编制单位估价汇总表。单位估价汇总表是指把单位估价表中分项工程的主要货币指标(基价、人工费、材料费、机械费)及主要工料消耗指标汇总在统一格式的简明表格内,见表3-2。单位估价汇总表的特点是,占用篇幅少,查找方便,简化了建筑装饰工程预算编制工作。单位估价汇总表的内容主要包括单位估价表的定额编号、项目名称、计量单位以及预算单位和其中的人工费、材料费、机械费和综合费等。

表3-2 单位估价汇总表

序号	定额编号	项目	单位	单价(元)	其中			
					人工费(元)	材料费(元)	机械费(元)	综合费(元)
××	1-43	墙面、墙裙镶贴瓷砖	m^3	29.48	4.30	23.40	0.07	1.71
××	1-44	梁柱面镶贴瓷砖	m^3	30.10	4.92	24.40	0.07	1.71
××	1-45	挑檐天沟镶贴瓷砖	m^3	29.32	5.31	23.84	0.17	—

在编制单位估价汇总表时要注意计量单位的换算。若单位估价表是按预算定额编制的,其计量单位多数是“$100m^2$”、“10套”等。但是,实际编制建筑装饰工程预算时的计量单位,多数采用“m^2”、“套”等。所以,为了便于套用单位估价表的预算单价,一般都在编制单位估价汇总表时将单位估价表的计量单位($100m^2$、100延长米、10个、10套或10组等)折算成个位单位(m^2、m、个、套或组等)。

◆补充单位估价表

随着建筑装饰工程专业的发展和新技术、新结构、新工艺、新材料的不断涌现,以及高级装饰的产生,现行的建筑装饰工程预算定额或单位估价表已不能完全满足工程项目的需要,在编制预算时,会经常出现缺项。这样,就必须编制补充单位估价表。补充单位估价表的作用、编制原则和依据、内容及表达形式等,均与单位估价表一样。

1. 编制与使用补充单位估价表前应明确的问题

1)补充单位估价表只适用同一建设单位的各项建筑装饰工程,即为“一次性使用”定额。

2)由建设单位、施工企业双方编制好补充单位估价表后,必须报当地建设主管部门审批后,方可作为编制该建筑装饰工程施工图预算的依据。

3）补充单位估价表的工程项目划分，应按预算定额（或单位估价表）的分部工程归类，其计量单位、编制内容和工作内容等，也应与预算定额（或单位估价表）相一致。

4）若同一设计标准的建筑装饰工程编制施工图预算时使用该补充单位估价表，其人工、材料和机械台班数量不变，但是其预算单价必须按所在地区的有关规定进行调整。

2. 补充单位估价表的编制步骤和方法

1）准备阶段。由建设单位、施工企业共同组织临时编制小组，搜集编制补充单位估价表的基础材料，拟订编制方案。

2）编制阶段。

① 根据施工图纸的工程内容和有关编制补充单位估价表的规定，确定工程项目名称、补充定额编号、工作内容和计量单位，并填写补充在单位估价表各栏内；

② 根据施工图纸、施工定额和现场测定资料等，计算完成定额计量单位的各工程项目相应的人工、材料、施工机械台班的消耗指标；

③ 根据人工、材料、机械台班的消耗指标与当地的人工工资标准、材料预算价格、机械台班价格，计算人工费、材料费和施工机械使用费，将上述人工费、材料费和施工机械使用费相加就是该补充单位估价表项目的预算单价；

④ 编写文字说明。

3）审批阶段。补充单位估价表上报主管部门批准后方可执行。

相关知识

◆单位估价表的作用

1）单位估价表是审查建筑安装工程施工图预算、确定建筑装饰工程预算造价的基本依据。单位估价表的每个分项工程单位预算价值，分别乘以相应分项工程量，就是每个分项工程直接费。在此基础上工程直接费汇总再加其他直接费，即单位工程直接费。在此基础上，就可以计算间接费、计划利润和税金，最后汇总得出工程预算造价。

2）单位估价表是进行建筑装饰工程拨款、贷款、工程结算和竣工决算及统计投资完成额的主要依据。

3）单位估价表是建筑装饰施工企业进行建筑装饰工程成本分析及经济核算的重要依据。

4）单位估价表是设计部门进行建筑装饰设计方案经济比较、选定合理设计方案的基础资料。

5）单位估价表是编制建筑装饰工程投资估算指标和概算定额的依据。

第四章　装饰装修工程量清单计价

第一节　《建设工程工程量清单计价规范》GB 50500—2008 简介

要点

《建设工程工程量清单计价规范》GB 50500—2008 是用于规范建设工程计价行为的国家标准。具体来讲，就是确定建筑产品价格的分部分项工程名称、工程特征、工程内容、项目编码、工程量计算规则、计量单位、费用项目组成与部分、费用项目计算方法与程序等作出全国统一规定。

《建设工程工程量清单计价规范》GB 50500—2008 是我国工程造价计价工作向逐步实现“政府宏观调控、企业自主报价、市场形成价格”目标迈出的重要一步，同时也是我国工程造价管理领域的一个重要里程碑。

解释

◆《建设工程工程量清单计价规范》的内容

《建设工程工程量清单计价规范》GB 50500—2008 由两部分构成，第一部分是正文，第二部分为附录。二者具有同等效力，缺一不可。

1. 正文部分

正文部分包括总则、术语、工程量清单编制、工程量清单计价、工程量清单计价表格，共五章内容，其中明确规定了《建设工程工程量清单计价规范》GB 50500—2008的适用范围、编制工程量清单、工程量清单计价遵循的原则和工程量清单及其计价格式。

2. 附录部分

附录部分包括六个附录：附录 A 建筑工程、附录 B 装饰装修工程、附录 C 安装工程、附录 D 市政工程、附录 E 园林绿化工程和附录 F 矿山工程。这些附录的主要内容包括：项目编码、项目名称、项目特征、计量单位和工程量计算规则等。

在编制工程量清单内容时，规范明确要求招标人在编制工程量清单时执行“四统一”原则。

◆《建设工程工程量清单计价规范》的特点

1. 强制性

强制性主要表现在：

1）由建设行政主管部门按照强制性标准的要求批准颁布，规定全部使用国有资金或国有资金投资为主的大、中型建设工程按清单计价规范规定执行。

2）明确工程量清单是招标文件的部分，并规定了招标人在编制工程量清单时必须遵守的规则，做到了"四统一"，即统一项目编码、统一项目名称、统一计量单位、统一工程量计算规则。

2. 实用性

附录中工程量清单项目及计算规则的项目名称表现的是工程实体项目，项目明确清晰，工程量计算规则简洁明了；特别还有项目特征和工程内容，易于编制工程量清单。

3. 竞争性

1）《建设工程工程量清单计价规范》GB 50500—2008 中的措施项目，在工程量清单中只列"措施项目"一栏，具体采用什么措施，例如模板、脚手架、临时设施、施工排水等详细内容，由投标人根据企业的施工组织设计视具体情况报价，因为这些项目在各个企业间各有不同，是企业的竞争项目，是留给企业竞争的空间。

2）《建设工程工程量清单计价规范》GB 50500—2008 中人工、材料和施工机械没有具体的消耗量，投标企业可以依据企业的定额和市场价格信息，也可以参照建设行政主管部门发布的社会平均消耗量定额报价，《建设工程工程量清单计价规范》GB 50500—2008 将报价权交给了企业。

4. 通用性

采用工程量清单计价将与国际惯例接轨，符合工程量清单计算方法标准化、工程量计算规则统一化、工程造价确定市场化的规定。

◆《建设工程工程量清单计价规范》的适用范围

《建设工程工程量清单计价规范》GB 50500—2008 适用于建设工程工程量清单计价活动，即《建设工程工程量清单计价规范》GB 50500—2008 主要适用于建设工程招标投标工程量清单计价的新建、扩建、改建等工程。建设工程主要是指由建筑工程、装饰装修工程、安装工程、市政工程、园林绿化工程和矿山工程所组成的基本建设工程。

《建设工程工程量清单计价规范》GB 50500—2008 从资金来源方面强制规定了工程量清单计价的适用范围，即"全部使用国有资金投资或国有资金投资为主的工程建设项目，必须采用工程量清单计价"。国有资金投资的工程建设项目包括：使用各级财政预算资金的项目、使用纳入财政管理的各种政府性专项建设基金的项目、使用国有企事业单位自有资金，并且国有资产投资者实际拥有控制权的项目。国家融资资金投资的工程建设项目包括：使用国家发行债券所筹资金的项目、使用国家对外借款或者提保所筹资金的项目、使用国家政策性贷款的项目、国家授权投资主体融资的项目、国家特许的融资项目。国有资金(含国家融资资金)为主的工程建设项目是指国有资金占投资总额50%以上，或虽不足50%，但是国有投资者实质上拥有控股权的工程建设项目。

相关知识

◆《建设工程工程量清单计价规范》的作用

《建设工程工程量清单计价规范》GB 50500—2008的发布与实施，在我国工程造价管理领域具有以下作用：

1) 有助于市场供需机制调节工程造价的合理实现。

2) 有助于施工企业降低经营成本，提高应变能力和竞争能力，降低工程造价。

3) 有助于我国建筑市场的发展和国际市场的竞争，逐步实现与国际惯例接轨。

4) 有助于完善和提高造价工程师队伍的素质和引导工程师造价咨询机构的发展。

第二节　工程量清单的组成及编制

要点

工程量清单是表现拟建工程的分部分项工程项目、措施项目、其他项目、规费项目和税金项目的名称和相应数量的明细清单。本节主要介绍工程量清单的组成、工程量清单编制的依据和原则、工程量清单编制的程序和要求。

解释

◆工程量清单的组成

工程量清单包括分部分项工程量清单、措施项目清单、其他项目清单、规费项目清单和税金项目清单。

1. 分部分项工程量清单

1) 分部分项工程量清单应包括项目编码、项目名称、项目特征、计量单位和工程量。

2) 分部分项工程量清单应根据附录规定的项目编码、项目名称、项目特征、计量单位和工程量计算规则进行编制。

3）分部分项工程量清单的项目编码，应采用十二位阿拉伯数字表示。一至九位应按附录的规定设置，十至十二位应根据拟建工程的工程量清单项目名称设置，同一招标工程的项目编码不得有重码。

4）分部分项工程量清单的项目名称应按附录的项目名称结合拟建工程的实际确定。

5）分部分项工程量清单中所列工程量应按附录中规定的工程量计算规则计算。

6）分部分项工程量清单的计量单位应按附录中规定的计量单位确定。

7）分部分项工程量清单项目特征应按附录中规定的项目特征，结合拟建工程项目的实际予以描述。

8）编制工程量清单出现附录中未包括的项目，编制人应作补充，并报省级或行业工程造价管理机构备案，省级或行业工程造价管理机构应汇总报往住房和城乡建设部标准定额研究所。

补充项目的编码由附录的顺序码与B和三位阿拉伯数字组成，并应从×B001起顺序编制，同一招标工程的项目不得重码。工程量清单中需附有补充项目的名称、项目特征、计量单位、工程量计算规则、工程内容。

2. 措施项目清单

1）措施项目清单应根据拟建工程的实际情况列项。通用措施项目可按表4-1选择列项，专业工程的措施项目可按附录中规定的项目选择列项。若出现本规范未列的项目，可根据工程实际情况补充。

表 4-1 通用措施项目一览表

序号	项目名称
1	安全文明施工（含环境保护、文明施工、安全施工、临时设施）
2	夜间施工
3	二次搬运
4	冬雨期施工
5	大型机械设备进出场及安拆
6	施工排水
7	施工降水
8	地上、地下设施，建筑物的临时保护设施
9	已完工程及设备保护

2）措施项目中可以计算工程量的项目清单宜采用分部分项工程量清单的方式编制，列出项目编码、项目名称、项目特征、计量单位和工程量计算规则；不

能计算工程量的项目清单,以"项"为计量单位。

3. 其他项目清单

1) 其他项目清单宜按照如下内容列项:①暂列金额;②暂估价:包括材料暂估价、专业工程暂估价;③计日工;④总承包服务费。

2)出现第1)条未列的项目,可根据工程实际情况补充。

4. 规费项目清单

1) 规费项目清单应按照如下内容列项:①工程排污费;②工程定额测定费;③社会保障费:包括养老保险费、失业保险费、医疗保险费;④住房公积金;⑤危险作业意外伤害保险。

2) 出现第1)条未列的项目,应根据省级政府或省级有关权力部门的规定列项。

5. 税金项目清单

1) 税金项目清单应包括如下内容:①营业税;②城市维护建设税;③教育费附加。

2) 出现第1)条未列的项目,应根据税务部门的规定列项。

◆工程量清单编制的依据和原则

1. 工程量清单的编制依据

1)《建设工程工程量清单计价规范》GB 50500—2008。

2) 国家或省级、行业建设主管部门颁发的计价依据和办法。

3) 建设工程设计文件。

4) 与建设工程项目有关的标准、规范、技术资料。

5) 招标文件及其补充通知、答疑纪要。

6) 施工现场情况、工程特点及常规施工方案。

7) 其他相关资料。

2. 工程量清单的编制原则

1) 政府宏观调控,企业自主报价,市场竞争形成价格。

2) 满足业主对建设工程项目招标和投标报价的需要。

3) 严格遵循《建设工程工程量清单计价规范》GB 50500—2008 中的各项规定。

4) 合理确定实物工程量,有效控制形成竞争力的工程造价,满足市场供需机制。

5) 与现行定额既有结合,又有区别。

6) 根据我国现行工程造价管理工作的现状,尽可能与国际惯例接轨。

7) 必须有利于规范建筑市场的计价行为,能够促进企业提高经营管理水平,增加企业的竞争能力。

◆**工程量清单编制的程序和要求**

1. 工程量清单编制的程序

工程量清单编制程序与编制概预算程序一样，其程序式见下式：

熟悉施工图纸→计算分部分项工程量→校核工程量→填写工程量清单→校核工程量清单→发送投标人计价或招标人自行编制标底价

2. 工程量清单编制的要求

用工程量清单编制建设工程造价的过程中，既要满足规范管理、方便管理的要求，又要满足计价中分部分项工程量清单的“四统一”的要求，招标人和投标人都必须按规定执行。

相关知识

◆**工程量清单计价的特点**

工程量清单计价的特点具体体现在以下几个方面。

1. 统一计价规则

通过制定统一的建设工程工程量清单计价方法、统一的工程量计量规则、统一的工程量清单项目设置规则，达到规范计价行为的目的。这些规则和办法是强制性的，建设各方都应该遵守，这是工程造价管理部门首次在文件中明确政府应管什么，不应管什么。

2. 有效控制消耗量

通过由政府发布统一的社会平均消耗量指导标准，为企业提供一个社会平均尺度，避免企业盲目或随意大幅度减少或扩大消耗量，进而达到保证工程质量的目的。

3. 彻底放开价格

将工程消耗量定额中的工、料、机价格和利润、管理费全面放开，由市场的供求关系自行确定价格。

4. 企业自主报价

投标企业根据自身的技术专长、材料采购渠道和管理水平等，制定企业自己的报价定额，自主报价。企业尚无报价定额的，可参考使用造价管理部门颁布的相关定额。

5. 市场有序竞争形成价格

通过建立与国际惯例接轨的工程量清单计价模式，引入充分竞争形成价格的机制，制定衡量投标报价合理性的基础标准，在投标过程中，有效引入竞争机制，淡化标底的作用，在保证质量、工期的前提下，按《中华人民共和国招标投标法》及有关条款规定，最终以“不低于成本”的合理低价者中标。

第三节 工程量清单计价的编制

要点

工程量清单计价是指投标人完成由招标人提供的工程量清单所需的全部费用,包括分部分项工程费、措施项目费、其他项目费、规费和税金。

工程量清单计价方法是在建设工程招标投标中,招标人或委托具有资质的中介机构编制反映工程实体消耗和措施性消耗的工程量清单,并作为招标文件的一部分提供给投标人,由投标人依据工程量清单自主报价的计价方式。在工程招标投标中采用工程量清单计价是国际上较为通行的做法。

解释

◆一般规定

1) 采用工程量清单计价,建设工程造价由分部分项工程费、措施项目费、其他项目费、规费和税金组成。

2) 分部分项工程量清单应采用综合单价计价。

3) 招标文件中的工程量清单标明的工程量是投标人投标报价的共同基础,竣工结算的工程量按发、承包双方在合同中约定应予计量且实际完成的工程量确定。

4) 措施项目清单计价应根据拟建工程的施工组织设计,可以计算工程量的措施项目,应按分部分项工程量清单的方式采用综合单价计价;其余的措施项目可以"项"为单位的方式计价,应包括除规费、税金外的全部费用。

5) 措施项目清单中的安全文明施工费应按照国家或省级、行业建设主管部门的规定计价,不得作为竞争性费用。

6) 其他项目清单应根据工程特点和◆招标控制价中的第6)条、◆投标价中的第6)条、◆竣工结算中的第6)条的规定计价。

7) 招标人在工程量清单中提供了暂估价的材料和专业工程属于依法必须招标的,由承包人和招标人共同通过招标确定材料单价与专业工程分包价。

若材料不属于依法必须招标的,经发、承包双方协商确认单价后计价。

若专业工程不属于依法必须招标的,由发包人、总承包人与分包人按有关计价依据进行计价。

8) 规费和税金应按国家或省级、行业建设主管部门的规定计算,不得作为竞争性费用。

9) 采用工程量清单计价的工程,应在招标文件或合同中明确风险内容及其范围(幅度),不得采用无限风险、所有风险或类似语句规定风险内容及其范围(幅度)。

◆招标控制价

1）国有资金投资的工程建设项目应实行工程量清单招标，并应编制招标控制价。招标控制价超过批准的概算时，招标人应将其报原概算审批部门审核。投标人的投标报价高于招标控制价的，其投标应予以拒绝。

2）招标控制价应由具有编制能力的招标人，或受其委托具有相应资质的工程造价咨询人编制。

3）招标控制价应根据下列依据编制：

①《建设工程工程量清单计价规范》GB 50500—2008；

② 国家或省级、行业建设主管部门颁发的计价定额和计价办法；

③ 建设工程设计文件及相关资料；

④ 招标文件中的工程量清单及有关要求；

⑤ 与建设项目相关的标准、规范、技术资料；

⑥ 工程造价管理机构发布的工程造价信息；工程造价信息没有发布的参照市场价；

⑦ 其他的相关资料。

4）分部分项工程费应根据招标文件中的分部分项工程量清单项目的特征描述及有关要求，按上述第 3)条的规定确定综合单价计算。

综合单价中应包括招标文件中要求投标人承担的风险费用。

招标文件提供了暂估单价的材料，按暂估的单价计入综合单价。

5）措施项目费应根据招标文件中的措施项目清单按◆一般规定中的第 4)、5)条和◆招标控制价中的第 3)条的规定计价。

6）其他项目费应按下列规定计价：

① 暂列金额，应根据工程特点按有关计价规定估算；

② 暂估价中的材料单价，应根据工程造价信息或参照市场价格估算；暂估价中的专业工程金额，应分不同专业按有关计价规定估算；

③ 计日工应根据工程特点和有关计价依据计算；

④ 总承包服务费应根据招标文件列出的内容和要求估算。

7）规费和税金应按◆一般规定中的第 8)条的规定计算。

8）招标控制价应在招标时公布，不应上调或下浮，招标人应将招标控制价及有关资料报送工程所在地工程造价管理机构备查。

9）投标人经复核认为招标人公布的招标控制价未按照本规范的规定进行编制的，应在开标前 5d 向招投标监督机构或(和)工程造价管理机构投诉。

招投标监督机构应会同工程造价管理机构对投诉进行处理，发现确有错误的，应责成招标人修改。

◆投标价

1）除《建设工程工程量清单计价规范》GB 50500—2008 强制性规定外，投标价由投标人自主确定,但不得低于成本。

投标价应由投标人或受其委托具有相应资质的工程造价咨询人编制。

2) 投标人应按招标人提供的工程量清单填报价格。填写的项目编码、项目名称、项目特征、计量单位、工程量必须与招标人提供的一致。

3) 投标报价应根据下列依据编制:

①《建设工程工程量清单计价规范》GB 50500—2008;

② 国家或省级、行业建设主管部门颁发的计价办法;

③ 企业定额,国家或省级、行业建设主管部门颁发的计价定额;

④ 招标文件、工程量清单及其补充通知、答疑纪要;

⑤ 建设工程设计文件及相关资料;

⑥ 施工现场情况、工程特点及拟定的投标施工组织设计或施工方案;

⑦ 与建设项目相关的标准、规范等技术资料;

⑧ 市场价格信息或工程造价管理机构发布的工程造价信息;

⑨ 其他的相关资料。

4) 分部分项工程费,应依据《建设工程工程量清单计价规范》GB 50500—2008 综合单价的组成内容,按招标文件中分部分项工程量清单项目的特征描述确定综合单价计算。

综合单价中应考虑招标文件中要求投标人承担的风险费用。

招标文件中提供了暂估单价的材料,按暂估的单价计入综合单价。

5) 投标人可根据工程实际情况,结合施工组织设计,对招标人所列的措施项目进行增补。

措施项目费,应根据招标文件中的措施项目清单及投标时拟定的施工组织设计或施工方案,按◆一般规定中的第 4)条的规定自主确定。其中安全文明施工费应按照◆一般规定中的第 5)条的规定确定。

6) 其他项目费应按下列规定报价:

① 暂列金额应按招标人在其他项目清单中列出的金额填写;

② 材料暂估价应按招标人在其他项目清单中列出的单价计入综合单价;专业工程暂估价应按招标人在其他项目清单中列出的金额填写;

③ 计日工,按招标人在其他项目清单中列出的项目和数量,自主确定综合单价并计算计日工费用;

④ 总承包服务费根据招标文件中列出的内容和提出的要求自主确定。

7) 规费和税金应按◆一般规定中的第 8)条的规定确定。

8) 投标总价应当与分部分项工程费、措施项目费、其他项目费和规费、税金的合计金额一致。

◆工程合同价款的约定

1) 实行招标的工程合同价款,应在中标通知书发出之日起 30 天内,由发、承包双方依据招标文件和中标人的投标文件在书面合同中约定。

不实行招标的工程合同价款，在发、承包双方认可的工程价款基础上，由发、承包双方在合同中约定。

2）实行招标的工程，合同约定不得违背招、投标文件中关于工期、造价、质量等方面的实质性内容。招标文件与中标人投标文件不一致的地方，以投标文件为准。

3）实行工程量清单计价的工程，宜采用单价合同。

4）发、承包双方应在合同条款中对下列事项进行约定；合同中没有约定或约定不明的，由双方协商确定；协商不能达成一致的，按《建设工程工程量清单计价规范》GB 50500—2008 执行。

① 预付工程款的数额、支付时间及抵扣方式；

② 工程计量与支付工程进度款的方式、数额及时间；

③ 工程价款的调整因素、方法、程序、支付及时间；

④ 索赔与现场签证的程序、金额确认与支付时间；

⑤ 发生工程价款争议的解决方法及时间；

⑥ 承担风险的内容、范围以及超出约定内容、范围的调整办法；

⑦ 工程竣工价款结算编制与核对、支付及时间；

⑧ 工程质量保证（保修）金的数额、预扣方式及时间；

⑨ 与履行合同、支付价款有关的其他事项等。

◆工程计量与价款支付

1）发包人应按照合同约定支付工程预付款。支付的工程预付款，按照合同约定在工程进度款中抵扣。

2）发包人支付工程进度款，应按照合同约定计量和支付，支付周期同计量周期。

3）工程计量时，若发现工程量清单中出现漏项、工程量计算偏差，以及工程变更引起工程量的增减，应按承包人在履行合同义务过程中实际完成的工程量计算。

4）承包人应按照合同约定向发包人递交已完工程量报告。发包人应在接到报告后按合同约定进行核对。

5）承包人应在每个付款周期末向发包人递交进度款支付申请，并附相应的证明文件。除合同另有约定外，进度款支付申请应包括的内容：①本周期已完成工程的价款；②累计已完成的工程价款；③累计已支付的工程价款；④本周期已完成计日工金额；⑤应增加和扣减的变更金额；⑥应增加和扣减的索赔金额；⑦应抵扣的工程预付款；⑧应扣减的质量保证金；⑨根据合同应增加和扣减的其他金额；⑩本付款周期实际应支付的工程价款。

6）发包人在收到承包人递交的工程进度款支付申请及相应的证明文件后，发包人应在合同约定时间内核对和支付工程进度款。发包人应扣回的工程预付款，与工程进度款同期结算抵扣。

7）发包人未在合同约定时间内支付工程进度款，承包人应及时向发包人发出要求付款的通知，发包人收到承包人通知后仍不按要求付款，可与承包人协商签订延期付款协议，经承包人同意后延期支付。协议应明确延期支付的时间和从付款申请生效后按同期银行贷款利率计算应付款的利息。

8）发包人不按合同约定支付工程进度款，双方又未达成延期付款协议，导致施工无法进行时，承包人可停止施工，由发包人承担违约责任。

◆索赔与现场签证

1）合同一方向另一方提出索赔时，应有正当的索赔理由和有效证据，并应符合合同的相关约定。

2）若承包人认为非承包人原因发生的事件造成了承包人的经济损失，承包人应在确认该事件发生后，按合同约定向发包人发出索赔通知。

发包人在收到最终索赔报告后并在合同约定时间内，未向承包人作出答复，视为该项索赔已经认可。

3）承包人索赔按下列程序处理：

① 承包人在合同约定的时间内向发包人递交费用索赔意向通知书；

② 发包人指定专人收集与索赔有关的资料；

③ 承包人在合同约定的时间内向发包人递交费用索赔申请表；

④ 发包人指定的专人初步审查费用索赔申请表，符合上述第1)条规定的条件时予以受理；

⑤ 发包人指定的专人进行费用索赔核对，经造价工程师复核索赔金额后，与承包人协商确定，并由发包人批准；

⑥ 发包人指定的专人应在合同约定的时间内签署费用索赔审批表，或发出要求承包人提交有关索赔的进一步详细资料的通知，待收到承包人提交的详细资料后，按本条第④、⑤款的程序进行。

4）若承包人的费用索赔与工程延期索赔要求相关联时，发包人在作出费用索赔的批准决定时，应结合工程延期的批准，综合作出费用索赔和工程延期的决定。

5）若发包人认为由于承包人的原因造成额外损失，发包人应在确认引起索赔的事件后，按合同约定向承包人发出索赔通知。

承包人在收到发包人索赔通知后并在合同约定时间内，未向发包人作出答复，视为该项索赔已经认可。

6）承包人应发包人要求完成合同以外的零星工作或非承包人责任事件发生时，承包人应按合同约定及时向发包人提出现场签证。

7）发、承包双方确认的索赔与现场签证费用与工程进度款同期支付。

◆工程价款调整

1）招标工程，以投标截止日前 28d，非招标工程以合同签订前 28d 为基准日，其后国家的法律、法规、规章和政策发生变化影响工程造价的，应按省级或行业建设主管部门或其授权的工程造价管理机构发布的规定调整合同价款。

2）若施工中出现施工图纸（含设计变更）与工程量清单项目特征描述不符的，发、承包双方应按新的项目特征确定相应工程量清单项目的综合单价。

3）因分部分项工程量清单漏项或非承包人原因的工程变更，造成增加新的工程量清单项目，其对应的综合单价按下列方法确定：

① 合同中已有适用的综合单价，按合同中已有的综合单价确定；

② 合同中有类似的综合单价，参照类似的综合单价确定；

③ 合同中没有适用或类似的综合单价，由承包人提出综合单价，经发包人确认后执行。

4）因分部分项工程量清单漏项或非承包人原因的工程变更，引起措施项目发生变化，造成施工组织设计或施工方案变更，原措施费中已有的措施项目，按原措施费的组价方法调整；原措施费中没有的措施项目，由承包人根据措施项目变更情况，提出适当的措施费变更，经发包人确认后调整。

5）因非承包人原因引起的工程量增减，该项工程量变化在合同约定幅度以内的，应执行原有的综合单价；该项工程量变化在合同约定幅度以外的，其综合单价及措施项目费应予以调整。

6）若施工期内市场价格波动超出一定幅度时，应按合同约定调整工程价款；合同没有约定或约定不明确的，应按省级或行业建设主管部门或其授权的工程造价管理机构的规定调整。

7）因不可抗力事件导致的费用，发、承包双方应按以下原则分别承担并调整工程价款：

① 工程本身的损害、因工程损害导致第三方人员伤亡和财产损失，以及运至施工场地用于施工的材料和待安装的设备的损害，由发包人承担；

② 发包人、承包人人员伤亡，由其所在单位负责，并承担相应费用；

③ 承包人的施工机械设备损坏及停工损失，由承包人承担；

④ 停工期间，承包人应发包人要求留在施工场地的必要的管理人员及保卫人员的费用，由发包人承担；

⑤ 工程所需清理、修复费用，由发包人承担。

8）工程价款调整报告应由受益方在合同约定时间内向合同的另一方提出，经对方确认后调整合同价款。受益方未在合同约定时间内提出工程价款调整报告的，视为不涉及合同价款的调整。

收到工程价款调整报告的一方应在合同约定时间内确认或提出协商意见，否则，视为工程价款调整报告已经确认。

9）经发、承包双方确定调整的工程价款，作为追加（减）合同价款与工程进度款同期支付。

◆竣工结算

1）工程完工后，发、承包双方应在合同约定时间内办理工程竣工结算。

2）工程竣工结算，由承包人或受其委托具有相应资质的工程造价咨询人编制，由发包人或受其委托具有相应资质的工程造价咨询人核对。

3）工程竣工结算应依据：①《建设工程工程量清单计价规范》GB 50500—2008；②施工合同；③工程竣工图纸及资料；④双方确认的工程量；⑤双方确认追加(减)的工程价款；⑥双方确认的索赔、现场签证事项及价款；⑦投标文件；⑧招标文件；⑨其他依据。

4）分部分项工程费应依据双方确认的工程量、合同约定的综合单价计算；如发生调整的，以发、承包双方确认调整的综合单价计算。

5）措施项目费应依据合同约定的项目和金额计算；如发生调整的，以发、承包双方确认调整的金额计算，其中安全文明施工费应按◆一般规定中的第5)条的规定计算。

6）其他项目费用应按下列规定计算：

① 计日工应按发包人实际签证确认的事项计算；

② 暂估价中的材料单价应按发、承包双方最终确认价在综合单价中调整；专业工暂估价应按中标价或发包人、承包人与分包人最终确认价计算；

③ 总承包服务费应依据合同约定金额计算，如发生调整的，以发、承包双方确认调整的金额计算；

④ 索赔费用应依据发、承包双方确认的索赔事项和金额计算；

⑤ 现场签证费用应依据发、承包双方签证资料确认的金额计算；

⑥ 暂列金额应减去工程价款调整与索赔、现场签证金额计算，如有余额归发包人。

7）规费和税金应按◆一般规定中的第8)条的规定计算。

8）承包人应在合同约定时间内编制完成竣工结算书，并在提交竣工验收报告的同时递交给发包人。

承包人未在合同约定时间内递交竣工结算书，经发包人催促后仍未提供或没有明确答复的，发包人可以根据已有资料办理结算。

9）发包人在收到承包人递交的竣工结算书后，应按合同约定时间核对。

同一工程竣工结算核对完成，发、承包双方签字确认后，禁止发包人又要求承包人与另一个或多个工程造价咨询人重复核对竣工结算。

10）发包人或受其委托的工程造价咨询人收到承包人递交的竣工结算书后，在合同约定时间内，不核对竣工结算或未提出核对意见的，视为承包人递交的竣工结算书已被认可，发包人应向承包人支付工程结算价款。

承包人在接到发包人提出的核对意见后，在合同约定时间内，不确认也未提出异议的，视为发包人提出的核对意见已被认可，竣工结算办理完毕。

11）发包人应对承包人递交的竣工结算书签收，拒不签收的，承包人可以不交付竣工工程。

承包人未在合同约定时间内递交竣工结算书的，发包人要求交付竣工工程，承包人应当交付。

12）竣工结算办理完毕，发包人应将竣工结算书报送工程所在地工程造价管理机构备案。竣工结算书作为工程竣工验收备案、交付使用的必备文件。

13）竣工结算办理完毕，发包人应根据确认的竣工结算书在合同约定时间内向承包人支付工程竣工结算价款。

14）发包人未在合同约定时间内向承包人支付工程结算价款的，承包人可催告发包人支付结算价款。如达成延期支付协议的，发包人应按同期银行同类贷款利率支付拖欠工程价款的利息。如未达成延期支付协议，承包人可以与发包人协商将该工程折价，或申请人民法院将该工程依法拍卖，承包人就该工程折价或者拍卖的价款优先受偿。

◆工程计价争议处理

1）在工程计价中，对工程造价计价依据、办法以及相关政策规定发生争议事项的，由工程造价管理机构负责解释。

2）发包人以对工程质量有异议为由拒绝办理工程竣工结算的，已竣工验收或已竣工未验收但实际投入使用的工程，其质量争议按该工程保修合同执行，竣工结算按合同约定办理；已竣工未验收且未实际投入使用的工程，以及停工、停建工程的质量争议，双方应就有争议的部分委托有资质的检测鉴定机构进行检测，根据检测结果确定解决方案，或按工程质量监督机构的处理决定执行后办理竣工结算，无争议部分的竣工结算按合同约定办理。

3）发、承包双方发生工程造价合同纠纷时，应通过下列办法解决：

① 双方协商；

② 提请调解，工程造价管理机构负责调解工程造价问题；

③ 按合同约定向仲裁机构申请仲裁或向人民法院起诉。

4）在合同纠纷案件处理中，需作工程造价鉴定的，应委托具有相应资质的工程造价咨询人进行。

相关知识

◆工程量清单计价与传统定额预算计价的差别

1. 编制工程量的单位不同

传统定额预算计价办法是建设工程的工程量分别由招标单位和投标单位分

别按图示计算。工程量清单计价是工程量由招标单位统一计算或委托有工程造价咨询资质单位统一计算,工程量清单是招标文件的重要组成部分,各投标单位依据招标人提供的工程量清单,根据自身的技术装备、施工经验、企业成本、企业定额和管理水平自主填写报单价。

2. 编制工程量清单时间不同

传统的定额预算计价法是在发出招标文件后编制(招标与投标人同时编制,或投标人编制在前,招标人编制在后)。工程量清单计价法必须在发出招标文件前编制。

3. 表现形式不同

传统的定额预算计价法,通常是总价形式。工程量清单计价法,采用综合单价形式,综合单价包括人工费、材料费、机械使用费、管理费和利润,并考虑风险因素。工程量清单计价具有直观、单价相对固定的特点,工程量发生变化时,单价通常不作调整。

4. 编制依据不同

传统的定额预算计价法依据图纸;人工、材料、机械台班消耗量依据建设行政主管部门颁发的预算定额;人工、材料、机械台班单价依据工程造价管理部门发布的价格信息进行计算。工程量清单计价法,根据建设部第107号令规定,标底的编制根据招标文件中的工程量清单和有关要求、施工现场情况、合理的施工方法,以及按建设行政主管部门制定的有关工程造价计价办法编制。企业的投标报价则根据企业定额和市场价格信息,或参照建设行政主管部门发布的社会平均消耗量定额编制。

5. 费用组成不同

传统定额预算计价法的工程造价由直接工程费、现场经费、间接费、利润和税金组成。工程量清单计价法工程造价包括分部分项工程费、措施项目费、其他项目费、规费、税金;包括完成每项工程包含的全部工程内容的费用;包括完成每项工程内容所需的费用(规费、税金除外);包括工程量清单中没有体现的,施工中又必须发生的工程内容所需费用;包括风险因素而增加的费用。

6. 评标所用的方法不同

传统定额预算计价投标通常采用百分制评分法。采用工程量清单计价法投标,一般采用合理低报价中标法,既要对总价进行评分,还要对综合单价进行分析评分。

7. 项目编码不同

采用传统的预算定额项目编码,全国各省市采用不同的定额子目,采用工程量清单计价全国实行统一编码,项目编码采用十二位阿拉伯数字表示。一到九位为统一编码，其中，一、二位为附录顺序码，三、四位为专业工程顺序码，五、六位为分部工程顺序码。七、八、九位为分项工程项目名称顺序码，十到十二位为清单项目名称顺序码。前九位码不能变动，后三位码由清单编制人根据项目设置的清单项目编制。

8. 合同价调整方式不同

传统的定额预算计价合同价调整方式有变更签证、定额解释和政策性调整。工程量清单计价法合同价调整方式主要是索赔。工程量清单的综合单价一般通过招标中报价的形式体现，一旦中标，报价作为签订施工合同的依据相对固定下来，工程结算按承包商实际完成工程量乘以清单中相应的单价计算。减少了调整活口。采用传统的预算定额，经常有定额解释及定额规定，结算中又有政策性文件调整。工程量清单计价单价不能随意调整。

9. 工程量计算时间前置

工程量清单在招标前由招标人编制，也可能业主为了缩短建设周期，通常在初步设计完成后就开始施工招标，在不影响施工进度的前提下陆续发放施工图纸，所以，承包商据以报价的工程量清单中，各项工作内容下的工程量一般为概算工程量。

10. 投标计算口径达到了统一

因为各投标单位都根据统一的工程量清单报价，达到了投标计算口径统一。不再是传统预算定额招标，各投标单位各自计算工程量，各投标单位计算的工程量均不一致。

11. 索赔事件增加

因承包商对工程量清单单价包含的工作内容清晰明了，所以若建设方不按清单内容施工的，任意要求修改清单的，都会增加施工索赔事件的发生。

第四节 工程量清单计价格式

要点

工程量清单与计价宜采用统一的格式。《建设工程工程量清单计价规范》GB 50500—2008 中对工程量清单计价表格，按工程量清单、招标控制价、投标控制价和竣工结算等各个计价阶段，共设计了 4 种封面和 22 种表格。各省、自治区、直辖市建设行政主管部门和行业建设主管部门可根据本地区、本行业的实际情况，在《建设工程工程量清单计价规范》GB 50500—2008 规定的工程量清单计价表格的基础上进行补充完善。

解释

◆计价表格名称及适用范围

《建设工程工程量清单计价规范》GB 50500—2008 中规定的工程量清单计价表格的名称及其适用范围见表 4-2。

表 4-2　清单计价表格名称及其适用范围

序号	表格编号	表格名称		工程量清单	招标控制价	投标报价	竣工结算
01	封-1	封面	工程量清单	√			
02	封-2		招标控制价		√		
03	封-3		投标总价			√	
04	封-4		竣工结算总价				√
05	表 4-3	总说明		√	√	√	√
06	表 4-4	汇总表	工程项目招标控制价/投标报价汇总表		√	√	
07	表 4-5		单项工程招标控制价/投标报价汇总表		√	√	
08	表 4-6		单位工程招标控制价/投标报价汇总表		√	√	
09	表 4-7		工程项上竣工结算汇总表				√
10	表 4-8		单项工程竣工结算汇总表				√
11	表 4-9		单位工程竣工结算汇总表				√
12	表 4-10	分部分项工程量清单表	分部分项工程量清单与计价表	√	√	√	√
13	表 4-11		工程量清单综合单价分析表	√	√	√	√
14	表 4-12	措施项目清单表	措施项目清单与计价表(一)	√	√	√	√
15	表 4-13		措施项目清单与计价表(二)	√	√	√	√
16	表 4-14	其他项目清单表	其他项目清单与计价汇总表	√	√	√	√
17	表 4-15		暂列金额明细表	√	√	√	√
18	表 4-16		材料暂估单价表	√	√	√	√
19	表 4-17		专业工程暂估价表	√	√	√	√
20	表 4-18		计日工表	√	√	√	√
21	表 4-19		总承包服务费计价表	√	√	√	√
22	表 4-20		索赔与现场签证计价汇总表				√
23	表 4-21		费用索赔申请(核准)表				√
24	表 4-22		现场签证表				√
25	表 4-23	规费、税金项目清单与计价表		√	√	√	√
26	表 4-24	工程款支付申请(核准)表					√

◆清单计价表格的形式

1. 封面

1)工程量清单(封-1)。

2)招标控制价(封-2)。

3)投标总价(封-3)。

4)竣工结算总价(封-4)。

______________工程

工程量清单

招　标　人：______________ 工程造价咨询人：______________
（单位盖章）（单位资质专用章）

法定代表人或其授权人：______________ 法定代表人或其授权人：______________
（签字或盖章）（签字或盖章）

编　制　人：______________ 复　核　人：______________
（造价人员签字盖专用章）（造价工程师签字盖专用章）

编制时间：　　年　　月　　日　　复核时间：　　年　　月　　日

封-1

______________________工程

招标控制价

招标控制价(小写)：______________________________

(大写)：______________________________

招 标 人：____________________ (单位盖章)

工程造价
咨 询 人：____________________ (单位资质专用章)

法定代表人
或其授权人：____________________ (签字或盖章)

法定代表人
或其授权人：____________________ (签字或盖章)

编 制 人：____________________ (造价人员签字盖专用章)

复 核 人：____________________ (造价工程师签字盖专用章)

编制时间：　　年　　月　　日

复核时间：　　年　　月　　日

封-2

投标总价

招　　标　　人：______________________________

工　程　名　称：______________________________

投标总价(小写)：______________________________

　　　　(大写)：______________________________

投　标　人：______________________________

(单位盖章)

法定代表人

或其授权人：______________________________

(签字或盖章)

编　制　人：______________________________

(造价人员签字盖专用章)

编制时间：　　年　　月　　日

封-3

______________________工程

竣工结算总价

中标价(小写)：____________________ (大写)：____________________

结算价(小写)：____________________ (大写)：____________________

发 包 人：__________ 承 包 人：__________ 工程造价咨询人：__________

(单位盖章) (单位盖章) (单位资质专用章)

法定代表人或其授权人：__________ 法定代表人或其授权人：__________ 法定代表人或其授权人：__________

(签字或盖章) (签字或盖章) (签字或盖章)

编 制 人：____________________ 核 对 人：____________________

(造价人员签字盖专用章) (造价工程师签字盖专用章)

编制时间： 年 月 日 核对时间： 年 月 日

封-4

2. 总说明

总说明见表 4-3。

表 4-3　总说明

工程名称：　　　　　　　　　　　　　　　　　　　　　　　　第　页共　页

3. 汇总表

1)工程项目招标控制价/投标报价汇总表,见表 4-4。

2)单项工程招标控制价/投标报价汇总表,见表 4-5。

3)单位工程招标控制价/投标报价汇总表,见表 4-6。

4)工程项目竣工结算汇总表,见表 4-7。

5)单项工程竣工结算汇总表,见表 4-8。

6)单位工程竣工结算汇总表,见表 4-9。

表 4-4　工程项目招标控制价/投标报价汇总表

工程名称:　　　　　　　　　　　　　　　　　　　　　　　第　页共　页

序号	单项工程名称	金额(元)	其　中		
			暂估价(元)	安全文明施工费(元)	规费(元)
合　计					

注:本表适用于工程项目招标控制价或投标报价的汇总。

表 4-5　单项工程招标控制价/投标报价汇总表

工程名称:　　　　　　　　　　　　　　　　　　　　　　　第　页共　页

序号	单项工程名称	金额(元)	其　中		
			暂估价(元)	安全文明施工费(元)	规费(元)
合　计					

注:本表适用于单项工程招标控制价或投标报价的汇总。暂估价包括分部分项工程中的暂估价和专业工程暂估价。

表 4-6　单位工程招标控制价/投标报价汇总表

工程名称：　　　　　　　　　　　　标段：　　　　　　　　　　　　第　页共　页

序号	汇总内容	金额(元)	其中:暂估价(元)
1	分部分项工程		
1.1			
1.2			
1.3			
1.4			
2	措施项目		—
2.1	安全文明施工费		—
3	其他项目		—
3.1	暂列金额		—
3.2	专业工程暂估价		—
3.3	计日工		—
3.4	总承包服务费		—
4	规费		—
5	税金		—
招标控制价合计=1+2+3+4+5			

注:本表适用于单位工程招标控制价或投标报价的汇总。如无单位工程划分,单项工程也使用本表汇总。

表 4-7　工程项目竣工结算汇总表

工程名称：　　　　　　　　　　　　　　　　　　　　　　　　　　第　页共　页

序号	单项工程名称	金额(元)	其　中	
			安全文明施工费(元)	规费(元)
合　计				

表 4-8　单项工程竣工结算汇总表

工程名称：　　　　　　　　　　　　　　　　　　　　　　　　　　第　页共　页

序号	单项工程名称	金额(元)	其　中	
			安全文明施工费(元)	规费(元)
合　计				

表 4-9　单位工程竣工结算汇总表

工程名称：　　　　　　　　　标段：　　　　　　　　　　　　　第　页共　页

序号	汇总内容	金额(元)
1	分部分项工程	
1.1		
1.2		
1.3		
1.4		
2	措施项目	
2.1	安全文明施工费	
3	其他项目	
3.1	专业工程结算价	
3.2	计日工	
3.3	总承包服务费	
3.4	索赔与现场签证	
4	规费	
5	税金	
竣工结算总价合计＝1＋2＋3＋4＋5		

注：如无单位工程划分，单项工程也使用本表汇总。

4. 分部分项工程量清单表

1)分部分项工程量清单与计价表,见表4-10。

2)工程量清单综合单价分析表,见表4-11。

表4-10 分部分项工程量清单与计价表

工程名称: 标段: 第 页共 页

序号	项目编码	项目名称	项目特征描述	计量单位	工程量	金额(元)		
						综合单价	合价	其中:暂估价
本页小计								
合计								

注:根据建设部、财政部发布的《建设安装工程费用组成》(建标[2003]206号)的规定,为计取规费等的使用,可在表中增设其中:"直接费"、"人工费"或"人工费+机械费"。

表 4-11 工程量清单综合单价分析表

工程名称： 标段： 第 页共 页

<table>
<tr><td>项目编码</td><td colspan="3"></td><td colspan="2">项目名称</td><td colspan="2"></td><td colspan="2">计量单位</td><td colspan="2"></td></tr>
<tr><td colspan="12">清单综合单价组成明细</td></tr>
<tr><td rowspan="2">定额编号</td><td rowspan="2">定额名称</td><td rowspan="2">定额单位</td><td rowspan="2">数量</td><td colspan="4">单价(元)</td><td colspan="4">合价(元)</td></tr>
<tr><td>人工费</td><td>材料费</td><td>机械费</td><td>管理费和利润</td><td>人工费</td><td>材料费</td><td>机械费</td><td>管理费和利润</td></tr>
<tr><td></td><td></td><td></td><td></td><td></td><td></td><td></td><td></td><td></td><td></td><td></td><td></td></tr>
<tr><td></td><td></td><td></td><td></td><td></td><td></td><td></td><td></td><td></td><td></td><td></td><td></td></tr>
<tr><td></td><td></td><td></td><td></td><td></td><td></td><td></td><td></td><td></td><td></td><td></td><td></td></tr>
<tr><td></td><td></td><td></td><td></td><td></td><td></td><td></td><td></td><td></td><td></td><td></td><td></td></tr>
<tr><td colspan="2">人工单价</td><td colspan="6">小计</td><td></td><td></td><td></td><td></td></tr>
<tr><td colspan="2">元/工日</td><td colspan="6">未计价材料费</td><td colspan="4"></td></tr>
<tr><td colspan="8">清单项目综合单价</td><td colspan="4"></td></tr>
<tr><td rowspan="8">材料费明细</td><td colspan="3">主要材料名称、规格、型号</td><td>单位</td><td>数量</td><td colspan="2">单价(元)</td><td>合价(元)</td><td colspan="2">暂估单价(元)</td><td>暂估合价(元)</td></tr>
<tr><td colspan="3"></td><td></td><td></td><td colspan="2"></td><td></td><td colspan="2"></td><td></td></tr>
<tr><td colspan="3"></td><td></td><td></td><td colspan="2"></td><td></td><td colspan="2"></td><td></td></tr>
<tr><td colspan="3"></td><td></td><td></td><td colspan="2"></td><td></td><td colspan="2"></td><td></td></tr>
<tr><td colspan="3"></td><td></td><td></td><td colspan="2"></td><td></td><td colspan="2"></td><td></td></tr>
<tr><td colspan="3"></td><td></td><td></td><td colspan="2"></td><td></td><td colspan="2"></td><td></td></tr>
<tr><td colspan="5">其他材料费</td><td colspan="2">—</td><td></td><td colspan="2">—</td><td></td></tr>
<tr><td colspan="5">材料费小计</td><td colspan="2">—</td><td></td><td colspan="2">—</td><td></td></tr>
</table>

注：1. 如不使用省级或行业建设主管部门发布的计价依据，可不填定额项目、编号等。

2. 招标文件提供了暂估单价的材料，按暂估的单价填入表内“暂估单价”栏及“暂估合价”栏。

5. 措施项目清单表

1)措施项目清单与计价表(一)，见表 4-12。

2)措施项目清单与计价表(二)，见表 4-13。

表 4-12　措施项目清单与计价表(一)

工程名称：　　　　　　　　　　　标段：　　　　　　　　　　　第　页共　页

序号	项目名称	计算基础	费率(%)	金额(元)
1	安全文明施工费			
2	夜间施工费			
3	二次搬运费			
4	冬雨期施工			
5	大型机械设备进出场及安拆费			
6	施工排水			
7	施工降水			
8	地上、地下设施、建筑物的临时保护设施			
9	已完工程及设备保护			
10	各专业工程的措施项目			
11				
12				
合　计				

注：1. 本表适用于以"项"计价的措施项目。

2. 根据建设部、财政部发布的《建设安装工程费用组成》(建标[2003]206 号)的规定，"计算基础"可为"直接费"或"人工费＋机械费"。

表 4-13　措施项目清单与计价表(二)

工程名称：　　　　　　　　　　　标段：　　　　　　　　　　　第　页共　页

序号	项目编码	项目名称	项目特征描述	计量单位	工程量	金额(元)	
						综合单价	合价
本页小计							
合　计							

注：本表适用于以综合单价形式计价的措施项目。

6. 其他项目清单表

1)其他项目清单与计价汇总表,见表4-14。

2)暂列金额明细表,见表4-15。

3)材料暂估单价表,见表4-16。

4)专业工程暂估价表,见表4-17。

5)计日工表,见表4-18。

6)总承包服务费计价表,见表4-19。

7)索赔与现场签证计价汇总表,见表4-20。

8)费用索赔申请(核准)表,见表4-21。

9)现场签证表,见表4-22。

表4-14　其他项目清单与计价汇总表

工程名称：　　　　　　　　　标段：　　　　　　　　　第　页共　页

序号	项目名称	计量单位	金　额(元)	备注
1	暂列金额			明细详见表4-15
2	暂估价			
2.1	材料暂估价			明细详见表4-16
2.2	专业工程暂估价			明细详见表4-17
3	计日工			明细详见表4-18
4	总承包服务费			明细详见表4-19
5				
合　计				—

注:材料暂估单价进入清单项目综合单价,此处不汇总。

表4-15　暂列金额明细表

工程名称：　　　　　　　　　标段：　　　　　　　　　第　页共　页

序号	项 目 名 称	计量单位	暂定金额(元)	备注
1				
2				
3				
4				
5				
6				
7				
合　计				—

注:此表由招标人填写,如不能详列,也可只列暂定金额总额,投标人应将上述暂列金额计入投标总价中。

表 4-16　材料暂估单价表

工程名称：　　　　　　　　　　　　标段：　　　　　　　　　　　　第　页共　页

序号	材料名称、规格、型号	计量单位	单价(元)	备注

注：1. 此表由招标人填写，并在备注栏说明暂估价的材料拟用在哪些清单项目上，投标人应将上述材料暂估单价计入工程量清单综合单价报价中。

2. 材料包括原材料、燃料、构配件以及按规定应计入建筑安装工程造价的设备。

表 4-17　专业工程暂估价表

工程名称：　　　　　　　　　　　　标段：　　　　　　　　　　　　第　页共　页

序号	工 程 名 称	工程内容	金额(元)	备　注
	合　计			—

注：此表由招标人填写，投标人应将上述专业工程暂估价计入投标总价中。

表 4-18　计日工表

工程名称：　　　　　　　　　　　　标段：　　　　　　　　　　　　　第　页共　页

编号	项目名称	单位	暂定数量	综合单价(元)	合价(元)
一	人工				
1					
2					
3					
4					
	人工小计				
二	材料				
1					
2					
3					
4					
5					
6					
	材料小计				
三	施工机械				
1					
2					
3					
4					
	施工机械小计				
	总　计				

注：此表项目名称、数量由招标人填写，编制招标控制价时，单价由招标人按有关计价规定确定；投标时，单价由投标人自主报价，计入投标总价中。

表 4-19　总承包服务费计价表

工程名称：　　　　　　　　　　　　标段：　　　　　　　　　　　　　第　页共　页

序号	工程名称	项目价值(元)	服务内容	费率(%)	金额(元)
1	发包人发包专业工程				
2	发包人供应材料				
	合　计				

表 4-20　索赔与现场签证计价汇总表

工程名称：　　　　　　　　　　　　标段：　　　　　　　　　　　　第　页共　页

序号	签证及索赔项目名称	计量单位	数量	单价(元)	合价(元)	索赔及签证依据
本页小计						
合　计						

注：签证及索赔依据是指经双方认可的签证单和索赔依据的编号。

表 4-21　费用索赔申请(核准)表

工程名称：　　　　　　　　　　　　标段：　　　　　　　　　　　　编号：

<table>
<tr><td colspan="2">致：____(发包人全称)
根据施工合同条款第______条的约定，由于______原因，我方要求索赔金额(大写)______元，(小写)______元，请予核准。
附：1. 费用索赔的详细理由和依据：
2. 索赔金额的计算：
3. 证明材料：
承包人(章)
承包人代表______
日　　期______</td></tr>
<tr><td>复核意见：
根据施工合同条款第______条的约定，你方提出的费用索赔申请经复核：
□不同意此项索赔，具体意见见附件。
□同意此项索赔，索赔金额的计算，由造价工程师复核。
监理工程师______
日　　期______</td><td>复核意见：
根据施工合同条款第______条的约定，你方提出的费用索赔申请经复核，索赔金额为(大写)______元，(小写)______元。
造价工程师______
日　　期______</td></tr>
<tr><td colspan="2">审核意见：
□不同意此项索赔。
□同意此项索赔，与本期进度款同期支付。
发包人(章)
发包人代表______
日　　期______</td></tr>
</table>

注：1. 在选择栏中的"□"内做标识"√"。

2. 本表一式四份，由承包人填报，发包人、监理人、造价咨询人、承包人各存一份。

表 4-22　现场签证表

工程名称：　　　　　　　　　　　　标段：　　　　　　　　　　　　　　　　　编号：

<table>
<tr><td>施工部位</td><td></td><td>日期</td><td></td></tr>
<tr><td colspan="4">致：________________________________(发包人全称)
根据________(指令人姓名)　年　月　日的口头指令或你方________(或监理人)　年　月　日的书面通知,我方要求完成此项工作应支付价款金额为(大写)________元,(小写)________元,请予核准。
附:1. 签证事由及原因:
2. 附图及计算式:

承包人(章)
承包人代表________
日　　期________</td></tr>
<tr><td colspan="2">复核意见:
你方提出的此项签证申请经复核:
□不同意此项索证,具体意见见附件。
□同意此项签证,签证金额的计算,由造价工程师复核。

监理工程师________
日　　期________</td><td colspan="2">复核意见:
□此项签证按承包人中标的计日工单价计算,金额为(大写)______元,(小写)______元。
□此项签证因无计日工单价,金额为(大写)________元,(小写)________元。

造价工程师________
日　　期________</td></tr>
<tr><td colspan="4">审核意见:
□不同意此项索赔。
□同意此项索赔,价款与本期进度款同期支付。

发包人(章)
发包人代表________
日　　期________</td></tr>
</table>

注:1. 在选择栏中的“□”内做标识“√”。

2. 本表一式四份,由承包人在收到发包人(监理人)的口头或书面通知后填写,发包人、监理人、造价咨询人、承包人各存一份。

7. 规费、税金项目清单与计价表

规费、税金项目清单与计价表见表 4-23。

表 4-23 规费、税金项目清单与计价表

工程名称： 标段： 第 页共 页

序号	项目名称	计算基础	费率(%)	金额(元)
1	规费			
1.1	工程排污费			
1.2	社会保障费			
(1)	养老保险费			
(2)	失业保险费			
(3)	医疗保险费			
1.3	住房公积金			
1.4	危险作业意外伤害保险			
1.5	工程定额测定费			
2	税金	分部分项工程费＋措施项目费＋其他项目费＋规费		
合　计				

注：根据建设部、财政部发布的《建筑安装工程费用组成》(建标[2003]206 号)的规定，“计算基础”可为“直接费”、“人工费”或“人工费＋机械费”。

8. 工程款支付申请(核准)表

工程款支付申请(核准)表见表 4-24。

表 4-24　工程款支付申请(核准)表

工程名称：　　　　　　　　　　　　标段：　　　　　　　　　　　　编号：

致：____（发包人全称）

我方于________至________期间已完成了________工作，根据施工合同的约定，现申请支付本期的工程款额为（大写）________元，（小写）________元，请予核准。

序号	名　　称	金额(元)	备注
1	累计已完成的工程价款		
2	累计已实际支付的工程价款		
3	本周期已完成的工程价款		
4	本周期完成的计日工金额		
5	本周期应增加和扣减的变更金额		
6	本周期应增加和扣减的索赔金额		
7	本周期应抵扣的预付款		
8	本周期应扣减的质保金		
9	本周期应增加或扣减的其他金额		
10	本周期实际应支付的工程价款		

承包人(章)

承包人代表________

日　　期________

复核意见：

□与实际施工情况不相符，修改意见见附件。

□与实际施工情况相符，具体金额由造价工程师复核。

监理工程师________

日　　期________

复核意见：

你方提出的支付申请经复核，本期间已完成工程款额为（大写）________元，（小写）________元，本期间应支付金额为（大写）________元，（小写）________元。

造价工程师________

日　　期________

审核意见：

□不同意。

□同意，支付时间为本表签发后的 15 天内。

发包人(章)

发包人代表________

日　　期________

注：1. 在选择栏中的“□”内做标识“√”。

2. 本表一式四份，由承包人填报，发包人、监理人、造价咨询人、承包人各存一份。

相关知识

◆工程量清单计价的影响因素

工程量清单报价中标的工程，无论采用何种计价方法，在正常情况下，基本说明工程造价已确定，只是当出现设计变更或工程量变动时，通过签证再结算调整另行计算。工程量清单工程成本要素的管理重点，是在既定收入的前提下如何控制成本支出。

1. 对用工批量的有效管理

人工费支出约占建筑产品成本的17%，并且随市场价格波动而不断变化。对人工单价在整个施工期间作出切合实际的预测，是控制人工费用支出的前提条件。

首先，应根据施工进度，月初依据工序合理做出用工数量，结合市场人工单价计算出本月控制指标。

其次，在施工过程中，依据工程分部分项，对每天用工数量连续记录，在完成一个分项后，就同工程量清单报价中的用工数量对比，进行横评找出存在的问题，办理相应手续以便于对控制指标加以修正。每月完成几个工程分项后各自同工程量清单报价中的用工数量对比，考核控制指标完成情况。通过这种控制减少用工数量，意味着降低人工费支出，即增加了相应的效益。这种对用工数量控制的方法，最大优势在于不受任何工程结构形式的影响，可分阶段加以控制，具有很强的实用性。人工费用控制指标，主要是从量上加以控制。重点通过对在建工程过程控制，积累各类结构形式下实际用工数量的原始资料，以便形成企业定额体系。

2. 材料费用的管理

材料费用开支约占建筑产品成本的63%，是成本要素控制的重点。材料费用因工程量清单报价形式不同以及材料供应方式不同而有所不同。如业主限价的材料价格如何管理？其主要问题可从施工企业采购过程降低材料单价来把握。首先，对本月施工分项所需材料用量下发采购部门，在保证材料质量前提下货比三家。采购过程以工程清单报价中材料价格为控制指标，确保采购过程产生收益。对业主供材供料，确保准斤足两，严把验收入库环节。其次，在施工过程中，严格执行质量方面的程序文件，做到材料堆放合理布局，减少二次搬运。具体操作依据工程进度实行限额领料，完成一个分项后，考核控制效果。最后，是杜绝没有收入的支出，把返工损失降到最低限度。月末应把控制用量和价格同实际数量横向对比，考核实际效果，对超用材料数量落实清楚，是在哪个工程子项造成的？原因是什么？是否存在同业主计取材料差价的问题等。

3. 机械费用的管理

机械费的开支约占建筑产品成本的7%,其控制指标主要是根据工程量清单计算出的使用的机械控制台班数。在施工过程中,每天做详细台班记录,是否存在维修、待班的台班。如存在现场停电超过合同规定时间,应在当天同业主做好待班现场签证记录,月末将实际使用台班同控制台班的绝对数进行对比,分析量差发生的原因。对机械费价格一般采取租赁协议,合同一般在结算期内不变动,所以,控制实际用量是关键。依据现场情况做到设备合理布局、充分利用,特别是要合理安排大型设备进出场时间,以降低费用。

4. 施工过程中水电费的管理

水作为人类生存最宝贵的资源,却没有在施工过程中予以重视起来。水电费的管理问题,在以往工程施工中一直被忽视。在进行施工过程支出的控制管理时,应把控制用量计算到施工子项,以便于控制水电费用。月末依据完成子项所需水电用量同实际用量对比,找出差距的出处,以便制定改正措施。总之施工过程中对水电用量控制不仅仅是一个经济效益的问题,更重要的是一个合理利用宝贵资源的问题。

5. 对设计变更和工程签证的管理

在施工过程中,时常会遇到一些原设计未预料到的实际情况,或业主单位提出要求改变某些施工做法、材料代用等引发设计变更;同样,对施工图以外的内容及停水、停电,或因材料供应不及时造成停工、窝工等,都需要办理工程签证。以上两部分工作,首先,应由负责现场施工的技术人员做好工程量的确认,如存在工程量清单不包括的施工内容,应及时通知技术人员,将需要办理工程签证的内容落实清楚;其次,工程造价人员审核变更或签证签字内容是否清楚完整、手续是否齐全。如手续不齐全,应在当天督促施工人员补办手续,变更或签证的资料应连续编号;最后,工程造价人员还应特别注意在施工方案中涉及的工程造价问题。在投标时,工程量清单是依据以往的经验计价,建立在既定的施工方案基础上的。施工方案的改变便是对工程量清单造价的修正。变更或签证的是工程量清单工程造价中所不包括的内容,但在施工过程中费用已经发生,工程造价人员应及时地编制变更及签证后的变动价值。加强设计变更和工程签证工作,是施工企业经济活动中的一个重要组成部分,可防止应得效益的流失,反映工程真实造价构成,对施工企业各级管理者来说更显得重要。

6. 对其他成本要素的管理

成本要素除工料单价法包含的以外,还有管理费用、利润、临设费、税金、保险费等。这部分收入已分散在工程量清单的子项之中,中标后已成既定的数,因此,在施工过程中应注意如下几点内容:

1)节约管理费用是重点,制定切合实际的预算指标,对每笔开支严格依据预算执行审批手续;提高管理人员的综合素质,做到高效精干,提倡一专多能。对办公费用的管理,从节约一张纸、减少每次通话时间等一些细微方面着手,精打细算,控制费用支出。

2)利润作为工程量清单子项收入的一部分,在不亏损的情况下,就是企业既定利润。

3)临设费管理的重点是依据施工的工期及现场情况合理布局临设,尽可能就地取材搭建临设,工程接近竣工时及时减少临设的占用。对购买的彩板房每次安、拆要高抬轻放,延长其使用次数。日常使用时及时维护易损部位,以延长其使用寿命。

4)对税金、保险费的管理重点是一个资金问题,依据施工进度及时拨付工程款,确保按国家规定的税金及时上缴。

以上六个方面是施工企业的成本要素,针对工程量清单形式带来的风险性,施工企业要从加强过程控制的管理入手,才能将风险降到最低点。积累各种结构形式下成本要素的资料,逐步形成科学、合理的,具有代表人力、财力、技术力量的企业定额体系。这样可以避免一味过低或过高报价所形成的亏损、废标,以应付复杂激烈的市场竞争。

第五章　装饰装修工程定额工程量计算

第一节　建筑面积的计算

要点

长期以来，《建筑面积计算规则》在建筑工程造价管理方面起着重要的作用，在装饰装修工程中的作用也是显而易见的。本节主要对建筑面积的定义、作用、计算规则及计算步骤进行介绍。

解释

◆建筑面积的定义和组成

在建筑装饰装修工程造价计算中，建筑面积是指工业厂房和仓库、公共建筑、居住建筑、农业生产使用的房屋和粮种仓库、地铁车站等建筑物的展开面积，即建筑物各层面积的总和或外墙勒脚以上结构外围水平投影面积之和，按单层建筑物和多层建筑物（包括地下室和半地下室）划分。单层建筑物的建筑面积是指建筑物勒脚以上外墙结构的外围水平投影面积，多层建筑物的首层与单层相同，二层及以上是指外墙结构的外围水平投影面积之和。

建筑面积是由使用面积、结构面积和辅助面积所组成的。

1. 使用面积

使用面积是指供人们居住、工作、学习、休闲娱乐、购物等的建筑室内各层空间的净面积。不包括在结构面积内的烟囱、通风道、管道井均计入使用面积。

2. 结构面积

结构面积，是指建筑物各层中不包括墙面装饰厚度在内的外墙、内墙、柱子、玻璃幕墙、垃圾道、通风道、烟囱等结构构件所占的水平截面面积（或投影面积）的总和。

3. 辅助面积

辅助面积，是指楼梯、走廊、过道等交通面积及不直接提供人们生活的室内净面积的总和，如厨房、卫生间、厕所、贮藏室等。

◆建筑面积的作用

建筑面积不仅是一个重要的建筑技术指标，同时也是一个重要的建筑经济指标。正确地计算建筑面积，具有特别重要的技术经济意义。

1. 建筑面积可作为控制建设项目投资的重要指标

建筑面积能直接反映建设项目规模的大小，因此，可作为控制建设项目投资的重要指标。

不同的建筑面积决定着不同的建设规模。比如某省费用定额规定大于 $10000m^2$ 的民用建筑为一类工程，大于 $5000m^2$ 的民用建筑为二类建筑。由此可见，建筑面积是工程类别大小判定的一个重要依据，而工程类别的确定决定了工程总造价的金额。

2. 建筑面积是进行设计评价的重要指标

工程项目进行设计评价主要考虑使用率，使用率是使用面积与建筑面积之比，通常也叫做平面系数，用 K 来表示，$K=\dfrac{使用面积}{建筑面积}$，K 值大，则表示设计的使用效益和经济效益越高。它的重要参考价值体现在房地产开发、住户购房等领域。

3. 建筑面积是一项重要的技术经济指标

建设部和国家质量技术监督局颁发的《房产测量规范》的房产面积计算，以及《住宅设计规范》中有关面积计算，均依据的是《建筑工程建筑面积计算规则》。建筑面积作为重要的技术经济指标，主要表现在建筑物的单方造价上，单方造价是指建筑及装饰装修工程总造价与建筑面积的比值。公式如下：

$$单方造价=\frac{总造价}{总建筑面积}(元/m^2) \tag{5-1}$$

单方造价可以作为判断是否对装饰装修工程项目进行投资的最直观的衡量标准，也可作为投标报价期望值的最简单的判断依据。

4. 建筑面积是计算工程量的重要指标

装饰装修工程中脚手架、垂直运输工程量是以建筑面积来计算的，楼地面整体面层和找平层的工程量是以使用面积和辅助面积来计算的，详见本章工程量计算规则解释及应用。

◆建筑面积的计算规则

1. 单层建筑物

单层建筑物的建筑面积，应按其外墙勒脚以上结构外围水平面积计算，其高度在 2.20m 及以上者应计算全面积；高度不足 2.20m 者应计算 1/2 面积。勒脚是墙根部很矮的一部分墙体加厚，不能代表整个外墙结构，因此要扣除勒脚墙体加厚的部分（如图 5-1 所示）。

$$建筑面积=a\times b（外墙外边尺寸，不含勒脚厚度） \tag{5-2}$$

单层建筑物利用坡屋顶内空间时净高超过 2.10m 的部位应计算全面积;净高在 1.20～2.10m 的部位应计算 1/2 面积;净高不足 1.20m 的部位不应计算面积。

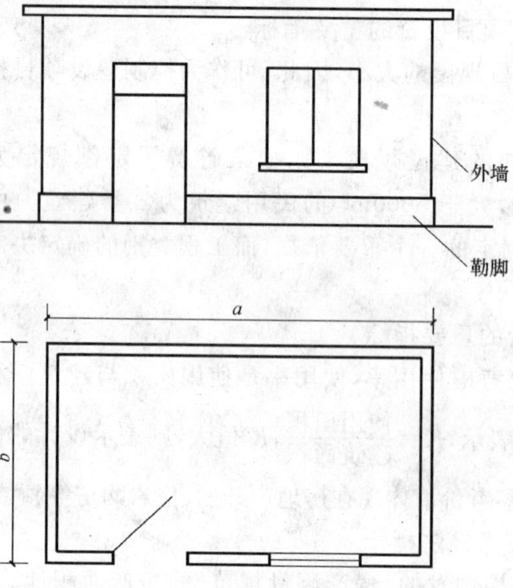

图 5-1　单层建筑物的建筑面积

单层建筑物内设有局部楼层者,局部楼层的二层及以上楼层,有围护结构的应按其围护结构外围水平面积计算,无围护结构的应按其结构底板水平面积计算。层高在 2.20m 及以上者应计算全面积;层高不足 2.20m 者应计算 1/2 面积。

单层建筑物应按不同的高度确定其面积的计算。其高度指室内地面标高至屋面板板面结构标高之间的垂直距离。遇有以屋面板找坡的平屋顶单层建筑物,其高度指室内地面标高至屋面板最低处板面结构标高之间的垂直距离。

坡屋顶内空间的建筑面积,按不同净高确定其面积的计算。净高指楼面或地面至上部楼板底面或吊顶底面之间的垂直距离。

2. 多层建筑物

多层建筑物首层应按其外墙勒脚以上结构外围水平面积计算;二层及以上楼层应按其外墙结构外围水平面积计算。层高在 2.20m 及以上者应计算全面积;层高不足 2.20m 者应计算 1/2 面积。

多层建筑坡屋顶内和场馆看台下,当设计加以利用时净高超过 2.10m 的部位应计算全面积;净高在 1.20～2.10m 的部位应计算 1/2 面积;当设计不利用或室内净高不足 1.20m 时不应计算面积。

多层建筑坡屋顶内和场馆看台下的空间,应视为坡屋顶内的空间,设计加以利用时,应按其净高确定其面积的计算;设计不利用的空间,不应计算建筑面积。

3. 地下室

地下室和半地下室(见图 5-2)(车间、商店、车站、车库、仓库等),包括相应的有永久性顶盖的出入口,应按其外墙上口(不包括采光井、外墙防潮层及其保护墙)外边线所围水平面积计算。层高在 2.20m 及以上者应计算全面积;层高不足 2.20m 者应计算 1/2 面积。

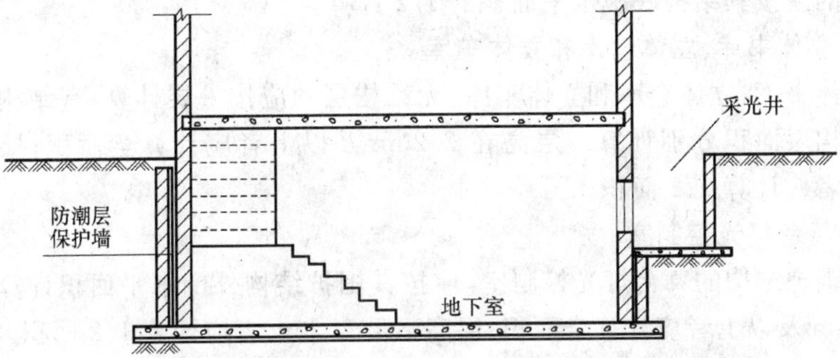

图 5-2　地下室和半地下室

4. 建筑物吊脚架空层和深基础架空层

坡地的建筑物吊脚架空层和深基础架空层，设计加以利用并有围护结构的，层高在 2.20m 及以上的部位应计算全面积；层高不足 2.20m 的部位应计算 1/2 面积。设计加以利用、无围护结构的建筑吊脚架空层，应按其利用部位水平面积的 1/2 计算；设计不利用的深基础架空层、坡地吊脚架空层及多层建筑坡屋顶内、场馆看台下的空间，不应计算面积。

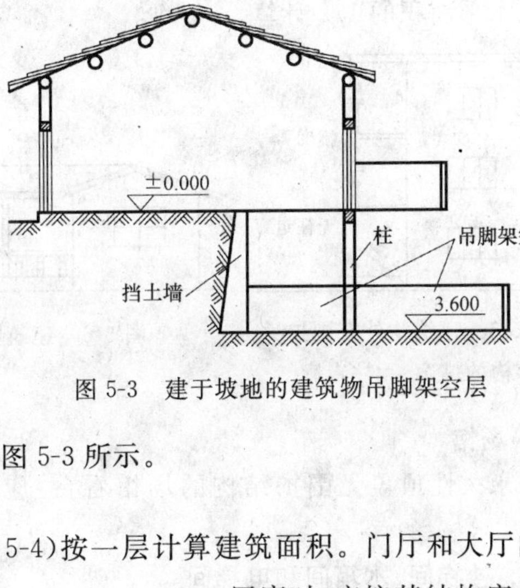

图 5-3　建于坡地的建筑物吊脚架空层

建于坡地的建筑物吊脚架空层如图 5-3 所示。

5. 门厅、大厅和架空走廊

建筑物的门厅和大厅（见图 5-4）按一层计算建筑面积。门厅和大厅内设有回廊时，应按其结构底板水平面积计算。层高在 2.20m 及以上者应计算全面积；层高不足 2.20m 者应计算 1/2 面积。

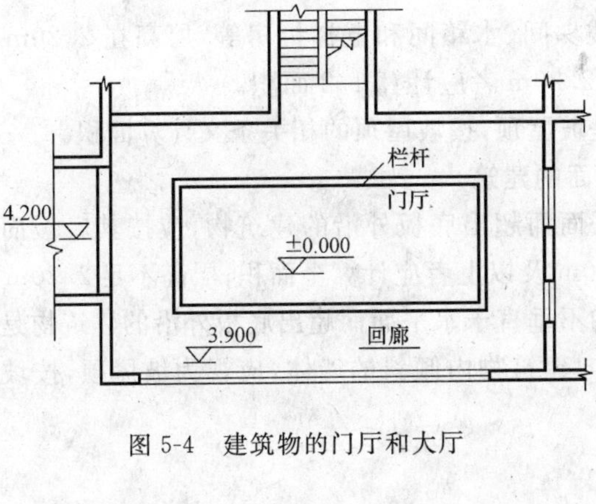

图 5-4　建筑物的门厅和大厅

建筑物间有围护结构的架空走廊，应按其围护结构外围水平面积计算。层高在 2.20m 及以上者应计算全面积；层高不足 2.20m 者应计算 1/2 面积。有永久性顶盖无围护结构的应按其结构底板水平面积的 1/2 计算。

6. 立体书库、立体仓库和立体车库

立体书库、立体仓库和立体车库,无结构层的应按一层计算,有结构层的应按其结构层面积分别计算。层高在 2.20m 及以上者应计算全面积;层高不足 2.20m 者应计算 1/2 面积。

7. 舞台灯光控制室

有围护结构的舞台灯光控制室,应按其围护结构外围水平面积计算。层高在 2.20m 及以上者应计算全面积;层高不足 2.20m 者应计算 1/2 面积。

8. 挑廊、走廊和檐廊

建筑物外有围护结构的落地橱窗、门斗、挑廊、走廊和檐廊(见图 5-5 和图 5-6),应按其围护结构外围水平面积计算。层高在 2.20m 及以上者应计算全面积;层高不足 2.20m 者应计算 1/2 面积。有永久性顶盖无围护结构的应按其结构底板水平面积的 1/2 计算。

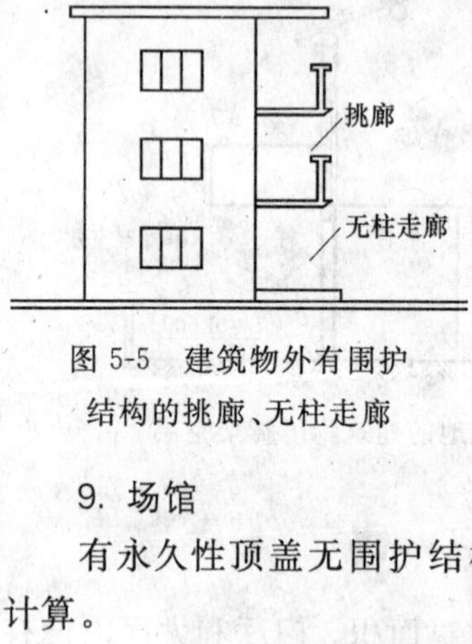

图 5-5 建筑物外有围护结构的挑廊、无柱走廊

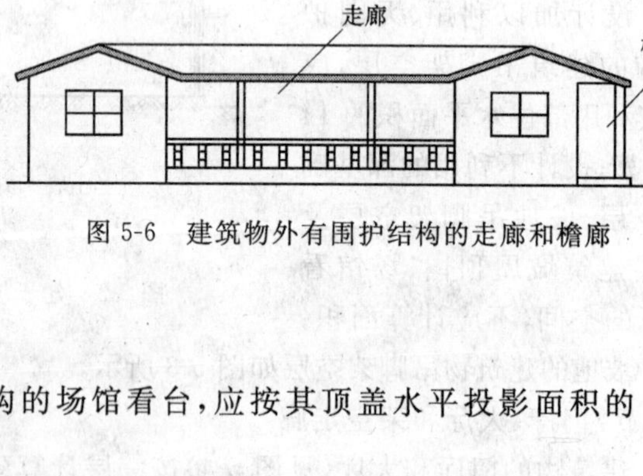

图 5-6 建筑物外有围护结构的走廊和檐廊

9. 场馆

有永久性顶盖无围护结构的场馆看台,应按其顶盖水平投影面积的 1/2 计算。

10. 楼梯间、水箱间和电梯间

建筑物顶部有围护结构的楼梯间、水箱间和电梯机房等,层高在 2.20m 及以上者应计算全面积;层高不足 2.20m 者应计算 1/2 面积。

如遇建筑物屋顶的楼梯间是坡屋顶,按坡屋顶的相关条文计算面积。

11. 围护结构不垂直于水平面的建筑

设有围护结构不垂直于水平面而超出底板外沿的建筑物,应按其底板面的外围水平面积计算。层高在 2.20m 及以上者应计算全面积;层高不足 2.20m 者应计算 1/2 面积。设有围护结构不垂直于水平面而超出底板外沿的建筑物是指向建筑物外倾斜的墙体,若遇有向建筑物内倾斜的墙体,应视为坡屋顶,按坡屋顶有关条文计算面积。

12. 楼梯间和电梯井等

建筑物内的室内楼梯间、电梯井、观光电梯井、提物井、管道井、通风排气竖井、垃圾道和附墙烟囱，应按建筑物的自然层计算。

室内楼梯间的面积，应按楼梯依附的建筑物的自然层数计算，并算在建筑物面积内。遇跃层建筑，其共用的室内楼梯应按自然层计算面积；上下两错层户室共用的室内楼梯，应选上一层的自然层计算面积（见图 5-7）。

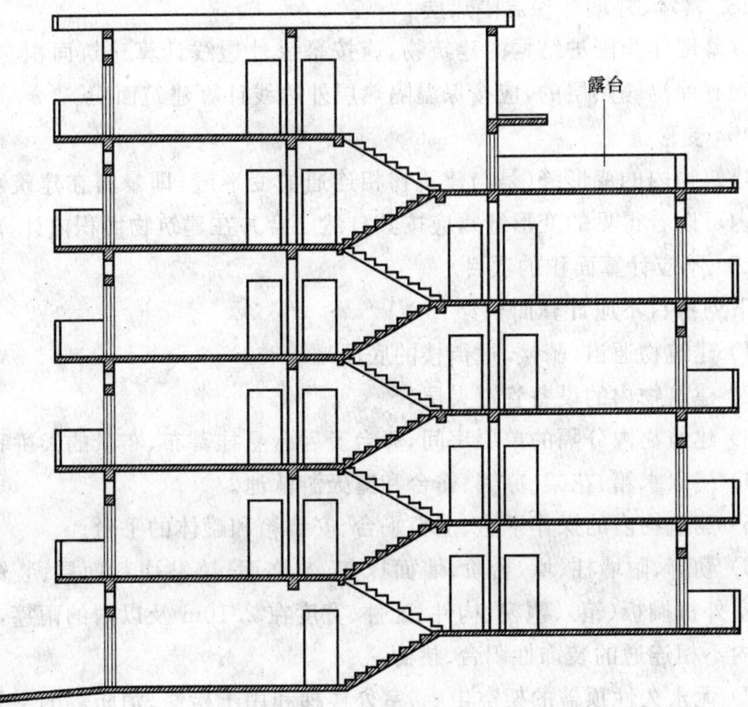

图 5-7　室内楼梯间

13. 雨篷

雨篷结构的外边线至外墙结构外边线的宽度超过 2.10m 者，应按雨篷结构板的水平投影面积的 1/2 计算。有柱雨篷和无柱雨篷计算应一致。

14. 室外楼梯

有永久性顶盖的室外楼梯，应按建筑物自然层的水平投影面积的 1/2 计算。最上层楼梯无永久性顶盖，或不能完全遮盖楼梯的雨篷，上层楼梯不计算面积，上层楼梯可视为下层楼梯的永久性顶盖，下层楼梯应计算面积。

15. 阳台

建筑物的阳台不论是凹阳台、挑阳台、封闭阳台、不封闭阳台，均应按其水平投影面积的 1/2 计算。

16. 车棚、货棚和站台等

有永久性顶盖无围护结构的车棚、货棚、站台、加油站和收费站等,应按其顶盖水平投影面积的1/2计算。

17. 高低联跨的建筑物

高低联跨的建筑物,应以高跨结构外边线为界分别计算建筑面积;其高低跨内部连通时,变形缝应计算在低跨面积内。

18. 幕墙、外墙外保温隔热层

以幕墙作为围护结构的建筑物,应按幕墙外边线计算建筑面积。建筑物外墙外侧有保温隔热层的,应按保温隔热层外边线计算建筑面积。

19. 变形缝

建筑物内的变形缝(是与建筑物相连通的变形缝,即暴露在建筑物内,在建筑物内可以看得见的变形缝),应按其自然层合并在建筑物面积内计算。

20. 不应计算面积的项目

下列项目不应计算面积:

1) 建筑物通道(骑楼、过街楼的底层)。

2) 建筑物内的设备管道夹层。

3) 建筑物内分隔的单层房间,舞台及后台悬挂幕布、布景的天桥和挑台等。

4) 屋顶水箱、花架、凉棚、露台和露天游泳池。

5) 建筑物内的操作平台、上料平台、安装箱和罐体的平台。

6) 勒脚、附墙柱、垛、台阶、墙面抹灰、装饰面、镶贴块料面层、装饰性幕墙、空调室外机搁板(箱)、飘窗、构件、配件、宽度在2.10m及以内的雨篷,以及与建筑物内不相连通的装饰性阳台、挑廊。

7) 无永久性顶盖的架空走廊、室外楼梯和用于检修、消防等的室外钢楼梯、爬梯。

8) 自动扶梯、自动人行道。

9) 独立烟囱、烟道、地沟、油(水)罐、气柜、水塔、贮油(水)池、贮仓、栈桥、地下人防通道和地铁隧道。

◆建筑面积的计算步骤

1) 读图。

建筑面积计算规则可归纳为以下几种情况:凡层高超过2.2m的有顶盖或维护结构以及有柱(除深基础以外)者,均应全部计算建筑面积;凡无顶或无柱者,能供人们利用的,通常按水平投影面积一半计算建筑面积;除此之外及有关配件,均不计算建筑面积。

在掌握建筑面积计算规则的基础上,必须认真阅读施工图,明确哪些部分需要计算，哪些部分不需要计算，哪些是单层，哪些是多层，以及阳台的类型等。

2）列项。按照单层、多层、雨篷、车棚等分类、并按一定顺序编号列出项目。

3）计算。

4）按照施工图查取尺寸，并根据如上所述计算规则进行建筑面积计算。

相关知识

◆与建筑面积计算有关的术语

为了准确计算建筑物的建筑面积，《建筑工程建筑面积计算规范》GB/T 50353—2005 对相关术语做了明确规定。

1. 层高

层高是指上下两层楼面或楼面与地面之间的垂直距离。一般来说也指室内地面标高至屋面板板面结构标高之间的垂直距离。具体划分如下：

(1) 建筑物最底层的层高

1）有基础底板的，按基础底板上表面结构至上层楼面的结构标高之间的垂直距离确定。

2）没有基础底板的，按室外设计地面标高至上层楼面结构标高之间的垂直距离确定。

(2) 最上一层的层高

最上一层的层高按楼面结构标高至屋面板板面结构标高之间的垂直距离确定。遇有以屋面板找坡的屋面，最上一层的层高指楼面结构标高至屋面板最低处板面结构标高之间的垂直距离。

2. 净高

净高是指楼面或地面至上楼板底或吊顶底面之间的垂直距离。首层净高是指室外设计地坪至上楼板底或吊顶底面之间的垂直距离。

3. 自然层

自然层是指按楼板、地板结构分层的楼层。

4. 架空层

架空层是指建筑物深基础或坡地建筑吊脚架空部位不回填土石方形成的建筑空间。

5. 走廊

走廊是指建筑物的水平交通空间。

6. 挑廊

挑廊是指挑出建筑物外墙的水平交通空间。

7. 檐廊

檐廊是指设置在建筑物底层出檐下的水平交通空间。

8. 回廊

回廊是指在建筑物门厅、大厅内设置在二层或二层以上的回形走廊。

9. 门斗

门斗是指在建筑物出入口设置的起分隔、挡风、御寒等作用的建筑过渡空间。

10. 建筑物通道

建筑物通道是指为道路穿过建筑物而设置的建筑空间。

11. 架空走廊

架空走廊是指建筑物与建筑物之间,在二层或二层以上专门为水平交通设置的走廊。

12. 勒脚

勒脚是指建筑物的外墙与室外地面或散水接触部位墙体的加厚部分。

13. 围护结构

围护结构是指围合建筑空间四周的墙体、门、窗等。

14. 围护性幕墙

围护性幕墙是指直接作为外墙起围护作用的幕墙。

15. 装饰性幕墙

装饰性幕墙是指设置在建筑物墙体外起装饰作用的幕墙。

16. 落地橱窗

落地橱窗是指突出外墙面根基落地的橱窗。

17. 阳台

阳台是指供使用者进行活动和晾晒衣物的建筑空间。

18. 眺望间

眺望间是指设置在建筑物顶层或挑出房间的供人们远眺或观察周围情况的建筑空间。

19. 雨篷

雨篷是指设置在建筑物进出口上部的遮雨、遮阳篷。

20. 地下室

地下室是指房间地平面低于室外地平面且高度超过该房间净高的1/2者。

21. 半地下室

半地下室是指房间地平面低于室外地平面的高度超过该房间净高的1/3且不超过1/2者。

22. 变形缝

变形缝是伸缩缝(温度缝)、沉降缝和抗震缝的总称。

23. 永久性顶盖

永久性顶盖是指经规划批准设计的永久使用的顶盖。

24. 飘窗

飘窗是指为房间采光和美化造型而设置的突出外墙的窗。

25. 骑楼

骑楼是指楼层部分跨在人行道上的临街楼房。

26. 过街楼

过街楼是指有道路穿过建筑空间的楼房。

◆应用计算规则时的注意事项

1)在计算建筑面积时,是按外墙的外边线取定尺寸,而设计图纸多以轴线标注尺寸,因此,要注意将底层和标准层按各自墙厚尺寸,转换成边线尺寸进行计算。

2)当在同一外边轴线上有墙有柱时,要查看墙外边线是否一致,不一致时要按墙外边线、柱外边线分别取定尺寸计算建筑面积。

3)若遇有建筑物内留有天井空间时,在计算建筑面积中应注意扣除天井面积。

4)无柱走廊、檐廊和无围护结构的阳台,一般都按栏杆或栏板标注尺寸,其水平面积可以按栏杆或栏板墙外边线取定尺寸;若是采用钢木花栏杆者,应以廊台板外边线取定尺寸。

5)层高小于 2.2m 的架空层或结构层,一般均不计算建筑面积。

实例分析

◆例 5-1

××仓库货台如图 5-8 所示,试计算其建筑面积。

解:货台建筑面积: $S=0.8\times4\times5\times4=64\ (m^2)$

◆例 5-2

试计算××商店地下室的面积(如图 5-9 所示)。

解:地下室面积:$S=17.5\times9.5+1.8\times2.3+1.8\times3.3=176.33\ (m^2)$

◆例 5-3

试计算一有设备管道的多层建筑物的建筑面积(如图 5-10 所示)。

解:设备管道主要用来安装通信电缆、空调通风、冷热管道等,无论是满设或部分设置,只要层高超过 2.2m,就应计算建筑面积。

该建筑物建筑面积：$S=28.5\times19\times7=3790.5$ (m^2)

◆例 5-4

图 5-11 所示一水箱间，试计算屋面水箱间建筑面积。

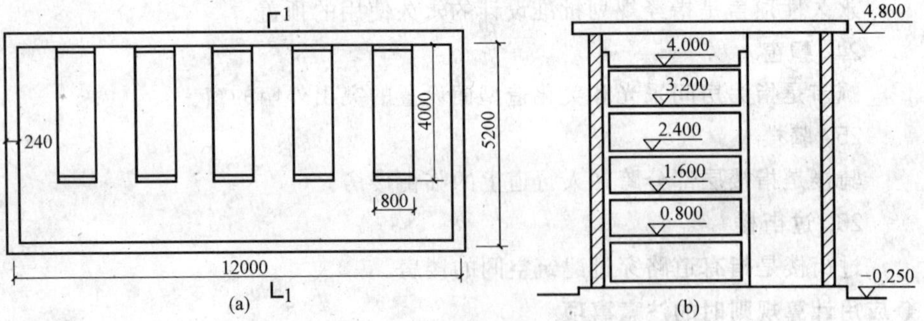

图 5-8　货台示意图

(a) 货台平面图；(b) 1—1 剖面图

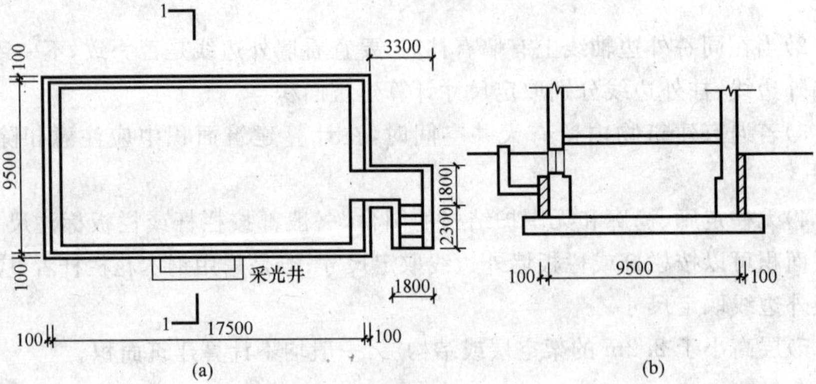

图 5-9　地下室示意图

(a) 平面图；(b) 1—1 剖面图

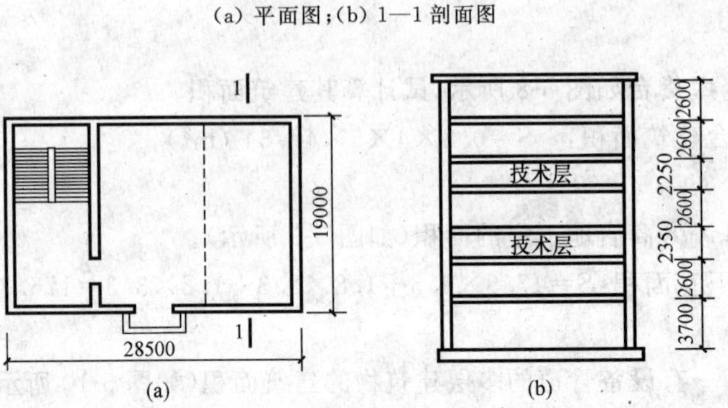

图 5-10　有设备管道的多层建筑物示意图

(a) 平面图；(b) 1—1 剖面图

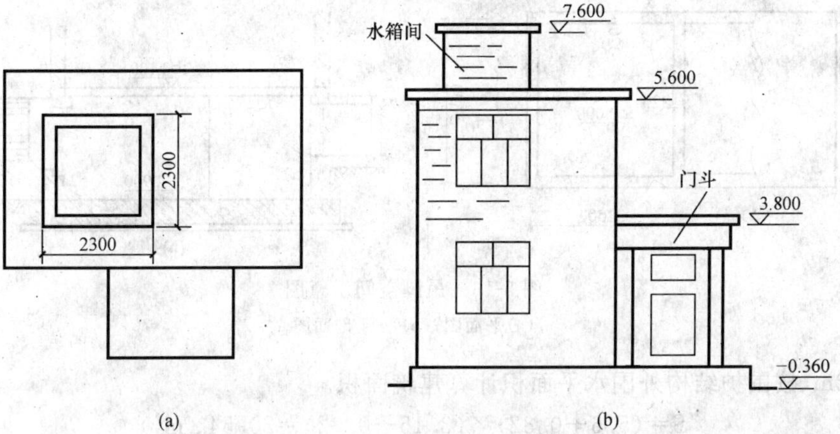

图 5-11　有围护结构的水箱间

(a) 平面示意图；(b) 侧立面示意图

解：屋面上部有围护结构的楼梯间、水箱间、电梯机房等，按围护结构外围水平面积计算建筑面积。

$$S=2.3\times2.3=5.29\ (\text{m}^2)$$

◆**例 5-5**

××无柱有盖檐廊如图 5-12 所示，试计算其建筑面积。

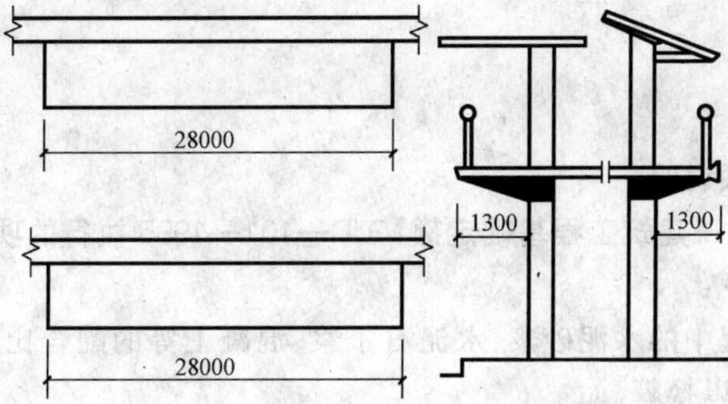

图 5-12　无柱的走廊和廊檐

解：无柱的走廊、檐廊的建筑面积按其投影面积的一半计算。

$$S_{走廊}=28\times1.3\times\frac{1}{2}=18.2\ (\text{m}^2)$$

$$S_{檐廊}=28\times1.3\times\frac{1}{2}=18.2\ (\text{m}^2)$$

◆**例 5-6**

如图 5-13 所示一吊脚空间设置的架空层，试计算其建筑面积。

解：建于坡地的建筑物利用吊脚空间设置架空层并加以利用时，其层高超过

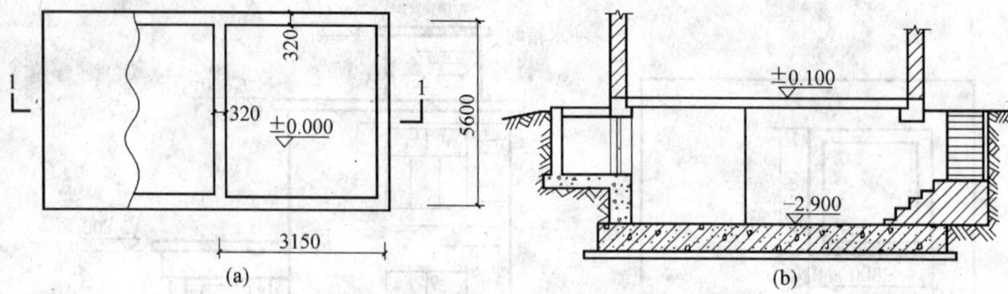

图 5-13　吊脚空间示意图

(a)平面图;(b)1—1 剖面图

2.2m,按围护结构外围水平面积计算建筑面积。

$$S=(5.6+0.32)\times(3.15+0.32)=20.54\ (\text{m}^2)$$

第二节　楼地面工程

要点

楼地面工程定额项目内容包括找平层、整体面层、块料面层、地板、地毯及栏杆、扶手和踢脚线,读者应侧重掌握楼地面工程定额工程量计算方法及其在实际中的应用。

解释

◆楼地面工程定额说明

1. 按《全国统一建筑工程基础定额》GJD—101—1995 执行的项目

定额说明如下:

1)楼地面工程中的水泥砂浆、水泥石子浆、混凝土等的配合比,如设计规定与定额不同时,可以换算。

2)整体面层、块料面层中的楼地面项目,均不包括踢脚板工料;楼梯不包括踢脚板、侧面及板底抹灰,另按相应定额项目计算。

3)踢脚板高度是按 150mm 编制的,超过时,材料用量可以调整,人工、机械用量不变。

4)菱苦土地面、现浇水磨石定额项目已包括酸洗打蜡工料,其余项目均不包括酸洗打蜡。

5)扶手、栏杆、栏板适用于楼梯、走廊、回廊及其他装饰性栏杆、栏板。扶手不包括弯头制安,另按弯头单项定额计算。

6)台阶不包括牵边、侧面装饰。

7)定额中的“零星装饰”项目,适用于小便池、蹲位、池槽等。定额中未列的项目,可按墙、柱面中相应项目计算。

8)木地板中的硬、杉、松木板,是按毛料厚度 25mm 编制的,设计厚度与定额厚度不同时,可以换算。

9)地面伸缩缝按《全国统一建筑工程基础定额》第九章相应项目及规定计算。

10)碎石、砾石灌沥青垫层按《全国统一建筑工程基础定额》第十章相应项目计算。

11)钢筋混凝土垫层按混凝土垫层项目执行,其钢筋部分按相应项目及规定计算。

12)各种明沟平均净空断面(深×宽)均是按 190mm×260mm 计算的,断面不同时允许换算。

2. 按《全国统一建筑装饰装修工程消耗量定额》GYD—101—2002 执行的项目

定额说明如下:

1)同一铺贴面上有不同种类、材质的材料,应分别执行相应定额子目。

2)扶手、栏杆、栏板适用于楼梯、走廊、回廊及其他装饰性栏杆、栏板。

3)零星项目面层适用于楼梯侧面、台阶的牵边、小便池、蹲便台、池槽在 $1m^2$ 以内且定额未列项目的工程。

4)木地板填充材料,按照《全国统一建筑工程基础定额》相应子目执行。

5)大理石、花岗岩楼地面拼花按成品考虑。

6)镶贴面积小于 $0.015m^2$ 的石材执行点缀定额。

◆楼地面工程定额工程量计算规则

1. 按《全国统一建筑工程预算工程量计算规则》执行的项目

工程量计算规则如下:

1)地面垫层按室内主墙间净空面积乘以设计厚度以立方米计算。应扣除突出地面的构筑物、设备基础、室内管道、地沟等所占体积,不扣除柱、垛、间壁墙、附墙烟囱及面积在 $0.3m^2$ 以内孔洞所占体积。

2)整体面层、找平层均按主墙间净空面积以“m^2”计算。应扣除突出地面构筑物、设备基础、室内管道、地沟等所占面积,不扣除柱、垛、间壁墙、附墙烟囱及面积在 $0.3m^2$ 以内的孔洞所占面积,但门洞、空圈、暖气包槽、壁龛的开口部分亦不增加。

3)块料面层,按图示尺寸实铺面积以“m^2”计算,门洞、空圈、暖气包槽和壁龛的开口部分的工程量并入相应的面层内计算。

4)楼梯面层(包括踏步、平台以及小于 500mm 宽的楼梯井)按水平投影面积计算。

5)台阶面层(包括踏步及最上一层踏步沿 300mm)按水平投影面积计算。

6)其他:

① 踢脚板按“延长米”计算，洞口、空圈长度不予扣除，洞口、空圈、垛、附墙烟囱等侧壁长度亦不增加；

② 散水、防滑坡道按图示尺寸以“m^2”计算；

③ 栏杆、扶手包括弯头长度按“延长米”计算；

④ 防滑条按楼梯踏步两端距离减 300mm 以“延长米”计算；

⑤ 明沟按图示尺寸以“延长米”计算。

2. 按《全国统一建筑装饰装修工程消耗量定额》执行的项目

工程量计算规则如下：

1)楼地面装饰面积按饰面的净面积计算，不扣除 $0.1m^2$ 以内的孔洞所占面积。拼花部分按实贴面积计算。

2)楼梯面积(包括踏步、休息平台以及小于 50mm 宽的楼梯井)按水平投影面积计算。

3)台阶面层(包括踏步以及上一层踏步沿 300mm)按水平投影面积计算。

4)踢脚线按实贴长乘高以“m^2”计算，成品踢脚线按实贴“延长米”计算；楼梯踢脚线按相应定额乘以 1.15 系数。

5)点缀按个计算，计算主体铺贴地面面积时不扣除定额所占面积。

6)零星项目按实铺面积计算。

7)栏杆、栏板、扶手均按其中心线长度以“延长米”计算，计算扶手时不扣除弯头所占长度。

8)弯头按个计算。

9)石材底面刷养护液，按底面面积加 4 个侧面面积以“m^2”计算。

相关知识

◆楼地面工程造价与定额名词解释

表 5-1　楼地面工程造价与定额名词解释

序号	名称	解　释
1	楼地面	由于楼面与地面面层的构造基本相同，所以常把楼面层也称为地面。楼板层、结构层即楼面基层
2	地面	也称地坪，由隔热层、结构层及面层构成。面层是直接承受各种荷载、摩擦、冲击的受力表面层，基层是承受并传递荷重的承重层，包括结构层和垫层，如图5-14所示 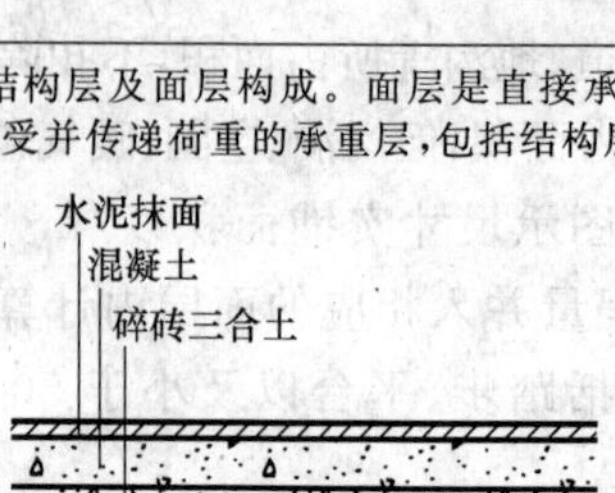 图 5-14　地面结构层

续表

序号	名称	解　　释
3	整体面层	是以建筑砂浆为主要材料，用现场浇筑法做成整片直接接受各种荷载、摩擦、冲击的表面层。通常分为水泥砂浆面层、水磨石面层、细石混凝土面层和钢筋混凝土面层等
4	块料面层	是以陶质材料制品及天然石材等为主要材料，用建筑砂浆或黏结剂做结合层嵌砌的直接接受各种荷载、摩擦、冲击的表面层。通常分为方整石面层、红(青)砖面层、锦砖面层、水泥砖面层、混凝土板面层、大理石板面层、花岗岩板面层、水磨石板面层等
5	现浇水磨石地面	指天然石料的石子，用水泥浆拌和在一起，浇抹结硬，再经磨光、打蜡而成的地面，可依据设计制作成各种颜色的图案，如图 5-15 所示 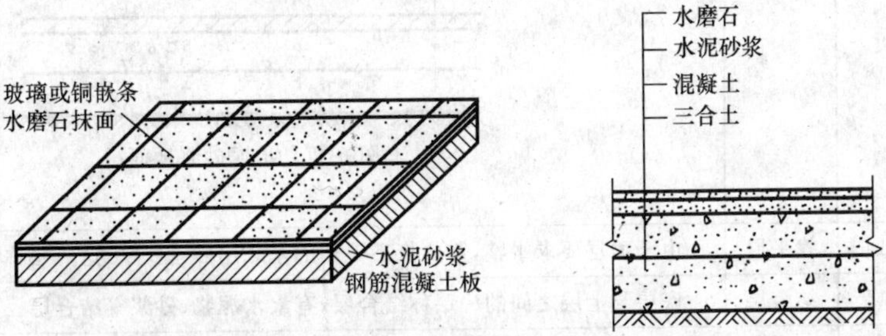 图 5-15　水磨石地面
6	木楼层	用木料做面层、结构层和顶棚的楼层。面层也是承重层
7	预制板、块地面	指用预制水磨石、大理石板、混凝土块、大阶砖及水泥花砖等铺砌的地面
8	混凝土地面	指在三合土或毛石垫层上，做 60～150mm 厚的混凝土面层
9	沥青混凝土地面	指在填充料中按比例加入碎石或卵石，一般厚度为 40～80mm 的混凝土面层
10	沥青砂浆地面	指用粉状骨料或砂预热与已热熔的沥青拌和而成，作为地面面层，一般铺筑 20～30mm
11	砖地面	指用普通机制砖做地面面层，通常将砖侧砌，垫层为 60mm 砂垫层，用水泥砂浆勾缝，也有平铺灌缝的，常需做耐腐蚀加工，将砖放在沥青中浸渍后铺砌，用沥青砂浆砌铺
12	踢脚板	也称踢脚线，是用以遮盖楼地面与墙面的接缝和保护墙面，以防撞坏或拖洗地面时把墙面弄脏的板。有缸砖、木、水泥砂浆和水磨石、大理石之分，如图 5-16 所示 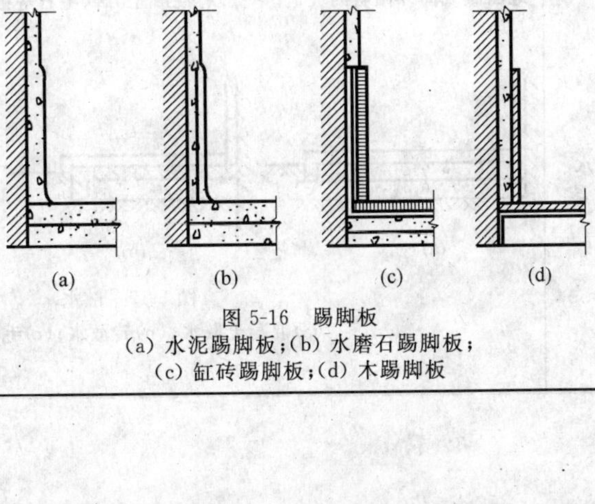 图 5-16　踢脚板 (a) 水泥踢脚板；(b) 水磨石踢脚板； (c) 缸砖踢脚板；(d) 木踢脚板

续表

序号	名称	解　释
13	水泥砂浆地面	在基层上抹 15～20mm 厚，1∶3 或 1∶2.5 的水泥砂浆，抹平后在其终凝前用铁板压光而成的地面，称水泥砂浆地面，如图 5-17 所示 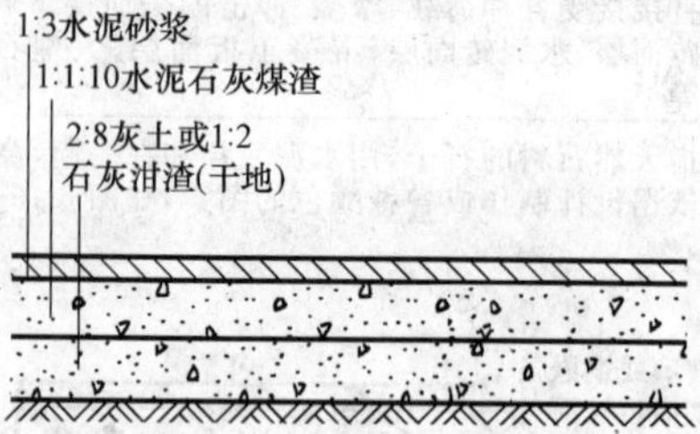 图 5-17　水泥砂浆地面
14	找平层	由于面层要求平整，需要将不平整的基底用砂浆找平，这一层称找平层
15	结合层	底层与上层之间的一层称结合层，有素水泥浆、砂浆等结合层
16	防潮层	为防止地下水和地面各种液体透过地面或墙体的隔离层称防潮层，如图 5-18 所示 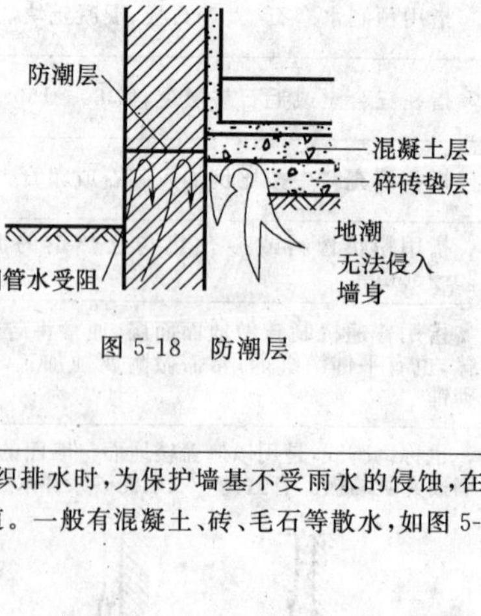 图 5-18　防潮层
17	散水	也称护坡，指屋面无组织排水时，为保护墙基不受雨水的侵蚀，在建筑物外墙四周地面做成向外倾斜的坡道。一般有混凝土、砖、毛石等散水，如图 5-19 所示 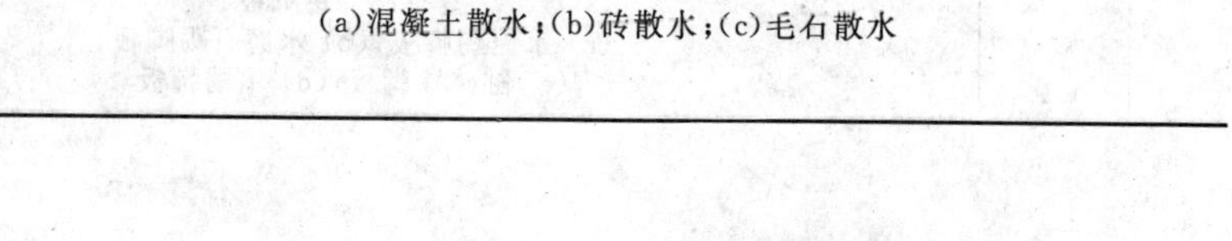 (a)　(b)　(c) 图 5-19　散水 (a)混凝土散水；(b)砖散水；(c)毛石散水

续表

序号	名称	解　释
18	沉降缝	指将建筑物和构筑物从基础到顶部完全分隔成两段的竖直缝，目的是避免各段不均匀下沉而产生裂缝。通常设置在荷载或地基承载力差别很大的各分段之间，如图5-20所示 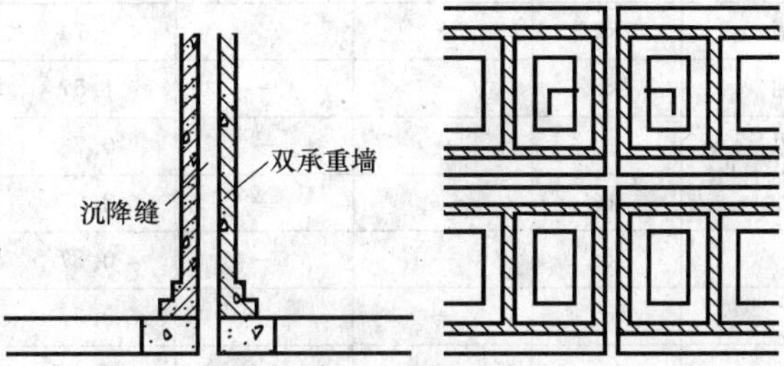 图 5-20　沉降缝
19	地面伸缩缝	也称温度缝，指用刚性材料做面层和垫层时，为防止因温差或荷重不均匀而使地面变形、破裂设置的构造缝，如图 5-21 所示 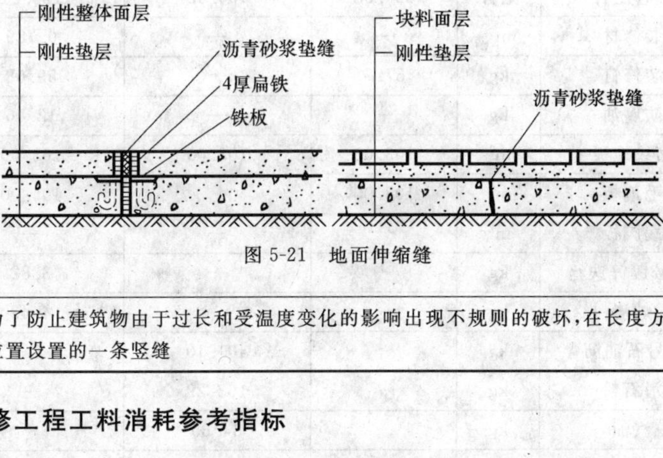 图 5-21　地面伸缩缝
20	伸缩缝	为了防止建筑物由于过长和受温度变化的影响出现不规则的破坏，在长度方向适当位置设置的一条竖缝

◆楼地面装饰装修工程工料消耗参考指标

表 5-2　普通木地面　　单位：100m²

内容	单位	方木地楞(m^3)		平口板铺在大木楞上	企口板铺在大木楞上	企口板铺在小木楞上
		带剪刀撑	不带剪刀撑			
综合工日	工日	3.47	2.97	36.34	36.49	42.52
装修材	m^3	1.273	1.111	—	—	0.789
装修钉	kg	1.84	0.82	12.61	12.61	14.79
防腐油	kg	2.05	2.05	—	—	12.46
平口地板	m^2	—	—	105.00	—	—
企口地板	m^2	—	—	—	105.00	105.00
12号镀锌铁丝	kg	—	—	—	—	3.82

续表

内容	单位	方木地楞(m^3)		平口板铺在大木楞上	企口板铺在大木楞上	企口板铺在小木楞上
		带剪刀撑	不带剪刀撑			
炉渣	m^3	—	—	—	—	4.43
地板漆	kg	—	—	14.59	14.59	14.59
硬白蜡	kg	—	—	9.74	9.74	9.74
熟桐油	kg	—	—	1.57	1.57	1.57
松香木	kg	—	—	0.73	0.73	0.73
石膏	kg	—	—	2.55	2.55	2.55
色粉	kg	—	—	0.87	0.87	0.87
骨胶	kg	—	—	0.37	0.37	0.37
大白粉	kg	—	—	11.66	11.66	11.66

表 5-3 带纹木地板 单位:$100m^2$

内容	单位	铺在毛地板上	铺在混凝土板上玛琋脂胶合	铺在小木楞上的毛地板	上木踢脚板
综合工日	工日	120.38	104.02	126.21	32.52
装修材	m^3	—	—	0.789	0.880
装修钉	kg	57.7	—	59.68	4.85
防腐油	kg	—	—	12.46	35.18
席纹地板	m^2	103.00	103.00	103.00	—
毛地板	m^2	105.00	—	105.00	—
踢脚板	m^2	—	—	—	103.00
12 号镀锌铁丝	kg	—	—	3.82	—
炉渣	kg	—	—	4.43	—
100 号石油沥青	kg	—	401.10	10	—
滑石粉	kg	—	163.22	—	—
汽油	kg	—	34.65	—	—
木柴	kg	—	184.60	—	—
地板漆	kg	14.59	14.59	14.59	14.59
硬白蜡	kg	9.74	9.74	9.74	—
熟桐油	kg	1.57	1.57	1.57	1.57
松香木	kg	0.73	0.73	0.73	0.73
石膏	kg	2.55	2.55	2.55	2.55
色粉	kg	0.87	0.87	0.87	0.87
骨胶	kg	0.37	0.37	0.37	—
大白粉	kg	11.66	11.66	11.66	—

表 5-4　铺木楞、直铺席纹地板、镶踢脚

内容	单位	方木地楞铺在混凝土地面上(m^3)	席纹地板铺在水泥地面上($100m^2$)	柚上贴面踢脚板($100m^2$)
综合工日	工日	12.28	104.63	59.00
装修材	m^3	1.1	—	—
席纹地板	m^2	—	108.00	—
九合板	m^2	—	—	120.00
柚木板	m^2	—	—	128.00
膨胀螺栓	个	472	—	—
防腐油	kg	16.32	—	35.18
装修钉	kg	6.00	—	3.00
水泥 32.5 级	t	—	0.85	—
108 胶	kg	—	17.00	—
中砂	m^3	—	2.42	—
地板胶(4116)	kg	—	33.33	—
水	m^3	—	3.9	—
钢钉	kg	—	—	2501.00
木压线	m	—	—	99.99
309 胶	kg	—	—	30.00
石油沥青油毡	m^2	116.50	—	—
滑石粉	kg	147.86	—	—
10 号石油沥青	kg	358.68	—	—
汽油	kg	37.00	—	—

表 5-5　木质活动地板、柚木地板　　单位：$100m^2$

内　容	单位	铺木质活动地板	柚木地板	
			架铺	直铺
综合工日	工日	80.08	107.59	82.25
木质地板(600mm×600mm)带支架	m^2	121.32	—	—
橡皮条	m	368	—	—
柚木条(304.8mm×304.8mm)厚 22mm	m^2	—	105.00	105.00
装修材	m^3	—	1.13	—
毛地板	m^2	100.00	105.00	—
膨胀螺钉	个	—	—	—
角钢	kg	322.00	150.00	—

内容	单位	铺木质活动地板	柚木地板	
			架铺	直铺
防腐油	kg	—	13.71	—
装修钉	kg	—	59.68	—
108 胶	kg	—	—	17.00
309 胶	kg	—	27.50	—
地板胶(4116)	kg	—	—	27.50
1∶3 水泥浆找平	m^3	—	—	(2.02)
水泥 32.5 级	t	—	—	0.816
中砂	m^3	—	—	2.42
水	m^3	—	—	1.21

表 5-6　大理石、花岗岩地面　　单位:100m^2

内容	单位	贴天然大理石	贴人造大理石	贴光面花岗岩板	贴麻面花岗岩板
综合日	工日	44.12	39.40	77.84	77.84
1∶3 水泥砂浆	m^3	(2.02)	(2.03)	(2.02)	(2.02)
1∶3 水泥砂浆	m^3	(1.02)	(1.02)	(1.02)	(1.02)
素水泥浆	m^3	(0.101)	(0.101)	(0.101)	(0.101)
白水泥浆	m^3	(0.016)	(0.016)	(0.016)	(0.016)
天然大理石	m^2	101.00	—	—	—
人造大理石	m^2	—	101.00	—	—
光面花岗岩	m^2	—	—	101.00	—
麻面花岗岩	m^2	—	—	—	101.00
水泥 32.5 级	t	1.741	1.741	1.741	1.741
中砂	m^3	3.199	3.199	3.199	3.199
白水泥	t	0.024	0.024	0.024	0.024
水	m^3	3.96	3.96	3.96	3.96
草酸	kg	0.99	0.99	0.99	0.99
硬白蜡	kg	2.65	2.65	2.65	2.65
煤油	kg	4.00	4.00	4.00	4.00
松香水	kg	0.53	0.53	0.53	0.53
清油	kg	0.53	0.53	0.53	0.53

表 5-7　大理石、花岗岩台阶　　单位:100m^2

内容	单位	贴天然大理石	贴人造大理石	贴光面花岗岩板	贴麻面花岗岩板
综合工日	工日	115.31	76.85	172.83	172.83
1∶2 水泥砂浆	m^3	(3.80)	(3.80)	(3.80)	(3.80)
素水泥浆	m^3	(0.10)	(0.10)	(0.10)	(0.10)

续表

内容	单位	贴天然大理石	贴人造大理石	贴光面花岗岩板	贴麻面花岗岩板
白水泥浆	m^3	(0.03)	(0.03)	(0.03)	(0.03)
天然大理石	m^3	170.00	—	—	—
人造大理石	m^2	—	170.00	—	—
光面花岗岩	m^2	—	—	170.00	—
麻面花岗岩	m^2	—	—	—	170.00
水泥 32.5 级	t	2.658	2.658	2.658	2.658
白水泥	t	0.045	0.045	0.045	0.045
中砂	m^3	4.18	4.18	4.18	4.18
水	m^3	1.70	1.70	1.70	1.70
草酸	kg	1.86	1.86	1.86	1.86
硬白蜡	kg	4.98	4.98	4.98	4.98

表 5-8　大理石、花岗岩踢脚线　　单位：$100m^2$

内容	单位	贴天然大理石	贴人造大理石	贴光面花岗岩板	贴麻面花岗岩板
综合工日	工日	88.24	78.87	155.47	155.47
1：2 水泥砂浆	m^3	(1.22)	(1.22)	(1.22)	(1.22)
素水泥浆	m^2	(1.02)	(1.02)	(1.02)	(1.02)
白水泥浆	m^3	(0.101)	(0.101)	(0.101)	(0.101)
天然大理石	m^2	101.00	—	—	—
人造大理石	m^2	—	101.00	—	—
光面花岗岩	m^1	—	—	101.00	—
磨面花岗岩	m^2	—	—	—	101.00
水泥 32.5 级	t	1.418	1.418	1.418	1.418
中砂	m^3	2.239	2.239	2.239	2.239
水	m^3	2.20	2.20	2.20	2.20
草酸	kg	0.99	0.99	0.99	0.99
硬白蜡	kg	2.65	2.65	2.65	2.65
煤油	kg	4.00	4.00	4.00	4.00
松香水	kg	0.53	0.53	0.53	0.53
清油	kg	0.53	0.53	0.53	0.53
8 号镀锌铁丝	kg	29.70	29.70	29.70	29.70

表 5-9　大理石、花岗岩楼梯面　　　单位:$100m^2$

内　容	单位	贴天然大理石	贴人造大理石	贴光面花岗岩板	贴麻面花岗岩板
综合工日	工日	199.83	166.52	312.90	312.90
1∶2水泥砂浆	m^3	(3.02)	(3.02)	(3.02)	(3.02)
1∶1水泥砂浆	m^3	(0.48)	(0.48)	(0.48)	(0.48)
素水泥浆	m^3	(0.14)	(0.14)	(0.14)	(0.14)
1∶3∶9水泥石灰砂浆	m^3	(1.40)	(1.40)	(1.40)	(1.40)
1∶1∶6水泥石灰砂浆	m^3	(0.89)	(0.89)	(0.89)	(0.89)
麻刀灰浆	m^3	(0.26)	(0.26)	(0.26)	(0.26)
天然大理石	m^2	160.12	—	—	—
人造大理石	m^2	—	160.12	—	—
光面花岗岩	m^2	—	—	160.12	—
麻面花岗岩	m^2	—	—	—	160.12
水泥 32.5 级	t	2.696	2.696	2.696	2.696
白水泥	t	0.045	0.045	0.045	0.045
中砂	m^2	6.577	6.577	6.577	6.577
生石灰	t	0.517	0.517	0.517	0.517
水	m^3	5.61	5.61	5.61	5.61
草酸	kg	1.57	1.57	1.57	1.57
硬白蜡	kg	4.21	4.21	4.21	4.21
煤油	kg	6.36	6.36	6.36	6.36
松香水	kg	0.84	0.84	0.84	0.84
清油	kg	0.84	0.84	0.84	0.84
大白粉	kg	45.53	45.53	45.53	45.53
色粉	kg	0.69	0.69	0.69	0.69
纤维素	kg	1.15	1.15	1.15	1.15
麻刀	kg	3.15	3.15	3.15	3.15

表 5-10　碎拼块料地面　　　单位:$100m^2$

内　容	单位	拼碎大理石	拼碎花岗岩	拼碎水磨石
综合工日	工日	48.53	84.46	35.46
1∶3水泥砂浆	m^3	(2.02)	(2.02)	(2.02)
1∶1水泥砂浆	m^2	(1.42)	(1.42)	(1.42)
1∶1∶5白水泥石子浆	m^3	(0.51)	(0.51)	(0.51)
素水泥浆	m^3	(0.101)	(0.101)	(0.101)
碎大理石	m^2	94.00	—	—

续表

内　容	单位	拼碎大理石	拼碎花岗岩	拼碎水磨石
碎花岗岩	m^2	—	94.00	—
碎水磨石	m^2	—	—	94.00
水泥 32.5 级	t	2.044	2.044	2.044
白水泥	t	0.499	0.499	0.499
中砂	m^3	4.21	4.21	4.21
三角金刚石	块	20.00	20.00	20.00
草酸	kg	3.00	3.00	3.00
硬白蜡	kg	4.00	4.00	4.00
松香水	kg	15.00	15.00	15.00
108 胶	kg	2.20	2.20	2.20
白石子	t	0.649	0.649	0.649
水	m^3	4.21	4.21	4.21

表 5-11　水磨石板地面　　单位：$100m^2$

内　容	单位	地　面	踢脚线	楼　梯
综合工日	工日	32.23	50.12	110.34
1∶3 水泥砂浆	m^3	(2.53)	—	—
1∶2 水泥砂浆	m^3	—	(1.22)	(3.20)
1∶1 水泥砂浆	m^3	(1.01)	(0.81)	(0.98)
素水泥浆	m^3	(0.13)	(0.101)	(0.14)
1∶3∶9 混合砂浆	m^3	—	—	(1.40)
1∶1∶6 混合砂浆	m^3	—	—	(0.89)
麻刀灰浆	m^3	—	—	(0.26)
水磨石板	m^2	101.00	—	—
水磨石踢脚板	m^2	—	101.00	17.00
水磨石踏步板	m^2	—	—	143.12
水泥 32.5 级	t	1.983	1.259	2.608
白水泥	t	—	—	0.003
中砂	m^3	3.802	2.355	7.610
水	m^3	4.20	3.64	7.10
生石灰	t	—	—	0.517
草酸	kg	0.99	0.99	1.57
硬白蜡	kg	2.65	2.65	4.21

续表

内 容	单位	地 面	踢 脚 线	楼 梯
煤油	kg	4.00	4.00	6.36
松香水	kg	0.53	0.53	0.84
清油	kg	0.53	0.53	0.84
色粉	kg	—	—	0.69
纤维素	kg	—	—	1.15
大白粉	kg	—	—	45.53
麻刀	kg	—	—	3.15

表 5-12 缸砖地面 单位:$100m^2$

内 容	单位	踢脚线	台阶	楼梯	地面
综合工日	工日	74.83	80.22	164.78	38.56
1∶3水泥砂浆	m^3	(1.52)	—	(3.20)	(2.02)
1∶2水泥砂浆	m^3	—	(3.60)	—	—
1∶1水泥砂浆	m^3	(0.81)	—	(0.98)	(0.81)
素水泥浆	m^3	(0.14)	(0.442)	(0.14)	(0.14)
1∶3∶9混合砂浆	m^3	—	—	(1.40)	—
1∶1∶6混合砂浆	m^3	—	—	(0.89)	—
麻刀石灰浆	m^3	—	—	(0.26)	—
刷大白两遍	m^2	—	—	(131.00)	—
缸砖 150mm×150mm×15mm	千块	4.364	7.345	6.918	4.364
水泥 32.5 级	t	1.438	2.644	2.608	1.64
中砂	m^3	2.44	3.96	7.61	3.038
生石灰	t	—	—	0.517	—
麻刀	kg	—	—	3.15	—
大白粉	kg	—	—	45.53	—
纤维素	kg	—	—	1.15	—
水	m^2	3.30	4.67	7.100	3.89

表 5-13 锦砖地面 单位:$100m^2$

内 容	单位	镶贴拼锦砖			锦砖
		地面	踢脚线	台阶	地面
综合工日	工日	59.33	103.50	110.96	53.32
1∶3水泥砂浆	m^3	(2.02)	(1.52)	—	(2.02)

续表

内　容	单位	镶贴拼锦砖			锦砖
		地面	踢脚线	台阶	地面
1∶1 水泥砂浆	m^3	(0.81)	(0.81)	—	(0.81)
素水泥浆	m^3	(0.101)	(0.14)	(0.442)	(0.100)
白水泥浆	m^2	(0.056)	(0.092)	(0.090)	—
1∶2 水泥砂浆	m^3	—	—	(3.60)	—
马赛克	m^2	106.00	106.00	180.00	101.00
水泥 32.5 级	t	1.582	1.438	2.644	1.58
白水泥	t	0.084	0.138	0.135	0.01
中砂	m^3	3.04	2.44	3.91	3.038
水	m^3	3.90	3.30	4.24	3.49
聚醋酸乙烯乳液	kg	—	11.60	—	—
瓷防滑条 100mm×100mm×15mm	千块	—	—	3.29	—

表 5-14　塑料、橡胶地面　　单位：$100m^2$

内　容	单位	贴塑料板		贴橡胶板	
		地面	踢脚线	地面	踢脚线
综合工日	工日	38.37	96.76	28.88	72.95
1∶3 水泥砂浆	m^3	—	(1.60)	—	—
1∶2.5 水泥砂浆	m^3	—	—	(2.02)	(2.62)
1∶2 水泥砂浆	m^3	(2.02)	(1.00)	—	—
素水泥浆	m^3	(0.101)	(0.101)	(0.101)	(0.101)
料板 304.80mm×304.80mm×15mm	m^2	102	102	—	—
橡胶板厚 3mm	块	—	—	474.30	474.30
401 胶	kg	30.00	30.00	54.60	54.60
聚醋酸乙烯乳液	kg	18.00	18.00	—	—
二甲苯	kg	19.00	19.00	—	—
地板蜡	kg	2.30	2.30	—	—
水泥 32.5 级	t	1.263	1.348	1.132	1.423
中砂	m^3	2.222	3.02	2.424	3.144
水	m^3	1.24	3.05	1.24	3.05

表 5-15　地毯、铝质活动地板　　单位：$100m^2$

内容	单位	地面	楼梯	楼梯钉不锈钢地毯压条 10 延长米	铺铝质活动地板
综合工日	工日	30.49	38.12	0.88	77.20
地毯	m^2	115.00	152.00	—	—
地胶垫(泡沫海面垫)	块	115.00	152.00	—	—

续表

内　　容	单位	地面	楼梯	楼梯钉不锈钢地毯压条10延长米	铺铝质活动地板
铝压条	m	8.00	220.00	—	—
地毯胶带(烫带)	m	75.00	20.00	—	—
钢钉	百个	1.30	3.89	—	—
固定地毯条	m	122.00	352.00	—	—
木螺丝	个	—	7.78	—	—
圆帽钉(15mm)	百个	0.67	1.94	—	—
不锈钢管压条	m	—	—	10.10	—
不锈钢锚固件	个	—	13.00	—	—
自攻螺丝	百个	—	—	60.00	—
防腐油	kg	—	—	—	101.00
铝质地板(带支架)	m^2	—	—	—	129.96
橡皮压条	m	—	—	—	367.80
角钢	kg	—	—	—	322.00

注:地面、楼梯不铺地毯胶垫时,应在材料中扣除地毯胶垫。

◆扶手等工程工料消耗参数指标

表 5-16　送、回风口　　　　单位:10个

内　　容	单位	柚木		铝合金	
		送风口安装(成品)	回风口安装(成品)	送风口安装(成品)	回风口安装(成品)
综合工日	工日	1.95	2.21	1.95	2.21
铝合金风口 300mm×300mm	个	—	—	10.1	10.1
柚木送风口 380mm×380mm	个	10.1	—	—	—
尼龙过滤网	m^2	—	1.44	—	0.9
木条 25mm×25mm	m^2	—	16	—	—
自攻螺钉	百个	0.44	0.44	0.44	0.44
装修钉	kg	—	1	—	—
柚木回风口 380mm×380mm	个	—	10.1	—	—

表 5-17　塑料扶手、防火橡胶塑料扶手　　　　单位:10m

内　　容	单位	防火橡胶塑料扶手		塑 料 扶 手	
		方钢为主栏杆	扁钢为主栏杆	铁栏杆	靠墙
综合工日	工日	13.01	13.01	3.30	3.45
防火橡胶塑料扶手 50.8	m	10.50	—	—	—
防火橡胶塑料扶手 38.1	m	—	10.50	—	—

续表

内　　容	单位	防火橡胶塑料扶手		塑 料 扶 手	
		方钢为主栏杆	扁钢为主栏杆	铁栏杆	靠墙
塑料扶手	m	—	—	11.00	11.00
塑料堵头	个	—	—	6.00	6.00
扁钢 50mm×3mm	kg	16	44.90	26.00	16.00
方钢 20mm×20mm	kg	166.47	32.50	—	—
圆钢	kg	118.60	—	—	—
钢管 ϕ20	kg	—	—	1.6	—
铁件	kg	—	—	5.94	10.98
木螺丝	百个	—	—	0.51	0.51
水泥 42.5 级	t	—	—	—	0.009
中砂	m^3	—	—	—	0.017
石子	m^3	—	—	—	0.26
电焊条	kg	1.8	2.50	2.82	0.21
防锈漆	kg	1.41	0.61	1.20	0.22
调和漆	kg	1.96	0.83	1.62	0.30
松节水	kg	0.18	0.06	0.15	0.03
309 胶	kg	—	—	0.12	0.12

表 5-18　铝合金半玻扶手、木扶手　　　单位：10m

内　　容	单位	半玻扶手	木扶手
		铝合金扁管	不锈钢管栏杆
综合工日	工日	13.20	13.20
铝合金扁管 100mm×44mm×1.8mm	m	10.6	—
铝合金方管 25mm×25mm×1.2mm	m	8.17	—
铝合金不等槽 80mm×13mm×1.2mm	m	1.17	—
铝合金不等角 30mm×12mm×1.0mm	m	0.5	—
方钢	kg	16	—
茶色有机玻璃厚 6mm	m^2	6.37	—
不锈钢管 ϕ35	m	—	1.41
不锈钢管 ϕ20	m	—	70.69
塑料管 ϕ32	m	—	17.50
扁钢－40mm×4mm	kg	—	13.36
不锈钢焊条 ϕ2.5	kg	—	0.5

续表

内　　容	单位	半玻扶手	木扶手
		铝合金扁管	不锈钢管栏杆
电焊条 ϕ3.2	kg	—	0.5
铝拉铆钉	百个	0.9	—
木螺丝	百个	—	0.5
装修材	m^3	—	0.104
硝基清漆	kg	—	0.8
砂布	张	—	3

表 5-19　半玻栏板、全玻栏板、半玻扶手　　单位:10m

内　　容	单位	半玻栏板	全玻栏板	半玻扶手
		不锈钢扁管	黄铜管	不锈钢扁管
综合工日	工日	10.73	11.72	15.61
不锈钢扁管 25.4mm×38.1mm	m	—	—	30.53
不锈钢扁管 44.45mm×101.6mm	m	10.60	—	10.60
不锈钢方管 25.4mm×25.4mm	m	—	—	—
不锈钢方管 38.1mm×38.1mm	m	13.50	—	7.92
不锈钢方管 19.05mm×19.05mm	m	3.33	—	—
不锈钢槽 25.4mm×12.7mm	m	13.50	—	—
不锈钢槽 9.52mm×9.52mm	m	—	—	61.07
黄铜管 ϕ100	m	—	10.60	—
角钢	kg	—	178.42	—
钢板厚 2mm	kg	—	38.28	—
钢板厚 4mm	kg	—	0.52	—
方钢 20mm×20mm	kg	11.10	—	—
茶色有机玻璃 11.5mm	m^2	5.96	—	—
平板玻璃 12mm	m^2	—	9.50	—
不锈钢电焊条 ϕ2.5	kg	1	—	1
铜焊条 ϕ2～ϕ4	kg	—	0.5	—
电焊条	kg	—	1	—
膨胀螺栓 ϕ8	个	10	—	—
钢钉	百个	—	0.20	—
茶色有机玻璃厚 6mm	m^2	—	—	5.40
镀锌螺栓	百个	—	—	2
玻璃胶	支	—	23	3
砂布	张	5	5	—

表 5-20　靠墙扶手、全玻扶手　　单位:10m

内容	单位	靠墙扶手		全玻扶手
		不锈钢扁管	不锈钢圆管	不锈钢管
综合工日	工日	6.45	6.65	16.50
不锈钢扁管 44.45mm×76.20mm	m	10.60		—
不锈钢方管 25.4mm×25.4mm	m	2.20	—	—
不锈钢管 ϕ80	m	—	10.60	48.80
不锈钢管 ϕ2.5	m	—	2.20	—
不锈钢焊条 ϕ2.5	kg	0.8	0.8	0.8
不锈钢圆盘 ϕ2.5	kg	0.3	0.3	—
角钢	kg	—	—	48.80
钢板厚 2mm	kg	—	—	21.35
茶色有机玻璃 11.5mm	m^2	—	—	11.00
电焊条 ϕ3.2	kg	—	—	1.00
玻璃胶	支	—	—	23.00
砂布	张	5	5	—
膨胀螺栓 ϕ8	个	20	20	—

实例分析

◆例 5-7

已知××楼梯，如图 5-22 所示，试计算其扶手及弯头的工程量(最上层弯头不计)。

解：　$扶手工程量=\sqrt{0.28^2+0.13^2}\times8\times2=4.94(m)$

弯头工程量＝3(个)

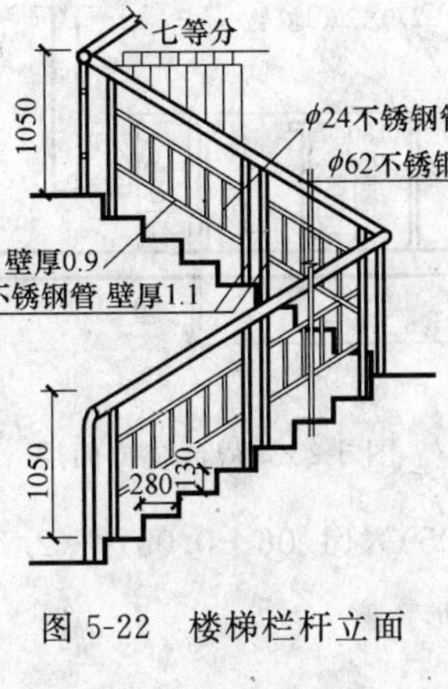

图 5-22　楼梯栏杆立面

◆例 5-8

试计算如图 5-23 所示的花岗岩楼梯装饰面层的工程量(有走道墙的楼梯)。

解:工程量$=6.2\times(2.8-0.1\times2)-0.15\times0.15-0.32\times0.15-0.6\times2.8$

$=14.37(m^2)$

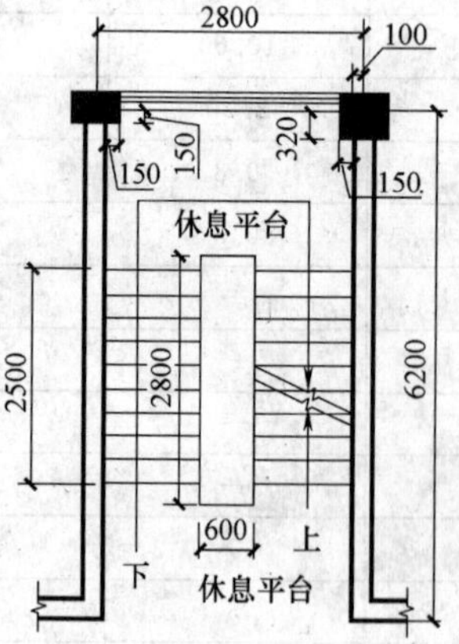

图 5-23　花岗岩楼梯装饰面层

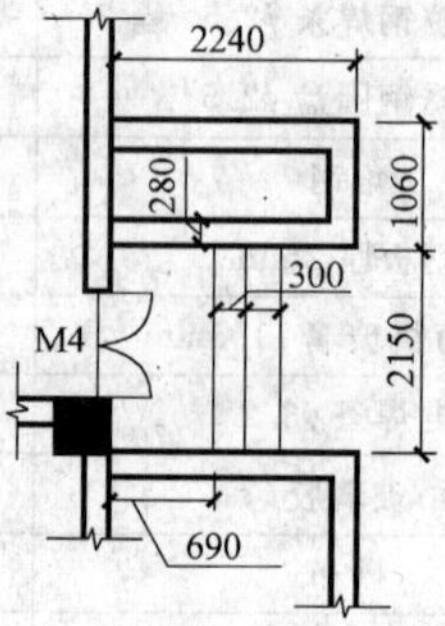

图 5-24　花岗岩台阶装饰面层平面图

◆例 5-9

如图 5-24 所示一花岗岩台阶,试计算其装饰面层的工程量。

解:　　　　工程量$=2.15\times(0.3\times2+0.3)=1.94(m^2)$

◆例 5-10

如图 5-25 所示一蹲台,试计算其装饰面层的工程量。

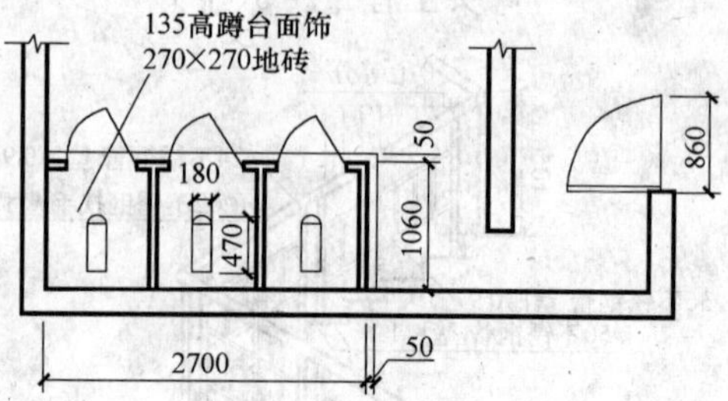

图 5-25　蹲台装饰面层

解:工程量$=(2.7+0.05)\times(1.06+0.05)+(2.7+1.06+0.05\times2)\times0.135$

$=3.57(m^2)$

第三节　墙、柱面工程

要点

墙、柱面定额按装饰面层材料和做法分为：墙柱面抹灰、镶贴块料面层和木装饰三个分项，每个分项又分若干子项目。本分部共设178个子项目。

通过本节学习，读者应侧重掌握门窗工程定额工程量计算方法及其在实际中的应用。

解释

◆墙、柱面工程定额说明

1）凡定额注明砂浆种类、配合比、饰面材料以及型材的型号规格与设计不同时，可按设计规定调整，但人工、机械的消耗量不变。

2）抹灰砂浆厚度，如设计与定额取定不同时，除定额有注明厚度的项目可以换算外，其他一律不作调整，见表5-21。

表5-21　抹灰砂浆定额厚度取定表

定额编号	项目		砂浆	厚度(mm)
2-001	水刷豆石	砖、混凝土墙面	水泥砂浆1∶3	12
			水泥豆石浆1∶1.25	12
2-002		毛石墙面	水泥砂浆1∶3	18
			水泥豆石浆1∶1.25	12
2-005	水刷白石子	砖、混凝土墙面	水泥砂浆1∶3	12
			水泥豆石浆1∶1.25	10
2-006		毛石墙面	不泥砂浆1∶3	20
			水泥豆石浆1∶1.25	10
2-009	水刷玻璃渣	砖、混凝土墙面	水泥砂浆1∶3	12
			水泥玻璃渣浆1∶1.25	12
2-010		毛石墙面	水泥砂浆1∶3	18
			水泥玻璃渣浆1∶1.25	12
2-013	干粘白石子	砖、混凝土墙面	水泥砂浆1∶3	18
2-014		毛石墙面	水泥砂浆1∶3	30
2-017	干粘玻璃渣	砖、混凝土墙面	水泥砂浆1∶3	30
2-018		毛石墙面	水泥砂浆1∶3	30

续表

定额编号	项目		砂浆	厚度(mm)
2-021	暂假石	砖、混凝土墙面	水泥砂浆 1∶3	12
			水泥白石子浆 1∶1.5	10
2-022		毛石墙面	水泥砂浆 1∶3	18
			水泥白石子浆 1∶1.5	10
2-025	墙柱面拉条	砖墙面	混合砂浆 1∶0.5∶2	14
			混合砂浆 1∶0.5∶1	10
2-026	墙柱面拉条	混凝土墙面	水泥砂浆 1∶3	14
			混合砂浆 1∶0.5∶1	10
2-027	墙柱面甩毛	砖墙面	混合砂浆 1∶1∶6	12
			混合砂浆 1∶1∶4	6
2-028		混凝土墙面	水泥砂浆 1∶3	10
			水泥砂浆 1∶2.5	6

注:1. 每增减一遍水泥浆或108胶素水泥浆,每平方米增减人工0.01工日,每平方米增减素水泥浆或108胶素水泥浆0.0012m^3。

2. 每增减1mm厚砂浆,每平方米增减砂浆0.0012m^3。

3)圆弧形、锯齿形等不规则墙面抹灰,镶贴块料应按相应项目人工乘以系数1.15,材料乘以系数1.05。

4)离缝镶贴面砖定额子目,面砖的消耗量分别按缝宽5mm、10mm和20mm考虑,如灰缝不同或灰缝超过20mm以上者,其块料和灰缝材料(水泥砂浆1∶1)用量允许调整,其他不变。

5)镶贴块料及装饰抹灰的"零星项目"适用于挑檐、天沟、腰线、窗台线、门窗套、压顶、扶手、雨篷周边等。

6)木龙骨基层是按双向计算的,若设计为单向时,材料、人工用量乘以系数0.55。

7)定额中木材种类除注明者外,均以一、二类木种为准;如采用三、四类木种时,人工及机械乘以系数1.3。

8)面层、隔墙(间壁)、隔断(护壁)定额内,除注明者外均未包括压条、收边、装饰线(板);如设计要求时,应按定额中相应子目执行。

9)面层、木基层均未包括刷防火涂料;如设计要求时,应按定额中相应的子目执行。

10)玻璃幕墙设计有平开、推拉窗者,仍执行幕墙定额,窗型材、窗五金相应增加,其他不变。

11)玻璃幕墙中的玻璃按成品玻璃考虑,幕墙中的避雷装置、防火隔离层定额已综合，但幕墙的封边、封顶的费用另行计算。

12）隔墙（间壁）、隔断（护壁）、幕墙等定额中的龙骨间距、规格如与设计不同时，定额用量允许调整。

◆墙、柱面工程定额工程量计算规则

1）外墙面装饰抹灰面积，按垂直投影面积计算，扣除门窗洞口和 $0.3m^2$ 以上的孔洞所占的面积，门窗洞口及孔洞侧壁面积亦不增加。附墙柱侧面抹灰面积并入外墙抹灰面积的工程量内。

2）柱抹灰按结构断面周长乘以高度计算。

3）女儿墙（包括泛水、挑砖）、阳台栏板（不扣除花格所占孔洞面积）内侧抹灰按垂直投影面积乘以系数 1.10，带压顶者乘系数 1.30 按墙面定额执行。

4）"零星项目"按设计图示尺寸以展开面积计算。

5）墙面贴块料面层按实贴面积计算。

6）墙面贴块料、饰面高度在 300mm 以内者，按踢脚板定额执行。

7）柱饰面面积按外围饰面尺寸乘以高度计算。

8）挂贴大理石、花岗岩中其他零星项目的花岗岩、大理石是按成品考虑的，花岗岩、大理石柱墩、柱帽按最大外径周长计算。

9）除定额已列有柱帽、柱墩的项目外，其他项目的柱帽、柱墩工程量按设计图示尺寸以展开面积计算，并入相应柱面积内，每个柱帽或柱墩另增人工：抹灰 0.25 工日，块料 0.38 工日，饰面 0.5 工日。

10）隔断按墙的净长乘净高计算，扣除门窗洞口及 $0.3m^2$ 以上的孔洞所占面积。

11）全玻隔断的不锈钢边框工程量按边框展开面积计算。

12）全玻隔断、全玻幕墙如有加强肋者，工程量按其展开面积计算；玻璃幕墙、铝板幕墙以框外围面积计算。

13）装饰抹灰分格、嵌缝按装饰抹灰面积计算。

相关知识

◆墙、柱面工程造价与定额名词解释

表 5-22　墙、柱面工程造价与定额名词解释

序号	名称	解　释
1	墙体类型	砖墙、石墙、混凝土墙、砌块墙以及内墙、外墙等
2	勾缝类型	清水砖墙、砖柱的加浆勾缝（平缝或凹缝），石墙、石柱的勾缝（如平缝、平凹缝、平凸缝、半圆凹缝、半圆凸缝和三角凸缝等）
3	抹装饰面	是指装饰抹灰（抹底灰、涂刷 108 胶溶液、刮或刷水泥浆液、抹中层、抹装饰面层）的面层

续表

序号	名称	解释
4	抹面层	是指一般抹灰的普通抹灰(一层底层和一层面层或不分层一遍成活)、中级抹灰(一层底层、一层中层和一层面层或一层底层、一层面层)、高级抹灰(一层底层、数层中层和一层面层)的面层
5	块料饰面板	是指石材饰面板(天然花岗石、大理石、人造花岗石、人造大理石、预制水磨石饰面板等)、玻璃面砖(玻璃锦砖、玻璃面砖等)、金属饰面板(彩色涂色钢板、彩色不锈钢板、镜面不锈钢饰面板、铝合金板、铝塑板等)、塑料饰面板(聚氯乙烯塑料饰面板、玻璃钢饰面板、聚酯装饰板、复塑中密度纤维板等)、木质饰面板(胶合板、硬质纤维板、细木工板、刨花板、建筑纸面草板、水泥木屑板、灰板条等)
6	窗台线	指与窗台平行的外墙装饰线
7	护角线	亦称水泥护角线,是在门洞口墙柱容易碰撞部位的阳角抹的水泥砂浆保护角层。与墙面抹灰厚度相同的叫暗护角,突出墙面抹灰的叫明护角
8	腰线	指为增加建筑立面上的美感而设在窗台高度的装饰线条。一般与窗台高度相同和外窗台虎头砖相连接。但也有与窗台不在一条水平线上的
9	带肋全玻璃幕墙	是指玻璃幕墙带玻璃肋,玻璃肋的工程量应合并在玻璃幕墙工程量内计算
10	干挂方式	是指直接干挂法,是通过不锈钢膨胀螺栓、不锈钢挂件、不锈钢连接件、不锈钢钢针等,将外墙饰面板与外墙墙面连接;间接干挂法,是通过固定的墙、柱、梁上的龙骨,再通过各种挂件固定外墙饰面板
11	挂贴方式	是对大规格的石材(大理石、花岗石、青石等)使用先挂后灌浆的方式固定于墙、柱面上
12	防护材料	指石材等防碱背涂处理剂和面层防酸涂剂等
13	嵌缝材料	指嵌缝砂浆、嵌缝油膏、密封胶水材料等
14	基层材料	指面层内的底板材料,如木墙裙、木护墙、木板隔墙等,在龙骨上,粘贴或铺钉一层,加强面层的底板

◆墙、柱面工程工料消耗参考指标

表 5-23　石膏板墙　　单位:100m²

内　容	单位	木龙骨石膏板墙(外挑)	轻钢龙骨石膏板墙(带棉毡)		双层双面轻钢龙骨石膏板墙	双面轻钢龙骨防火石膏板墙
综合工日	工日	59.18	44	63.36	70.40	35.20
装修材	m^3	2.25	—	—	—	—
角钢∟50mm×50mm×3mm	kg	258.91	—	—	—	—
纸面石膏板(12mm 厚)	m^2	110	110	220	420	210
膨胀螺栓	个	222	—	—	—	—
墙体轻钢龙骨	kg	—	630	524.54	642.99	642.99
装修钉	kg	5	—	—	—	—
嵌缝石膏	kg	88	88	132	132	132

续表

内容	单位	木龙骨石膏板墙(外挑)	轻钢龙骨石膏板墙(带棉毡)		双层双面轻钢龙骨石膏板墙	双面轻钢龙骨防火石膏板墙
布条	m	315	315	572	572	572
防锈漆	kg	5	—	—	—	—
自攻螺丝	百个	37.80	37.80	75.60	112.00	132
玻璃棉毡	m^2	—	105	105	—	—
防腐油	kg	12.79	—	—	—	—
射钉(带弹)	套	—	113	113	210	210
抽芯铆钉	百个	—	6.00	6.00	6.20	6.20
密封胶条	m	105	105	210	210	210

表 5-24　胶合板墙(1)　　单位:$100m^2$

内容	单位	胶合板墙(外挑)		胶合板弧形墙(附墙)	
		水曲柳板贴面	柚木板贴面	水曲柳板贴在(拼花)	柚木板贴面
综合工日	工日	102.70	92.65	88.10	73.02
装修材	m^3	2.25	2.25	1.879	1.879
三合板	m^2	—	—	110	110
九合板	m^2	110	110	—	—
水曲柳贴面板(拼花)	m^2	128	—	128	—
柚木贴面板	m^2	—	120	—	120
角钢∟50mm×50mm×3mm	kg	258.91	258.91	—	—
防锈漆	kg	5	5	—	—
309 胶	kg	25	25	25	25
装修钉	kg	10.99	10.99	5	5
防腐油	kg	2.73	2.73	4.5	4.5
乳胶	kg	5	5	10	10
膨胀螺栓	个	222	222	—	—
油毡	m^2	—	—	180	180

注:胶合板弧形墙为展开面积。

表 5-25　胶合板墙(2)　　单位:$100m^2$

内容	单位	胶合板墙(外挑)		双面胶合板墙	
		水曲柳板贴面(拼花)	柚木板贴面	水曲柳板贴面(拼花)	柚木板贴面
综合工日	工日	83.07	68.00	140.07	110.74
装修材	m^3	1.62	1.62	2.20	2.20
九合板	m^2	110	110	220	220
水曲柳贴面板	m^2	128	—	256	—

续表

内容	单位	胶合板墙(外挑)		双面胶合板墙	
		水曲板贴面(拼花)	柚木板贴面	水曲板贴面(拼花)	柚木板贴面
柚木贴面板	m^2	—	120	—	240
309 胶	kg	25	25	50	50
装修钉	kg	15	15	30	30
防腐油	kg	3.31	3.31	4.97	4.97
油毡	m^2	180	180	—	—
乳胶	kg	5	5	10	10

表 5-26　防火板、柚木板包柱(墙)　　单位:$100m^2$

内容	单位	防火板			柚木板	
		圆柱	方柱	墙面、墙裙	圆柱	方柱
综合工日	工日	113.32	90.66	80.94	113.32	90.66
装修材	m^3	0.45	1.510	1.62	0.45	1.510
木夹板(18mm 厚)	m^2	26.88	—	—	26.88	—
三合板	m^2	120	—	—	120	—
射钉(带弹)	套	930	437	—	930	437
装修钉	kg	10	10	8	10	10
防火板	m^2	110	123	110	—	—
柚木板	m^2	—	—	—	110	123
309 胶	kg	25	25	25	25	25
九合板	m^2	—	124	110	—	124
防腐油	kg	—	—	2.73	—	—

表 5-27　胶合板墙裙　　单位:$100m^2$

内容	单位	胶合板墙裙(有造型)		胶合板墙裙(无造型)	
		水曲板贴面	柚木板贴面	水曲板贴面	柚木板贴面
综合工日	工日	117.78	103.64	89.80	75.67
装修钉	m^3	1.62	1.62	1.409	1.409
九合板	m^2	145	145	110	110
水曲板(拼花)	m^2	130	—	128	—
柚木板	m^2	—	122	—	120
钢钉	个	130	130	130	130
装修钉	kg	19.50	19.50	19.50	19.50
防腐油	kg	11	11	11	11
油钻	m^2	180	180	180	180
309 胶	kg	30	30	25	25
乳胶	kg	8	8	8	8
封口木条	m	110	110	110	110

注:设计无油毡防潮层时,扣除油毡数量,其他不变。

表 5-28　铝合金、镁铝曲板墙面

内容	单位	铝合金装饰板墙面		镁铝曲板柱面	镁铝曲板压条
		钢龙骨	木龙骨		
		100m²			100 延长米
综合工日	工日	34.44	38.50	23.78	3.61
铝合金装饰板	m²	106.00	106.00	—	—
镁铝曲板	m²	—	—	106.00	—
角钢	kg	750.15	—	—	—
角铝∟25.4mm×25.4mm	m	210.00	21.00	—	—
装修材	m³	—	0.323	1.30	—
三合板	m²	—	—	110.00	—
镁铝压条	m	—	—	—	102
膨胀螺栓 ϕ8	个	130.00	160	—	—
铝拉铆钉	百个	21.00	—	—	—
电焊条	kg	4.00	—	—	—
木螺丝	百个	—	1.30	—	—
射钉	个	—	—	420.00	—
309 胶	kg	—	—	20.00	0.8
装修钉	kg	—	—	0.14	—
乳胶	kg	—	—	10.00	—

表 5-29　护壁板　　单位：100m²

内容	单位	纤维板	胶合板	塑料板
制作安装				
综合工日	工日	16.70	16.70	16.70
装修材	m³	1.129	1.129	1.129
五合板	m²	—	105.00	—
装修钉	kg	7.76	7.76	7.76
石油沥青油毡	m²	108.00	108.00	108.00
防腐油	kg	9.90	9.90	9.90
纤维板	m²	105.00	—	—
塑料板	m²	—	—	105.00
油漆				
综合工日	工日	12.19	58.64	—
石膏	kg	2.29	2.40	—
调和漆	kg	9.99	0.45	—
无光调和漆	kg	11.32	—	—
清油	kg	0.79	1.95	—
松香水	kg	3.73	5.09	—

续表

内容	单位	纤维板	胶合板	塑料板
油漆				
熟桐油	kg	1.93	3.11	—
酚醛清漆	kg	—	0.34	—
醇酸清漆	kg	—	28.97	—
醇酸稀料	kg	—	4.86	—
大白粉	kg	—	8.47	—
砂蜡	kg	—	1.67	—
上光蜡	kg	—	0.56	—

表 5-30　木墙裙、吸声板护壁　　单位：$100m^2$

内容	单位	木墙裙		吸声板护壁
		木板	胶合板	
制作安装				
综合工日	工日	68.01	47.11	21.90
装修材	m^3	2.790	1.409	1.399
五合板	m^2	—	105.00	—
装修钉	kg	7.22	9.51	11.80
石油沥青油毡	m^2	108.00	108.00	108.00
防腐油	kg	8.47	9.81	31.46
矿棉吸声板	m^2	—	—	104.00
油漆				
综合工日	工日	58.64	58.64	—
石膏	kg	2.403	2.403	—
调和漆	kg	0.45	0.45	—
酚醛清漆	kg	0.342	0.342	—
醇酸清漆	kg	28.971	28.971	—
清油	kg	1.953	1.953	—
醇酸稀料	kg	4.86	4.86	—
松香水	kg	5.094	5.094	—
大白粉	kg	8.469	8.469	—
熟桐油	kg	3.114	3.114	—
砂蜡	kg	1.665	1.665	—
上光蜡	kg	0.558	0.558	—

表 5-31　镶吸声板墙面、水泥纤维板墙面　　单位：$100m^2$

内容	单位	胶合板吸声墙（外挑）	吸声纸板墙（木龙骨）	岩棉板隔声墙（轻钢龙骨）	水泥纤维板墙	
					木龙骨	轻钢龙骨
综合工日	工日	79.30	30.63	32∶99	47.61	39.5
装修材	m^3	2.25	1.57	—	1.568	—
吸声板	m^2	105	—	—	—	—
钢板网	m^2	105	—	—	—	—
五合板	m^2	125	—	—	—	—
吸声纸板	m^2	—	105	—	—	—
岩棉板	m^2	—	—	110	—	—
水泥纤维板	m^2	—	—	—	120	120
角钢∟50mm×50mm×3mm	kg	258.91	—	—	—	—
装修钉	kg	10	—	—	—	—
木螺钉	百个	—	71.6	—	—	—
膨胀螺栓	个	222	—	—	—	—
自攻螺丝	个	—	—	3780	3780	3780
抽芯铆钉	百个	—	—	6.00	—	6.00
射钉(带弹)	套	—	—	315	—	315
钢钉	百个	—	7.68	—	—	—
防腐油	kg	4.5	4.5	—	3.10	—
乳胶	kg	10.0	—	—	—	—
防锈漆	kg	5	—	—	—	—
油毡	m^2	—	180	—	—	—
布条	m	—	—	260	260	260
铜皮条(2mm 厚)	m	—	—	170	—	—
嵌缝石膏粉	kg	—	—	80	80	80
墙体轻钢龙骨	kg	—	—	172.74	—	572.74

表 5-32　镶软包墙面、丝绒吸声墙面　　单位：$100m^2$

内容	单位	镶软包墙面	木龙骨五合板		
			泡沫贴锦缎	丝绒吸声墙	丝绒墙面
综合工日	工日	110.8	891.27	71.36	34.42
装修材	m^3	1.06	1.06	1.06	1.29
三合板	m^2	105	—	—	—
五合板	m^2	110	110	115	110

续表

内容	单位	镶软包墙面	木龙骨五合板		
			泡沫贴锦缎	丝绒吸声墙	丝绒墙面
泡沫海绵	m²	115	110	—	—
软包面料	m²	125	—	(丝绒)110	(丝绒)105
锦缎	m²	—	115	—	—
装修钉	kg	5	5	5	5
木螺丝	百个	4	—	—	—
钢钉	百个	—	24	24	—
汽钉	盒	1	1	—	—
立时得(胶)	kg	15	23.5	—	—
防火漆	kg	—	14.70	—	—
防腐油	kg	3.50	2.73	2.73	—
乳胶	kg	10	—	22	—
醇酸清漆	kg	—	—	7	—
醇酸稀料	kg	—	—	3	—
纤维素	kg	—	—	0.72	—
滑石粉	kg	—	—	13.86	—
布条	m	—	232	232	(纸带)50
108 胶	kg	—	—	21.3	20
油毡	m²	180	—	—	—
石膏	kg	—	—	2.99	—

表 5-33 活动隔断、不锈钢包柱

内　　容	单位	吊式活动木隔断		不锈钢板包圆柱
		吊轨	柚木板隔断	
		10m	100m²	100m²
综合工日	工日	31.00	110.35	332.20
装修材	m³	0.14	2.022	0.500
三合板	m²	11.68	224	120.00
柚木板	m²	11.68	224	—
12 号工字钢	kg	122.00	—	—
ϕ6 吊杆(带丝带帽)	百个	0.4	—	—
扁钢—40mm×3mm	kg	26.00	—	—
角钢	kg	12.00	—	105

续表

内　　容	单位	吊式活动木隔断		不锈钢板包圆柱
		吊轨	柚木板隔断	
		10m	$100m^2$	$100m^2$
钢板	kg	11.00	—	—
螺栓(带丝带帽)	百个	1.17	—	—
膨胀螺栓	个	36	—	—
轴承	个	70	—	—
木线条	m	—	1001	—
钢合叶	个	—	165	—
不锈钢螺丝	百个	—	10.95	—
装修钉	kg	—	9.02	10
白乳胶	kg	—	24.68	—
309 胶	kg	—	70	—
木夹板(18mm 厚)	m^2	—	26.94	—
射钉(带弹)	套	—	—	930
进口 8K 镜面不锈钢板(1mm)厚	m^2	—	—	110
不锈钢焊条	kg	—	—	5

注:不锈钢包柱,柱为方柱时,人工费、装修费、三合板、木夹板(18mm 厚)乘系数 1.6,其他不变。

表 5-34　镶贴大理石(花岗岩)板(1)　　单位:$100m^2$

内　　容	单位	墙面、墙裙	梁柱面	其他面
综合工日	工日	61.68	68.50	85.47
素水泥浆	m^3	(0.101)	(0.101)	(0.101)
1∶2.5 水泥砂浆	m^3	(2.578)	(2.707)	(2.707)
水泥 32.5 级	t	1.402	1.465	1.465
白水泥	t	0.025	0.025	0.025
钢筋 ϕ10 以内	t	0.079	0.079	—
焊接铁件	kg	34.00	34.00	—
铜丝	kg	4.00	4.00	—
煤油	kg	4.00	4.00	4.00
中砂	m^3	3.094	3.248	3.248
清油	kg	0.53	0.53	0.53
松香水	kg	0.60	0.6	0.6
草酸	kg	1.00	1.00	1.00
硬白蜡	kg	2.65	2.65	2.65
大理石板	m^2	101.00	102.00	101.00
水	m^3	0.973	1.134	1.134

表 5-35　镶贴大理石(花岗岩)板(2)　　单位:100m²

内　容	单　位	拼花大理石墙面	圆柱面	碎大理石拼花墙面
综合工日	工日	222.2	142.55	227.70
素水泥浆	m^3	(0.101)	(0.101)	(0.101)
1∶2.5 水泥砂浆	m^3	(2.578)	(2.707)	(2.707)
水泥 32.5 级	t	1.402	1.465	1.132
白水泥	t	0.025	0.025	0.499
钢筋 ϕ10 以内	t	0.079	0.079	—
焊接铁件	kg	34.00	34.00	—
铜丝	kg	4.00	4.00	—
煤油	kg	4.00	4.00	—
中砂	m^3	3.094	3.248	2.40
清油	kg	0.53	0.53	0.53
松香水	kg	0.60	0.6	15.00
草酸	kg	1.00	1.00	3.00
硬白蜡	kg	3	2.65	5
圆弧形大理石板(花岗岩)	m^2	—	105	—
拼花大理石	块	110	—	—
碎大理石	块	—	—	115
方形金刚石	块	—	—	21.00
108 胶	kg	36.00	32.00	52.50
水	m^3	0.973	1.134	1.07

表 5-36　镶贴虎皮纹花岗岩、大理石板、干挂大理石板　单位:100m²

内　容	单　位	虎皮纹墙面、墙裙		干挂大理石板	
		花岗岩	大理石	墙面	柱面
综合工日	工日	78.74	78.74	33.86	43.35
1∶2.5 水泥砂浆	m^3	(2.702)	(2.702)	—	—
素水泥浆	m^3	(0.101)	(0.101)	—	—
碎花岗岩板	m^2	101.00	—	—	—
碎大理石板	m^2	—	101.00	—	—
大理石板	m^2	—	—	102.00	103.00
钢筋 ϕ10 以内	t	0.079	0.079	—	—
焊接铁件	kg	34.00	34.00	—	—
铜丝	kg	4.00	4.00	—	—

续表

内　容	单　位	虎皮纹墙面、墙裙		干挂大理石板	
		花岗岩	大理石	墙面	柱面
不锈钢丝	kg	—	—	16.81	21.96
ϕ8 膨胀螺栓	个	—	—	410.00	410.00
水泥 32.5 级	t	1.462	1.462	—	—
中砂	m^3	3.24	3.24	—	—
煤油	kg	4.00	4.00	—	—
松香水	kg	0.60	0.60	—	—
清油	kg	0.53	0.53	—	—
水	m^3	1.13	1.13	—	—

表 5-37　镶贴碎大理石、碎水磨石　　单位：$100m^2$

内　容	单位	拼碎大理石			拼碎水磨石	
		墙面、墙裙	柱面	其他面	柱面	其他面
综合工日	工日	127.27	193.90	165.24	164.65	146.19
1∶2.5 水泥砂浆	m^3	(2.02)	(2.02)	(2.02)	(2.02)	(2.02)
1∶1.5 白水泥石子浆	m^3	(0.51)	(0.51)	(0.51)	(0.51)	(0.51)
素水泥浆	m^3	(0.101)	(0.101)	(0.101)	(0.101)	(0.101)
碎大理石板	m^2	101.00	102.00	101.00	—	—
碎水磨石板	m^2	—	—	—	102.00	101.00
长方形金刚石	块	21.00	21.00	21.00	21.00	21.00
草酸	kg	3.00	3.00	3.00	3.00	3.00
硬白蜡	kg	5.00	5.00	5.00	5.00	5.00
松香水	kg	15.00	15.00	15.00	15.00	15.00
水泥 32.5 级	t	1.132	1.132	1.132	1.132	1.132
白水泥	t	0.499	0.499	0.499	0.499	0.499
白石子	m^3	0.649	0.649	0.649	0.649	0.649
中砂	m^3	2.42	2.42	2.42	2.42	2.42
水	m^3	1.07	1.07	1.07	1.07	1.07

表 5-38　镶贴瓷砖、面砖　　单位:100m²

内容	单位	瓷砖			面砖	
		墙面、墙裙	柱面	其他面	墙面、墙裙	其他面
综合工日	工日	74.48	100.18	84.99	66.75	76.51
素水泥浆	m³	(0.101)	(0.101)	(0.101)	(0.101)	(0.101)
1∶3水泥砂浆	m³	(1.856)	(1.856)	(1.856)	(1.856)	(1.856)
1∶1水泥砂浆	m³	(0.825)	(0.825)	(0.825)	(0.825)	(0.825)
水泥32.5级	t	1.527	1.527	1.527	1.527	1.527
白水泥	t	0.025	0.025	0.025	—	—
中砂	m³	2.854	2.854	2.854	2.854	2.854
白瓷砖	m²	102.00	102.00	102.00	—	—
面砖	m²	—	—	—	102.00	102.00
水	m³	1.105	1.105	1.105	1.035	1.035

表 5-39　镶贴陶瓷锦砖(1)　　单位:100m²

内容	单位	墙面、墙裙	梁柱面	其他面
综合工日	工日	87.92	99.37	100.78
素水泥浆	m³	(0.101)	(0.101)	(0.101)
1∶3水泥砂浆	m³	(1.547)	(1.547)	(1.547)
1∶1水泥砂浆	m³	(0.825)	(0.825)	(0.825)
水泥32.5级	t	1.402	1.402	1.402
白水泥	t	0.035	0.035	0.035
中砂	m³	2.483	2.483	2.483
陶瓷锦砖(马赛克)	m²	101.00	101.00	101.00
乳胶	kg	7.65	7.65	7.69
水	m³	0.872	0.872	0.942

表 5-40　镶贴陶瓷锦砖(2)　　单位:100m²

内容	单位	墙面、墙裙	梁柱面	其他面
综合工日	工日	96.49	109.09	110.64
素水泥浆	m³	(0.101)	(0.101)	(0.101)
1∶3水泥砂浆	m³	(1.547)	(1.547)	(1.547)
1∶1水泥砂浆	m³	(0.825)	(0.825)	(0.825)
水泥32.5级	t	1.402	1.402	1.402
白水泥	t	0.035	0.035	0.035

续表

内容	单位	墙面、墙裙	梁柱面	其他面
中砂	m^3	2.483	2.483	2.483
陶瓷锦砖(玻璃马赛克)	m^2	101.00	101.00	101.00
乳胶	kg	7.65	7.69	7.69
水	m^3	1.00	1.00	1.00

表 5-41 镶瓷砖收边、贴木线、墙面、天棚刮腻子

内容	单位	镶贴瓷砖阴阳角及压顶	胶粘木线条(成品)	墙面、天棚面满刮腻子	
				三遍	每增一遍
		100m		100m^2	
综合工日	工日	7.27	8.30	17.13	6.51
阴阳角及压顶	块	973	—	—	—
白瓷块	m^2	2.78	—	—	—
木线条(成品)	m	—	115	—	—
309 胶	kg	—	10	—	—
装修钉	kg	—	1.5	—	—
石膏粉	kg	—	—	7.48	2.85
滑石粉	kg	—	—	34.65	13.17
纤维素	kg	—	—	1.8	0.68
108 胶	kg	—	—	53.25	20.25
白乳胶	kg	—	—	3.00	1.14

表 5-42 镶贴陶瓷锦砖 单位:100m^2

内容	单位	墙面、墙裙	梁柱面	其他面
综合工日	工日	47.30	86.30	70.10
素水泥浆	m^3	—	(0.101)	—
1∶2.5 水泥砂浆	m^3	(2.578)	(2.578)	—
1∶2 水泥砂浆	m^3	—	—	(2.11)
水泥 32.5 级	t	1.250	1.402	1.161
白水泥	t	0.015	0.023	0.015
钢筋 ϕ10 以内	t	0.079	0.079	—

续表

内　容	单　位	墙面、墙裙	梁柱面	其他面
焊接铁件	kg	34.00	34.00	—
铜丝	kg	4.00	4.00	—
煤油	kg	4.00	4.00	4.00
中砂	m^3	3.094	3.094	2.321
清油	kg	0.53	0.53	0.53
松香水	kg	0.60	0.60	0.60
草酸	kg	1.00	1.00	1.00
硬白蜡	kg	2.65	2.65	2.65
水	m^3	0.943	1.08	0.85
水磨石板	m^2	101.00	103.00	102.00

表 5-43　玻璃镜面墙面(1)　　单位:100m^2

内　容	单　位	镶贴玻璃镜面(抹灰面)		
		梁柱面(不带框)	墙面、墙裙	其他面
综合工日	工日	—	—	—
1∶6 水泥石灰砂浆	—	(1.89)	(1.804)	(1.804)
1∶2 水泥砂浆	—	—	(0.714)	(0.714)
素水泥浆	—	(0.10)	(0.10)	(0.10)
玻璃镜(5mm 厚)	m^2	139.00	117.00	117.00
309 胶	kg	33.33	33.33	33.33
电镀平头螺丝	百个	4.00	4.00	4.00
水泥 32.5 级	t	0.543	0.654	0.654
生石灰	t	0.193	0.186	0.186
中砂	m^3	2.27	2.76	2.76
水	m^3	2.77	2.61	2.61

表 5-44　玻璃镜面墙面(2)　　单位:100m^2

内　容	单位	木龙骨九合板基层玻璃镜面				木龙骨三合板基层玻璃镜面	
		螺丝固定		粘贴固定		粘贴固定	
		墙面、墙裙	梁柱面	墙面、墙裙	梁柱面	墙面、墙裙	梁柱面
综合工日	工日	50.19	59.80	73.27	85.76	50.19	59.80
装修材	m^3	1.129	1.185	1.719	2.004	1.129	1.185

续表

内　容	单位	木龙骨九合板基层玻璃镜面				木龙骨三合板基层玻璃镜面	
		螺丝固定		粘贴固定		粘贴固定	
		墙面、墙裙	梁柱面	墙面、墙裙	梁柱面	墙面、墙裙	梁柱面
三合板	m^2	—	—	—	—	110	110
胶合板(九层)	m^2	110	110	110	124	—	—
玻璃镜面(5mm 厚)	m^2	112	117	112	121	112	117
射钉(带弹)	套	—	437	—	—	—	437
玻璃胶	支	143	143	200	210	300	300
不锈钢钉 $\phi 8$	个	1039	1039	—	—	—	—
装修钉	kg	10	12	10	10	10	12
醇酸清漆	kg	—	—	5	5	5	5
醇酸稀料	kg	—	—	0.4	0.4	0.4	0.4
双面胶带	m	—	—	630	713	—	—
10 号石油沥青	kg	—	—	225.5	225.5	—	—
汽油	kg	—	—	37	37	—	—

表 5-45　镶软包墙面、丝绒吸声墙面　　单位：$100m^2$

内　容	单　位	全玻璃墙	木制玻璃间壁墙(艺术形式)	玻璃砖墙	玻璃间壁墙	
					半截玻璃	全玻璃
综合工日	工日	132.20	397.43	97.35	61.78	58.10
装修材	m^3	—	4.68	—	2.334	2.810
平板玻璃(12mm 厚)	m^2	120	—	—	(3mm 厚) 105.10	105.49
彩印玻璃	m^2	—	120	—	—	—
玻璃砖	块	—	—	2600	—	—
不锈钢方槽钢	m	128	—	—	—	—
不锈钢角钢(25mm×25mm×0.7mm)	m	—	—	113.33	—	—
铁件	kg	—	—	200	—	—
装修钉	kg	—	6.5	—	5.40	3.40
膨胀螺栓	个	189	—	—	—	—
射钉(带弹)	套	—	113	—	—	—
玻璃胶	支	250	—	200	—	—

续表

内　容	单　位	全玻璃墙	木制玻璃间壁墙（艺术形式）	玻璃砖墙	玻璃间壁墙	
					半截玻璃	全玻璃
立时得(胶)	kg	—	—	10	—	—
调和漆	kg	—	—	—	18.15	18.15
无光调和漆	kg	—	—	—	20.59	20.59
熟桐油	kg	—	—	—	3.50	3.50
清油	kg	—	—	—	1.45	1.45
乳胶	kg	—	15	—	—	—
胶条	m	162	—	—	—	—
松香水	kg	—	—	—	6.77	6.77
石膏	kg	—	—	—	4.16	4.16

表 5-46　墙面贴普通壁纸　　单位:$100m^2$

内　容	单　位	不　对　花			对　花		
		三合板面	白灰麻刀面	水泥抹面	三合板面	白灰麻刀面	水泥抹面
综合工日	工日	21.78	22.87	23.96	23.76	24.95	26.14
壁纸(国产)	m^2	110	110	110	116.00	116.00	116.00
108 胶	kg	29.70	25.50	25.50	29.70	25.50	25.50
乳胶	kg	4.5	4.5	4.5	4.5	4.5	4.5
醇酸清漆	kg	7	7	—	7	7	—
调和漆	kg	—	—	7	—	—	7
醇酸稀料	kg	3	3	3	3	3	3
布条	m	232	—	—	232	—	—
砂布	张	10	10	10	10	10	10
腻子	kg	30	45	45	30	45	45

表 5-47　梁柱面贴普通壁纸　　单位:$100m^2$

内　容	单　位	不　对　花			对　花		
		三合板面	白灰麻刀面	水泥抹面	三合板面	白灰麻刀面	水泥抹面
综合工日	工日	23.76	24.95	26.14	25.26	26.52	27.79
壁纸(国产)	m^2	117	117	117	123	123	123
108 胶	kg	29.70	25.50	25.50	29.70	25.50	25.50
乳胶	kg	4.5	4.5	4.5	4.5	4.5	4.5

续表

内容	单位	不对花			对花		
		三合板面	白灰麻刀面	水泥抹面	三合板面	白灰麻刀面	水泥抹面
醇酸清漆	kg	7	7	—	7	7	—
调和漆	kg	—	—	7	—	—	7
醇酸稀料	kg	3	3	3	3	3	3
布条	m	232	—	—	232	—	—
腻子	kg	30	45	45	30	45	45
砂布	张	10	10	10	10	10	10

表 5-48　墙面贴金属壁纸　　单位：$100m^2$

内容	单位	不对花			对花		
		三合板面	白灰麻刀面	水泥抹面	三合板面	白灰麻刀面	水泥抹面
综合工日	工日	23.16	24.32	25.48	25.15	26.31	27.88
金属壁张	m^2	110	110	110	116	116	116
108 胶	kg	29.70	25.50	25.50	29.70	25.50	25.50
乳胶	kg	4.5	4.5	4.5	4.5	4.5	4.5
醇酸清漆	kg	7	7	—	7	7	—
调和漆	kg	—	—	7	—	—	7
醇酸稀料	kg	3	3	3	3	3	3
布条	m	232	—	—	232	—	—
腻子	kg	30	45	45	30	45	45
砂布	张	10	10	10	10	10	10

表 5-49　梁柱面贴金属壁纸　　单位：$100m^2$

内容	单位	不对花			对花		
		三合板面	白灰麻刀面	水泥抹面	三合板面	白灰麻刀面	水泥抹面
综合工日	工日	24.91	26.16	27.41	26.41	27.73	29.05
金属壁纸	m^2	117	117	117	123	123	123
108 胶	kg	29.70	25.50	25.50	29.70	25.50	25.50
乳胶	kg	4.5	4.5	4.5	4.5	4.5	4.5
醇酸清漆	kg	7	7	—	7	7	—
调和漆	kg	—	—	7	—	—	7
醇酸稀料	kg	3	3	3	3	3	3
布条	m	232	—	—	232	—	—
腻子	kg	30	45	45	30	45	45
砂布	张	10	10	10	10	10	10

表 5-50　石膏板墙贴壁纸、贴带胶壁纸　　单位：$100m^2$

内　容	单　位	石膏板墙面贴壁纸		贴带胶壁纸	
		不对花	对花	墙面	柱面
综合工日	工日	22.22	23.60	23.16	25.26
壁纸	m^2	110	116	—	—
带胶壁纸	m^2	—	—	110	123
108 胶	kg	29.70	29.70	—	—
穿孔纸带	m	199.80	199.80	—	—
醇酸清漆	kg	7	7	—	—
醇酸稀料	kg	3	3	—	—
酚醛清漆	kg	—	—	7	7
松香水	kg	—	—	3	3
砂布	张	10	10	10	10
腻子	kg	30	30	—	—

表 5-51　墙、柱、梁面喷塑(一塑三油)　　单位：$100m^2$

内　容	单　位	墙、柱、梁面			
		大压花表面	中压花喷大点	喷中点、幼点	平面
综合工日	工日	11.99	10.78	9.76	5.61
1∶3底油（底层巩固剂）	kg	21.75	17.10	15.07	8.70
塑粉(中层涂料)	kg	142.50	93.10	65.61	—
面油(高光、油面)	kg	43.20	40.85	40.0	35.19
水	m^3	0.20	0.20	0.20	0.10

实例分析

◆**例 5-11**

已知××砖结构柱子，柱高 2.6m，如图 5-26 所示，计算柱面水泥砂浆的工程量。

解：　　　　工程量＝0.63×4×2.6＝6.55(m^2)

◆**例 5-12**

如图 5-27 所示一玻璃幕墙，试计算其工程量。

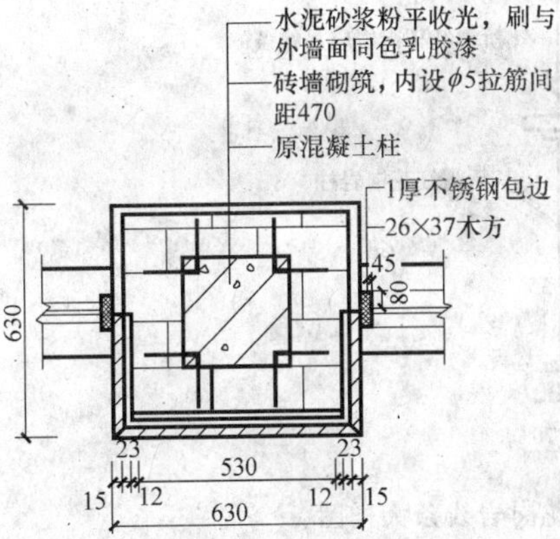

图 5-26　砖结构加大柱子方案

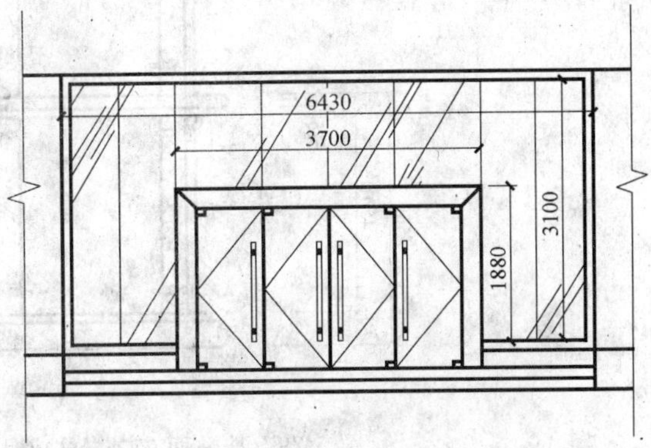

图 5-27　玻璃幕墙示意图

解：工程量＝6.43×3.1－3.7×1.88＝12.98(m^2)

◆**例 5-13**

已知××墙面挂贴花岗岩，如图 5-28 所示，试计算其工程量。

解：工程量＝2.03×3.35＝6.80(m^2)

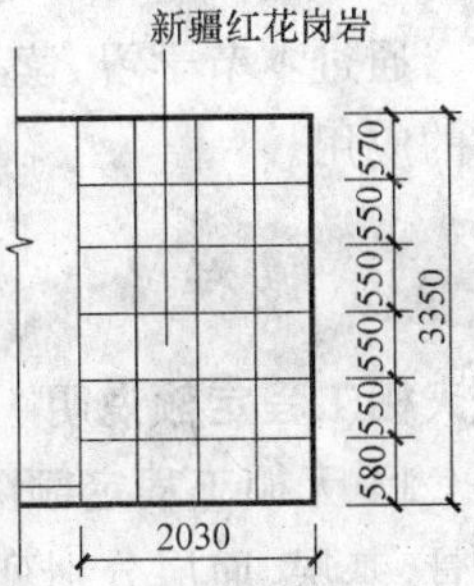

图 5-28　墙面挂贴花岗岩立面图

◆**例 5-14**

已知一圆柱，高为 2.6m，如图 5-29 所示，试计算挂贴柱面花岗岩及成品花岗岩线条工程量。

解：挂贴花岗岩柱的工程量＝3.14×0.45×2.6＝3.67(m^2)

挂贴花岗岩零星项目＝3.14×(0.45＋0.07×2)×2＋3.14×(0.45＋0.035×2)×2＝6.97(m)

第四节　天 棚 工 程

要点

天棚，也称顶棚、吊顶、天花板、平顶等，其构造主要由基层、面层和吊筋三大部分组成。天棚面层是指天棚龙骨，又称骨架层，是一个由大龙骨、中龙骨和小龙骨(或称为主龙骨、主搁栅，次龙骨、次搁栅等)所形成的骨架体系，用以承受天

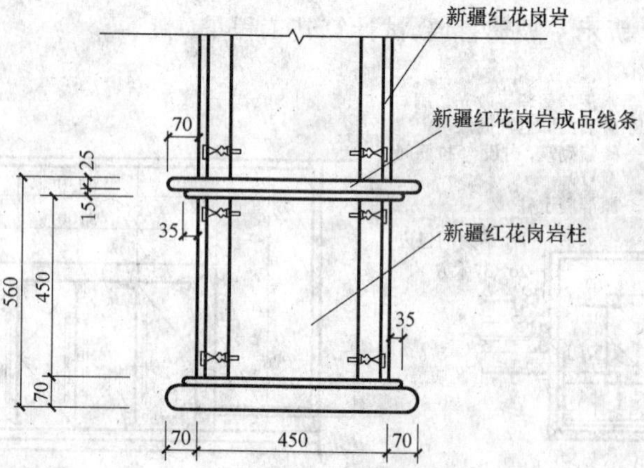

图 5-29 挂贴面花岗岩柱成品花岗岩线条大样图

棚的荷载。常用的天棚基层有木基层和金属基层。天棚基层是用各类饰面板制作,少数为抹灰类面层。

天棚工程定额项目划分的特点是:吊筋、龙骨、面层分开,分别列项,分别套用定额。因而本分部定额项目分为吊筋、龙骨和面层三大分项,计 105 个子项。

通过本节学习,读者应侧重掌握天棚工程定额工程量计算方法及其在实际中的应用。

解释

◆天棚工程定额说明

1) 天棚工程定额除部分项目为龙骨、基层、面层合并列项外,其余均为天棚龙骨、基层、面层分别列项。

2) 龙骨的种类、间距、规格和基层、面层材料的型号、规格,是按常用材料和常用做法考虑的,如设计要求不同时,材料可以调整,但人工、机械不变。

3) 天棚面层在同一标高者为平面天棚,天棚面层不在同一标高者为跌级天棚(跌级天棚其面层人工乘系数 1.1)。

4) 轻钢龙骨、铝合金龙骨定额中为双层结构(即中、小龙骨紧贴大龙骨底面吊挂),如为单层结构时(大、中龙骨底面在同一水平上),人工乘 0.85 系数。

5) 定额中平面天棚和跌级天棚指一般直线型天棚,不包括灯光槽的制作安装,灯光槽制作安装应按定额相应子目执行,艺术造型天棚项目中包括灯光槽的制作安装。

6) 龙骨架、基层、面层的防火处理,应按定额相应子目执行。

7) 天棚检查孔的工料已包括在定额项目内,不另计算。

◆天棚工程定额工程量计算规则

1）各种吊顶天棚龙骨按主墙间净空面积计算，不扣除间壁墙、检查洞、附墙烟囱、柱、垛和管道所占面积。

2）天棚基层按展开面积计算。

3）天棚装饰面层，按主墙间实钉（胶）面积以“m^2”计算，不扣除间壁墙、检查洞、附墙烟囱、垛和管道所占面积，但应扣除 0.3m^2 以上的孔洞、独立柱、灯槽及与天棚相连的窗帘盒所占的面积。

4）定额中龙骨、基层、面层合并列项的子目，工程量计算规则参考 1）。

5）板式楼梯底面的装饰工程量按水平投影面积乘以 1.15 系数计算，梁式楼梯底面按展开面积计算。

6）灯光槽按“延长米”计算。

7）保温层按实铺面积计算。

8）网架按水平投影面积计算。

9）嵌缝按“延长米”计算。

相关知识

◆天棚工程造价与定额名词解释

表 5-52　天棚工程造价与定额名词解释

序号	名　称	解　释
1	“天棚抹灰”项目基层类型	是指混凝土现浇板、预制混凝土板、木板条等
2	龙骨类型	指上人或不上人，以及平面、跌级、锯齿形、阶梯形、吊挂式、藻井式及矩形、圆弧形、拱形等类型
3	二至三级天棚	是指天棚面层不在同一标高，且龙骨有跌级高差
4	龙骨中距	指相邻龙骨中线之间的距离
5	基层材料	指底板或面层背后的加强材料
6	柱垛	是指与墙体相连而突出墙体的部分
7	主墙	一般是指在结构设计中起承重作用的墙体。隔断、间壁墙不属于主墙
8	装饰线	指天棚或墙面四周的装饰线条。有三道或五道之分，其工程量以延长米来计算，如图 5-30 所示 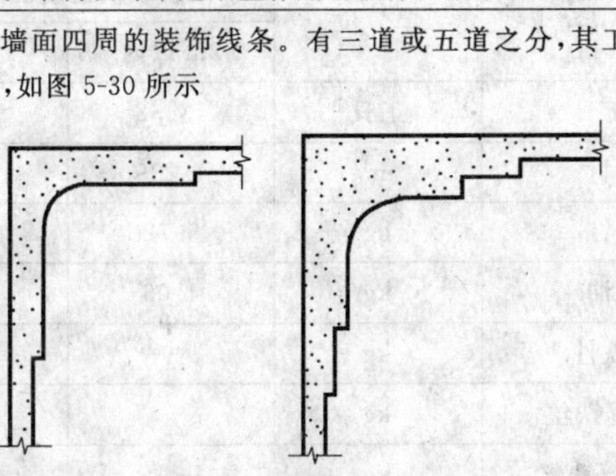 图 5-30　装饰线

续表

序号	名　　称	解　　释
9	天棚抹灰	即天棚抹灰,从抹灰级别上可分普、中、高三个等级;按抹灰材料不同可分为石灰麻刀灰浆、水泥麻刀砂浆、涂刷涂料等;按天棚基层不同可分为混凝土基层、板条基层和钢丝网基层抹灰
10	混凝土天棚抹灰	在混凝土基层上按设计要求的抹灰材料进行的施工称混凝土天棚抹灰
11	板条天棚抹灰	在板条天棚基层上按设计要求的抹灰材料进行的施工称板条天棚抹灰
12	密肋井字梁天棚抹灰	指小梁的混凝土天棚平面面积上,梁的间距小的天棚抹灰
13	钢丝网天棚抹灰	在钢丝网天棚基层上按设计要求的抹灰材料进行的施工称钢丝网天棚抹灰
14	石灰麻刀砂浆	指由石灰膏、砂、麻刀加水按一定配合比例调制均匀而成的砂浆。常用于苇箔、板条、钢板网天棚和墙面抹灰。麻刀主要是增加砂浆的拉力,使砂浆黏着力增大,不易脱落
15	水泥石灰麻刀砂浆	指由水泥、石灰膏、砂、麻刀加水按一定配合比例调制而成的砂浆。一般常用于高级墙面的基层或面层抹灰
16	T型铝合金吊顶龙骨	铝合金是用纯铝加入锰、镁等合金元素组成,具有质轻、耐蚀、耐磨、韧度大等特点;经氧化着色表面处理后,可得到银白色、金色、青铜色和古铜色效果,雅致、美观、经久耐用。铝合金龙骨通常多用T型。根据其罩面板不同,龙骨分底面外露和不外露两种
17	轻型钢骨架(龙骨)	轻型钢骨架按其构造分H型钢暗架式骨架、T.C.U型复合式骨架,面层采用镀锌铁板或薄钢板剪裁、冷弯、滚轧、冲压而成。C型骨架用于隔墙,T.U型骨架用于吊顶。轻钢骨架防火性能好,刚度大,便于检测,装饰效果好

◆天棚工程工料消耗参考指标

表 5-53　普通天棚吊木楞　　单位:$100m^2$

内　容	单　位	楞木在墙或钢筋混凝土梁上		钢筋混凝土板下吊木楞	
		2m以内	2m以外	单层楞木	双层楞木
综合工日	工日	13.58	15.82	14.46	16.69
装修材	m^3	1.239	1.757	1.397	1.960
装修钉	kg	5.72	10.23	3.22	23.00
防腐油	kg	4.06	2.68	1.19	2.93
螺栓铁件	kg	—	—	11.49	42.00
8号镀锌铁丝	kg	—	—	17.21	—
12号镀锌铁丝	kg	—	—	9.48	3.16

表 5-54　普通天棚镶面层　　单位：100m²

内　容	单　位	胶合板	吸声板	纤维板
综合工日	工日	8.54	10.93	8.54
装修钉	kg	1.81	1.72	1.81
三合板	m²	105.00	—	—
矿棉吸声板	m²	—	104.00	—
纤维板	m²	—	—	105.00

表 5-55　普通天棚镶塑料板、镁铝板　　单位：100m²

内　容	单　位	仿镁铝合金	塑　料　板
综合工日	工日	8.54	—
装修钉	kg	1.81	—
三合板	m²	105.00	—
矿棉吸声板	m²	—	—
纤维板	m²	—	—

表 5-56　普通天棚镶刨花板、钙塑板及压条　　单位：100m²

内　容	单　位	压胶刨花板	钙塑板	钉木压条	铝压条
		100m²		100m	
综合工日	工日	8.76	11.81	8.42	8.78
压胶刨花板	m²	103.5	—	—	—
钙塑板	m²	—	104.00	—	—
装修钉	kg	7.57	1.72	2.80	—
装修材	m³	—	—	0.336	—
铝压条	m	—	—	—	102.08
镀锌螺栓	kg	—	—	—	0.17

表 5-57　上人轻钢龙骨天棚　　单位：100m²

内　容	单　位	石膏板	穿孔石膏吸声板	石棉水泥板	钙塑泡沫板
			600mm×600mm	400mm×400mm	500mm×500mm
综合工日	工日	48.80	51.24	53.68	56.12
CS60 轻钢龙骨	m	87.09	113.32	113.32	113.32
C60 轻钢龙骨	m	237.60	366.68	567.88	420.00
CS60-1 吊挂件	个	115.00	115.00	119.00	119.00
ϕ8 吊杆	kg	40.74	36.23	36.23	36.23
CS60-2 吊挂件	个	227.00	—	—	—
CS60-3 吊挂件	个	1050.00	674.00	674.00	674.00
CS60-L 连接件	个	31	31	31	31

续表

内　容	单　位	石膏板	穿孔石膏吸声板 600mm×600mm	石棉水泥板 400mm×400mm	钙塑泡沫板 500mm×500mm
C60-L 连接件	个	49	233	170.00	107.00
射钉带弹	个	36.00	—	—	—
角钢	kg	15.34	15.34	15.34	15.34
4×25 自攻螺丝	百个	9.82	37.3	52.5	—
石膏板(厚 12mm)	m^2	110	—	—	—
防锈漆	kg	6	6	6	6
腻子	kg	5	5	5	—
穿孔石膏吸声板	m^2	—	110	—	—
石棉水泥板(厚 6mm)	m^2	—	—	110	—
钙塑泡沫板	m^2	—	—	—	101
401 胶	kg	—	—	—	6.8

表 5-58　非上人轻钢龙骨天棚　　单位:$100m^2$

内　容	单　位	石膏板	穿孔石膏吸声板 600mm×600mm	石棉水泥板 400mm×400mm	钙塑泡沫板 500mm×500mm
综合工日	工日	43.92	48.31	50.51	46.12
石膏板(厚 12mm)	m^2	110	—	—	—
C60 轻钢龙骨	m	336	336	336	336
C60-L 连接件	个	105	105	105	105
石棉水泥板(厚 6mm)	m^2	—	—	110	—
钙塑泡沫板	m^2	—	—	—	101
穿孔石膏吸声板	m^2	—	110	—	—
CS60-1 吊挂件	个	158.00	158.00	158.00	158.00
CS60-2 吊挂件	个	473.00	473.00	473.00	473.00
自攻螺丝	百个	21.00	21.00	—	21.00
膨胀螺栓	个	158.00	158.00	158.00	158.00
401 胶	kg	—	—	6.80	—

表 5-59　T 型铝合金龙骨天棚、门头铝合金装饰板雨篷(1) 单位：$100m^2$

内　　容	单　位	T 型铝合金龙骨矿棉吸声板天棚	门头铝合金装饰板雨篷
综合工日	工日	48.810	46.89
T 型主龙骨	m	175.00	—
T 型次龙骨	m	175.00	—
L 型边龙骨	m	85.75	—
T 型吊挂件	个	204.00	—
铝合金装修板	m^2	—	106.00
角铝(25.4mm×25.4mm)	m	—	96.33
装饰材	m^3	—	0.164
矿棉吸声板	m^2	110.00	—
$\phi4$ 吊杆	kg	15.71	—
膨胀螺栓	个	204	93.00
角钢	kg	—	571.00
射钉(带弹)	个	161.90	—
铝拉铆钉	百个	—	22.72
电焊条	kg	—	34

表 5-60　T 型铝合金龙骨天棚(2)　单位：$100m^2$

内　　容	单　位	铝片天棚	钢筋混凝土雨篷底吊铝骨架铝条天棚	铝棚假天棚
综合工日	工日	26.75	23.27	13.95
铝片天棚	m^2	1060	—	—
铝龙骨(25.4mm×50.8mm)	m	96	—	—
角铝(25.4mm×25.4mm)	m	110	21.60	56.15
射钉	套	80	—	132
12 号镀锌铁丝	kg	27	—	5
大铝条	m	—	1062.30	—
小铝条	m	—	1062.30	—
铝龙骨	m	—	141.30	—
角钢	kg	—	148.00	—
膨胀螺栓 $\phi8$	个	—	143	—
螺栓 $\phi5$	套	—	133	—
铝棚	m	—	—	1655.20
钢钉	百个	—	—	0.64

表 5-61　九合板丝绒面、防火板、柚木板贴面天棚　　单位:100m²

内　容	单　位	木骨架九合板丝绒面天棚	防火板天棚	柚木板贴面
综合工日	工日	86.71	84.55	23.95
装修材	m²	1.397	1.397	—
108 胶	kg	21.30	—	—
砂布	张	20.00	—	—
装修钉	kg	10.06	—	1.81
309 胶	kg	—	25.00	25.00
防火板	m²	—	112	—
柚木板	m²	—	—	115
九合板	m²	110	110	—
丝绒布	m²	112.00	—	—
膨胀螺栓	个	198.00	198	—
膨胀铁件	kg	11.49	11.49	—
白乳胶	kg	24.00	—	—
布条	m	232.00	—	—
防腐油	kg	5.00	2.75	—
醇酸清漆	kg	7.00	—	—
醇酸漆稀料	kg	3.00	—	—
石膏	kg	2.99	—	—
滑石粉	kg	13.00	—	—
纤维素	kg	0.72	—	—
腻子	kg	—	1.00	—
铁钉	kg	—	0.84	—

注:艺术吊顶或井字吊顶贴柚木板面层时,工料乘系数 1.3。

表 5-62　木花格、矿棉板、有机玻璃等天棚　　单位:100m²

内　容	单　位	木花槽	透空木花格天棚	铝合金暗骨架矿棉板天棚	有机玻璃发光天棚
		每 10m			
综合工日	工日	10.27	100.1	75.06	62.94
装修材	m³	0.414	5.55	—	—
九合板	m²	29.9	—	—	—
防火板	m²	16.1	—	—	—
膨胀螺栓	个	—	198	120	295
铁钉	kg	—	6.44	—	—
309 胶	kg	7.35	—	—	—
防腐油	kg	2.98	2.0	—	—
挂件	个	—	198	—	295

续表

内　　容	单　位	木花槽	透空木花格天棚	铝合金暗骨架矿棉板天棚	有机玻璃发光天棚
		每 10m			
钢筋 $\phi10$ 以内	t	3.15	0.026	0.069	0.065
白乳胶	kg	—	10.5	—	—
暗架龙骨	m^2	—	—	110	—
矿棉吸声板	m^2	—	—	115	—
边龙骨	m	—	—	—	60.00
T 型铝骨架	m	—	—	—	246.00
次龙骨	m	—	—	—	260.00
有机玻璃	m^2	—	—	—	110.00
柚木板	m^2	14.38	—	—	—
装修钉	kg	3.23	—	—	—
镀锌铁皮 26 号	m^2	15.98	—	—	—

表 5-63　天棚压条　　单位:100m^2

内　　容	单　位	透空木花格天棚	铝合金暗骨架矿棉板天棚	有机玻璃发光天棚
综合工日	工日	9.96	7.47	9.96
木压条	m	110	—	—
装修钉	kg	2.5	2.0	—
309 胶	kg	10.00	—	11.00
塑料压条	m	—	110.00	—
镁铝曲板压条	m	—	—	110

表 5-64. 木骨架艺术天棚　　单位:100m^2

内　　容	单　位	混凝土板下吊钢筋	木龙骨九合板艺术吊顶	木骨架五合板井字天棚	木骨架五合板吊平顶
综合工日	工日	19.69	93.25	106.06	35.10
装修材	m^3	—	2.066	2.299	1.405
九合板	m^2	—	134.00	—	—
五合板	m^2	—	—	137.00	115.00
面层	m^2	—	(134)	(137)	(115)
钢筋 $\phi10$ 以内	t	0.062	—	—	—
膨胀螺栓	个	135.00	—	—	—
射钉(带弹)	套	—	411	—	362.00
装修钉	kg	—	23.00	25.30	5.03
白乳胶	kg	—	31.50	34.65	—
防锈漆	kg	2.52	—	—	21.00

表 5-65 镜面玻璃天棚　单位:$100m^2$

内容	单位	木骨架胶合板		钢骨架胶合板雨篷底贴镜面
		天棚	自动扶手楼梯	
综合工日	工日	62.40	62.40	169.29
装修材	m^3	1.178	0.831	—
镜面玻璃(5mm 厚)	m^2	112	112	112
胶合板九合板	m^2	110	110	—
胶合板十二合板	m^2	—	—	110
不锈钢压条 1.5mm×1.5mm	m	—	102.32	—
铜压条(2.5mm 厚)	kg	—	—	175.00
玻璃胶	支	300	300	300
电镀平头螺丝	百个	10.39	11.22	6.22
角铝 25.4mm×25.4mm	m	73	—	—
角钢	kg	—	—	288.65
槽钢 40mm×40mm	kg	—	—	644.00
射钉	套	—	183	223
装修钉	kg	10	—	—
膨胀螺栓 ϕ8	个	—	—	223
镀锌螺栓	百个	—	—	11.17
自攻螺丝	百个	—	0.164	0.744

表 5-66 中空玻璃、钢化玻璃天棚　单位:$100m^2$

内容	单位	中空玻璃采光天棚		钢化玻璃采光天棚
		型钢骨架	铝框骨架	
综合工日	工日	141.29	97.13	95.72
槽钢	kg	1966.00	—	460.82
T 型钢 25mm×25mm	kg	21.00	—	294.28
扁钢	kg	477	—	338.38
螺栓	百个	0.45	—	—
装修钉	kg	1.40	—	—
铝框骨架	kg	—	502.40	—
中空玻璃	m^2	107	97	—
钢化玻璃	m^2	—	—	109.20
玻璃胶	支	—	20.40	—
耐热胶垫	m	—	170	—
橡皮垫条(大)	m	161.64	—	—
橡皮垫条(小)	m	161.64	—	137.70

续表

内　容	单　位	中空玻璃采光天棚		钢化玻璃采光天棚
		型钢骨架	铝框骨架	
橡皮垫片 250mm 宽	m	104.74	—	45.90
橡皮垫片 25mm 宽	m	64.66	—	—
焊接铁件	kg	74.65	—	—
26 号镀锌铁皮	m^2	1	—	—
镀锌螺栓	百个	—	10.95	—
铁钩(5mm 厚)	kg	—	—	27
熟桐油	kg	—	—	6.70
醇酸清漆	kg	39	—	13.30
建筑油膏	kg	89.62	—	—

表 5-67　普通壁纸　　单位:$100m^2$

内　容	单　位	不对花			对花		
		三合板	白灰麻刀面	水泥抹面	三合板	白灰麻刀面	水泥抹面
综合工日	工日	29.72	31.21	32.69	31.65	33.23	34.82
壁纸	m^2	110	100	110	116	116	116
108 胶	kg	29.70	25.50	25.50	29.70	25.50	25.50
乳胶	kg	4.5	4.5	4.5	4.5	4.5	4.5
醇酸清漆	kg	7	7	—	7	7	—
调和漆	kg	—	—	7	—	—	7
醇酸稀料	kg	3	3	3	3	3	3
布条	m	232	—	—	232	—	—
腻子	kg	30	45	45	30	45	45
砂布	张	10	10	10	10	10	10

表 5-68　天棚贴金属壁纸　　单位:$100m^2$

内　容	单　位	不对花			对花		
		三合板	白灰麻刀面	水泥抹面	三合板	白灰麻刀面	水泥抹面
综合工日	工日	37.02	38.87	40.22	38.63	40.56	42.49
金属壁纸	m^2	110	110	110	116	116	116
108 胶	kg	29.70	25.50	25.50	29.70	25.50	25.50
乳胶	kg	4.5	4.5	4.5	4.5	4.5	4.5
醇酸清漆	kg	7	7	—	7	7	—

续表

内　容	单　位	不　对　花			对　花		
		三合板	白灰麻刀面	水泥抹面	三合板	白灰麻刀面	水泥抹面
调和漆	kg	—	—	7	—	—	7
醇酸稀释	kg	3	3	3	3	3	3
腻子	kg	30	45	45	30	45	45
砂布	张	10	10	10	10	10	10

表 5-69　天棚喷塑(一塑三油)　单位:$100m^2$

内　容	单　位	大压花表面	中压花喷大点	喷中点、幼点	平　面
综合工日	工日	25.55	24.21	23.08	18.47
1∶3 底油(底层巩固剂)	kg	21.75	17.10	15.0	78.70
塑粉(中层涂料)	kg	142.50	93.10	65.61	—
面油(高光、油面)	kg	43.20	40.85	40.00	35.19
水	kg	1.00	1.00	1.00	0.90

实例分析

◆例 5-15

××酒店一客房的天棚造型吊顶如图 5-31 所示,试计算其龙骨工程量。

解:工程量=(5.8−0.13−0.08)×(3.4−0.08×2)=18.11(m^2)

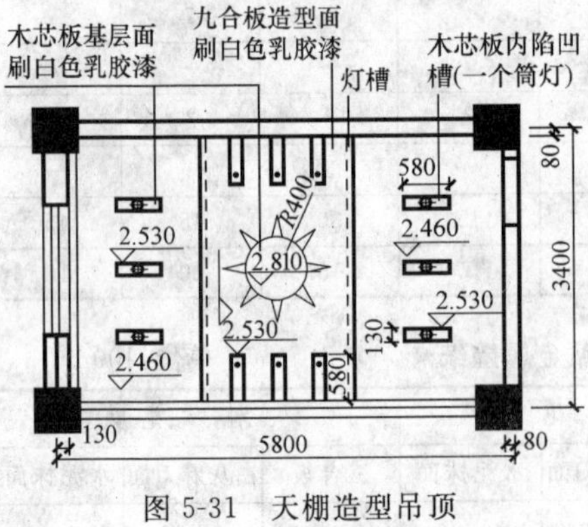

图 5-31　天棚造型吊顶

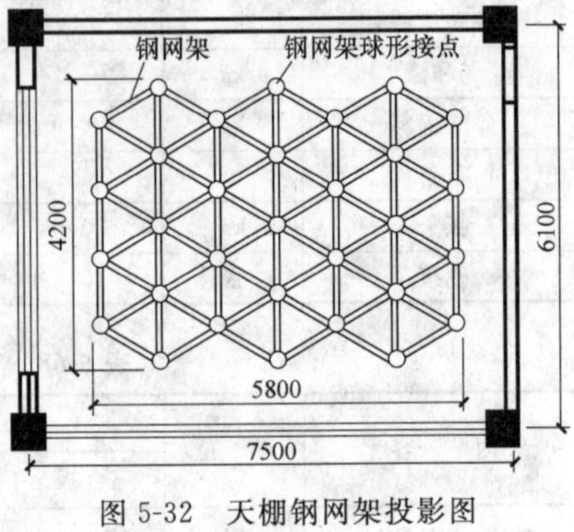

图 5-32　天棚钢网架投影图

◆例 5-16

如图 5-32 所示一天棚钢网架,试计算其工程量。

解:　　工程量=4.2×5.8=24.36(m^2)

◆例 5-17

如图 5-33 所示,××酒店包房房间天棚为垂直铝片吊顶,试计算其工程量。

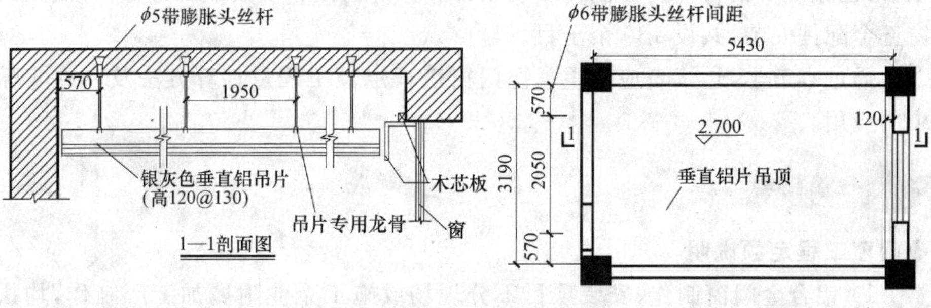

图 5-33 垂直铝片吊顶天棚

解：　　工程量＝5.43×3.19－0.12×3.19＝16.94(m^2)

◆**例 5-18**

如图 5-34 所示一酒店包房吊顶，试计算其吊顶面层工程量。

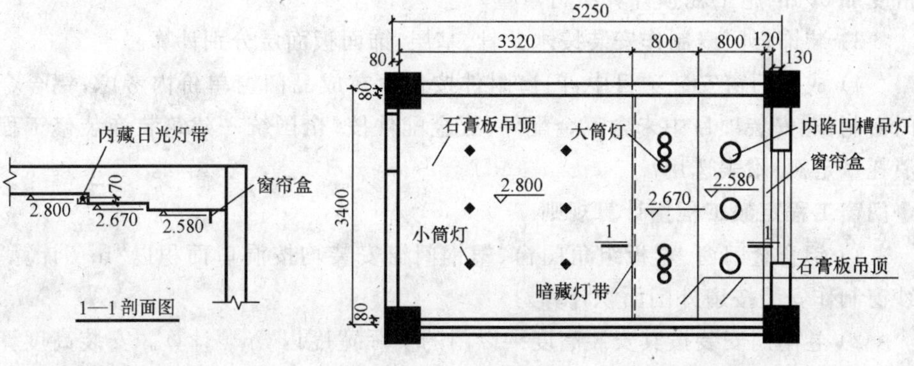

图 5-34 包房天棚图

解：天棚面层工程量＝(5.25－0.08－0.13)×(3.4－0.08×2)＝16.33(m^2)

窗帘盒面积＝0.12×(3.4－0.08×2)＝0.39(m^2)

展开面积＝[(2.67－2.58)＋(2.8－2.67)＋0.13＋0.07]×(3.4－0.08×2)＝1.36(m^2)

天棚面层实际工程量＝16.33－0.39＋1.36＝17.30(m^2)

第五节 门 窗 工 程

要点

门窗工程定额既编制了购入成品铝合金门窗安装及购入成品木装饰门安装

项目,也编制了铝合金门窗制作安装项目和木门窗制作安装项目部分,并编入门窗五金配件安装,共设130个子目。

通过本节学习,读者应侧重掌握门窗工程定额工程量计算方法及其在实际中的应用。

解释

◆门窗工程定额说明

1) 铝合金门窗制作、安装项目不分现场或施工企业附属加工厂制作,均执行《全国统一建筑装饰装修工程消耗量定额》。

2) 铝合金地弹门制作型材(框料)按101.6mm×44.5mm、厚1.5mm方管制定,单扇平开门、双扇平开窗按38系列制定,推拉窗按90系列(厚1.5mm)制定。如实际采用的型材断面及厚度与定额取定规格不符者,可按图示尺寸乘以密度加6%的施工耗损计算型材重量。

3) 装饰板门扇制作安装按木龙骨、基层、饰面板面层分别计算。

4) 成品门窗安装项目中,门窗附件按包含在成品门窗单价内考虑;铝合金门窗制作、安装项目中未含五金配件,五金配件按《全国统一建筑装饰装修工程消耗量定额》附表选用。

◆门窗工程定额工程量计算规则

1) 铝合金门窗、彩板组角门窗、塑钢门窗安装均按洞口面积以"m^2"计算。纱窗制作安装按扇外围面积计算。

2) 卷闸门安装按其安装高度乘以门的实际宽度以"m^2"计算。安装高度算至滚筒顶点为准。带卷闸罩的按展开面积增加。电动装置安装以"套"计算,小门安装以"个"计算,小门面积不扣除。

3) 防盗门、防盗窗、不锈钢格栅门按框外围面积以"m^2"计算。

4) 成品防火门以框外围面积计算,防火卷帘门从地(楼)面算至端板顶点乘以设计宽度。

5) 实木门框制作安装以"延长米"计算。实木门扇制作安装及装饰门扇制作按扇外围面积计算。装饰门扇及成品门扇安装按"扇"计算。

6) 木门扇皮制隔声面层和装饰板隔声面层,按单面面积计算。

7) 不锈钢板包门框、门窗套、花岗岩门套、门窗筒子板按展开面积计算。门窗贴脸、窗帘盒、窗帘轨按"延长米"计算。

8) 窗台板按实铺面积计算。

9) 电子感应门及转门按定额尺寸以"樘"计算。

10) 不锈钢电动伸缩门以"樘"计算。

相关知识

◆门窗工程造价与定额名词解释

表 5-70　门窗工程造价与定额名词解释

序号	名　称	解　　释
1	木门	是由门框(门樘)和门扇组成的，当门的窗超过 2.1m 时，上部要增设亮子，木门的各部分名称如图 5-35 所示，常见形式见表 5-71 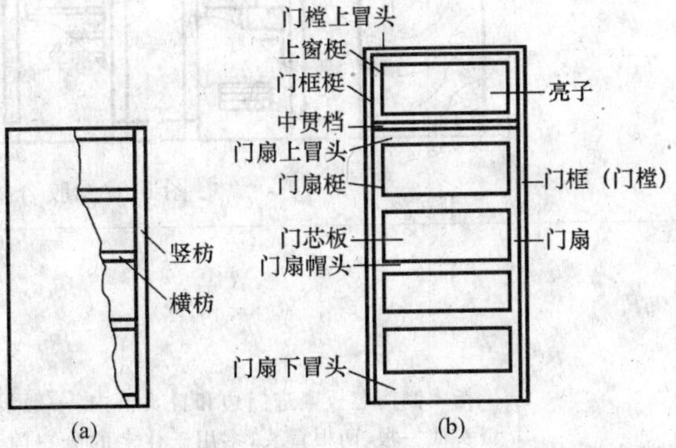 图 5-35　木门的构造组成 (a)包板式木门；(b)镶板式木门
2	木门框	也称门樘，是由冒头(横档)、框梃(框柱)组成的。有亮子时，在门扇与上亮子之间设中贯横挡。门框架各连接部位都是用榫眼连接固定的。框梃与冒头的连接，是在冒头上打眼，框梃上做榫；梃与中贯档的连接，是在框梃上打眼，中贯横档两端做榫。其榫眼连接形式如图 5-36 所示  图 5-36　框梃与贯头及中贯档的榫眼连接示意
3	包板式	也称蒙板式，其门扇框所使用的木材截面尺寸较小，而且将被蒙在胶合板面层之内，故只起到骨架作用。其竖向与横向方木的连接，通常采用单榫结构，不必像镶板门那样复杂，在一些面积不大的装饰门制作时，其骨架的横竖连接也可采用钉、胶结合的方法。门扇两面的面层蒙板，通常使用 4mm 厚的胶合板

续表

序号	名　称	解　　释
4	胶合板门	胶合板门也称夹板门，指中间为轻型骨架，一般用厚 32～35mm，宽 34～60mm 做框，内为格形肋条，外面镶贴薄板的门，也有胶合板门上做小玻璃窗和百叶窗的，如图 5-37 所示 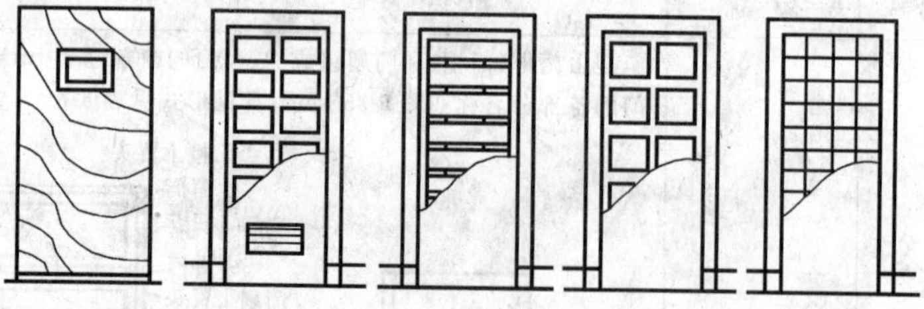 图 5-37　胶合板门
5	镶木板门	指木制门芯板镶进门边和冒头槽内，一般设有三根冒头或一根、两根冒头，多用于住宅的分户门和内门。有带亮子和不带亮子之分，如图 5-38 所示 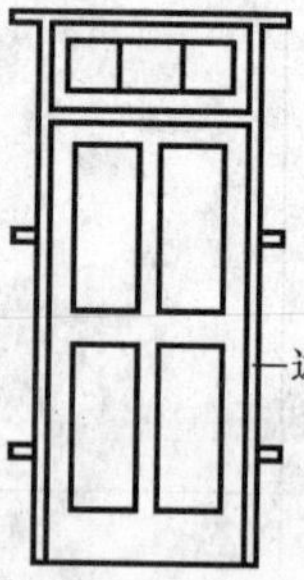 图 5-38　镶木板门
6	木板推拉大门	也称扯门，在门洞上、下装有轨道，可左右滑行，既可单扇，也可双扇，开启后的门扇有放在夹墙内的，也有靠墙的，优点是占地面积小，如图 5-39 所示 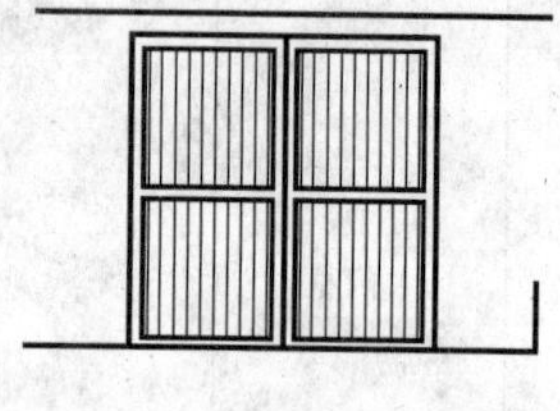 图 5-39　推拉门
7	木板平开大门	是作为交通及疏散用的大门。这种门多用于公共建筑和仓库等。一般为双扇高度，按需要尺寸定，无下槛，又称扫地门
8	卷闸门	由铝合金材料组成，门顶以水平线为轴线进行转动，可以将全部门扇转包到门顶上
9	纤维板门	纤维板门同胶合板门相似，不同的是双面镶贴纤维板
10	折叠门	以钢骨架制成门扇四周框，骨架面铺满木板并能将门扇以垂直为轴折叠

续表

序号	名　称	解　　释
11	半截玻璃门	指镶嵌玻璃高度超过门扇高度的 1/3 以上的玻璃门。有带亮子和不带亮子之分，如图 5-40 所示  图 5-40　半截玻璃门
12	全玻璃门	指门窗冒头之间全部镶嵌玻璃的门，有带亮子和不带亮子之分，如图 5-41 所示 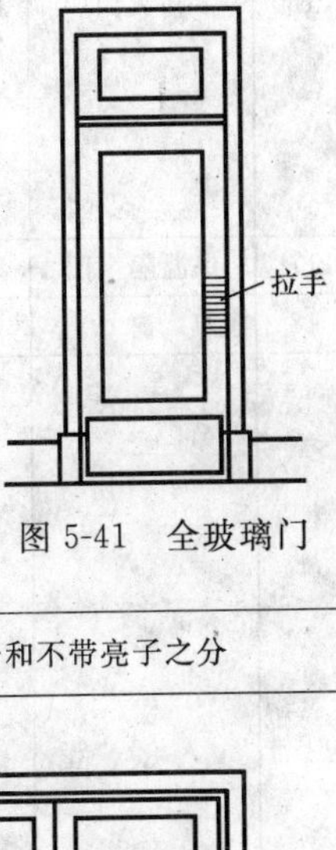 图 5-41　全玻璃门
13	玻璃镶板门	指镶玻璃高度在门扇高度 1/3 以内的门。有带亮子和不带亮子之分
14	自由门	也称弹簧门，指开启后自动关闭的门，以弹簧作自动关闭机构，并有单面弹簧、双面弹簧和地弹簧之分。通常单面弹簧为单扇门，双面弹簧和地弹簧多用于两扇门的公共建筑，如图 5-42 所示 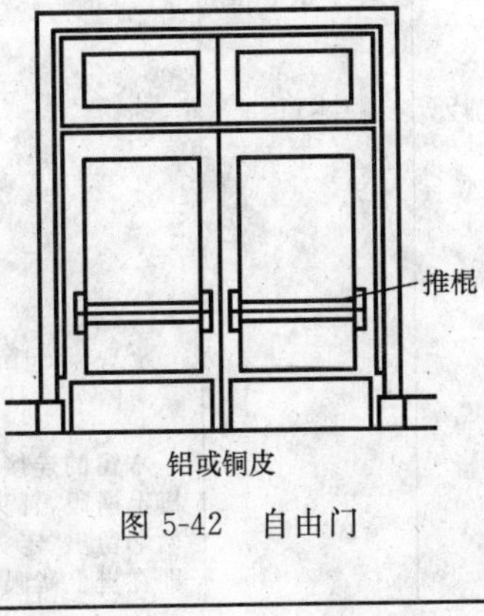 图 5-42　自由门

续表

序号	名称	解释
15	安全门	也称太平门,指便于人们在紧急情况下,能及时疏散的门。通常门向外开启,并直接通向室外,如图 5-43 所示 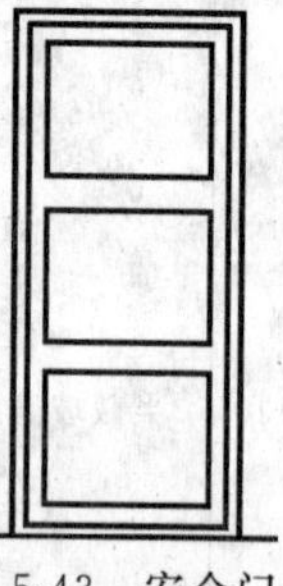 图 5-43　安全门
16	防火门	指设置在容易发生火灾的厂房、实验室、仓库等房屋的门,多用不易燃材料制作,如图 5-44 所示 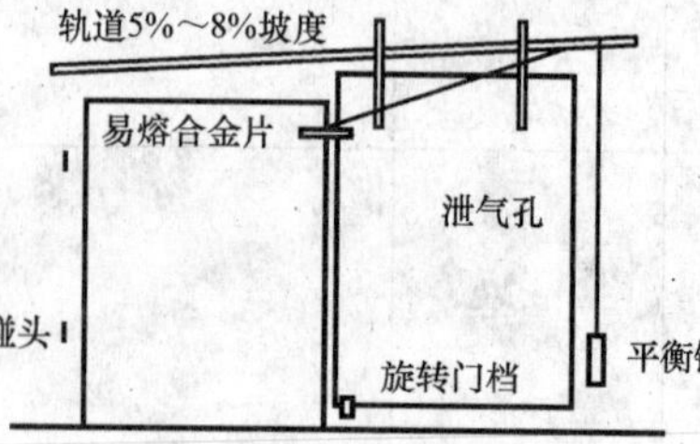 图 5-44　防火门
17	保温隔声门	指用保温材料和隔声材料制作的有一定密封程度的门
18	窗	指在建(构)筑物的墙壁、屋顶上设置的通风、排气、采光的建筑构件
19	木窗	木窗主要由窗框与窗扇组成。窗框由梃、上冒头和下冒头组成,有上亮子时需设中贯横档;窗扇由上冒头、下冒头、扇梃和窗棂等组成。窗扇玻璃装于冒头、扇梃和窗棂之间(图 5-45),常见形式见表 5-72 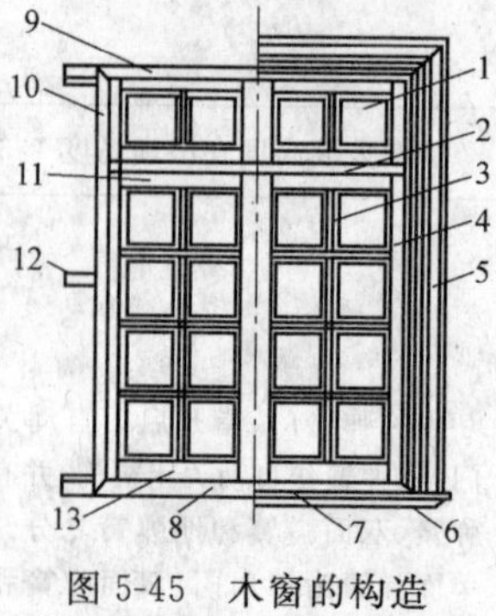 图 5-45　木窗的构造 1—亮子;2—中贯档;3—窗棂;4—扇梃;5—贴脸板(包框装饰);6—窗盘线;7—窗台板;8—窗框(樘)下冒头;9—窗框上冒头;10—框梃;11—窗扇上冒头;12—木砖;13—窗扇下冒头 木窗的连接构造与木门的组装构造基本相同,都是做榫结合。按照规矩在梃上凿眼,冒头上开榫。若采用先立窗框后砌墙的安装方法,应在上、下冒头两端留出“走头”(延长其端头),走头长 120mm。窗梃与窗棂的连接也是榫接,即在梃上凿眼,在窗棂端头做榫

续表

序号	名　称	解　　释
20	双层玻璃窗	指内外两层窗扇均为玻璃的窗
21	半圆窗	指窗的形状呈半圆形的部分，半圆部分多为固定式
22	单扇玻璃窗	指两边窗框内只有一扇正玻璃窗，无论有无纱窗、有无上亮和下亮窗，都称为单扇玻璃窗
23	双扇玻璃窗	指两边窗框内只有两扇正玻璃窗，无论有无纱窗、有无上亮和下亮窗，都称为双扇玻璃窗
24	三扇玻璃窗	指两边窗框内有三扇正玻璃窗，无论有无纱窗、有无上亮和下亮窗、有无中框，都称为三扇玻璃窗
25	四扇玻璃窗	指两边窗框内有四扇正玻璃窗，无论有无纱窗、有无上亮和下亮窗、有无中框，都称为四扇玻璃窗
26	门窗贴脸	门窗贴脸也称门(窗)的头线，指镶在门(窗)外的木板
27	木窗台板	是在窗下槛内侧面装设的木板，板两端伸出窗头线少许，挑出墙面 20～40mm，板厚一般为 30mm 左右，板下可设窗肚板(封口板)或钉各种线条，如图 5-46 所示 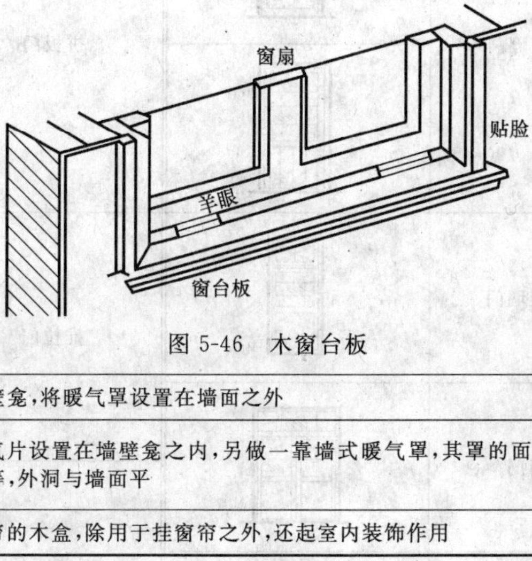 图 5-46　木窗台板
28	明式暖气罩	指不留壁龛，将暖气罩设置在墙面之外
29	靠墙式暖气	指将暖气片设置在墙壁龛之内，另做一靠墙式暖气罩，其罩的面层，通常钉有钢丝网等，外洞与墙面平
30	窗帘盒	指挂窗帘的木盒，除用于挂窗帘之外，还起室内装饰作用

表 5-71　常见木门(及钢木门)形式

名　称	图　形	名　称	图　形
夹板门	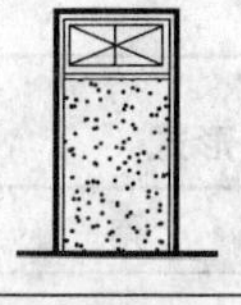 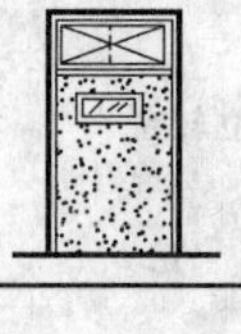	夹板门	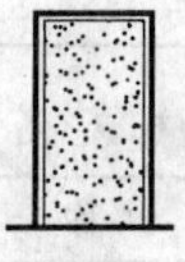 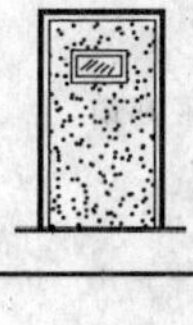

续表

名　　称	图　　形	名　　称	图　　形
木板门	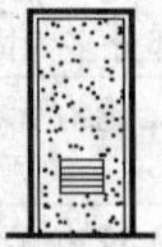	连窗门	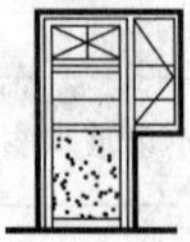
镶板(胶合板式纤维板)门	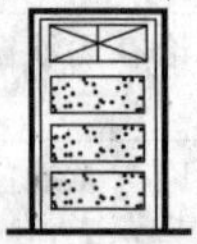	钢木大门	
半截玻璃门	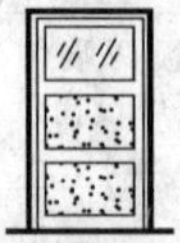 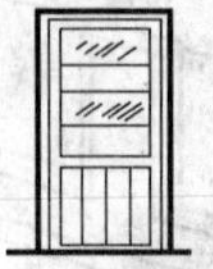	拼板门	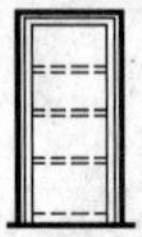 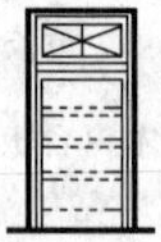
半截玻璃门		推拉门	
双扇门		平开木大门	
弹簧门			

表 5-72　常见木窗形式

名　　称	图　　形	名　　称	图　　形
平开窗		立转窗	

续表

名　称	图　形	名　称	图　形
提拉窗		百叶窗	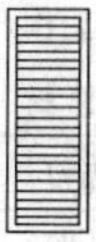
推拉窗	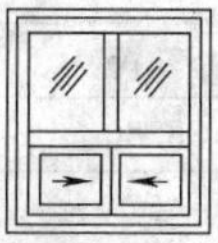	中悬窗	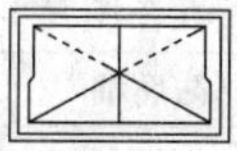

◆门窗工程工料消耗参考指标

表 5-73　木门扇、木门框、木挂镜线

内　容	单　位	柚木板门窗	软包木门窗	木门框	木挂镜线
		100m^2 扇面积		100m^2 框外围面积	100 延长米
综合工日	工日	133.67	199.26	39.33	8.30
装修材	m^3	2.619	4.14	2.29	—
三层胶合板	m^2	220.00	—	—	—
柚木板	m^2	260.00	—	—	—
铁钉	kg	9.34	8.02	4.37	0.83
乳胶	kg	18.51	7.49	—	—
309 胶	kg	50.00	—	—	—
防腐油	kg	—	—	14.54	1.97
石灰麻刀砂浆	m^3	—	—	0.27	—
双弹簧合叶	副	—	42.00	—	—
铜合叶	个	117.00	—	—	—
不锈钢螺钉	个	936.00	—	—	—
机制螺丝	个	—	706.00	—	—
海绵	m^2	—	220.00	—	—
皮革面料	m^2	—	220.00	—	—
圆头泡钉	百个	—	182.00	—	—
木挂镜线	m	—	—	—	106

表 5-74　全玻璃门(无框)

内　容	单　位	平开门	感应门
		100m² 洞口面积	
综合工作日	工日	291.08	340.62
装修材	m³	0.731	0.731
铁钉	kg	7.50	7.50
乳胶	kg	5.00	5.00
玻璃胶	支	40.00	40.00
九合板	m²	59.75	59.75
防腐油	kg	28.80	28.80
木螺丝	个	457	457
射钉	套	390	390
膨胀螺栓	个	38.00	38.00
角钢	kg	443.24	443.24
进口 8K 镜面不锈钢板(1mm)	m²	56.36	56.36
钢化玻璃(12mm)	m²	110	110
地弹簧	个	29	10
抽心锁	个	29	10
不锈钢门拉手	副	29.00	10
感应器	套	—	5
不锈钢护边	个	57.00	57.00

表 5-75　铝合金门窗　　　　单位:100m²

内　容	单位	100 系列白铝合金自动门	白铝合金平开门	固定窗	推拉窗	平开窗
综合工日	工日	101.50	90.20	56.38	90.20	90.20
白色铝合金弹簧门(成品)	m²	100	—	—	—	—
白色铝合金平开门(成品)	m²	—	100	—	—	—
白色铝合金固定窗(成品)	m²	—	—	100	—	—
白色铝合金推拉窗(成品)	m²	—	—	—	100	—
白色铝合金平开窗(成品)	m²	—	—	—	—	100
白色玻璃(厚 5mm)	m²	100	100	100	100	100
胀管螺栓(带弹)	套	404.00	783.00	840.00	526.00	526.00
水泥 32.5 级	t	0.091	0.091	0.091	0.091	0.091
中砂	m³	0.18	0.18	0.18	0.18	0.18
水	m³	0.05	0.05	0.05	0.05	0.05

注:1. 成品铝合金门窗带玻璃时扣除子目中玻璃窗。

2. 塑料门窗可参照本表射钉改为胀管螺栓。

表 5-76　铝合金卷帘门、窗帘轨

内　容	单　位	银白色铝合金卷帘窗 100m²		白色工字铝窗帘轨
		导槽焊在墙或柱脊面上	导槽焊在墙柱侧正中心装饰面上	100m
综合工日	工日	50.44	50.44	7.00
银白色铝窗	m^2	105	105	—
卷帘架	套	0.711	0.711	—
焊接铁件	kg	80.10	183.33	—
契铁	kg	10.63	10.63	—
I字型铝合金窗帘轨	m	—	—	120.00
大脚	只	—	—	412.00
小脚	只	—	—	206.00
滚轮	只	—	—	715.00
单双葫芦	个	—	—	120.00
木螺丝	百个	—	—	8.40
水泥 42.5 级	t	0.029	0.189	—
中砂	m^3	0.06	0.37	—
碎石	m^3	0.08	0.52	—
水	m^3	0.02	0.13	—

注:该子目不包括传动部分的卷筒、电机、变电箱、滑槽等材料。

表 5-77　窗台板、暖气罩、门窗贴脸、窗帘盒

内　容	单　位	窗台板外贴		暖气罩	门窗口套及贴脸	窗帘盒(中密度板)外贴	
		柚木板	水曲柳板			柚木板	壁纸
		100m²				10 延长米	
综合工日	工日	42.85	42.85	59.50	64.01	9.38	9.14
装修材	m^3	—	—	3.28	0.864	—	—
铁钉	kg	4.75	4.75	5.0	10.50	—	—
防腐油	kg	30.4	30.4	2.2	28.8	0.7	0.7
柚木板	m^2	120	—	—	120	4.20	—
乳胶	kg	—	—	—	50	—	—
水曲柳胶合板	m^2	—	120	—	—	—	—
九合板	m^2	—	—	110	—	—	—
钢板网	m^2	—	—	46.7	—	—	—
木螺丝	kg	—	—	13.50	—	—	—

续表

内容	单位	窗台板外贴		暖气罩	门窗口套及贴脸	窗帘盒(中密度板)外贴	
		柚木板	水曲柳板			柚木板	壁纸
		$100m^2$				10延长米	
309胶	kg	30.00	30.00	—	25.00	—	—
中密度板(厚12mm)	m^2	120	120	—	120	5.8	5.8
立时得胶	kg	—	—	—	—	1.6	0.6
焊接铁件	kg	—	—	—	—	6.22	6.22
清油	kg	—	—	—	—	0.34	0.34
调和漆	kg	—	—	—	—	0.44	0.44
螺栓	百个	—	—	—	—	0.40	0.40
铝制窗帘轨	m	—	—	—	—	11	11
108胶	kg	—	—	—	—	—	1.4
钢钉	百个	—	—	—	—	0.30	0.30
壁纸	m^2	—	—	—	—	—	4.20

注:暖气罩面层装饰见有关子目。

表5-78 塑料百叶窗、网扣窗帘 单位:$100m^2$

内容	单位	塑料百叶窗	塑镁铝百叶窗	窗帘	网扣窗帘
综合工日	工日	2.41	2.41	0.55	0.5
塑料百叶窗	m^2	10.10	—	—	—
塑镁铝百叶窗	m^2	—	10.10	—	—
窗帘	m^2	—	—	11.50	—
网扣窗帘	m^2	—	—	—	12.00
木螺丝	个	60	60	—	—

实例分析

◆例5-19

如图5-47所示一双开防火门,试计算其工程量。

解: 工程量$=1.3\times1.9=2.47(m^2)$

◆例5-20

已知××酒店窗台板为英国棕花岗岩,窗台长2.6m,如图5-48所示,计算其窗台板的工程量。

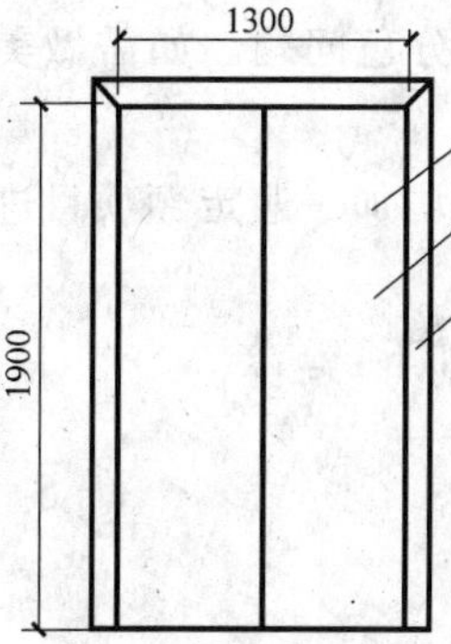

图 5-47　双开防火门立面图

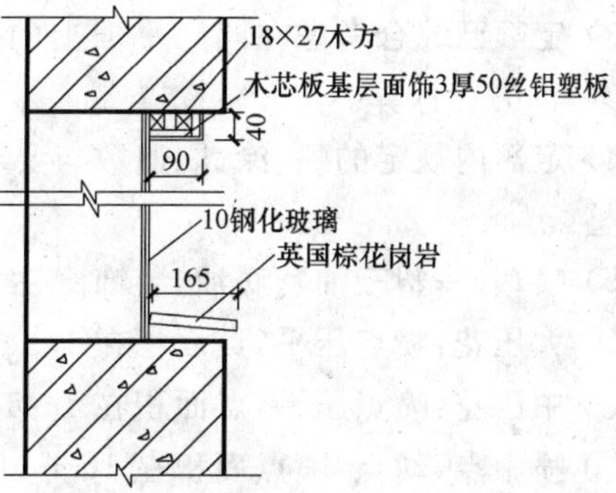

图 5-48　窗台板大样图

解：窗台板工程量＝0.165×2.6＝0.43(m^2)

◆例 5-21

已知××汽车维修车间门为卷闸门，如图 5-49 所示，经安装时测量，卷筒罩展开面积为 2.7m^2，试计算其工程量。

解：工程量＝4.9×2.6＋2.7

＝15.44(m^2)

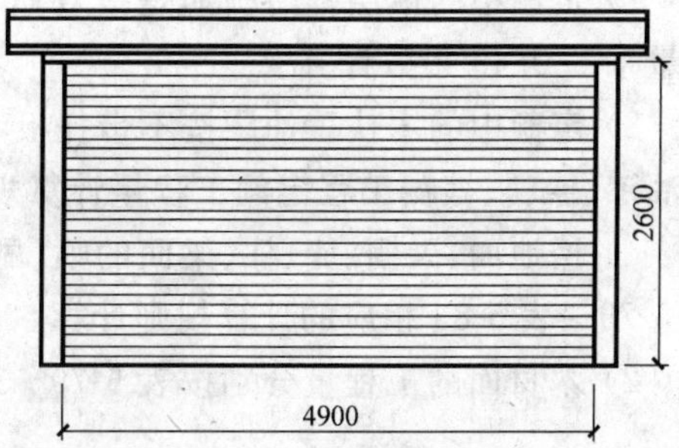

图 5-49　卷闸门立面图

第六节　油漆、涂料、裱糊工程

要点

油漆、涂料、裱糊工程包括油漆、涂料、裱糊三个分项工程，共 307 个子目，其中木材面油漆 229 个子目，金属面油漆 10 个子目，抹灰面油漆 26 个子目，涂料 27 个子目，裱糊 15 个子目。

通过本节学习，读者应侧重掌握油漆、涂料、裱糊工程定额工程量计算方法及其在实际中的应用。

解释

◆油漆、涂料、裱糊工程定额说明

1）定额中刷涂、刷油采用手工操作；喷塑、喷涂采用机械操作。如果操作方法不同时，则不予调整。

2）油漆浅、中、深各种颜色，已综合在定额内，颜色不同，不另调整。

3）定额已综合考虑在同一平面上的分色及门窗内外分色问题。如需做美术图案者，另行计算。

4）定额内规定的喷、涂、刷遍数与要求不同时，可按每增加一遍定额项目进行调整。

5）喷塑（一塑三油）、底油、装饰漆、面油，其规格划分如下：

① 大压花：喷点压平，点面积在 1.2cm^2 以上；

② 中压花：喷点压平，点面积在 1～1.2cm^2；

③ 喷中点、幼点：喷点面积在 1cm^2 以下。

6）定额中的双层木门窗（单裁口）是指双层框扇。三层二玻一纱窗是指双层框三层扇。

7）定额中的单层木门刷油是按双面刷油考虑的，如采用单面刷油，其定额含量乘以 0.49 系数计算。

8）定额中的木扶手油漆按不带托板考虑。

◆油漆、涂料、裱糊工程定额工程量计算规则

1）楼地面、天棚、墙、柱、梁面的喷（刷）涂料、抹灰面油漆及裱糊工程，均按表 5-79～表 5-83 相应的计算规则计算。

2）木材面的工程量分别按表 5-79～表 5-83 相应的计算规则计算。

表 5-79　执行木门定额工程量系数表

项目名称	系数	工程量计算方法
单层木门	1.00	按单面洞口面积计算
双层（一玻一纱）木门	1.36	
双层（单裁口）木门	2.00	
单层全玻门	0.83	
木百叶门	1.25	

注：本表为木材油漆面。

表 5-80　执行木窗定额工程量系数表

项目名称	系数	工程量计算方法
单层玻璃窗	1.00	按单面洞口面积计算
双层（一玻一纱）木窗	1.36	
双层框扇（单裁口）木窗	2.00	
双面框三层（二玻一纱）木窗	2.60	
单层组合窗	0.83	
双层组合窗	1.13	
木百叶窗	1.50	

注：本表为木材油漆面。

表 5-81 执行木扶手定额工程量系数表

项目名称	系数	工程量计算方法
木扶手(不带托板)	1.00	按延长米计算
木扶手(带托板)	2.60	
窗帘盒	2.04	
封檐板、顺木板	1.74	
挂衣板、黑板框、单独木线条 100mm 以外	0.52	
挂镜线、窗帘棍、单独木线条 100mm 以内	0.35	

注:本表为木材油漆面。

表 5-82 执行其他木材面定额工程量系数表

项目名称	系数	工程量计算方法
木板、纤维板、胶合板天棚	1.00	长×宽
木护墙、木墙裙	1.00	
窗帘板、筒子板、盖板、门窗套、踢脚线	1.00	
清水板条天棚、檐口	1.07	
木方格吊顶天棚	1.20	
吸声板墙面、天棚面	0.87	
暖气罩	1.28	
木间壁、木隔断	1.90	单面外围面积
玻璃间壁露明墙筋	1.65	
木栅栏、木栏杆(带扶手)	1.82	
衣柜、壁柜	1.00	按实刷展开面积
零星木装修	1.10	展开面积
梁柱饰面	1.00	展开面积

注:本表为木材油漆面。

表 5-83 抹灰面油漆、涂料、糊裱工程量系数表

项目名称	系数	工程量计算方法
混凝土楼梯底(板式)	1.15	水平投影面积
混凝土楼梯底(梁式)	1.00	展开面积
混凝土花格窗、栏杆花饰	1.82	单面外围面积
楼地面、天棚、墙、柱、梁面	1.00	展开面积

注:本表为抹灰面油漆、涂料、糊裱。

3）金属构件油漆的工程量按构件重量计算。

4）定额中的隔断、护壁、柱、天棚木龙骨及木地板中木龙骨带毛地板，刷防火涂料工程量计算规则如下：

① 隔墙、护壁木龙骨按面层正立面投影面积计算；

② 柱木龙骨按其面层外同面积计算；

③ 天棚木龙骨按其水平投影面积计算；

④ 木地板中木龙骨及木龙骨带毛地板按地板面积计算；

⑤ 隔墙、护壁、柱、天棚面层及木地板刷防火涂料，执行其他木材刷防火涂料子目；

⑥ 木楼梯(不包括底面)油漆，按水平投影面积乘以2.3系数，执行木地板相应子目。

相关知识

◆油漆、涂料、裱糊工程造价与定额名词解释

表5-84　油漆、涂料、裱糊工程造价与定额名词解释

序号	名　称	解　释
1	油漆工程	油漆工程泛指各种油类、漆类、涂料及树脂涂刷在建筑物上、木材、金属表面，以保护建筑物、木材、金属表面不受侵蚀的施工工艺。具有装饰、耐用的特点
2	底漆	可以增加油漆的丰满度。既可保持色相一致，又能节约面漆。由于透明度、丰满度、耐黄变性等的不同，透明底漆和实色底漆有多种品种。将底漆按规定比例与固化剂、稀释剂配好，纱网过滤后喷涂或刷涂一遍底漆，打磨除尘。主要作用为填平、修补和封闭
3	聚酯清漆面漆	是在已经喷涂或刷涂好底漆并打磨后涂面漆，面漆分为清面漆、亚光透明面漆、有色透明清面漆和有色亚光面漆。面漆与固化剂、稀释剂按规定比例调匀，喷涂或刷涂两遍。聚酯面漆具有良好的光泽度、丰满度、硬度和流平性
4	透明腻子	由于树脂含量不同，有多种不同品质的透明腻子，由于腻子是单组分结构，使用时无须加入固化剂，可直接使用或加入稀释剂，稀释后使用。透明腻子具有黏度大、填孔能力强、干速快、透明度好、易打磨等特点
5	油灰	由石膏粉(或滑石粉等)和黏结剂(血料、皮胶、骨胶、桐油、清漆或喷漆)调制而成的膏状物体称油灰。常用于油漆面缺陷不平处
6	乳胶	是乳白色液体黏结剂的一种，其成分为聚醋乙烯树脂，可直接使用或少量水调剂，胶结强度较高
7	调和漆	是人造漆的一种，由干性漆和颜料组成，也称为“油性调和漆”。由清漆和颜料组成，称为磁性“调和漆”。多用于木材面和金属面涂刷

续表

序号	名　称	解　释
8	无光调和漆	也称平光调和漆，漆中含颜料，较多产品加平光剂(例如硬脂酸铝，硅藻土等)，涂刷干燥后，漆膜无强烈反光，对人的神经无刺激，常用于室内墙面及某些军事装备的外表，在建筑油漆中常代替铅油(原漆)打底
9	防锈漆	指能保护金属面免受大气、海水等侵蚀的涂料称防锈漆。主要由防锈颜料(例如氧锌、锌铬黄、铝酸钙、铅粉、云母、氧化铁、铅丹等)、干性油、树脂和沥青等经调制研磨而成
10	熟桐油	也称干性油，是用生桐油经搅拌氧化、日晒或经低温烘烤而得，在建筑施工中一般用于刷木板底油
11	汽油	是一种中间分馏剂，是石油分馏时300～350℃间蒸发出的部分
12	石膏	也称生石膏，是一种天然无机化合物的透明结晶体，呈白色、淡黄色、粉红色或灰色。在建筑塑造和水泥制造上用量较多
13	血料	是用动物血加油石粉调制而成的黏结材料，多用猪血
14	醇酸磁漆	以清漆为基料，加入颜料用机器研磨而成。涂刷干燥后，能形成光滑且坚硬的膜；醇酸磁漆是由醇酸与磁漆调制而成，以醇酸为成膜物质，具有较好的光泽和机械强度，能在常温下干燥，较酚醛漆好，多用于金属面涂刷
15	乳胶漆	是水性涂料的一种，主要由合成树脂的胶液，加颜料、乳化剂、稳定剂、防腐剂、增塑剂配制而成。具有易于涂刷、快干、无嗅等特点。并可用水代替有机稀释剂
16	酚醛清漆	是以酚醛树脂为主要成分的清漆。具有干燥快、漆膜光亮、坚硬耐水等特点，色泛黄。多用于木器和不易碰撞的物件表面的涂刷

◆油漆工程工料消耗参考指标

表5-85　油漆大门(硝基清漆、磁漆)　　单位：$100m^2$

内　容	单　位	硝基清漆(五遍成活)	每增刷一遍	硝基磁漆(三遍成活)	每增刷一遍
综合工日	工日	187.65	42.89	167.71	47.92
石膏	kg	1.31	—	1.31	—
滑石粉	kg	13.86	—	13.86	—
纤维素	kg	0.56	—	0.56	—
108胶	kg	2.75	—	2.74	—
色粉	kg	3.85	—	—	—
漆片	kg	7.41	—	5.93	—
酒精	kg	31.31	—	25.05	—
香蕉水	kg	50.1	—	40.08	—

续表

内　容	单　位	硝基清漆（五遍成活）	每增刷一遍	硝基磁漆（三遍成活）	每增刷一遍
硝基清漆	kg	208.51	39.34	—	—
硝基漆稀料	kg	416.12	78.51	164.26	52.99
硝基底漆	kg	—	—	25.59	—
硝基磁漆	kg	—	—	92.14	29.72
砂蜡	kg	3.37	—	2.7	—
上光蜡	kg	1.12	—	0.9	—

表 5-86　油漆全板门(过氯乙烯)　　单位:100m²

内　容	单　位	五遍成活	每增刷一遍		
			底漆	磁漆	清漆
综合工日	工日	133.13	20.54	21.59	20.54
过氯乙烯腻子	kg	55.30	—	—	—
过氯乙烯度漆	kg	38.68	38.68	—	—
过氯乙烯磁漆	kg	136.50	—	68.25	—
过氯乙烯清漆	kg	150.36	—	—	126.91
过氯乙烯溶剂	kg	48.98	12.90	18.05	41.14
砂蜡	kg	3.37	—	—	—
上光蜡	kg	1.12	—	—	—

注:若设计要求不上蜡,扣除上蜡的综合工日。

表 5-87　油漆木墙面、墙裙(硝基清漆、醇酸清漆)　　单位:100m²

内　容	单　位	硝基清漆（五遍成活）	每增刷一遍	醇酸清漆（五遍成活）	每增刷一遍
综合工日	工日	143.28	28.35	102.53	16.40
石膏	kg	4.27	—	4.27	—
滑石粉	kg	15.06	—	15.06	—
108 胶	kg	2.26	—	2.26	—
纤维素	kg	0.72	—	0.72	—
色粉	kg	4.24	—	—	—
漆片	kg	0.64	—	—	—
酒精	kg	2.76	—	—	—
香蕉水	kg	4.14	—	—	—

续表

内　容	单　位	硝基清漆（五遍成活）	每增刷一遍	醇酸清漆（五遍成活）	每增刷一遍
硝基清漆	kg	114.67	21.64	—	—
硝基漆稀料	kg	228.87	41.18	—	—
调和漆	kg	—	—	0.5	—
清油	kg	—	—	2.17	—
松香水	kg	—	—	5.66	—
熟桐油	kg	—	—	3.46	—
酚醛清漆	kg	—	—	0.76	—
醇酸清漆	kg	—	—	51.50	9.29
醇酸漆稀料	kg	—	—	8.1	1.56
砂蜡	kg	1.85	—	1.85	—
上光蜡	kg	0.62	—	0.62	—

表 5-88　油漆做装饰花纹　　　　单位：100m²

内　容	单　位	油漆面画石纹	抹灰面做假木纹	彩色内墙喷涂
综合工日	工日	33.88	48.4	61.25
石膏	kg	5.98	5.98	5.98
滑石粉	kg	27.72	27.72	27.72
108 胶	kg	—	—	42.6
清油	kg	3.1	3.1	—
色粉	kg	—	1.5	—
纤维素	kg	0.1	0.1	1.44
调和漆	kg	17.5p	17.5	—
无光调和漆	kg	4.3	4.3	—
熟桐油	kg	2.3	2.3	—
松香水	kg	5.0	5.0	8.0
聚醋酸乙烯乳液	kg	0.2	0.15	—
醇酸清漆	kg	3.5	5.2	—
醇酸漆稀释剂	kg	2.2	3.3	—
106 涂料	kg	—	—	82.4
底涂料	kg	—	—	24.2
中涂料	kg	—	—	28.6
面涂料	kg	—	—	44.0

表 5-89　油漆金属、木构件(防火漆)、木扶手(醇酸漆、硝基漆)

内　容	单　位	防火漆(两遍成活)			醇酸漆(三遍成活)	硝基漆(三遍成活)
		金属构件	木方面	木板面	木扶手	木扶手
		t	100m²	100m²	100m	100m
综合工日	工日	22.18	16.39	12.53	35.08	56.82
清油	kg	116	—	—	0.62	—
防火漆	kg	10.56	—	—	—	—
松香水	kg	2.66	—	—	—	—
防锈漆	kg	8.93	—	—	—	—
催干剂	kg	1.50	—	—	—	—
膨胀型防火涂料	kg	—	77.52	99.75	—	—
石膏	kg	—	—	—	0.77	0.13
滑石粉	kg	—	—	—	2.69	8.73
108 胶	kg	—	—	—	0.92	0.27
色粉	kg	—	—	—	0.6	—
漆片	kg	—	—	—	1.17	0.59
酒精	kg	—	—	—	4.91	2.56
香蕉水	kg	—	—	—	7.37	4.01
酚醛清漆	kg	—	—	—	0.11	—
醇酸清漆	kg	—	—	—	9.18	—
醇酸漆稀料	kg	—	—	—	1.55	—
砂蜡	kg	—	—	—	0.53	0.53
上光蜡	kg	—	—	—	0.18	0.18
硝基底漆	kg	—	—	—	—	2.69
硝基磁漆	kg	—	—	—	—	8.06
硝基漆稀料	kg	—	—	—	—	14.37

注:木方面按投影面积计算,木板面按双面计算。

表 5-90　油漆天棚(乳胶漆、防火漆)　　单位:100m²

内　容	单　位	抹灰乳胶漆		木材面防火漆(三遍成活)	金属面防火漆(三遍成活)
		三遍成活	每增刷一遍		
综合工日	工日	50.1	16.70	20.11	24.85
石膏	kg	3.23	—	—	—
滑石粉	kg	21.83	—	—	—
108 胶	kg	4.94	—	—	—
纤维素	kg	0.82	—	—	—
乳胶漆	kg	49.97	6.66	—	—

续表

内　容	单　位	抹灰乳胶漆		木材面防火漆（三遍成活）	金属面防火漆（三遍成活）
		三遍成活	每增刷一遍		
醋酸乙烯乳胶	kg	4.46	1.49	—	—
清油	kg	—	—	2.73	1.70
防火漆	kg	—	—	29.99	15.50
松香水	kg	—	—	4.40	3.90
防锈漆	kg	—	—	—	13.10
催干剂	kg	—	—	—	2.20

表 5-91　油漆木制天棚(过氯乙烯漆)　　单位:100m²

内　容	单　位	五遍成活	每增刷一遍		
			底漆	磁漆	清漆
综合工日	工日	65.78	10.13	10.59	10.13
过氯乙烯腻子	kg	38.84	—	—	—
过氯乙烯底漆	kg	16.24	16.24	—	—
过氯乙烯磁漆	kg	57.33	—	28.67	—
过氯乙烯清漆	kg	64.31	—	—	32.16
过氯乙烯熔剂	kg	20.57	5.42	7.57	7.58
砂蜡	kg	2.12	—	—	—
上光蜡	kg	0.70	—	—	—

注:若设计要求不上蜡,扣除上蜡材料和综合工日 12.5 个。

表 5-92　油漆墙面(抹灰面、乳胶漆)、天棚(乳胶漆、硝基漆)

单位:100m²

内　容	单　位	乳胶漆(抹灰面)墙面		硝基清刷天棚	
		三遍成活	每增刷一遍	五遍成活	每增刷一遍
综合工日	工日	41.28	10.71	162.41	32.48
石膏	kg	3.08	—	3.23	—
滑石粉	kg	20.79	—	21.83	—
大白粉	kg	2.15	—	—	—
纤维素	kg	0.81	—	0.82	—
漆片	kg	—	—	0.67	—
色粉	kg	—	—	4.45	—
108 胶	kg	11.60	—	4.94	—
酒精	kg	—	—	2.9	—

续表

内　　容	单　位	乳胶漆(抹灰面)墙面		硝基清刷天棚	
		三遍成活	每增刷一遍	五遍成活	每增刷一遍
松香水	kg	—	—	4.35	—
乳胶漆	kg	11.60	15.86	—	—
醋酸乙烯乳胶	kg	47.59	1.42	—	—
熟桐油	kg	4.25	—	—	—
硝基清漆	kg	—	—	114.06	22.81
硝基稀料	kg	—	—	227.67	45.53
砂蜡	kg	—	—	1.94	—
上光蜡	kg	—	—	0.65	—

表 5-93　油漆木地面(聚氨酯清漆、醇酸清漆)　　单位:$100m^2$

内　　容	单　位	聚氨酯清漆		醇酸清漆	
		五遍成活	每增刷一遍	四遍成活	每增刷一遍
综合工日	工日	82.50	19.25	100.33	23.33
石膏	kg	3.83	—	3.83	—
滑石粉	kg	17.49	—	17.49	—
熟桐油	kg	2.36	—	2.36	—
纤维素	kg	0.66	—	0.66	—
漆片	kg	1.37	—	—	—
色粉	kg	3.18	—	3.18	—
108 胶	kg	2.75	—	2.75	—
酒精	kg	7.15	—	7.15	—
松香水	kg	2.50	—	8.49	2.12
清油	kg	3.26	—	3.26	—
聚氨酯甲乙料	kg	151.20	29.08	—	—
聚氨酯稀料	kg	50.04	10.5	—	—
酚醛清漆	kg	—	—	0.75	0.14
醇酸清漆	kg	—	—	48.29	12.07
醇酸稀料	kg	—	—	8.10	2.03
地板蜡	kg	16.67	—	16.67	—

实例分析

◆例 5-22

已知××酒店装饰柱面木龙骨涂防火涂料，如图 5-50 所示，试计算其工程量。

解：　　　工程量$=0.4\times0.4\times2.8=0.448(m^2)$

◆**例 5-23**

已知一双层(一玻一纱)木窗,洞口尺寸为1000mm×1400mm,共10樘,设计为刷润油粉一遍,刮腻子,刷调和漆一遍,磁漆两遍,如图5-51所示,试计算木窗油漆工程量。

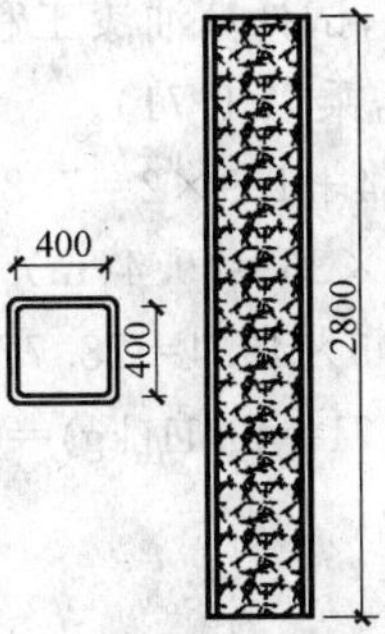

图5-50　装饰柱木龙骨大样图

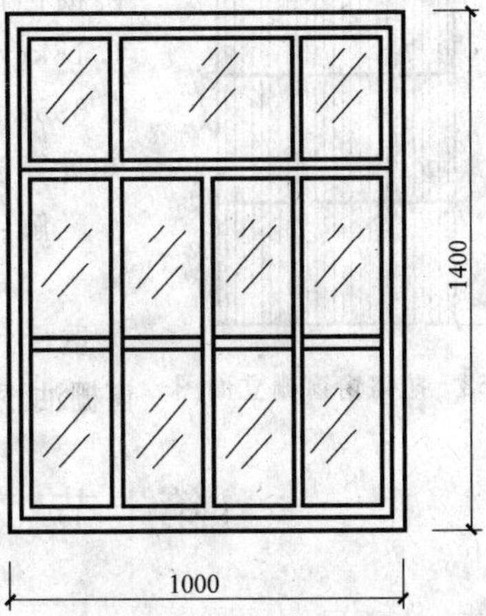

图5-51　一玻一纱双层木窗

解:执行木窗油漆定额,按单面洞口面积计算系数为1.36。

工程量$=1\times1.4\times10\times1.36=19.04(m^2)$

◆**例 5-24**

已知一办公楼会议室双开门节点图,如图5-52所示,门洞尺寸为宽1.2m、高2.1m,墙厚240mm,分别计算其门套、门贴脸、门扇、门线条的油漆工程量。

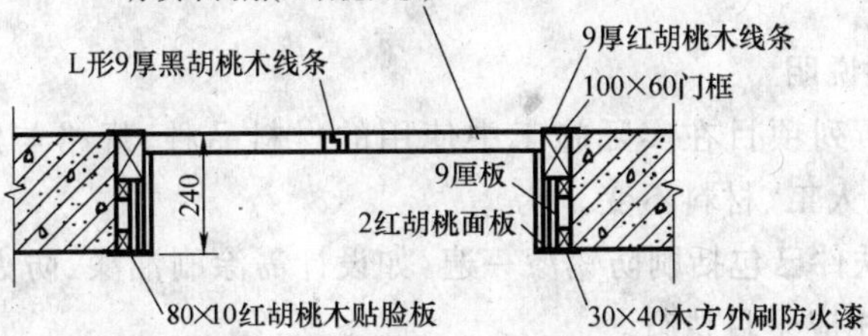

图5-52　会议室双开门节点图

解:　　门扇油漆工程量$=1.2\times2.1=2.52(m^2)$

门套油漆工程量$=0.24\times(1.2+2.1\times2)=1.30(m^2)$

门贴脸油漆工程量$=(1.2+2.1\times2)\times2\times0.35$

$=3.78(m^2)$

胡桃木线条油漆工程量＝[(1.2＋2.1×2)＋2.1×2]×0.35＝3.36(m)

◆**例 5-25**

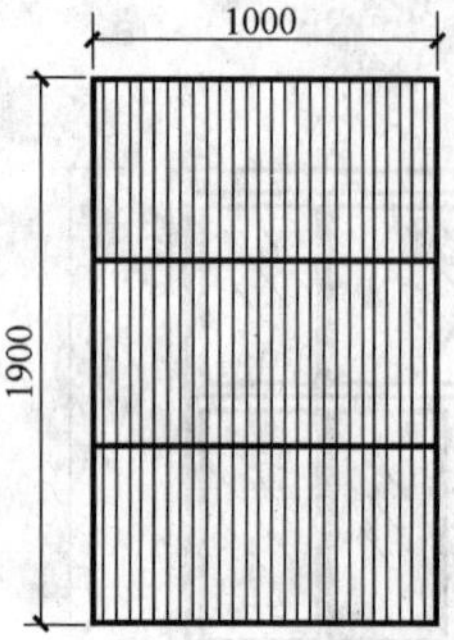

图 5-53　防盗窗窗栅立面图

××仓库窗扇装有防盗钢窗栅，四周外框及两横档位 30mm×30mm×2.5mm 角钢，30 角钢 1.18kg/m，中间为 26 根 ϕ8 钢筋，ϕ8 钢筋 0.395kg/m，如图5-53所示，试计算油漆工程量(已知计算窗栅的工程量时，需乘以 1.71)。

解：30 角钢长度＝1×4＋1.9×2＝7.8(m)

ϕ8 钢筋长度＝1.9×26＝49.4(m)

重量＝1.18×7.8＋0.395×49.4＝28.72(kg)

窗栅油漆工程量＝28.72×1.71＝49.11(kg)＝0.049(t)

第七节　其 他 工 程

要点

其他工程包括与建筑装饰工程相关的招牌、美术字、装饰条、墙地面装饰基层防水处理、成品保护、室内零星装饰和橱、柜、货架类。其他工程定额共有 127 个子目，其中 26 个为参考定额子目(橱柜、货架等)。

通过本节学习，读者应侧重掌握其他工程定额工程量计算方法及其在实际中的应用。

解释

◆**其他工程定额说明**

1）定额中所列项目在实际施工中使用的材料品种、规格与定额取定不同时，可以换算，但人工、材料不变。

2）定额中铁件已包括刷防锈漆一遍，如设计需涂刷油漆、防火涂料按油漆、涂料、裱糊工程相应子目执行。

3）招牌基层。

① 平面招牌是指安装在门前的墙面上；箱式招牌、竖式招牌是指六面体固定在墙面上；沿雨篷、檐口、阳台走向的立式招牌，按平面招牌复杂项目执行；

② 一般招牌和矩形招牌是指正立面平整无凸面；复杂招牌和异形招牌是指正立面有凹凸造型；

③ 招牌的灯饰均不包括在定额内。

4）美术字安装。

① 美术字均以成品安装固定为准；

② 美术字不分字体均执行定额。

5）装饰线条。

① 木装饰线、石膏装饰线均以成品安装为准；

② 石材装饰线条均以成品安装为准。石材装饰线条磨边、磨圆角均包括在成品的单价中，不再另计。

6）石材磨边、磨斜边、磨半圆边及台面开孔子目均为现场磨制。

7）装饰线条以墙面上直线安装为准，如天棚安装直线形、圆弧形或其他图案者，按以下规定计算：

① 天棚面安装直线装饰线条，人工乘以 1.34 系数；

② 天棚面安装圆弧装饰线条，人工乘 1.6 系数，材料乘 1.1 系数；

③ 墙面安装圆弧装饰线条，人工乘 1.2 系数，材料乘 1.1 系数；

④ 装饰线条做艺术图案者，人工乘以 1.8 系数，材料乘以 1.1 系数。

8）暖气罩挂板式是指钩挂在暖气片上；平墙式是指凹入墙内，明式是指突出墙面；半凹半凸式按明式定额子目执行。

9）货架、柜类定额中未考虑面板拼花及饰面板上贴其他材料的花饰、造型艺术品。

◆其他工程定额工程量计算规则

1）招牌、灯箱。

① 平面招牌基层按正立面面积计算，复杂性的凹凸造型部分亦不增减；

② 沿雨篷、檐口或阳台走向的立式招牌基层，按平面招牌复杂项目执行时，应按展开面积计算；

③ 箱体招牌和竖式标箱的基层，按外围体积计算。突出箱外的灯饰、店徽及其他艺术装潢等均另行计算；

④ 灯箱的面层按展开面积以“m^2”计算；

⑤ 广告牌钢骨架以“t”计算。

2）美术字安装按字的最大外围矩形面积以“个”计算。

3）压条、装饰线条均按“延长米”计算。

4）暖气罩（包括脚的高度在内）按边框外围尺寸垂直投影面积计算。

5）镜面玻璃安装、盥洗室木镜箱以正立面面积计算。

6）塑料镜箱、毛巾环、肥皂盒、金属帘子杆、浴缸拉手、毛巾杆安装以“只”或“副”计算。不锈钢旗杆以“延长米”计算。大理石洗漱台以台面投影面积计算（不扣除空洞面积）。

7）货架、柜橱类均以正立面的高（包括脚的高度在内）乘以宽以“m^2”计算。

8）收银台、试衣间等以“个”计算，其他以“延长米”为单位计算。

9）拆除工程量按拆除面积或长度计算，执行相应子目。

相关知识

◆其他工程造价与定额名词解释

表 5-94　其他工程造价与定额名词解释

序号	名　称	解　　释
1	招牌、灯箱一般形式	是指矩形或表面平整无凹凸造型的情况
2	招牌、灯箱复杂形式	是指异形或表面有凹凸造型的情况
3	门窗贴脸	用于门窗套外侧，门窗正面的装饰板称门窗贴脸，有时用板条装饰
4	筒子板	是木质门窗套，用于高级房间门窗侧边
5	装饰线和美术字的基层类型	是指装饰线、美术字依托体的材料，例如砖墙、混凝土墙等
6	镜面玻璃和灯箱的基层材料	是指玻璃背后的衬垫材料，例如胶合板、油毡等
7	暖气罩	是遮挡室内暖气片或暖气管的一种装饰物。按安装方式不同可分为挂板式、明式和平墙式 挂板式是暖气罩的遮挡面板用连接件挂在预留的挂钩或支撑件上的形式，如图 5-54(a)所示 明式是指暖气罩突出墙面，暖气片上面左右面和正面均需由暖气罩遮挡的形式，如图 5-54(b)所示 平墙式是指暖气片置于专门设置的壁龛内，暖气罩挂在暖气片正面，其表面与墙面基本平齐的形式，如图 5-54(c)所示 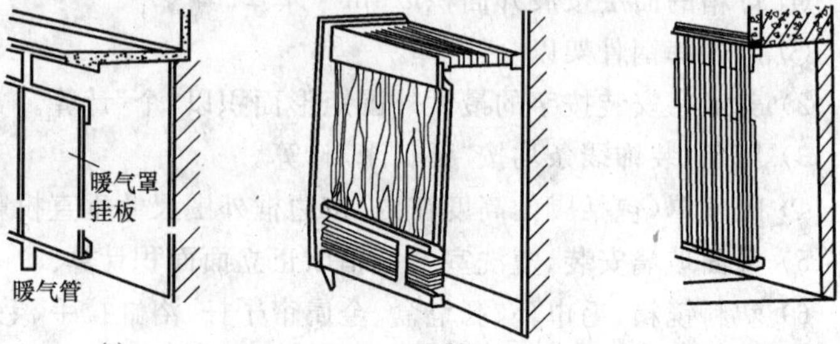 (a)　(b)　(c) 图 5-54　暖气罩形式示意图 (a)挂板式；(b)明式；(c)平墙式

◆其他工程工料消耗参考指标

表 5-95　金属装饰条　　单位:m

名称		单位	压条	角线	槽线	铜嵌条
						2×15
人工	综合人工	工日	0.0199	0.0357	0.0357	0.0580
材料	自攻螺丝	个	4.0800	4.1820	4.1820	—
	金属压条 10mm×2.5mm	m	1.0300	—	—	—
	金属角线 30mm×30mm×1.5mm	m	—	1.0300	—	—
	金属槽线 50.8mm×12.7mm×1.2mm	m	—	—	1.0300	—
	铜条 15mm×2mm	m	—	—	—	1.0300
	202 胶 FSC-2	kg	0.0015	0.0088	0.0088	0.0006

表 5-96　木质装饰线条　　单位:m

名称		单位	宽度(mm)			
			15 以内	25 以内	50 以内	80 以内
人工	综合人工	工日	0.0239	0.0239	0.0299	0.0329
材料	木质装饰线 19mm×6mm	m	—	1.0500	—	—
	木质装饰线 13mm×6mm	m	1.0500	—	—	—
	木质装饰线 50mm×20mm	m	—	—	1.0500	—
	木质装饰线 80mm×20mm	m	—	—	—	1.0500
	铁钉(圆钉)	kg	0.0053	0.0053	0.0070	0.0070
	锯材	m^3	—	—	0.0001	0.0001
	202 胶 FSC-2	kg	0.0019	0.028	0.0076	0.0118
名称		单位	宽度(mm)			
			100 以内	150 以内	200 以内	200 以外
人工	综合人工	工日	0.0359	0.0419	0.0478	0.0539
材料	木质装饰线 100mm×12mm	m	1.0500	—	—	—
	木质装饰线 150mm×15mm	m	—	1.0500	—	—
	木质装饰线 200mm×15mm	m	—	—	1.0500	—
	木质装饰线 250mm×20mm	m	—	—	—	1.0500
	铁钉(圆钉)	kg	0.0161	0.0161	0.0161	0.0161
	锯材	m^3	0.0001	0.0001	0.0001	0.0001
	202 胶 FSC-2	kg	0.0147	0.0221	0.0294	0.0368

表 5-97　暖气罩　　单位:m^2

名称		单位	柚木板	塑面板	胶合板	
			挂板式		平墙式	明式
人工	综合人工	工日	0.5712	0.4510	0.5917	0.6238
材料	铝合金压条	m	8.1185	8.1185	—	—
	塑面板	m^2	—	1.1760	—	—
	膨胀螺栓	套	12.5460	12.5460	—	6.5790
	木螺钉	个	—	—	13.1621	13.1621

续表

名称		单位	柚木板	塑面板	胶合板	
			挂板式		平墙式	明式
人工	综合人工	工日	0.5712	0.4510	0.5917	0.6238
材料	门轧头	副	—	—	1.6320	1.6320
	电焊条	kg	0.1326	0.1326	—	—
	杉木锯材	m^2	—	—	0.0204	0.0204
	柚木企口板	m^2	0.0244	—	—	—
	胶合板 5mm	m^2	—	—	0.5335	0.7029
	角钢 40mm×3mm	kg	3.8181	3.8181	—	—
	钢筋	kg	1.1596	1.1596	—	—
	扁钢	kg	—	—	0.3026	0.3026
	铝板网	m^2	—	—	0.2710	0.2710
	镀锌钢管	kg	—	—	0.7130	0.7130
	调和漆	kg	0.4200	0.4200	—	—
	防锈漆	kg	0.4200	0.4200	—	—
	202 胶 FSC-2	kg	0.0641	0.0735	—	—

表 5-98 柜台 单位:m

名称		单位	宝笼 1	宝笼 2	宝笼 3
人工	综合人工	工日	1.5700	1.7100	1.7100
材料	夹轮	个	4.0800	4.5337	8.1600
	强力磁碰	个	—	1.0200	—
	枫木线条 10mm×20mm	m	—	3.8634	—
	枫木线条 20mm×20mm	m	2.1200	3.1802	—
	三角枫木线 50mm×50mm	m	1.0600	—	—
	防火板	m^2	1.4300	—	2.1010
	平板玻璃 8mm	m^2	—	—	0.5445
	镜面玻璃 5mm	m^2	0.7623	0.3267	0.3449
	车边玻璃 8mm	m^2	2.0034	0.8827	0.5665
	螺钉	个	19.8900	23.8000	—
	射钉(枪钉)	盒	0.4875	0.3175	0.4794
	铁钉(圆钉)	kg	0.2020	0.1836	0.2020
	折叶 50mm	块	—	4.0800	—
	铜拉手	个	—	2.0400	—
	AA 柱	m	0.9540	—	—
	山字槽	m	2.1200	2.1202	5.6280
	丝绒面料	m^2	—	0.7408	—
	羊角架 300mm	个	3.0600	—	3.0600
	枫木方 30mm×40mm	m	1.4175	2.7419	2.4675
	白枫木饰面板	m^2	—	2.2870	—
	胶合板 5mm	m^2	—	0.7758	0.5565
	胶合板 15mm	m^2	2.1263	3.7700	2.9978
	聚醋酸乙烯乳液	kg	—	1.0296	—
	玻璃胶 350g	支	0.6901	0.4250	1.1340
	立时得胶	kg	0.6568	—	0.9030
	白色有机灯片	m^2	—	—	0.2550

表 5-99　货架　　　　单位：m^2

名　　称		单位	货架 1	货架 2	货架 3
人工	综合人工	工日	1.5100	1.5100	1.5200
材料	夹轮	个	2.2667	2.0400	—
	防火胶板	m^2	1.1043	1.2238	—
	枫木线条 10mm×10mm	m	2.3556	1.0600	—
	枫木线条 10mm×20mm	m	—	0.5300	—
	枫木线条 10mm×50mm	m	—	—	3.2489
	镜面玻璃 5mm	m^2	0.6045	0.6655	—
	车边玻璃 8mm	m^2	0.3433	0.4120	—
	螺钉	个	11.3300	11.2200	6.6300
	射钉(枪钉)	盒	0.1730	0.2315	0.5409
	铁钉(圆钉)	kg	0.2244	0.2244	0.2244
	折叶 40mm	块	—	—	1.6850
	木拉手	个	—	—	0.8293
	AA 柱	m	1.0836	1.1660	—
	山字槽	m	1.1778	0.2120	—
	羊角架 300mm	个	2.2667	—	—
	羊角架 400mm	个	—	2.0400	—
	杉木锯材	m^3	—	0.0119	0.0191
	白枫木饰面板	m^2	—	—	3.9174
	胶合板 5mm	m^2	0.3063	1.6931	4.3250
	胶合板 9mm	m^2	1.2718	—	—
	胶合板 15mm	m^2	1.1448	1.5225	—
	聚醋酸乙烯乳液	kg	—	—	1.7540
	玻璃胶 350g	支	0.3167	0.2850	—
	立时得胶	kg	0.4743	0.5257	—
	白色有机灯片	m^2	—	0.0683	—
	灯格片	m^2	—	0.1575	—
名　　称		单位	货架 4	货架 5	货架 6
人工	综合人工	工日	1.5100	1.6600	1.5100
材料	强力磁碰	个	0.2040	—	—
	枫木线条 10mm×20mm	m	—	—	0.5003
	枫木线条 10mm×30mm	m	—	—	3.1927
	车边玻璃 8mm	m^2	—	0.4120	—
	木螺丝	个	8.9800	8.1600	5.4100
	射钉(枪钉)	盒	0.3410	0.2002	0.7813
	铁钉(圆钉)	kg	0.2244	0.2244	0.2244
	折叶 40mm	块	1.6320	2.0400	1.3382
	不锈钢挑衣架	个	1.2240	—	—
	木拉手	个	0.8160	0.4080	0.6691
	AA 柱	m	0.6360	—	—
	松木锯材	m^3	—	—	18.6102
	白枫木饰面板	m^2	2.5740	1.3068	3.7477

续表

名称		单位	货架 4	货架 5	货架 6
人工	综合人工	工日	1.5100	1.6600	1.5100
材料	胶合板 5mm	m^2	—	—	5.5062
	胶合板 9mm	m^2	1.4784	—	0.1239
	胶合板 15mm	m^2	—	3.4167	—
	不锈钢方管 45mm×25mm	m	1.2240	—	—
	聚醋酸乙烯乳液	kg	1.1057	0.5613	2.1311
	玻璃胶 350g	支	—	0.6000	—
	白色有机灯片	m^2	0.2100	0.1365	—

实例分析

◆例 5-26

已知××卫生间,如图 5-55 所示,试计算其镜面不锈钢装饰线、石材装饰线、镜面玻璃的工程量。

解:镜面不锈钢装饰线工程量=2×(1+2×0.04+1.3)=4.76(m)

石材装饰线工程量=3-(1+0.04×2)=1.92(m)

镜面玻璃工程量=1×1.3=1.3(m^2)

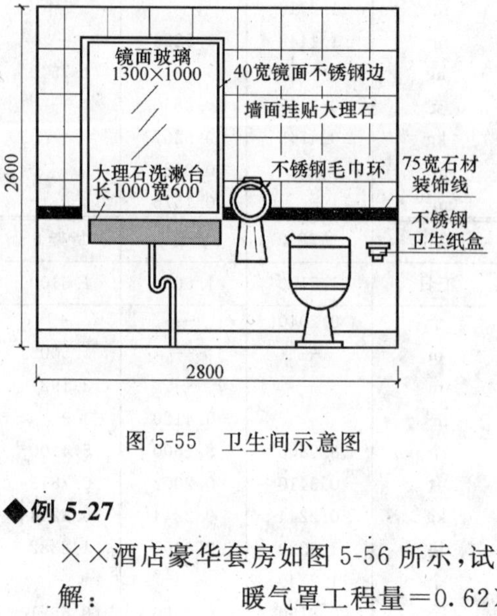

图 5-55 卫生间示意图

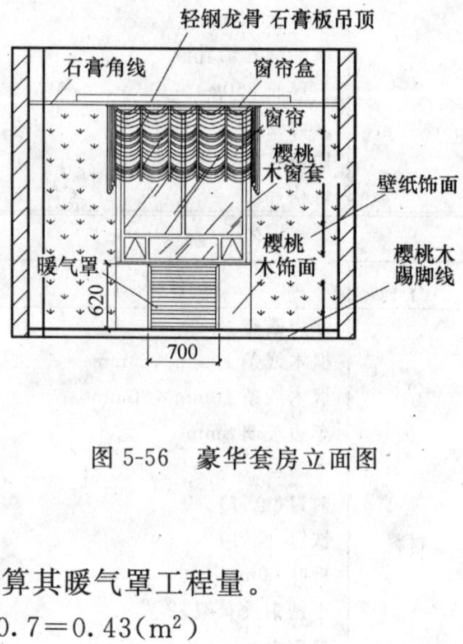

图 5-56 豪华套房立面图

◆例 5-27

××酒店豪华套房如图 5-56 所示,试计算其暖气罩工程量。

解: 暖气罩工程量=0.62×0.7=0.43(m^2)

◆例 5-28

××酒店卫生间立面图如图 5-57 所示,试计算其银镜工程量。

解: 工程量=0.7×1.6=1.12(m^2)

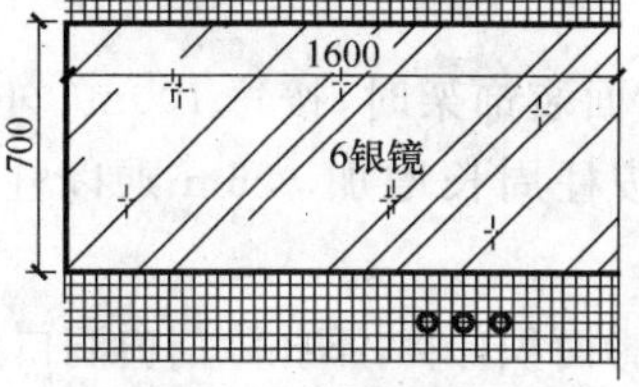

图 5-57　卫生间墙面银镜正立面图

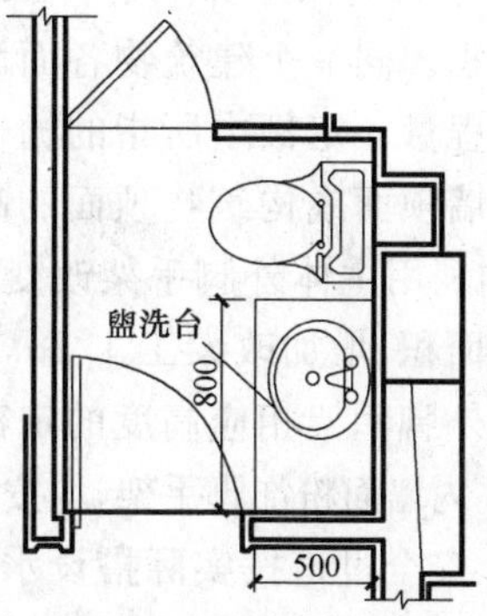

图 5-58　卫生间平面图

◆例 5-29

××酒店卫生间平面图如图 5-58 所示，试计算其盥洗台的工程量。

解：　　　　　　　　工程量＝0.5×0.8＝0.4(m^2)

第八节　装饰脚手架及项目成品保护费

要点

本节主要介绍装饰脚手架及项目成品保护费定额说明及装饰脚手架及项目成品保护费工程量计算规则。

解释

◆装饰脚手架及项目成品保护费定额说明

1）装饰脚手架包含满堂脚手架、外脚手架、内墙面粉饰脚手架，安全过道、封闭式安全笆、斜挑式安全笆、满挂安全网。吊篮架由各省、市根据当地具体情况编制。

2）项目成品保护费包括楼地面、楼梯、台阶、独立柱、内墙面饰面面层。

◆装饰脚手架及项目成品保护费工程量计算规则

1）装饰脚手架。

① 满堂脚手架，按实际搭设的水平投影面积，不扣除附墙柱、柱所占面积，其基本层高以 3.6～5.2m 为准。凡超过 3.6m 且在 5.2m 以内的天棚抹灰及装饰，应计算满堂脚手架基本层；层高超过 5.2m，每增加 1.2m 计算一个增加层，增加层的层数＝(层高－5.2m)/1.2m，按四舍五入取整数。室内凡计算满堂脚手架的，其内墙面粉饰不再计算粉饰架，只按每 100m^2 墙面垂直投影面积增加改架工 1.28 工日；

② 装饰外脚手架,按外墙的外边线长乘以墙高以"m^2"计算,不扣除门窗洞口的面积。同一个建筑物各面墙的高度不同,且不在同一定额布距内时,应分别计算工程量。定额中所指的檐口高度 5～45m 以内,是指建筑物自设计室外地坪至外墙顶面或构筑物顶面的高度;

③ 利用主体外脚手架改变其步高做外墙面装饰架时,按每 $100m^2$ 外墙面垂直投影面积,增加改架工 1.28 工日;独立柱按柱周长增加 3.6m 乘以柱高并套用装饰外脚手架相应高度的定额;

④ 内墙面粉饰脚手架,均按内墙面垂直投影面积计算,不扣除门窗洞口的面积;

⑤ 安全过道按实际搭设水平的投影面积(架宽×架长)计算;

⑥ 封闭式安全笆按实际封闭的垂直投影面积计算。实际用封闭材料与定额不符时,不作调整;

⑦ 斜挑式安全笆按实际搭设的(长×宽)斜面面积计算;

⑧ 满挂安全网按实际满挂的垂直投影面积计算。

2)项目成品保护工程量计算规则按各章节相应子目规则执行。

相关知识

◆相关项目的解释

1. 安全过道脚手架

安全过道脚手架是沿水平方向在一定高度搭设的脚手架,上面满铺脚手板,下面可为人行通道、车辆通道等通道。

2. 斜挑式安全笆

斜挑式安全笆是指从建筑物内部挑伸出的一种脚手架,称为挑脚手架,常用于外墙面的局部装修,如腰线、花饰等装修。挑脚手架:由挑梁(或挑架)和多立杆式外脚手架组成。

3. 安全网

安全网是建筑工人在高空进行建筑施工、设备安装时,在其下或其上设置的防止操作人员受伤或材料掉落伤人的棕绳网或尼龙网。

实例分析

◆例 5-30

××酒店包房平面图如图 5-59 所示,该包房天棚做吊顶,室内净高 3.9m,试计算其满堂脚手架工程量。

解: 工程量$=3\times5.3=15.9(m^2)$

◆例 5-31

××办公楼一层墙面图如图 5-60 所示,其石材装饰墙面净长为 28m,试计算

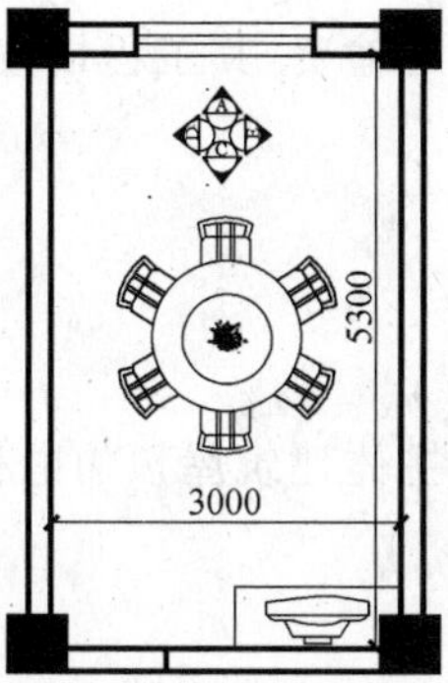

图 5-59　包房平面图

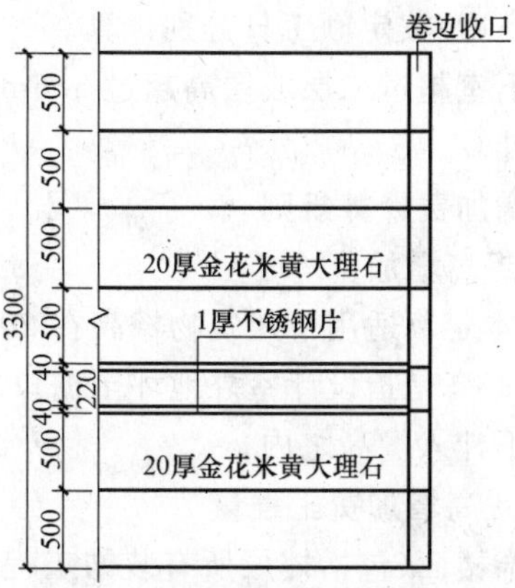

图 5-60　办公楼外立面装饰图

其内墙装饰脚手架工程量。

解：　　　　　　　　工程量 $=28\times3.3=92.4(m^2)$

第九节　垂直运输及超高增加费

要点

本节主要介绍垂直运输及超高增加费的计算规则。

解释

◆垂直运输工程量计算规则

1. 垂直运输费

1）本定额不包括特大型机械进出场及安拆费。垂直运输费定额按多层建筑物和单层建筑物划分。多层建筑物又根据建筑物檐高和垂直运输高度细分为 21 个定额子目。单层建筑物按建筑物檐高分 2 个定额子目。

2）垂直运输高度：设计室外地坪以上部分是指室外地坪至相应地（楼）面的高度。设计室外地坪以下部分指室外地坪至相应地（楼）面的高度。

3）单层建筑物檐高高度在 3.6m 以内时，不计算其垂直运输机械费。

4）带一层地下室的建筑物，若地下室垂直运输高度小于 3.6m，则地下室不计算垂直运输机械费。

5）再次装饰利用电梯进行垂直运输或通过楼梯人力进行垂直运输的按实际计算。

2. 垂直运输工程量

装饰楼层（包括楼层所有装饰工程量）区别不同垂直运输高度（单层建筑物

系檐口高度)按定额工日分别计算。

地下室超过二层或层高超过 3.6m 时,计取垂直运输费,其工程量按地下室全面积计算。

◆超高增加费计算规则

1. 超高增加费

1) 本定额适用于建筑物檐高在 20m 以上的工程;

2) 檐高是指设计室外地坪至檐口的高度。突出主体建筑屋顶的电梯间、水箱间等不计入檐高之内。

2. 超高增加费工程量

装饰楼面(包括楼层所有装饰工程量)区别不同的垂直运输高度(单层建筑物是檐口高度)以人工费与机械费之和按百元为计量单位分别计算。

相关知识

◆相关项目的解释

建筑物超高:是指建筑物的设计檐口高度超过定额规定的极限高度(檐高 20m 以上),并且檐口高度在 20m 以上的单层或多层建筑物均可计算超高增加费。

檐高:是指设计室外地坪至檐口的高度。突出主体建筑屋顶的电梯间、水箱间等不计入檐高之内。

实例分析

◆例 5-32

如图 5-61 所示一单层建筑物,其檐高 20.3m,该建筑物所有装饰装修人工费之和为 3059 元,机械费为 675 元,计算其超高增加费。

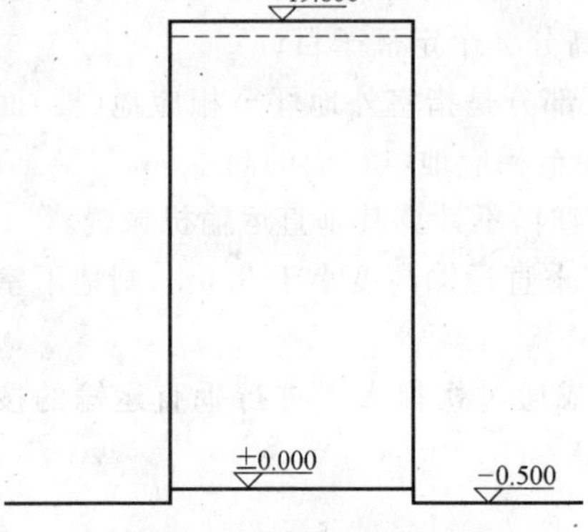

图 5-61 单层建筑物檐高

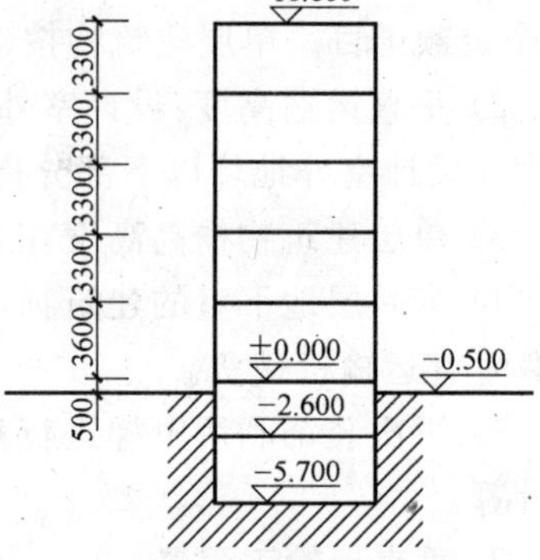

图 5-62 室外地坪以上部分示意图

解：该单层建筑物檐高 20.3m 在 30m 以内，因此套用装饰定额 8-029，因为建筑物超高增加费工程量是以人工费和机械费之和以 100 元为计算单位，所以此建筑物超高增加费工程量为：

(3059＋675)÷100＝37.34(百元)

此建筑物超高增加费见表 5-100。

表 5-100　单层建筑物超高增加费　　单位：100 元

名　称	定额含量	工程量	超高增加费
人工、机械降效系数(%)	3.12	37.34	116.50

◆例 5-33

如图 5-62 所示，某建筑物带二层地下室，室外地坪以上部分楼层装饰装修工程量总工日为 5000 工日，以下部分地下层的装饰装修全面积工日总数为 800 工日，计算该建筑物地下室垂直运输费。

解：建筑物设计室外地坪以上部分的垂直运输高度为：3.6＋3.3×4＋0.5＝17.3(m)

运输费工程量：50 百工日

套用装饰定额：8-001

该建筑物垂直运输费见表 5-101。

表 5-101　建筑物垂直运输费　　单位：100 元

名　称		单　位	定额含量	工程量	垂直运输费
机械	卷扬机、单筒慢速 5t	台班	2.92	50	146

建筑物设计室外地坪以下部分的垂直运输高度为：5.7－0.5＝5.2(m)

运输费工程量：8.0 百工日

套用装饰定额：8－001

该建筑物地下室垂直运输费见表 5-102。

表 5-102　建筑物地下室垂直运输费　　单位：100 元

名　称		单　位	定额含量	工程量	垂直运输费
机械	卷扬机、单筒慢速 5t	台班	2.92	8.0	23.36

第六章　装饰装修工程清单工程量计算

第一节　楼地面工程

要点

本节主要介绍楼地面工程的清单工程量计算有关问题说明及楼地面工程清单工程量计算规则，读者应侧重掌握楼地面工程清单工程量计算规则在实际中的应用。

解释

◆清单工程量计算有关问题说明

1. 楼地面工程工程量清单项目的划分与编码

(1) 清单项目的划分

楼地面工程按施工工艺、材料及部位可分为整体面层、块料面层、橡塑面层、其他材料面层、踢脚线、楼梯装饰、扶手、栏杆、栏板装饰、台阶装饰、零星装饰项目。其适用于楼地面、楼梯、台阶等装饰工程。

各项目所包含的清单项目如下：

1) 整体面层(包括水泥砂浆、现浇水磨石、细石混凝土、菱苦土楼地面)。

2) 块料面层(包括石材、块料楼地面)。

3) 橡塑面层(包括橡胶板、橡胶卷材、塑料板、塑料卷材楼地面)。

4) 其他材料面层(包括楼地面地毯，竹木、防静电活动地板及金属复合地板)。

5) 踢脚线(包括水泥砂浆、石材、块料、现浇水磨石、塑料板、木质、金属、防静电踢脚线)。

6) 楼梯装饰(包括石材、块料、水泥砂浆、现浇水磨石、地毯、木板楼梯面层)。

7) 扶手、栏杆、栏板装饰(包括金属、硬木、塑料扶手带栏杆栏板，及金属、硬木、塑料靠墙扶手)。

8) 台阶装饰(包括石材、块料、水泥砂浆、现浇水磨石、斩假石台阶面)。

9) 零星装饰项目(石材、碎拼石材、块料、水泥砂浆零星项目)。

(2) 清单项目的编码

一级编码为02清单计价规范(附录B)；二级编码01(清单计价规范第一章，

楼地面工程);三级编码01～09(从整体面层至零星装饰项目);四级编码从001开始,根据各项目所包含的清单项目不同,第三位数字依次递增;五级编码从001开始,依次递增,如:同一个工程中的块料面层,不同房间其规格、品牌等不同,因而其价格不同,其编码从第五级编码区分。

2. 清单工程量计算有关问题说明

(1) 有关项目列项问题说明

1) 零星装饰适用于小面积(0.5m^2 以内) 少量分散的楼地面装饰,其工程部位或名称应该在清单项目中进行描述。

2) 楼梯、台阶侧面装饰,可按零星装饰项目编码列项,并在清单项目中进行描述。

3) 扶手、栏杆、栏板适用于楼梯、阳台、走廊、回廊及其他装饰性扶手栏杆、栏板。

(2) 有关项目特征说明

1) 楼地面是指构成的基层(楼板、夯实土基)、垫层(承受地面荷载并均匀传递给基层的构造层)、填充层(在建筑楼地面上起隔声、保温、找坡或敷设暗管、暗线等作用的构造层)、隔离层(起防水、防潮作用的构造层)、找平层(在垫层、楼板上或填充层上起找平、找坡或加强作用的构造层)、结合层(面层与下层相结合的中间层)、面层(直接承受各种荷载作用的表面层) 等。

2) 垫层是指混凝土垫层、砂石人工级配垫层、天然级配砂石垫层、灰土垫层、碎石垫层、碎砖垫层、三合土垫层、炉渣垫层等。

3) 找平层是指水泥砂浆找平层,有比较特殊要求的可选用细石混凝土、沥青砂浆、沥青混凝土等材料铺设找平层。

4) 隔离层是指卷材、防水砂浆、沥青砂浆或防水涂料等材料的构造层。

5) 填充层是用轻质的松散(炉渣、膨胀蛭石、膨胀珍珠岩等) 或块体材料(加气混凝土、泡沫混凝土、泡沫塑料、矿棉、膨胀珍珠岩、膨胀蛭石块和板材等)以及整体材料(沥青膨胀珍珠岩、沥青膨胀蛭石、水泥膨胀珍珠岩、膨胀蛭石等)铺设而成。

6) 面层是指整体面层(水泥砂浆、现浇水磨石、细石混凝土、菱苦土等)、块料面层(石材,陶瓷地砖,橡胶、塑料、竹、木地板) 等。

7) 面层中其他材料:

① 防护材料是耐酸、耐碱、耐臭氧、耐老化、防火、防油渗等材料;

② 嵌条材料适用于水磨石的分格、做图案等。例如:玻璃嵌条、铜嵌条、铝合金嵌条、不锈钢嵌条等;

③ 压线条是用地毯、橡胶板、橡胶卷材铺设而成。例如:铝合金、不锈钢、铜压线条等;

④ 颜料适用于水磨石地面、踢脚线、楼梯、台阶和块料面层勾缝所需配制的石子浆或砂浆内加添的材料(耐碱的矿物颜料);

⑤ 防滑条适用于楼梯、台阶踏步的防滑设施,例如:水泥玻璃屑、水泥钢屑、铜、铁防滑条等;

⑥ 地毯固定配件适用于固定地毯的压棍脚和压棍;

⑦ 扶手固定配件适用于楼梯、台阶的栏杆柱、栏杆、栏板与扶手相连接的固定件,靠墙扶手与墙相连接的固定件;

⑧ 酸洗、打蜡、磨光、磨石、菱苦土、陶瓷块料等,均可用酸洗(草酸)清洗油渍、污渍,然后打蜡(蜡脂、松香水、鱼油、煤油等按设计要求配合)和磨光。

(3) 工程量计算规则的说明

1)"不扣除间壁墙和面积在 0.3m^2 以内的柱、垛、附墙烟囱及孔洞所占面积",与《全国统一建设工程基础定额》不同。

2) 单跑楼梯不论其中间是否有休息平台,其工程量与双跑楼梯计算相同。

3) 台阶面层与平台面层是同一种材料时,平台计算面层后,台阶不再计算最上一层踏步面积;如台阶计算最上一层踏步(加 30cm),平台面层中必须扣除该面积。

4) 包括垫层的地面和不包括垫层的楼面应分别计算其工程量,分别编码(第五级编码)列项。

(4) 有关工程内容说明

1) 有填充层和隔离层的楼地面通常有两层找平层,应注意报价。

2) 当台阶面层与找平层材料相同而最后一步台阶投影面积不计算时,应将最后一步台阶的踢脚板面层考虑在报价中。

◆**楼地面工程清单工程量计算规则**

1. 整体面层

工程量清单项目设置及工程量计算规则,应按表 6-1 的规定执行。

表 6-1　整体面层(编码:020101)

项目编码	项目名称	项目特征	计量单位	工程量计算规则	工程内容
020101001	水泥砂浆楼地面	1. 垫层材料种类、厚度 2. 找平层厚度、砂浆配合比 3. 防水层厚度、材料种类 4. 面层厚度、砂浆配合比	m^2	按设计图示尺寸以面积计算。扣除突出地面构筑物、设备基础、室内铁道、地沟等所占面积,不扣除间壁墙和 0.3m^2 以内的柱、垛、附墙烟囱及孔洞所占面积。门洞、空圈、暖气包槽、壁龛的开口部分不增加面积	1. 基层清理 2. 垫层铺设 3. 抹找平层 4. 防水层铺设 5. 抹面层 6. 材料运输

续表

项目编码	项目名称	项目特征	计量单位	工程量计算规则	工程内容
020101002	现浇水磨石楼地面	1. 垫层材料种类、厚度 2. 找平层厚度、砂浆配合比 3. 防水层厚度、材料种类 4. 面层厚度、水泥石子浆配合比 5. 嵌条材料种类、规格 6. 石子种类、规格、颜色 7. 颜料种类、颜色 8. 图案要求 9. 磨光、酸洗、打蜡要求			1. 基层清理 2. 垫层铺设 3. 抹找平层 4. 防水层铺设 5. 面层铺设 6. 嵌缝条安装 7. 磨光、酸洗、打蜡 8. 材料运输
020101003	细石混凝土楼地面	1. 垫层材料种类、厚度 2. 找平层厚度、砂浆配合比 3. 防不层厚度、材料种类 4. 面层厚度、混凝土强度等级	m^2	按设计图示尺寸以面积计算。扣除突出地面构筑物、设备基础、室内铁道、地沟等所占面积，不扣除间壁墙和 $0.3m^2$ 以内的柱、垛、附墙烟囱及孔洞所占面积。门洞、空圈、暖气包槽、壁龛的开口部分不增加面积	1. 基层清理 2. 垫层铺设 3. 抹找平层 4. 防水层铺设 5. 面层铺设 6. 材料运输
020101004	菱苦土楼地面	1. 垫层材料种类、厚度 2. 找平层厚度、砂浆配合比 3. 防水层厚度、材料种类 4. 面层厚度 5. 打蜡要求			1. 清理基层 2. 垫层铺设 3. 抹找平层 4. 防水层铺设 5. 面层铺设 6. 打蜡 7. 材料运输

2. 块料面层

工程量清单项目设置及工程量计算规则，应按表 6-2 的规定执行。

表 6-2　块料面层(编码:020102)

项目编码	项目名称	项目特征	计量单位	工程量计算规则	工程内容
020102001	石材楼地面	1. 垫层材料种类、厚度 2. 找平层厚度、砂浆配合比 3. 防水层、材料种类 4. 填充材料种类 5. 结合层厚度、砂浆配合比 6. 面层材料品种、规格、品牌、颜色 7. 嵌缝材料种类 8. 防护层材料种类 9. 酸洗、打蜡要求	m^2	按设计图示尺寸以面积计算。扣除突出地面构筑物、设备基础、室内铁道、地沟等所占面积，不扣除间壁墙和 $0.3m^2$ 以内的柱、垛、附墙烟囱及孔洞所占面积。门洞、空圈、暖气包槽、壁龛的开口部分不增加面积	1. 基层清理、铺设垫层、抹找平层 2. 防水层铺设、填充层铺设 3. 面层铺设 4. 嵌缝 5. 刷防护材料 6. 酸洗、打蜡 7. 材料运输
020102002	块料楼地面				

3. 橡塑面层

工程量清单项目设置及工程量计算规则,应按表6-3的规定执行。

表6-3 橡塑面层(编码:020103)

项目编码	项目名称	项目特征	计量单位	工程量计算规则	工程内容
020103001	橡胶板楼地面	1. 找平层厚度、砂浆配合比 2. 填充材料种类、厚度 3. 黏结层厚度、材料种类 4. 面层材料品种、规格、品牌、颜色 5. 压线条种类	m^2	按设计图示尺寸以面积计算。门洞、空圈、暖气包槽、壁龛的开口部分并入相应的工程量内	1. 基层清理、抹找平层 2. 铺设填充层 3. 面层铺贴 4. 压缝条装钉 5. 材料运输
020103002	橡胶卷材楼地面				
020103003	塑料板楼地面				
020103004	塑料卷材楼地面				

4. 其他材料面层

工程量清单项目设置及工程量计算规则,应按表6-4的规定执行。

表6-4 其他材料面层(编码:020104)

项目编码	项目名称	项目特征	计量单位	工程量计算规则	工程内容
020104001	楼地面地毯	1. 找平层厚度、砂浆配合比 2. 填充材料种类、厚度 3. 面层材料品种、规格、品牌、颜色 4. 防护材料种类 5. 黏结材料种类 6. 压线条种类	m^2	按设计图示尺寸以面积计算。门洞、空圈、暖气包槽、壁龛的开口部分并入相应的工程量内	1. 基层清理、抹找平层 2. 铺设填充层 3. 铺贴面层 4. 刷防护材料 5. 装钉压条 6. 材料运输
020104002	竹木地板	1. 找平层厚度、砂浆配合比 2. 填充材料种类、厚度、找平层厚度、砂浆配合比 3. 龙骨材料种类、规格、铺设间距 4. 基层材料种类、规格 5. 面层材料品种、规格、品牌、颜色 6. 黏结材料种类 7. 防护材料种类 8. 油漆品种、刷漆遍数			1. 基层清理、抹找平层 2. 铺设填充层 3. 龙骨铺设 4. 铺设基层 5. 面层铺贴 6. 刷防护材料 7. 材料运输
020104003	防静电活动地板	1. 找平层厚度、砂浆配合比 2. 填充材料种类、厚度,找平层厚度、砂浆配合比 3. 支架高度、材料种类 4. 面层材料品种、规格、品牌、颜色 5. 防护材料种类			1. 清理基层、抹找平层 2. 铺设填充层 3. 固定支架安装 4. 活动面层安装 5. 刷防护材料 6. 材料运输

续表

项目编码	项目名称	项目特征	计量单位	工程量计算规则	工程内容
020104004	金属复合地板	1. 找平层厚度、砂浆配合比 2. 填充材料种类、厚度，找平层厚度、砂浆配合比 3. 龙骨材料种类、规格、铺设间距 4. 基层材料种类、规格 5. 面层材料品种、规格、品牌 6. 防护材料种类	m^2	按设计图示尺寸以面积计算。门洞、空圈、暖气包槽、壁龛的开口部分并入相应的工程量内	1. 清理基层、抹找平层 2. 铺设填充层 3. 龙骨铺设 4. 基层铺设 5. 面层铺贴 6. 刷防护材料 7. 材料运输

5. 踢脚线

工程量清单项目设置及工程量计算规则，应按表 6-5 的规定执行。

表 6-5　踢脚线(编码:020105)

项目编码	项目名称	项目特征	计量单位	工程量计算规则	工程内容
020105001	水泥砂浆踢脚线	1. 踢脚线高度 2. 底层厚度、砂浆配合比 3. 面层厚度、砂浆配合比	m^2	按设计图示长度乘以高度以面积计算	1. 基层清理 2. 底层抹灰 3. 面层铺贴 4. 勾缝 5. 磨光、酸洗、打蜡 6. 刷防护材料 7. 材料运输
020105002	石材踢脚线	1. 踢脚线高度 2. 底层厚度、砂浆配合比 3. 粘贴层厚度、材料种类 4. 面层材料品种、规格、品牌、颜色 5. 勾缝材料种类 6. 防所材料种类			
020105003	块料踢脚线				
020105004	现浇水磨石踢脚线	1. 踢脚线高度 2. 底层厚度、砂浆配合比 3. 面层厚度、水泥石子浆配合比 4. 石子种类、规格、颜色 5. 颜料种类、颜色 6. 磨光、酸洗、打蜡要求			
020105005	塑料板踢脚线	1. 踢脚线高度 2. 底层厚度、砂浆配合比 3. 黏结层厚度、材料种类 4. 面层材料种类、规格、品牌、颜色			
020105006	木质踢脚线	1. 踢脚线高度 2. 底层厚度、砂浆配合比 3. 基层材料种类、规格 4. 面层材料品种、规格、品牌、颜色 5. 防护材料种类 6. 油漆品种、刷漆遍数			1. 基层清理 2. 底层抹灰 3. 基层铺贴 4. 面层铺贴 5. 刷防护材料 6. 刷油漆 7. 材料运输
020105007	金属踢脚线				
020105008	防静电踢脚线				

6. 楼梯装饰

工程量清单项目设置及工程量计算规则,应按表 6-6 的规定执行。

表 6-6 楼梯装饰(编码:020106)

项目编码	项目名称	项目特征	计量单位	工程量计算规则	工程内容
020106001	石材楼梯面层	1. 找平层厚度、砂浆配合比 2. 黏结层厚度、材料种类 3. 面层材料品种、规格、品牌、颜色 4. 防滑条材料种类、规格 5. 勾缝材料种类 6. 防护层材料种类 7. 酸洗、打蜡要求	m²	按设计图示尺寸以楼梯(包括踏步、休息平台及 500mm 以内的楼梯井)水平投影面积计算。楼梯与楼地面相连时,算至梯口梁内侧边沿;无梯口梁者,算至最上一层踏步边沿加 300mm	1. 基层清理 2. 抹找平层 3. 面层铺贴 4. 贴嵌防滑条 5. 勾缝 6. 刷防护材料 7. 酸洗、打蜡 8. 材料运输
020106002	块料楼梯面层				
020106003	水泥砂浆楼梯面	1. 找平层厚度、砂浆配合比 2. 面层厚度、砂浆配合比 3. 防滑条材料种类、规格			1. 基层清理 2. 抹找平层 3. 抹面层 4. 抹防滑条 5. 材料运输
020106004	现浇水磨石楼梯面	1. 找平层厚度、砂浆配合比 2. 面层厚度、水泥石子浆配合比 3. 防滑条材料种类、规格 4. 石子种类、规格、颜色 5. 颜料种类、颜色 6. 磨光、酸洗、打蜡要求			1. 基层清理 2. 抹找平层 3. 抹面层 4. 贴嵌防滑条 5. 磨光、酸洗、打蜡 6. 材料运输
020106005	地毯楼梯面	1. 基层种类 2. 找平层厚度、砂浆配合比 3. 面层材料品种、规格、品牌、颜色 4. 防护材料种类 5. 黏结材料种类 6. 固定配件材料种类、规格			1. 基层清理 2. 抹找平层 3. 面层铺贴 4. 固定配件安装 5. 刷防护材料 6. 材料运输
020106006	木板楼梯面	1. 找平层厚度、砂浆配合比 2. 基层材料种类、规格 3. 面层材料品种、规格、品牌、颜色 4. 黏结材料种类 5. 防护材料种类 6. 油漆品种、刷漆遍数			1. 基层清理 2. 抹找平层 3. 基层铺贴 4. 面层铺贴 5. 刷防护材料、油漆 6. 材料运输

7. 扶手、栏杆、栏板装饰

工程量清单项目设置及工程量计算规则，应按表 6-7 的规定执行。

表 6-7　扶手、栏杆、栏板装饰(编码:020107)

项目编码	项目名称	项目特征	计量单位	工程量计算规则	工程内容
020107001	金属扶手带栏杆、栏板	1. 扶手材料种类、规格、品牌、颜色 2. 栏杆材料种类、规格、品牌、颜色 3. 栏板材料种类、规格、品牌、颜色 4. 固定配件种类 5. 防护材料种类 6. 油漆品种、刷漆遍数	m	按设计图示尺寸以扶手中心线长度(包括弯头长度)计算	1. 制作 2. 运输 3. 安装 4. 刷防护材料 5. 刷油漆
020107002	硬木扶手带栏杆、栏板				
020107003	塑料扶手带栏杆、栏板				
020107004	金属靠墙扶手	1. 扶手材料种类、规格、品牌、颜色 2. 固定配件种类 3. 防护材料种类 4. 油漆品种、刷漆遍数			
020107005	硬木造墙扶手				
020107006	塑料靠墙扶手				

8. 台阶装饰

工程量清单项目设置及工程量计算规则，应按表 6-8 的规定执行。

表 6-8　台阶装饰(编码:020108)

项目编码	项目名称	项目特征	计量单位	工程量计算规则	工程内容
020108001	石材台阶面	1. 垫层材料种类、厚度 2. 找平层厚度、砂浆配合比 3. 黏结层材料种类 4. 面层材料品种、规格、品牌、颜色 5. 勾缝材料种类 6. 防滑条材料种类、规格 7. 防护材料种类	m^2	按设计图示尺寸以台阶(包括最上层踏步边沿边 300mm)水平投影面积计算	1. 基层清理 2. 铺设垫层 3. 抹找平层 4. 面层铺贴 5. 贴嵌防滑条 6. 勾缝 7. 刷防护材料 8. 材料运输
020108002	块料台阶面				

续表

项目编码	项目名称	项目特征	计量单位	工程量计算规则	工程内容
020108003	水泥砂浆台阶面	1. 垫层材料种类、厚度 2. 找平层厚度、砂浆配合比 3. 面层厚度、砂浆配合比 4. 防滑条材料种类	m²	按设计图示尺寸以台阶(包括最上层踏步边沿加 300mm)水平投影面积计算	1. 清理基层 2. 铺设垫层 3. 抹找平层 4. 抹面层 5. 抹防滑条 6. 材料运输
020108004	现浇水磨石台阶面	1. 垫层材料种类、厚度 2. 找平层厚度、砂浆配合比 3. 面层厚度、水泥石子浆配合比 4. 防滑条材料种类、规格 5. 石子种类、规格、颜色 6. 颜料种类、颜色 7. 磨光、酸洗、打蜡要求			1. 清理基层 2. 铺设垫层 3. 抹找平层 4. 抹面层 5. 贴嵌防滑条 6. 打磨、酸洗、打蜡 7. 材料运输
020108005	斩假石台阶面	1. 垫层材料种类、厚度 2. 找平层厚度、砂浆配合比 3. 面层厚度、砂浆配合比 4. 斩假石要求			1. 清理基层 2. 铺设垫层 3. 抹找平层 4. 抹面层 5. 斩假石 6. 材料运输

9. 零星装饰项目

工程量清单项目设置及工程量计算规则,应按表 6-9 的规定执行。

表 6-9　零星装饰项目(编码:020109)

项目编码	项目名称	项目特征	计量单位	工程量计算规则	工程内容
020109001	石材零星项目	1. 工程部位 2. 找平层厚度、砂浆配合比 3. 黏结层厚度、材料种类 4. 面层材料品种、规格、品牌、颜色 5. 勾缝材料种类 6. 防护材料种类 7. 酸洗、打蜡要求	m²	按设计图示尺寸以面积计算	1. 清理基层 2. 抹找平层 3. 面层铺贴 4. 勾缝 5. 刷防护材料 6. 酸洗、打蜡 7. 材料运输
020109002	碎拼石材零星项目				
020109003	块料零星项目				

续表

项目编码	项目名称	项目特征	计量单位	工程量计算规则	工程内容
020109004	水泥砂浆零星项目	1. 工程部位 2. 找平层厚度、砂浆配合比 3. 面层厚度、砂浆厚度	m^2	按设计图示尺寸以面积计算	1. 清理基层 2. 抹找平层 3. 抹面层 4. 材料运输

◆楼地面清单项目编制应注意的问题

楼地面工程量清单项目必须按设计图纸注明项目位置，主要材料及其产地、品牌、规格，砂浆、水泥石子浆等配合比及强度等级，操作工艺要求（层数、遍数、拼花等），并根据每个项目可能包含的工程内容进行组合，构成各个清单项目。对各分部分项工程清单进行编制时应注意以下事项：

1）楼梯、阳台、走廊、回廊及其他的装饰性扶手、栏杆、栏板，应按《建设工程工程量清单计价规范》GB 50500—2008 中附录相关项目编码列项。清单项目应包括制作、运输、安装、刷防护材料、刷油漆等工作内容。

2）楼梯、台阶侧面装饰，0.5m^2 以内少量分散的楼地面装修，应按《建设工程工程量清单计价规范》GB 50500—2008 中附录相关项目编码列项，其工程部位或名称应在清单项目中加以描述。

3）单跑楼梯不论其中间是否有休息平台，其工程量与双跑楼梯同样计算。

4）台阶面层与平台面层是同一种材料时，平台计算面层后，台阶不再计算最上一层踏步面积；若台阶计算最上一层踏步（加 300mm），平台面层中必须扣除该面积。

5）包括垫层的地面和不包括垫层的楼面应分别计算工程量，分别编码（第五级编码）列项。

相关知识

◆楼地面工程主材用量计算

1. 水泥砂浆材料用量表

单位体积水泥砂浆中各材料用量分别由下列各式确定：

砂子用量（m^3）
$$q_c=\frac{c}{\sum f-c\times C_p} \tag{6-1}$$

水泥用量（kg）
$$q_a=\frac{a\times r_a}{c}\times q_c \tag{6-2}$$

式中 a、c——分别为水泥砂浆配合比中水泥和砂的比例数；

$\sum f$——配合比之和；

C_p——砂空隙率(%)，$C_p=\left(1-\frac{r_0}{r_c}\right)\times 100\%$；

r_a——水泥容重(kg/m^3)，可按 $1200kg/m^3$ 计；

r_0——砂密度按 $2650kg/m^3$ 计；

r_c——砂容重按 $1550kg/m^3$ 计。

则
$$C_p=\left(1-\frac{1550}{2650}\right)\times 100\%=41\%$$

当砂用量超过 $1m^3$ 时，因其空隙容积已大于灰浆数量，均按 $1m^3$ 计算。

2. 特种砂浆材料用量计算

特种砂浆包括耐酸、防腐、不发火沥青砂浆等。它们的配合比均按重量比计算。

设甲、乙、丙三种材料密度分别为 A、B、C，配合比分别为 a、b、c。则：材料百分比系数：$G=\frac{1}{a+b+c}\times 100\%$；甲材料重量比：$\tau_a=G\times a$；乙材料重量比：$\tau_b=G\times b$；丙材料重量比：$\tau_c=G\times c$。

配合后每 m^3：　砂浆重量(kg)
$$q=\frac{1000}{\frac{\tau_a}{A}+\frac{\tau_b}{B}+\frac{\tau_c}{C}} \tag{6-3}$$

甲材料用量：$q_a=q\times\tau_a=q\times G\times a$；

乙材料用量：$q_b=q\times\tau_b=q\times G\times b$；

丙材料用量：$q_c=q\times\tau_c=q\times G\times c$。

对特种砂浆中任意一种材料 i，每 m^3 的用量为：
$$q_i=q\times\tau_i=q\times G\times i; \tag{6-4}$$

上述过程计算出的材料用量为净用量，未考虑损耗。

特种砂浆所需材料的密度见表 6-10。

表 6-10　特种砂浆所需材料密度表

材料名称	密度(g/cm^3)	备　注	材料名称	密度(g/cm^3)	备　注
辉绿岩粉	2.5	108胶 普通沥青砂浆用	重晶石英粉	4.3	耐酸砂浆用
石英粉	2.7		石灰石砂	2.5	
石英砂	2.7		砂	2.65	
耐酸水泥	3.0		普通水泥	3.1	
过氯乙烯清漆	1.25		石油沥青	1.1	
聚乙烯醇甲醛	1.05		煤沥青	1.2	
滑石粉	2.6		煤焦油	1.1	
氟硅酸钠	2.75		石灰膏	1.35	
石油沥青	1.05		水玻璃	1.36～1.5	

3. 垫层材料用量计算

（1）重量比计算方法（配合比以重量比计算）

$$压实系数=\frac{虚铺厚度}{压实厚度} \tag{6-5}$$

$$混合物重量=\frac{1000}{\frac{甲材料占百分率}{甲材料容量}+\frac{乙材料占百分率}{乙材料容量}+\cdots} \tag{6-6}$$

$$材料用量=混合物重量\times压实系数\times材料占百分率\times(1+损耗率) \tag{6-7}$$

（2）体积比计算方法（配合比以体积比计算）

$$每\ m^3材料用量=每\ m^3的虚体积\times材料占配合比百分率 \tag{6-8}$$

$$每\ m^3的虚体积=1\times压实系数 \tag{6-9}$$

$$材料占配合比百分率=\frac{甲(乙\cdots)材料之配比}{甲材料之配比+乙材料之配比+\cdots} \tag{6-10}$$

$$材料实体积=材料占配合比百分率\times(1-材料孔隙率) \tag{6-11}$$

$$材料孔隙率=\left(1-\frac{材料容重}{材料密度}\right)\times100\% \tag{6-12}$$

（3）灰土体积比计算公式

$$每\ m^3灰土的石灰或黄土的用量=\frac{虚铺厚度}{压实厚度}\times\frac{石灰或黄土的配比}{石灰、黄土配比之和} \tag{6-13}$$

每 m^3 灰土所需生石灰(kg)＝石灰的用量(m^3)×每 m^3 粉化灰需用生石灰数量（取石灰成分∶块末＝2∶8）　(6-14)

（4）砂、碎（砾）石等单一材料的垫层用量计算公式

$$定额用量=定额单位\times压实系数\times(1+损耗率) \tag{6-15}$$

$$压实系数=\frac{压实厚度}{虚铺厚度} \tag{6-16}$$

对于砂垫层材料用量的计算，按上列公式计算得出干砂后，需另加中粗砂的含水膨胀系数21%。

（5）碎（砾）石、毛石或碎砖灌浆垫层材料用量的计算

碎（砾）石、毛石或碎砖的用量与干铺垫层用量计算相同，其灌浆用的砂浆用量则按下式计算：

$$砂浆用量=\frac{碎(砾)石、毛石或碎砖密度-碎(砾)石、毛石或碎砖容量\times压实系数}{碎(砾)石、毛石或碎砖密度}\times$$

填充密度(80%)×(1+损耗率) (6-17)

4. 块材面层材料用量计算

块料饰面工程中的主要材料就是指表面装饰块料，通常都有特定规格，因此可以根据装饰面积和规格块料的单块面积计算出块料数量。

当缺少某种块料的定额资料时，它的用量确定可以按照实物计算法计算。即根据设计图纸计算出装饰面的面积，除以一块规格块料(包括拼缝)的面积，求得块料净用量，再考虑一定的损耗量，即可得出该种装饰块料的总用量。每100m² 块料面层的材料用量按下式计算：

$$Q_t = q \times (1+\eta) = \frac{100}{(l+\delta)\times(b+\delta)} \times (1+\eta) \quad (6\text{-}18)$$

式中 q——规格块料净用量；

l——规格块料长度(m)；

b——规格块料宽度(m)；

δ——拼缝宽(m)；

η——损耗率。

结合层用料量=100m²×结合层厚度×(1+损耗率)

找平层用料量同上。

灰缝材料用量=(100m²－块料长×块料宽×100m²块料净用量)×灰缝深×(1+损耗率) (6-19)

如为木板面层时，则按下列公式计算：

$$\text{每}100\text{m}^2\text{面层用木板体积} = \frac{\text{板材毛宽}}{\text{板材有效宽度}} \times \text{板材厚度(毛板)} \times 100 \times (1+\text{损耗率}) \quad (6\text{-}20)$$

5. 玛琋脂配合比用料量计算

玛琋脂配合比用料量计算如下：

$$\text{石油沥青玛琋脂每 m}^3\text{容量} = \frac{1}{\dfrac{\text{石油沥青百分比}}{\text{石油沥青密度}} + \dfrac{\text{滑石粉百分比}}{\text{滑石粉密度}}} \times 1000 \quad (6\text{-}21)$$

$$\text{煤沥青玛琋脂每 m}^3\text{容量} = \frac{1}{\dfrac{\text{煤沥青百分比}}{\text{煤沥青密度}} + \dfrac{\text{煤焦油百分比}}{\text{煤焦油密度}} + \dfrac{\text{桐油百分比}}{\text{桐油密度}} + \dfrac{\text{滑石粉百分比}}{\text{滑石粉密度}}} \quad (6\text{-}22)$$

◆块料面层结合层和底层找平层参考厚度

块料面层结合层和底层找平层参考厚度见表6-11。

表 6-11 块料面层结合层和底层找平层参考厚度 单位:mm

序号	项目			块料规格	灰缝 宽	灰缝 深	结合层厚	底层找平层
1	方整石	砂结合层		200×300×120	5	120	20	
2	方整石	砂浆结合层		200×300×120	5	120	15	
3	红（青）砖	砂结合层	平铺	240×115×53	5	53	15	
4	红（青）砖	砂结合层	侧铺	240×115×53	5	115	15	
5	缸砖	砂浆结合层		150×150×15	2	15	5	20
6	缸砖	沥青结合层		150×150×15	2	15	4	20
7	水泥砂浆结合层	陶瓷锦砖（马塞克）					5	20
8	水泥砂浆结合层	混凝土板		400×400×60			5	20
9	水泥砂浆结合层	水泥砖		200×200×25			5	20
10	水泥砂浆结合层	大理石板		500×500×20	1	20	5	20
11	水泥砂浆结合层	菱苦土板		250×250×20	3	20	5	20
12	水泥砂浆结合层	水磨石板	地面	305×305×20	2	20	5	20
13	水泥砂浆结合层	水磨石板	楼梯面				3	20
14	水泥砂浆结合层	水磨石板	踢脚板				3	20

◆防潮层卷材刷油面积计算

卷材刷油面积是按满铺面积加搭接缝面积计算，搭接缝铺油一般按搭接宽度 40mm 计算。刷油厚度计算参考，见表 6-12。

表 6-12 刷油厚度计算 单位:mm

项目		卷材防潮层 沥青 底层	沥青 中层	沥青 面层	玛琋脂 底层	玛琋脂 中层	玛琋脂 面层	刷热沥青 每一遍	刷热沥青 每增一遍	刷玛琋脂 每一遍	刷玛琋脂 每增一遍	刷冷底子油 每一遍	刷冷底子油 每增一遍
平面		1.7	1.3	1.2	1.9	1.5	1.4	1.6	1.3	1.7	1.4	0.13	0.16
立面	砖墙面	—	—	—	—	—	—	1.9	1.6	2.0	1.7	—	—
立面	抹灰及混凝土面	1.8	1.4	1.3	2.0	1.6	1.5	1.7	1.4	1.8	1.5	0.13	0.16

注：冷底子油第一遍按沥青：汽油＝30：70；第二遍按沥青：汽油＝50：50。

◆块料面层工程量计算

1. 楼梯块料面层工程量计算

其工程量分层按其水平投影面积计算（包括踏步、平台、小于 500mm 宽的楼梯井以及最上一层踏步沿 300mm），如图 6-1 所示。

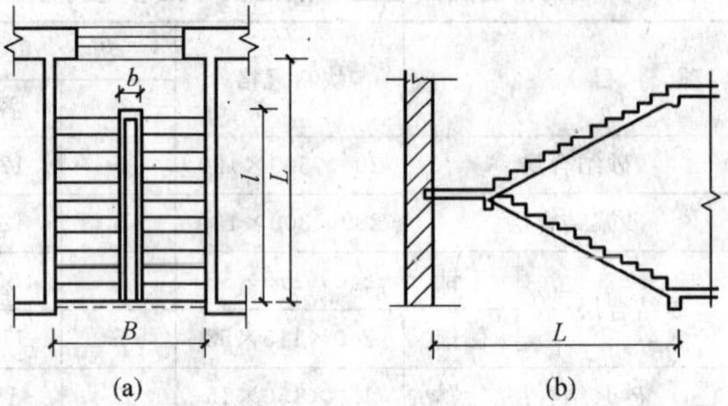

图 6-1 楼梯示意图

即

当 $b>500$mm 时　　　$S=\sum L\times B-\sum l\times b$　　　(6-23)

当 $b\leqslant 500$mm 时　　　$S=\sum L\times B$　　　(6-24)

式中 S——楼梯面层的工程量(m^2)；

L——楼梯的水平投影长度(m)；

B——楼梯的水平投影宽度(m)；

l——楼梯井的水平投影长度(m)；

b——楼梯井的水平投影宽度(m)。

2. 台阶块料面层工程量计算

其工程量按台阶水平投影面积计算，但是不包括翼墙、侧面装饰，当台阶与平台相连时，台阶与平台的分界线，应以最上层踏步外沿另加 300mm 计算，如图 6-2 所示台阶工程量可按下式计算：

$$S=L\times B \quad (6\text{-}25)$$

式中 S——台阶块料面层工程量(m^2)；

L——台阶计算长度(m)；

B——台阶计算宽度(m)。

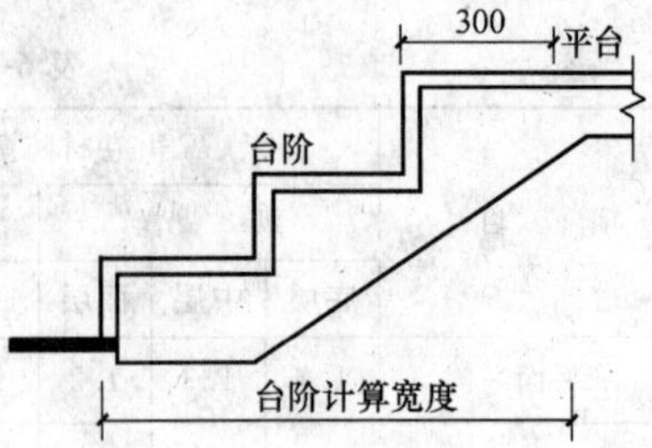

图 6-2 台阶示意图

实例分析

◆**例 6-1**

某卫生间地面做法为：清理基层，刷素水泥浆，1∶3 水泥砂浆粘贴马赛克面层，如图 6-3 所示，编制分部分项工程量清单计价表及综合单价计算表(墙厚为 240mm，门洞口宽度均为 900mm)。

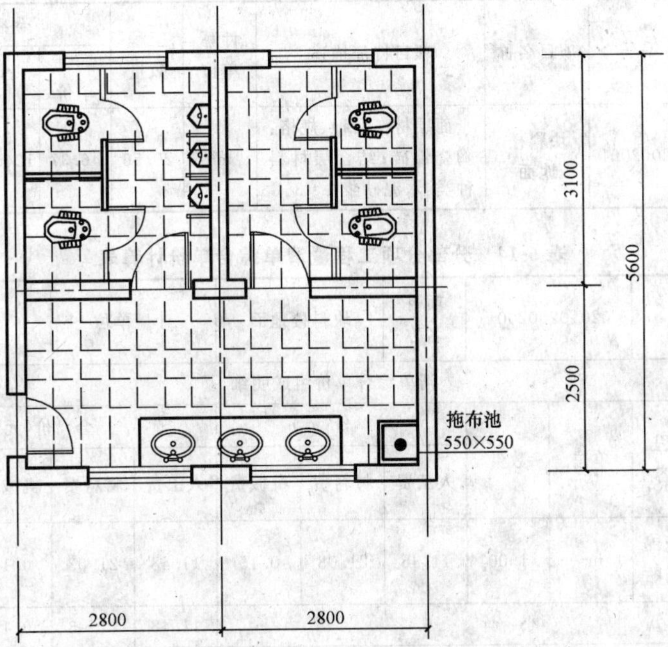

图 6-3　某卫生间地面铺贴

解：(1) 清单工程量：

(3.1－0.12×2)×(2.8－0.12×2)×2＋(2.5－0.12×2)×(2.8×2－0.12×2)＋0.9×0.24×2－0.55×0.55＝26.89(m^2)

(2) 消耗量定额工程量：26.89m^2

计算清单项目每计量单位应包含的各项工程内容的工程数量：

26.89÷26.89＝1

(3) 陶瓷锦砖楼地面：

1) 人工费：11.48 元

2) 材料费：21.03 元

3) 机械费：0.15 元

(4) 综合：

直接费合计：32.66 元

管理费：32.66×34%＝11.10(元)

利润：32.66×8%＝2.61(元)

综合单价：46.37 元

合价：46.37×26.89＝1246.89(元)

表 6-13　分部分项工程量清单计价表

序号	项目编号	项目名称	项目特征描述	计算单位	工程数量	金额(元)		
						综合单价	合价	其中:直接费
1	020102002001	块料楼地面	面层材料品种、规格:陶瓷锦砖;结合层材料种类:水泥砂浆 1:3	m^2	20.56	46.37	1246.89	32.66

表 6-14　分部分项工程量清单综合单价计算表

项目编号	020102002001	项目名称	块料楼地面	计量单位	m^2					
清单综合单价组成明细										
定额编号	工程内容	单位	数量	单　价(元)			合　价(元)			
				人工费	材料费	机械费	人工费	材料费	机械费	管理费和利润
—	陶瓷锦砖铺贴	m^2	1.00	11.48	21.03	0.15	11.48	21.03	0.15	13.71
小　计							11.48	21.03	0.15	13.71
清单项目综合单价							46.37			

◆例 6-2

某歌厅地面圆舞池铺贴 600mm×600mm 花岗岩板,石材表面刷保护液,舞池中心及条带贴 10mm 厚 600mm×600mm 单层钢化镭射玻璃砖,圆舞池以外地面铺贴带胶垫羊毛地毯,如图 6-4 所示,编制分部分项工程量清单计价表及综合单价计算表。

解:(1) 清单工程量

钢化镭射玻璃砖清单工程量:

$$3.14\times0.75^2+(15\div360)\times3.14\times(4^2-0.75^2)=3.79(m^2)$$

花岗岩楼地面清单工程量:$3.14\times4^2-3.79=46.45(m^2)$

楼地面地毯清单工程量:

$$11.5\times9.8+0.12\times(1.5+0.8)-3.14\times4^2=62.74(m^2)$$

(2) 消耗量定额工程量

1) 工程量计算:

钢化镭射玻璃砖:$3.79m^2$

花岗岩板铺贴:$46.45m^2$

石材表面刷保护液:$46.45m^2$

楼地面铺贴羊毛地毯:$62.74m^2$

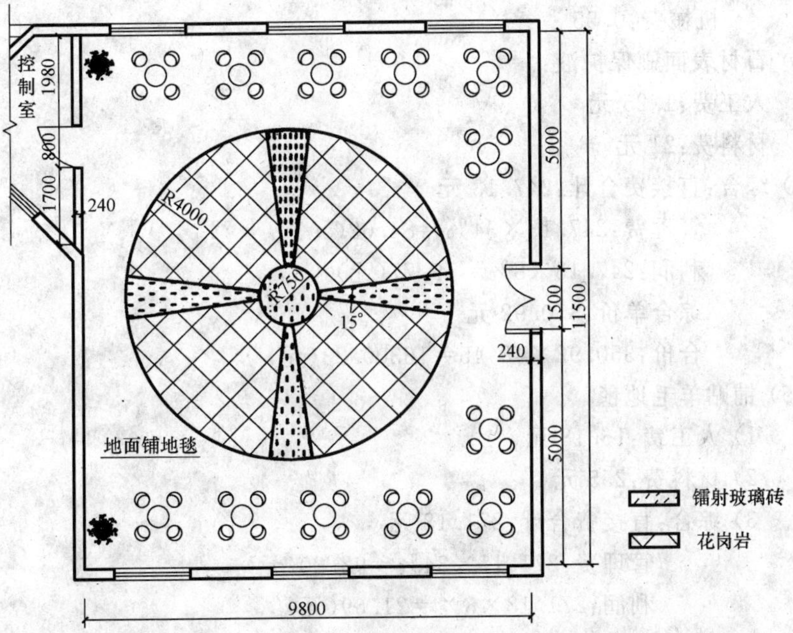

图 6-4　某歌厅地面铺贴

2）计算清单项目每计量单位应包含的各项工程内容的工程数量：

钢化镭射玻璃砖：3.79÷3.79＝1

铺贴花岗岩板：46.45÷46.45＝1

石材表面刷保护液：46.45÷46.45＝1

楼地面铺贴羊毛地毯：62.74÷62.74＝1

（3）单层钢化镭射玻璃砖

1）人工费：9 元

2）材料费：298 元

3）综合：直接费合计：307 元

管理费：307×34％＝104.38(元)

利润：307×8％＝24.56(元)

综合单价：435.94 元

合价：435.94×3.79＝1652.21(元)

（4）铺贴花岗岩、石材表面刷保护液

1）铺贴花岗岩：

人工费：6.33 元

材料费:218 元

机械费:0.55

2) 石材表面刷保护液:

人工费:1.25 元

材料费:21 元

3) 综合:直接费合计:247.13 元

管理费:247.13×34%=84.02(元)

利润:247.13×8%=19.77(元)

综合单价:350.92 元

合价:350.92×46.45=16300.23(元)

(5) 铺贴羊毛地毯

1) 人工费:16.18 元

2) 材料费:255 元

3) 综合:直接费合计:271.18 元

管理费:271.18×34%=92.20(元)

利润:271.18×8%=21.69(元)

综合单价:385.07 元

合价:385.07×62.74=24159.29(元)

表 6-15 分部分项工程量清单计价表

序号	项目编号	项目名称	项目特征描述	计算单位	工程数量	金额(元)		
						综合单价	合价	其中:直接费
1	020102002001	块料楼地面	面层材料品种、规格:10mm 厚 600mm × 600mm 单层钢化镭射玻璃砖;黏结层材料种类:玻璃胶	m^2	3.79	435.94	1652.21	307
2	020102001001	石材楼地面	面层材料品种、规格:600mm × 600mm 花岗岩板;结合层材料种类:黏结层水泥砂浆 1:3;酸洗、打蜡要求:石材表面刷保护液	m^2	46.45	350.92	16300.23	247.13
3	020104001001	楼地面地毯	面层材料品种、规格:羊毛地毯;黏结材料种类:地毯胶垫固定安装	m^2	62.74	385.07	24159.29	271.18

表 6-16　分部分项工程量清单综合单价计算表

项目编号		020102002001		项目名称		块料楼地面		计量单位		m²
清单综合单价组成明细										
定额编号	工程内容	单位	数量	单价(元)			合价(元)			
				人工费	材料费	机械费	人工费	材料费	机械费	管理费和利润
—	镭射玻璃砖	m²	1.00	9	298	—	9	298	—	128.94
小　计							9	298	—	128.94
清单项目综合单价							435.94			

表 6-17　分部分项工程量清单综合单价计算表

项目编号		020102001001		项目名称		石材楼地面		计量单位		m²
清单综合单价组成明细										
定额编号	工程内容	单位	数量	单价(元)			合价(元)			
				人工费	材料费	机械费	人工费	材料费	机械费	管理费和利润
—	花岗岩铺贴	m²	1.00	6.33	218	0.55	6.33	218	0.55	94.45
—	石材表面刷保护液	m²	1.00	1.25	21	—	1.25	21	—	9.34
小　计							7.58	239	0.55	103.79
清单项目综合单价							350.92			

表 6-18　分部分项工程量清单综合单价计算表

项目编号		020104001001		项目名称		楼地面地毯		计量单位		m²
清单综合单价组成明细										
定额编号	工程内容	单位	数量	单价(元)			合价(元)			
				人工费	材料费	机械费	人工费	材料费	机械费	管理费和利润
—	羊毛地毯铺贴	m²	1.00	16.18	255	—	16.18	255	—	113.90
小　计							16.18	255	—	113.89
清单项目综合单价							385.07			

第二节 墙、柱面工程

要点

本节主要介绍墙、柱面工程的清单工程量计算有关问题说明及墙、柱面工程清单工程量计算规则,读者应侧重掌握墙、柱面工程工程清单工程量计算规则在实际中的应用。

解释

◆清单工程量计算有关问题说明

1. 墙、柱面工程工程量清单项目的划分与编码

(1) 清单项目的划分

墙、柱面工程:

1) 墙面抹灰(包括墙面一般抹灰、装饰抹灰、墙面勾缝)。

2) 柱面抹灰(包括柱面一般抹灰、装饰抹灰、柱面勾缝)。

3) 零星抹灰(包括零星一般抹灰、装饰抹灰)。

4) 墙面镶贴块料(包括石材、碎拼石材、块料墙面、干挂石材钢骨架)。

5) 柱面镶贴块料(包括石材、碎拼石材、块料柱面、石材、块料梁面)。

6) 零星镶贴块料(包括石材、碎拼石材、块料零星项目)。

7) 墙饰面(装饰板墙面)。

8) 柱(梁)饰面。

9) 隔断。

10) 幕墙(包括带骨架幕墙、全玻幕墙)。

(2) 清单项目的编码

一级编码 02;二级编码 02(清单计价规范第二章,墙、柱面工程);三级编码从 01~10(从墙面抹灰至幕墙共 10 个项目);四级编码自 001 开始,根据各分部不同的清单项目分别编码列项;同一个工程中墙面若采用一般抹灰,所用的砂浆种类既有水泥砂浆,又有混合砂浆,则第五级编码应分别设置。

2. 清单工程量计算有关问题说明

(1) 有关项目列项问题说明

1) 一般抹灰包括:石灰砂浆、水泥混合砂浆、水泥砂浆、聚合物水泥砂浆、膨胀珍珠岩水泥砂浆和麻刀灰、纸筋石灰、石膏灰等。

2) 装饰抹灰包括:水刷石、水磨石、斩假石、干粘石、假面砖、拉条灰、拉毛灰、甩毛灰、扒拉石、喷毛石、喷涂、喷砂、滚涂、弹涂等。

3）柱面抹灰项目、石材柱面项目、块料柱面项目适用于矩形柱、异形柱（包括圆形柱、半圆形柱等）。

4）零星抹灰和零星镶贴块料面层项目适用于小面积（0.5m^2）以内少量分散的抹灰和块料面层。

5）设置在隔断、幕墙上的门窗，可包含在隔墙、幕墙项目报价内，也可单独编码列项，并在清单项目中进行描述。

6）主墙的界定以清单计价规范附录A“建筑工程工程量清单项目及计算规则”解释为准。

（2）有关项目特征说明

1）墙体类型指砖墙、石墙、混凝土墙、砌块墙以及内墙、外墙等。

2）底层、面层的厚度应根据设计规定（通常采用标准设计图）确定。

3）勾缝类型指清水砖墙、砖柱的加浆勾缝（平缝或凹缝），石墙、石柱的勾缝（例如：平缝、平凹缝、平凸缝、半圆凹缝、半圆凸缝和三角凸缝等）。

4）块料饰面板是指石材饰面板（天然花岗石、大理石、人造花岗石、人造大理石、预制水磨石饰面板等），陶瓷面砖（内墙彩釉面瓷砖、外墙面砖、陶瓷锦砖、大型陶瓷锦砖面板等），玻璃面砖（玻璃锦砖、玻璃面砖等），金属饰面板（彩色涂色钢板、彩色不锈钢板、镜面不锈钢饰面板、铝合金板、复合铝板、铝塑板等），塑料饰面板（聚氯乙烯塑料饰面板、玻璃钢饰面板、塑料贴面饰面板、聚酯装饰板、覆塑中密度纤维板等），木质饰面板（胶合板、硬质纤维板、细木工板、刨花板、建筑纸面草板、水泥木屑板、灰板条等）。

5）挂贴方式是对大规格的石材（大理石、花岗石、青石等）使用先挂后灌浆的方式固定在墙、柱面上。

6）干挂方式是指直接干挂法，是通过不锈钢膨胀螺栓、不锈钢挂件、不锈钢连接件、不锈钢钢针等，将外墙饰面板连接在外墙墙面；间接干挂法，是通过固定在墙、柱、梁上的龙骨，再通过各种挂件固定外墙饰面板。

7）嵌缝材料指嵌缝砂浆、嵌缝油膏、密封胶封水材料等。

8）防护材料指石材等防碱背涂处理剂和面层防酸涂剂等。

9）基层材料指面层内的底板材料，如：木墙裙、木护墙、木板隔墙等，在龙骨上，粘贴或铺钉一层加强面层的底板。

（3）有关工程量计算说明

1）墙面抹灰不扣除与构件交接处的面积，是指墙与梁的交接处所占的面积，不包含墙与楼板的交接。

2）外墙裙抹灰面积，按其长度乘以高度计算，是指按外墙裙的长度计算。

3）柱的一般抹灰和装饰抹灰及勾缝，以柱断面周长乘以高度计算，柱断面周长是指结构断面周长。

4）装饰板柱(梁)面按照设计图示外围饰面尺寸乘以高度(长度)以面积计算，外围饰面尺寸是饰面的表面尺寸。

5）带肋全玻璃幕墙是指玻璃幕墙带玻璃肋，玻璃肋的工程量应合并在玻璃幕墙工程量中计算。

(4) 有关工程内容说明

1）“抹面层”是指一般抹灰的普通抹灰(一层底层和一层面层或不分层一遍成活)，中级抹灰(一层底层、一层中层和一层面层或一层底层、一层面层)，高级抹灰(一层底层、数层中层和一层面层)的面层。

2）“抹装饰面”是指装饰抹灰(抹底灰、涂刷 108 胶溶液、刮或刷水泥浆液、抹中层、抹装饰面层)的面层。

◆墙、柱面工程清单工程量计算规则

1. 墙面抹灰

工程量清单项目设置及工程量计算规则，应按表 6-19 的规定执行。

表 6-19 墙面抹灰(编码:020201)

项目编码	项目名称	项目特征	计量单位	工程量计算规则	工程内容
020201001	墙面一般抹灰	1. 墙体类型 2. 底层厚度、砂浆配合比 3. 面层厚度、砂浆配合比 4. 装饰面材料种类 5. 分格缝宽度、材料种类	m^2	按设计图示尺寸以面积计算。扣除墙裙、门窗洞口及单个 $0.3m^2$ 以外的孔洞面积，不扣除踢脚线、挂镜线和墙与构件交接处的面积，门窗洞口和孔洞的侧壁及顶面不增加面积。附墙柱、梁、垛、烟囱侧壁并入相应的墙面面积内 1. 外墙抹灰面积按外墙垂直投影面积计算 2. 外墙裙抹灰面积按其长度乘以高度计算 3. 内墙抹灰面积按主墙间的净长乘以高度计算 (1)无墙裙的，高度按室内楼地面至天棚底面计算 (2)有墙裙的，高度按墙裙顶至天棚底面计算 4. 内墙裙抹灰面按内墙净长乘以高度计算	1. 基层清理 2. 砂浆制作、运输 3. 底层抹灰 4. 抹面层 5. 抹装饰面 6. 勾分格缝
020201002	墙面装饰抹灰				
020201003	墙面勾缝	1. 墙体类型 2. 勾缝类型 3. 勾缝材料种类			1. 基层清理 2. 砂浆制作、运输 3. 勾缝

2. 柱面抹灰

工程量清单项目设置及工程量计算规则，应按表 6-20 的规定执行。

表 6-20 柱面抹灰(编码:020202)

项目编码	项目名称	项目特征	计量单位	工程量计算规则	工程内容
020202001	柱面一般抹灰	1. 柱体类型 2. 底层厚度、砂浆配合比 3. 面层厚度、砂浆配合比 4. 装饰面材料种类 5. 分格缝宽度、材料种类	m^2	按设计图示柱断面周长乘以高度以面积计算	1. 基层清理 2. 砂浆制作、运输 3. 底层抹灰 4. 抹面层 5. 抹装饰面 6. 勾分格缝
020202002	柱面装饰抹灰				
020202003	柱面勾缝	1. 墙体类型 2. 勾缝类型 3. 勾缝材料种类			1. 基层清理 2. 砂浆制作、运输 3. 勾缝

3. 零星抹灰

工程量清单项目设置及工程量计算规则,应按表 6-21 的规定执行。

表 6-21 零星抹灰(编码:020203)

项目编码	项目名称	项目特征	计量单位	工程量计算规则	工程内容
020203001	零星项目一般抹灰	1. 墙体类型 2. 底层厚度、砂浆配合比 3. 面层厚度、砂浆配合比 4. 装饰面材料种类 5. 分格缝宽度、材料种类	m^2	按设计图示尺寸以面积计算	1. 基层清理 2. 砂浆制作、运输 3. 底层抹灰 4. 抹面层 5. 抹装饰面 6. 勾分格缝
020203002	零星项目装饰抹灰				

4. 墙面镶贴块料

工程量清单项目设置及工程量计算规则,应按表 6-22 的规定执行。

表 6-22 墙面镶贴块料(编码:020204)

项目编码	项目名称	项目特征	计量单位	工程量计算规则	工程内容
020204001	石材墙面	1. 墙体类型 2. 底层厚度、砂浆配合比 3. 黏结层厚度、材料种类 4. 挂贴方式 5. 干挂方式(膨胀螺栓、钢龙骨) 6. 面层材料品种、规格、品牌、颜色 7. 缝宽、嵌缝材料种类 8. 防护材料种类 9. 磨光、酸洗、打蜡要求	m^2	按设计图示尺寸以镶贴表面积计算	1. 基层清理 2. 砂浆制作、运输 3. 底层抹灰 4. 结合层铺贴 5. 面层铺贴 6. 面层挂贴 7. 面层干挂 8. 嵌缝 9. 刷防护材料 10. 磨光、酸洗、打蜡
020204002	碎拼石材墙面				
020204003	块料墙面				
020204004	干挂石材钢骨架	1. 骨架种类、规格 2. 油漆品种、刷油遍数	t	按设计图示尺寸以重量计算	1. 骨架制作、运输、安装 2. 骨架油漆

5. 柱面镶贴块料

工程量清单项目设置及工程量计算规则,应按表 6-23 的规定执行。

表 6-23 柱、梁面镶贴块料(编码:020205)

项目编码	项目名称	项目特征	计量单位	工程量计算规则	工程内容
020205001	石材柱面	1. 柱体材料 2. 柱截面类型、尺寸 3. 底层厚度、砂浆配合比 4. 黏结层厚度、材料种类 5. 挂贴方式 6. 干贴方式 7. 面层材料品种、规格、品牌、颜色 8. 缝宽、嵌缝材料种类 9. 防护材料种类 10. 磨光、酸洗、打蜡要求	m²	按设计图示尺寸以镶贴表面积计算	1. 基层清理 2. 砂浆制作、运输 3. 底层抹灰 4. 结合层铺贴 5. 面层铺贴 6. 面层挂贴 7. 面层干挂 8. 嵌缝 9. 刷防护材料 10. 磨光、酸洗、打蜡
020205002	拼碎石材柱面				
020205003	块料柱面				
020205004	石材梁面	1. 底层厚度、砂浆配合比 2. 黏结层厚度、材料种类 3. 面层材料品种、规格、品牌、颜色 4. 缝宽、嵌缝材料种类 5. 防护材料种类 6. 磨光、酸洗、打蜡要求			1. 基层清理 2. 砂浆制作、运输 3. 底层抹灰 4. 结合层铺贴 5. 面层铺贴 6. 面层挂贴 7. 嵌缝 8. 刷防护材料 9. 磨光、酸洗、打蜡
020205005	块料梁面				

6. 零星镶贴块料

工程量清单项目设置及工程量计算规则,应按表 6-24 的规定执行。

表 6-24 零星镶贴块料(编码:020206)

项目编码	项目名称	项目特征	计量单位	工程量计算规则	工程内容
020206001	石材零星项目	1. 柱、墙体类型 2. 底层厚度、砂浆配合比 3. 黏结层厚度、材料种类 4. 挂贴方式 5. 干挂方式 6. 面层材料品种、规格、品牌、颜色 7. 缝宽、嵌缝材料种类 8. 防护材料种类 9. 磨光、酸洗、打蜡要求	m²	按设计图示尺寸以镶贴表面积计算	1. 基层清理 2. 砂浆制作、运输 3. 底层抹灰 4. 结合层铺贴 5. 面层铺贴 6. 面层挂贴 7. 面层干挂 8. 嵌缝 9. 刷防护材料 10. 磨光、酸洗、打蜡
020206002	拼碎石材零星项目				
020206003	块料零星项目				

7. 墙饰面

工程量清单项目设置及工程量计算规则，应按表 6-25 的规定执行。

表 6-25　墙饰面(编码:020207)

项目编码	项目名称	项目特征	计量单位	工程量计算规则	工程内容
020207001	装饰板墙面	1. 墙体类型 2. 底层厚度、砂浆配合比 3. 龙骨材料种类、规格、中距 4. 隔离层材料种类、规格 5. 基层材料种类、规格 6. 面层材料品种、规格、品牌、颜色 7. 压条材料种类、规格 8. 防护材料种类 9. 油漆品种、刷漆遍数	m^2	按设计图示墙净长乘以净高以面积计算。扣除门窗洞口及单个 $0.3m^2$ 以上的孔洞所占面积	1. 基层清理 2. 砂浆制作、运输 3. 底层抹灰 4. 龙骨制作、运输、安装 5. 钉隔离层 6. 基层铺钉 7. 面层铺贴 8. 刷防护材料、油漆

8. 柱(梁)饰面

工程量清单项目设置及工程量计算规则，应按表 6-26 的规定执行。

表 6-26　柱(梁)饰面(编码:020208)

项目编码	项目名称	项目特征	计量单位	工程量计算规则	工程内容
020208001	柱(梁)面装饰	1. 柱(梁)体类型 2. 底层厚度、砂浆配合比 3. 龙骨材料种类、规格、中距 4. 隔离层材料种类 5. 基层材料种类、规格 6. 面层材料品种、规格、品种、颜色 7. 压条材料种类、规格 8. 防护材料种类 9. 油漆品种、刷漆遍数	m^2	按设计图示饰面外围尺寸以面积计算。柱帽、柱墩并入相应柱饰面工程量内	1. 清理基层 2. 砂浆制作、运输 3. 底层抹灰 4. 龙骨制作、运输、安装 5. 钉隔离层 6. 基层铺钉 7. 面层铺贴 8. 刷防护材料、油漆

9. 隔断

工程量清单项目设置及工程量计算规则，应按表 6-27 的规定执行。

表 6-27　隔断(编码:020209)

项目编码	项目名称	项目特征	计量单位	工程量计算规则	工程内容
020209001	隔断	1. 骨架、边框材料种类、规格 2. 隔板材料品种、规格、品牌、颜色 3. 嵌缝、塞口材料品种 4. 压条材料种类 5. 防护材料种类 6. 油漆品种、刷漆遍数	m^2	按设计图示框外围尺寸以面积计算。扣除单个 $0.3m^2$ 以上的孔洞所占面积;浴厕门的材质与隔断相同时,门的面积并入隔断面积内	1. 骨架及边框制作、运输、安装 2. 隔板制作、运输、安装 3. 嵌缝、塞口 4. 装钉压条 5. 刷防护材料、油漆

10. 幕墙

工程量清单项目设置及工程量计算规则,应按表 6-28 的规定执行。

表 6-28　幕墙(编码:020210)

项目编码	项目名称	项目特征	计量单位	工程量计算规则	工程内容
020210001	带骨架幕墙	1. 骨架材料种类、规格、中距 2. 面层材料品种、规格、品种、颜色 3. 面层固定方式 4. 嵌缝、塞口材料种类	m^2	按设计图示框外围尺寸以面积计算。与幕墙同种材质的窗所占面积不扣除	1. 骨架制作、运输、安装 2. 面层安装 3. 嵌缝、塞口 4. 清洗
020210002	全玻幕墙	1. 玻璃品种、规格、品牌、颜色 2. 黏结塞口材料种类 3. 固定方式		按设计图示尺寸以面积计算。带肋全玻幕墙按展开面积计算	1. 幕墙安装 2. 嵌缝、塞口 3. 清洗

相关知识

◆常见工程量计算资料

1. 工程量常用计算公式

(1) 外墙面装饰工程量计算

$$外墙面装饰工程量=外墙面周长\times(墙高-外墙裙高)-门窗洞口及大于0.3m^2孔洞面积+附墙柱侧面面积 \tag{6-26}$$

(2) 独立柱饰面工程量计算

$$独立柱饰面工程量=柱结构断面周长\times柱高$$

或

$$独立柱饰面程量=柱装饰材料面周长\times柱高 \tag{6-27}$$

(3)墙面贴块料面层工程量计算

墙面贴块料面层工程量=墙长×(墙高-墙裙高)-门窗洞口面积+门窗洞口侧壁面积+附墙柱侧面面积　(6-28)

(4) 零星项目装饰工程量计算

零星项目装饰工程量=按图示尺寸展开面积计算

或　零星项目装饰工程量=栏板、栏杆立面垂直投影面积×2.20　(6-29)

(5) 隔墙、墙裙、护壁板工程量计算

木隔墙、墙裙、护壁板工程量=净长×净高-门窗面积　(6-30)

玻璃隔墙工程量=隔墙高(含上下横档宽)×隔墙宽(含左右立梃宽)　(6-31)

(6) 浴厕木隔断工程量计算

浴厕木隔断工程量=∑(木隔断实高×木隔断宽)+门扇面积　(6-32)

(7) 铝合金、轻钢隔墙、幕墙工程量计算

铝合金、轻钢隔墙、幕墙工程量=框外围宽×框外围高　(6-33)

2. 墙面抹灰工程量确定

(1) 内墙抹灰工程量确定

1) 内墙抹灰高度计算规定。

① 无墙裙的，其高度按室内地面或楼面至天棚底面之间距离计算，如图 6-5(a)所示；

② 有墙裙的，其高度按墙裙顶至天棚底面之间的距离计算，如图 6-5(b)所示；

③ 钉板条天棚的内墙抹灰，其高度按室内地面或楼面至天棚底面另加 100mm 计算，如图 6-5(c)所示。

2) 应扣除、不扣除及不增加面积。内墙抹灰应扣除门窗洞口和空圈所占面积。不扣除踢脚板、挂镜线、0.3m² 以内的孔洞和墙与构件交接处的面积；洞口侧壁和顶面面积亦不增加。

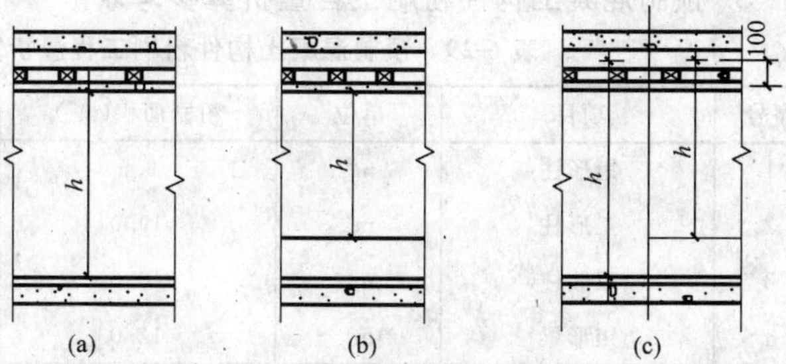

图 6-5　内墙抹灰高度

3) 应并入面积。附墙垛和附墙烟囱侧壁面积应与内墙抹灰工程量合并计算。

(2) 外墙抹灰工程量确定

1) 外墙面高度均由室外地坪起,其止点算至:

① 平屋顶有挑檐(天沟)的,算至挑檐(天沟)底面,如图 6-6(a)所示;

② 平屋顶无挑檐天沟,带女儿墙,算至女儿墙压顶底面,如图 6-6(b)所示;

③ 坡屋顶带檐口天棚的,算至檐口天棚底面,如图 6-6(c)所示;

④ 坡屋顶带挑檐无檐口天棚的,算至屋面板底,如图 6-6(d)所示;

⑤ 砖出檐者,算至挑檐上表面,如图 6-6(e)所示。

2)应扣除、不增加面积。应扣除门窗洞口、外墙裙和大于 0.3m^2 孔洞所占面积;洞口侧壁面积不另增加。

3)并入面积和另算面积。

附墙垛、梁、柱侧面抹灰面积并入外墙抹灰工程量内计算。

栏板、栏杆、窗台线、门窗套、扶手、压顶、挑檐、遮阳板、突出墙外的腰线等,另列项目,按相应规定计算。

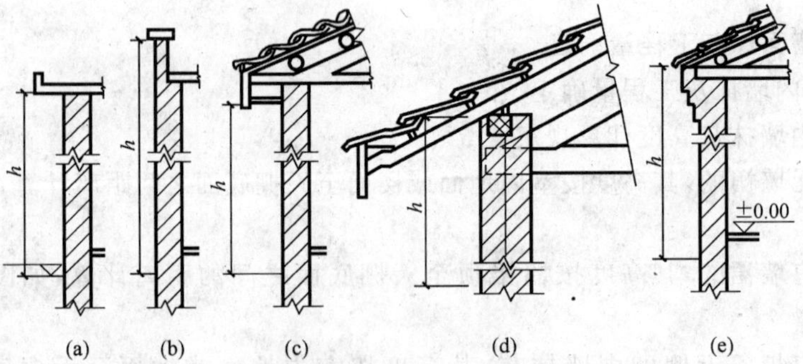

图 6-6 外墙抹灰高度

3. 预制混凝土构件粉刷工程量折算参考表

表 6-29 预制混凝土构件粉刷工程量折算参考表

序号	项目	单位	粉刷面积(m^2)	备 注
1	矩形柱	m^3	9.5	每 m^3 构件粉刷面积
2	工形柱	m^3	19.0	
3	双肢柱	m^3	10.0	
4	矩形梁	m^3	12.0	
5	吊车梁	m^3	1.9/8.1	金属屑/刷白
6	T形梁	m^3	19	每 m^3 构件粉刷面积

续表

序号	项目	单位	粉刷面积(m^2)	备　注
7	大型屋面板	m^3	44	底面
8	密肋形屋面板	m^3	24	底面
9	平板	m^3	11.5	底面
10	满腹屋面梁	m^3	12.0	每 m^3 构件粉刷面积
11	桁架	m^3	20.0	
12	三角形屋架	m^3	25.0	
13	檩条	m^3	28.0	
14	天窗端壁	m^3	30.0	双面粉刷
15	天窗支架	m^3	30.0	
16	挑檐板	m^3	25.0	每 m^3 构件粉刷面积
17	楼梯段	m^3	14/12	面层/底层
18	压顶	m^3	28.0	每 m^3 构件粉刷面积
19	地沟盖板	m^3	24.0	（单面）
20	厕所隔板	m^3	66.0	双面粉刷
21	大型墙板	m^3	30.0	双面粉刷
22	间壁	m^3	25.0	双面粉刷
23	支撑、支架	m^3	25.0	每 m^3 构件粉刷面积
24	皮带走廊框架	m^3	10.0	
25	皮带走廊箱子	m^3	7.8	单面粉刷

4. 现浇混凝土构件粉刷工程量折算参考表

表 6-30　现浇混凝土构件粉刷工程量折算参考表

序号	项　　目	单位	粉刷面积(m^2)	备　　注
1	无筋混凝土柱	m^3	10.5	每 m^3 构件的粉刷面积
2	钢筋混凝土柱	m^3	10.0	每 m^3 构件的粉刷面积
3	钢筋混凝土圆柱	m^3	9.5	每 m^3 构件的粉刷面积
4	钢筋混凝土单梁、连续梁	m^3	12.0	每 m^3 构件的粉刷面积
5	钢筋混凝土吊车梁	m^3	1.9/8.1	金属屑/刷白（每 m^3 构件）

续表

序号	项　　目	单位	粉刷面积(m^2)	备　　注
6	钢筋混凝土异形梁	m^3	8.7	每 m^3 构件的粉刷面积
7	钢筋混凝土墙	m^3	8.3	单面(外面与内面同)
8	无筋混凝土墙	m^3	8.0	单面(外面与内面同)
9	无筋混凝土挡土墙、地下室墙	m^3	5.5	单面(外面与内面同)
10	毛石挡土墙及地下室墙	m^3	5.0	单面(外面与内面同)
11	钢筋混凝土挡土墙、地下室墙	m^3	5.8	单面(外面与内面同)
12	钢筋混凝土压顶	m^3	0.67	每延长米粉刷面积
13	钢筋混凝土暖气沟、电缆沟	m^3	14.0/9.6	内面/外面
14	钢筋混凝土贮仓料斗	m^3	7.5/7.5	内面/外面
15	无筋混凝土台阶	m^3	20.0	
16	钢筋混凝土雨篷	m^2	1.6	每水平投影面积
17	钢筋混凝土阳台	m^2	1.8	每水平投影面积
18	钢筋混凝土栏板	m^2	2.1	每垂直投影面积
19	钢筋平板	m^2	10.8	每 m^3 粉刷面积
20	钢筋肋形板	m^2	13.5	每 m^3 粉刷面积

实例分析

◆例 6-3

某室外 4 个直径为 1.2m 的圆柱，高度为 3.8m，设计为斩假石柱面，如图 6-7 所示，编制分部分项工程量清单计价表及综合单价计算表。

解：(1) 清单工程量计算：$3.14\times1.2\times3.8\times4=57.27(m^2)$

(2) 消耗量定额工程量：$57.27m^2$

计算清单项目每计量单位应包含的各项工程内容的工程数量：$57.27\div57.27=1$

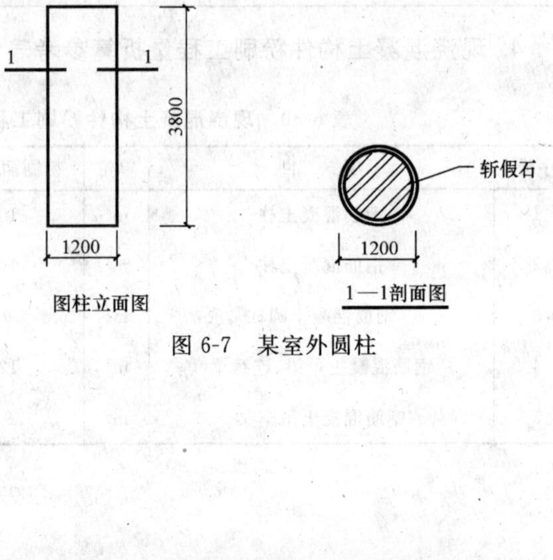

图 6-7　某室外圆柱

(3) 柱面装饰抹灰：

人工费：28.03 元

材料费：7.32 元

机械费：0.25 元

(4) 综合：直接费合计：35.6 元

管理费：35.6×34%＝12.10(元)

利润：35.6×8%＝2.85(元)

综合单价：50.55 元

合计：50.55×57.27＝2895.00(元)

表 6-31　分部分项工程量清单计价表

序号	项目编号	项目名称	项目特征描述	计算单位	工程数量	金额(元)		
						综合单价	合价	其中：直接费
1	020202002001	柱面装饰抹灰	柱体类型：砖混凝土柱体 材料种类，配合比，厚度：水泥砂浆，1∶3，厚 12mm；水泥白石子浆，1∶1.5，厚 10mm	m^2	57.27	50.55	2895.00	35.6

表 6-32　分部分项工程量清单综合单价计算表

<table>
<tr><td>项目编号</td><td colspan="3">020202002001</td><td colspan="2">项目名称</td><td colspan="2">柱面装饰抹灰</td><td colspan="2">计量单位</td><td>m²</td></tr>
<tr><td colspan="11">清单综合单价组成明细</td></tr>
<tr><td rowspan="2">定额编号</td><td rowspan="2">工程内容</td><td rowspan="2">单位</td><td rowspan="2">数量</td><td colspan="3">单价(元)</td><td colspan="4">合价(元)</td></tr>
<tr><td>人工费</td><td>材料费</td><td>机械费</td><td>人工费</td><td>材料费</td><td>机械费</td><td>管理费和利润</td></tr>
<tr><td>—</td><td>柱面装饰抹灰</td><td>m²</td><td>1.00</td><td>28.03</td><td>7.32</td><td>0.25</td><td>28.03</td><td>7.32</td><td>0.25</td><td>14.95</td></tr>
<tr><td colspan="7">小　计</td><td>28.03</td><td>7.32</td><td>0.25</td><td>14.95</td></tr>
<tr><td colspan="7">清单项目综合单价</td><td colspan="4">50.55</td></tr>
</table>

第三节　天 棚 工 程

要点

本节主要介绍天棚工程的清单工程量计算有关问题说明及天棚工程清单工

程量计算规则,读者应侧重掌握天棚工程工程清单工程量计算规则在实际中的应用。

解释

◆清单工程量计算有关问题说明

1. 天棚工程工程量清单项目的划分与编码

(1) 清单项目的划分

1) 天棚抹灰。

2) 天棚吊顶(包括天棚吊顶、格栅及吊筒吊顶、藤条造型悬挂吊顶、织物软雕及网架(装饰)吊顶。

3) 天棚其他装饰(包括灯带、送风口、回风口)。

(2) 清单项目的编码

一级编码 02;二级编码 03(清单计价规范第三章,天棚工程);三级编码自 01～03(分别代表天棚抹灰、天棚吊顶、天棚其他装饰);四级编码从 001 开始,第三位数字依次递增;第五级编码自 001 开始,第三位数字依次递增,比如同一个工程中天棚抹灰有混合砂浆,还有水泥砂浆,则其编码为 020301001001(天棚抹混合砂浆)、020301001002(天棚抹水泥砂浆)。

2. 清单工程量计算有关问题说明

(1) 有关项目列项问题说明

1) 天棚的检查孔、天棚内的检修走道、灯槽等应包括在报价内。

2) 天棚吊顶的平面、跌级、锯齿形、阶梯形、吊挂式、藻井式以及矩形、弧形、拱形等应在清单项目中进行描述。

3) 采光天棚和天棚设置保温、隔热、吸声层时,按清单计价规范附录 A 相关项目编码列项。

(2) 有关项目特征的说明

1)"天棚抹灰"项目基层类型是指混凝土现浇板、预制混凝土板、木板条等。

2) 龙骨类型指上人或者不上人,以及平面、跌级、锯齿形、阶梯形、吊挂式、藻井式及矩形、圆弧形、拱形等类型。

3) 基层材料,是指底板或面层背后的加强材料。

4) 龙骨中距,是指相邻龙骨中线之间的距离。

5) 天棚面层适用于:石膏板(包括装饰石膏板、纸面石膏板、吸声穿孔石膏板、嵌装式装饰石膏等)、埃特板、装饰吸声罩面板(包括矿棉装饰吸声板、贴塑矿(岩)棉吸声板、膨胀珍珠岩石装饰吸声制品、玻璃棉装饰吸声板等)、塑料装饰罩面板(钙塑泡沫装饰吸声板、聚苯乙烯泡沫塑料装饰吸声板、聚氯乙烯塑料天花板等)、纤维水泥加压板(包括穿孔吸声石棉水泥板、轻质硅酸钙吊顶板等)、金属装饰板(包括铝合金罩面板、金属微孔吸声板、铝合金单体构件等)、木质饰板(胶合板、薄板、板条、水泥木丝板、刨花板等)。

6) 格栅吊顶面层适用于木格栅、金属格栅、塑料格栅等。

7) 吊筒吊顶适用于木(竹)质吊筒、金属吊筒、塑料吊筒以及圆形、矩形、扁钟形吊筒等。

8) 灯带格栅包括不锈钢格栅、铝合金格栅、玻璃类格栅等。

9) 送风口、回风口适用于金属、塑料、木质风口。

(3) 有关工程量计算的说明

1) 天棚抹灰与天棚吊顶工程量计算规则有所不同:天棚抹灰不扣除柱垛所占的面积;天棚吊顶不扣除柱垛所占的面积,但应扣除独立柱所占的面积。柱垛是指与墙体相连的柱而突出墙体部分。

2) 天棚吊顶应扣除窗帘盒与天棚吊顶相连的所占的面积。

3) 格栅吊顶、吊筒吊顶、藤条造型悬挂吊顶、织物软吊顶、网架(装饰)吊顶均按设计图示的吊顶尺寸水平投影面积计算。

(4) 有关工程内容的说明

“抹装饰线条”线角的道数以一个突出的棱角为一道线,在报价时应注意。

◆天棚工程清单工程量计算规则

1. 天棚抹灰

工程量清单项目设置及工程量计算规则,应按表 6-33 的规定执行。

表 6-33　天棚抹灰(编码:020301)

项目编码	项目名称	项目特征	计量单位	工程量计算规则	工程内容
020301001	天棚抹灰	1. 基层类型 2. 抹灰厚度、材料种类 3. 装饰线条道数 4. 砂浆配合比	m^2	按设计图示尺寸以水平投影面积计算。不扣除间壁墙、垛、柱、附墙烟囱、检查口和管道所占的面积,带梁天棚、梁两侧抹灰面积并入天棚面积内,板式楼梯底面抹灰按斜面积计算,锯齿形楼梯底板抹灰按展开面积计算	1. 基层清理 2. 底层抹灰 3. 抹面层 4. 抹装饰线条

2. 天棚吊顶

工程量清单项目设置及工程量计算规则，应按表 6-34 的规定执行。

表 6-34　天棚吊顶(编码:020302)

项目编码	项目名称	项目特征	计量单位	工程量计算规则	工程内容
020302001	天棚吊顶	1. 吊顶形式 2. 龙骨类型、材料种类、规格、中距 3. 基层材料种类、规格 4. 面层材料品种、规格、品牌、颜色 5. 压条材料种类、规格 6. 嵌缝材料种类 7. 防护材料种类 8. 油漆品种、刷漆遍数		按设计图示尺寸以水平投影面积计算。天棚面中的灯槽及跌级、锯齿形、吊挂式、藻井式天棚面积不展开计算。不扣除间壁墙、检查口、附墙烟囱、柱垛和管道所占面积，扣除单个 0.3m³ 以外的孔洞、独立柱及与天棚相连的窗帘盒所占的面积	1. 基层清理 2. 龙骨安装 3. 基层板铺贴 4. 面层铺贴 5. 嵌缝 6. 刷防护材料、油漆
020302002	格栅吊顶	1. 龙骨类型、材料种类、规格、中距 2. 基层材料种类、规格 3. 面层材料品种、规格、品牌、颜色 4. 防护材料种类 5. 油漆品种、刷漆遍数	m^2	按设计图示尺寸以水平投影面积计算	1. 基层清理 2. 底层抹灰 3. 安装龙骨 4. 基层板铺贴 5. 面层铺贴 6. 刷防护材料、油漆
020302003	吊筒吊顶	1. 底层厚度、砂浆配合比 2. 吊筒形状、规格、颜色、材料种类 3. 防护材料种类 4. 油漆品种、刷漆遍数			1. 基层清理 2. 底层抹灰 3. 吊筒安装 4. 刷防护材料、油漆
020302004	藤条造型悬挂吊顶	1. 底层厚度、砂浆配合比 2. 骨架材料种类、规格			1. 基层清理 2. 底层抹灰 3. 龙骨安装 4. 铺贴面积 5. 刷防护材料、油漆
020302005	织物软雕吊顶	3. 面层材料品种、规格、颜色 4. 防护层材料种类 5. 油漆品种、刷漆遍数		按设计图示尺寸以水平投影面积计算	
020302006	网架(装饰)吊顶	1. 底层厚度、砂浆配合比 2. 面层材料品种、规格、颜色 3. 防护材料品种 4. 油漆品种、刷漆遍数			1. 基层清理 2. 底面抹灰 3. 面层安装 4. 刷防护材料、油漆

3. 天棚其他装饰

工程量清单项目设置及工程量计算规则，应按表 6-35 的规定执行。

表 6-35　天棚其他装饰(编码:020303)

项目编码	项目名称	项目特征	计量单位	工程量计算规则	工程内容
020303001	灯带	1. 灯带形式、尺寸 2. 格栅片材料品种、规格、品牌、颜色 3. 安装固定方式	m^2	按设计图示尺寸以框外围面积计算	安装、固定
020303002	送风口、回风口	1. 风口材料品种、规格、品牌、颜色 2. 安装固定方式 3. 防护材料种类	个	按设计图示数量计算	1. 安装、固定 2. 刷防护材料

相关知识

◆工程量计算规格及用量表

1. 龙骨形式与规格

(1) 木骨架常见形式与龙骨规格

木骨架常见形式与龙骨规格见表 6-36。

表 6-36　木骨架常见形式与龙骨规格　　单位:mm

骨架类型			分格尺寸($a\times b$)(中距:mm)	龙骨截面
吊顶木骨架			250×250　300×300	25×35　30×45
隔墙木骨架	单层	大方木	500×500　800×500	50×80　50×100
		小方木	300×300　400×400	30×45　40×55
	双层		300×300　400×400	25×35　30×40
壁面木骨架			300×300　300×240 450×450　500×500	25×35　30×40 40×40　40×50
墙裙木骨架			300×300	25×35
木楼地面木搁栅			400×400　450×450	30×40　40×50

(2) 木龙骨各种规格含量表

木龙骨各种规格含量见表 6-37。

2. 各种天棚、吊顶木楞规格及中距计算参考表

各种天棚、吊顶木楞规格及中距计算参考见表 6-38。

3. 天棚吊顶木材用量参考表

天棚吊顶木材用量参考见表 6-39。

表 6-37　木龙骨各种规格含量表

规格(mm) \ 每 100m² 含量(m³) \ 中距(mm)	双向木龙骨		单向木龙骨	
	450×450	500×500	450×450	500×500
24×30	0.387	0.343	0.200	0.175
25×40	0.537	0.477	0.277	0.243
30×40	0.645	0.572	0.333	0.291
25×50	0.684	0.596	0.347	0.303
40×40	0.860	0.763	0.444	0.388
40×50	1.075	0.953	0.555	0.485

表 6-38　各种天棚、吊顶木楞规格及中距计算参考表

类别	主楞跨度(m)		主楞(cm)			次楞(m)			板厚	保温层厚度
			中距	断面		中距	断面			
				方木	圆木		不靠墙	靠墙		(cm)
保温天棚	1.5 以内					50	4×6	3×6	1.5	5
	3.0 以内		150	7×12	$\phi10$	45	4×6	3×6	1.5	5
	4.0 以内		120	7×12	$\phi10$	45	4×6	3×6	1.5	5
普通天棚	1.5 以内					50	4×5	3×5		
	3.0 以内		150	6×12	$\phi8$	45	4×5	3×5		
	4.0 以内		120	6×12	$\phi8$	45	4×5	3×5		
	楞木吊在混凝土板上	单层楞				50	4×5	3×5		
		双层楞	150	4×8	$\frac{1}{2}\phi8$	50	4×5	3×5		

表 6-39　天棚吊顶木材用量参考表

项　目	规格(mm)	单　位	每 100m² 用量
搁棚	70×120	m³	0.803
	70×130	m³	0.891
	70×140	m³	0.968
	70×150	m³	1.045
	80×140	m³	1.122
	80×150	m³	1.199
	80×160	m³	1.287
	90×150	m³	1.342
	90×160	m³	1.403
吊顶搁棚	40×40	m³	0.475
	40×60	m³	0.713
吊木	40×40	m³	0.330

实例分析

◆例 6-4

某公司会议中心吊顶平面布置图如图 6-8 所示，编制其分部分项工程量清单、综合单价及合价表。

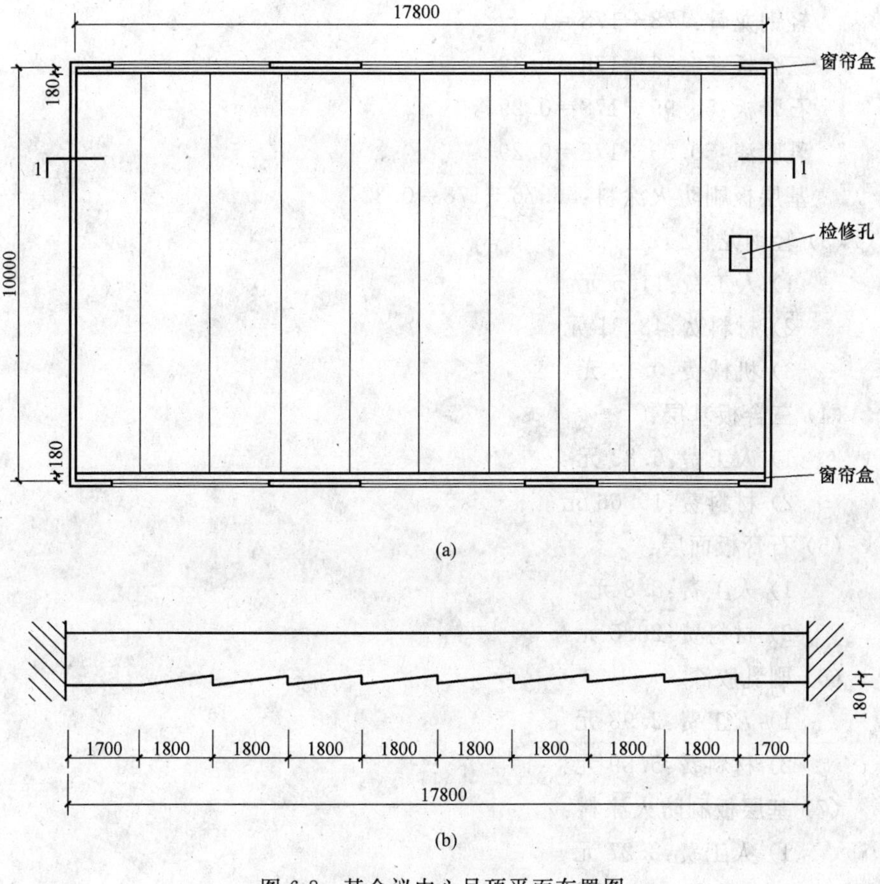

图 6-8　某会议中心吊顶平面布置图

(a) 平面图；(b) 1—1 剖面图

解：(1) 清单工程量计算：$17.8\times10=178(m^2)$

(2) 消耗量定额工程量：

1) 工程量计算：

轻钢龙骨：$178m^2$

三合板：$(1.7\times2+\sqrt{1.8^2+0.18^2}\times8)\times(10-0.18\times1.8)+0.18\times1.8\times$

$17.8=56.76(m^2)$

石膏板:天棚装饰面层应扣除与天棚相连的窗帘盒所占的面积。

$$(1.7\times2+\sqrt{1.8^2+0.18^2\times8})\times(10-0.18\times1.8)=50.99(m^2)$$

乳胶漆:$50.99m^2$

基层板刷防火涂料:$56.76m^2$

2) 计算清单项目每计量单位应包含的各项工程内容的工程数量:

轻钢龙骨:178÷178=1

三合板:56.76÷178=0.32

石膏板:50.99÷178=0.29

乳胶漆:50.99÷178=0.29

基层板刷防火涂料:56.76÷178=0.32

(3) 轻钢龙骨:

1) 人工费:11.5元

2) 材料费:43.31元

3) 机械费:0.12元

(4) 三合板基层:

1) 人工费:6.83元

2) 材料费:15.66元

(5) 石膏板面层:

1) 人工费:8.8元

2) 材料费:28.5元

(6) 刷乳胶漆:

1) 人工费:2.98元

2) 材料费:5.89元

(7) 基层板刷防火涂料:

1) 人工费:2.27元

2) 材料费:3.75元

(8) 综合:

直接费合计:129.61元

管理费:129.61×34%=44.07(元)

利润:129.61×8%=10.37(元)

综合单价:184.05元

合计:184.05×178=32760.9(元)

表 6-40　分部分项工程量清单计价表

序号	项目编号	项目名称	项目特征描述	计算单位	工程数量	金额(元)		
						综合单价	合价	其中:直接费
1	020302001001	天棚吊顶	吊顶形式:艺术造型天棚 龙骨材料类型:锯齿直线型轻钢龙骨; 基层材料:三合板; 面层材料:石膏板刷乳胶漆; 防护:基层板刷防火涂料两遍	m^2	178	184.05	32760.9	129.61

表 6-41　分部分项工程量清单综合单价计算表

项目编号	020202002001		项目名称		柱面装饰抹灰		计量单位		m²	
清单综合单价组成明细										
定额编号	工程内容	单位	数量	单价(元)			合价(元)			
				人工费	材料费	机械费	人工费	材料费	机械费	管理费和利润
—	吊件加工安装龙骨	m^2	1.00	11.5	43.31	0.12	11.5	43.31	0.12	23.07
—	安装三合板基层	m^2	0.32	6.83	15.66	—	6.83	15.66	—	9.45
—	安装石膏板面层	m^2	0.29	8.8	28.5	—	8.8	28.5	—	15.66
—	刷乳胶漆	m^2	0.29	2.98	5.89	—	2.98	5.89	—	3.73
—	基层板刷防火涂料	m^2	0.32	2.27	3.75	—	2.27	3.75	—	2.53
小　计							32.38	97.11	0.12	54.44
清单项目综合单价							184.05			

第四节　门 窗 工 程

要点

本节主要介绍门窗工程的清单工程量计算有关问题说明及门窗工程清单工程量计算规则,读者应侧重掌握门窗工程工程清单工程量计算规则在实际中的应用。

解释

◆清单工程量计算有关问题说明

1. 门窗工程工程量清单项目的划分与编码

(1) 清单项目的划分

1）木门(包括镶板木门、企口木板门、实木装饰门、胶合板门、夹板装饰门、木质防火门、木纱门、连窗门)。

2）金属门(包括金属平开、推拉、地弹门,彩板门、塑钢门、防盗门、钢质防火门)。

3）金属卷帘门(包括金属卷帘门、金属格栅门、防火卷帘门)。

4）其他门(包括电子感应门、转门、电子对讲门、电动伸缩门、全玻门(带扇框)、全玻自由门(无扇框)、半玻门(带扇框)、镜面不锈钢饰面门)。

5）木窗(包括木质平开、推拉窗,矩形、异形木百叶窗,木组合窗,木天窗,矩形、异形固定窗,装饰空花木窗)。

6）金属窗(包括金属推拉、平开、固定、百叶、组合窗,彩板窗,塑钢窗,金属防盗窗,金属格栅窗,特殊五金窗)。

7）门窗套(包括木、金属、石材门窗套,门窗木贴脸、硬木筒子板、饰面夹板筒子板)。

8）窗帘盒、窗帘轨(包括木窗帘盒,饰面夹板、塑料窗帘盒,金属窗帘盒、窗帘轨)。

9）窗台板(包括木、铝塑、石材、金属窗台板)。

(2) 清单项目的编码

一级编码02;二级编码04(清单计价规范第四章,门窗工程);三级编码自01～09(从木门至窗台板);四级编码从001开始,根据同一个全部项目中清单项目多少,四级编码的第三位数字依次递增,如木门项目中,从镶板门至连窗门四级编码从001～008;五级编码从001开始,对洞口大小不同的同一类型门窗,其第五级编码应分别设置。

2. 清单工程量计算有关问题说明

(1) 有关项目列项问题说明

1）木门窗五金包括:折页、插锁、风钩、弓背拉手、搭扣、弹簧折页(自动门)、管子拉手(自由门、地弹门)、地弹簧(地弹门)、滑轮、门轧头(地弹门、自由门)、角铁、木螺丝等。

2）铝合金门窗五金包括:卡销、滑轮、铰拉、执手、拉把、拉手、风撑、角码、牛角制、地弹簧、门销、门插、门铰等。

3）其他五金包括:L形执手锁(双舌)、球形执手锁(单舌)、门轧头、地锁、防盗门扣、门眼、门碰珠、电子锁(磁卡锁)、闭门器、装饰拉手等。

4）门窗框与洞口之间缝的填塞,应包括在报价内。

5）实木装饰门项目也适用于竹压板装饰门。

6）转门项目适用于电子感应和人力推动转门。

7）“特殊五金”项目指贵重五金及业主认为应单独列项的五金配件。

(2) 有关项目特征的说明

1) 项目特征中的门窗类型是指带亮子或不带亮子，带纱或不带纱，单扇、双扇或三扇，半百叶或全百叶，半玻或全玻，全玻自由或半玻自由，带门框或不带门框、单独门框和开启方式(平开、推拉、折叠)等。

2) 框截面尺寸(或面积)指边立梃截面尺寸或面积。

3) 凡面层材料有品种、规格、品牌、颜色要求的，应在工程量清单中进行描述。

4) 特殊五金名称是指拉手、门锁、窗锁等，用途是指具体使用的门或窗，应在工程量清单中进行描述。

5) 门窗套、贴脸板、筒子板和窗台板项目，包括底层抹灰，如底层抹灰已包括在墙、柱面底层抹灰内，应在工程量清单中进行描述。

(3) 有关工程量计算说明

1) 门窗工程量均以"樘"计算，如遇框架结构的连续长窗也以"樘"计算，但对连续长窗的扇数和洞口尺寸应在工程量清单中进行描述。

2) 门窗套、门窗贴脸、筒子板"以展开面积计算"，即指按其铺钉面积计算。

3) 窗帘盒、窗台板，若为弧形时，其长度以中心线计算。

(4) 有关工程内容的说明

1) 木门窗的制作应考虑木材的干燥损耗、刨光损耗、下料后备长度、门窗走头增加的体积等。

2) 防护材料可分为防火、防腐、防虫、防潮、耐磨、耐老化等材料，应根据清单项目要求报价。

◆门窗工程清单工程量计算规则

1. 木门

工程量清单项目设置及工程量计算规则，应按表6-42的规定执行。

表6-42　木门(编码:020401)

项目编码	项目名称	项目特征	计量单位	工程量计算规则	工程内容
020401001	镶板木门	1. 门类型 2. 框截面尺寸、单扇面积 3. 骨架材料种类 4. 面层材料品种、规格、品牌、颜色 5. 玻璃品种、厚度、五金材料、品种、规格 6. 防护层材料种类 7. 油漆品种、刷漆遍数	樘/m^2	按设计图示数量或设计图示洞口尺寸以面积计算	1. 门制作、运输、安装 2. 五金、玻璃安装 3. 刷防护材料、油漆
020401002	企口木板门				
020401003	实木装饰门				
020401004	胶合板门				

续表

项目编码	项目名称	项目特征	计量单位	工程量计算规则	工程内容
020401005	夹板装饰门	1. 门类型 2. 框截面尺寸、单扇面积 3. 骨架材料种类 4. 防火材料种类 5. 门纱材料品种、规格 6. 面层材料品种、规格、品牌、颜色 7. 玻璃品种、厚度、五金材料、品种、规格 8. 防护材料种类 9. 油漆品种、刷漆遍数	樘/m²	按设计图示数量或设计图示洞口尺寸以面积计算	1. 门制作、运输、安装 2. 五金、玻璃安装 3. 刷防护材料、油漆
020401006	木质防火门				
020401007	木纱门				
020401008	连窗门	1. 门窗类型 2. 框截面积尺寸、单扇面积 3. 骨架材料种类 4. 面层材料品种、规格、品牌、颜色 5. 玻璃品种、厚度、五金材料、品种、规格 6. 防护材料种类 7. 油漆品种、刷漆遍数			

2. 金属门

工程量清单项目设置及工程量计算规则，应按表 6-43 的规定执行。

表 6-43　金属门(编码:020402)

项目编码	项目名称	项目特征	计量单位	工程量计算规则	工程内容
020402001	金属平开门	1. 门类型 2. 框材质、外围尺寸 3. 扇材质、外围尺寸 4. 玻璃品种、厚度、五金材料、品种、规格 5. 防护材料种类 6. 油漆品种、刷漆遍数	樘/m²	按设计图示数量或设计图示洞口尺寸以面积计算	1. 门制作、运输、安装 2. 五金、玻璃安装 3. 刷防护材料、油漆
020402002	金属推拉门				
020402003	金属地弹门				
020402004	彩板门				
020402005	塑钢门				
020402006	防盗门				
020402007	钢质防火门				

3. 金属卷帘门

工程量清单项目设置及工程量计算规则，应按表 6-44 的规定执行。

表 6-44 金属卷帘门(编码:020403)

<table>
<tr><th>项目编码</th><th>项目名称</th><th>项目特征</th><th>计量单位</th><th>工程量计算规则</th><th>工程内容</th></tr>
<tr><td>020403001</td><td>金属卷闸门</td><td rowspan="3">1. 门材质、框外围尺寸
2. 启动装置品种、规格、品牌
3. 五金材料、品种、规格
4. 刷防护材料种类
5. 油漆品种、刷漆遍数</td><td rowspan="3">樘/m^2</td><td rowspan="3">按设计图示数量或设计图示洞口尺寸以面积计算</td><td rowspan="3">1. 门制作、运输、安装
2. 启动装置、五金安装
3. 刷防护材料、油漆</td></tr>
<tr><td>020403002</td><td>金属搁栅门</td></tr>
<tr><td>020403003</td><td>防火卷帘门</td></tr>
</table>

4. 其他门

工程量清单项目设置及工程量计算规则，应按表 6-45 的规定执行。

表 6-45 其他门(编码:020404)

<table>
<tr><th>项目编码</th><th>项目名称</th><th>项目特征</th><th>计量单位</th><th>工程量计算规则</th><th>工程内容</th></tr>
<tr><td>020404001</td><td>电子感应门</td><td rowspan="4">1. 门材质、品牌、外围尺寸
2. 玻璃品种、厚度、五金材料、品种、规格
3. 电子配件品种、规格、品牌
4. 防护材料种类
5. 油漆品种、刷漆遍数</td><td rowspan="8">樘/m^2</td><td rowspan="8">按设计图示数量或设计图示洞口尺寸以面积计算</td><td rowspan="4">1. 门制作、运输、安装
2. 五金、电子配件安装
3. 刷防护材料、油漆</td></tr>
<tr><td>020404002</td><td>转门</td></tr>
<tr><td>020404003</td><td>电子对讲门</td></tr>
<tr><td>020404004</td><td>电动伸缩门</td></tr>
<tr><td>020404005</td><td>全玻门(带扇框)</td><td rowspan="4">1. 门类型
2. 框材质、外围尺寸
3. 扇材质、外围尺寸
4. 玻璃品种、厚度、五金材料、品种、规格
5. 防护材料种类
6. 油漆品种、刷漆遍数</td><td rowspan="3">1. 门制作、运输、安装
2. 五金安装
3. 刷防护材料、油漆</td></tr>
<tr><td>020404006</td><td>全玻自由门(无扇框)</td></tr>
<tr><td>020404007</td><td>半玻门(带扇框)</td></tr>
<tr><td>020404008</td><td>镜面不锈钢饰面门</td><td>1. 门扇骨架及基层制作、运输、安装
2. 包面层
3. 五金安装
4. 刷防护材料</td></tr>
</table>

5. 木窗

工程量清单项目设置及工程量计算规则，应按表 6-46 的规定执行。

表 6-46 木窗(编码:020405)

项目编码	项目名称	项目特征	计量单位	工程量计算规则	工程内容
020405001	木质平开窗	1. 窗类型 2. 框材质、外围尺寸 3. 扇材质、外围尺寸 4. 玻璃品种、厚度、五金材料、品种、规格 5. 防护材料种类 6. 油漆品种、刷漆遍数	樘/m^2	按设计图示数量或设计图示洞口尺寸以面积计算	1. 窗制作、运输、安装 2. 五金、玻璃安装 3. 刷防护材料、油漆
020405002	木质推拉窗				
020405003	矩形木百叶窗				
020405004	异形木百叶窗				
020405005	木组合窗				
020405006	木天窗				
020405007	矩形木固定窗				
020405008	异形木固定窗				
020405009	装饰空花木窗				

6. 金属窗

工程量清单项目设置及工程量计算规则,应按表 6-47 的规定执行。

表 6-47 金属窗(编码:020406)

项目编码	项目名称	项目特征	计量单位	工程量计算规则	工程内容
020406001	金属推拉窗	1. 窗类型 2. 框材质、外围尺寸 3. 扇材质、外围尺寸 4. 玻璃品种、厚度、五金材料、品种、规格 5. 防护材料种类 6. 油漆品种、刷漆遍数	樘/m^2	按设计图示数量或设计图示洞口尺寸以面积计算	1. 窗制作、运输、安装 2. 五金、玻璃安装 3. 刷防护材料、油漆
020406002	金属平开窗				
020406003	金属固定窗				
020406004	金属百叶窗				
020406005	金属组合窗				
020406006	彩板窗				
020406007	塑钢窗				
020406008	金属防盗窗				
020406009	金属搁栅窗				
020406010	特殊五金	1. 五金名称、用途 2. 五金材料、品种、规格	个/套	按设计图示数量计算	1. 五金安装 2. 刷防护材料、油漆

7. 门窗套

工程量清单项目设置及工程量计算规则,应按表 6-48 的规定执行。

表 6-48　门窗套(编码:020407)

<table>
<tr><th>项目编码</th><th>项目名称</th><th>项目特征</th><th>计量单位</th><th>工程量计算规则</th><th>工程内容</th></tr>
<tr><td>020407001</td><td>木门窗套</td><td rowspan="6">1. 底层厚度、砂浆配合比
2. 立筋材料种类、规格
3. 基层材料种类
4. 面层材料品种、规格、品种、品牌、颜色
5. 防护材料种类
6. 油漆品种、刷油遍数</td><td rowspan="6">m^2</td><td rowspan="6">按设计图示尺寸以展开面积计算</td><td rowspan="6">1. 清理基层
2. 底层抹灰
3. 立筋制作、安装
4. 基层板安装
5. 面层铺贴
6. 刷防护材料、油漆</td></tr>
<tr><td>020407002</td><td>金属门窗套</td></tr>
<tr><td>020407003</td><td>石材门窗套</td></tr>
<tr><td>020407004</td><td>门窗木贴脸</td></tr>
<tr><td>020407005</td><td>硬木筒子板</td></tr>
<tr><td>020407006</td><td>饰面夹板筒子板</td></tr>
</table>

8. 窗帘盒、窗帘轨

工程量清单项目设置及工程量计算规则，应按表 6-49 的规定执行。

表 6-49　窗帘盒、窗帘轨(编码:020408)

<table>
<tr><th>项目编码</th><th>项目名称</th><th>项目特征</th><th>计量单位</th><th>工程量计算规则</th><th>工程内容</th></tr>
<tr><td>020408001</td><td>木窗帘盒</td><td rowspan="4">1. 窗帘盒材质、规格、颜色
2. 窗帘轨材质、规格
3. 防护材料种类
4. 油漆品种、刷漆遍数</td><td rowspan="4">m</td><td rowspan="4">按设计图示尺寸以长度计算</td><td rowspan="4">1. 制作、运输、安装
2. 刷防护材料、油漆</td></tr>
<tr><td>020408002</td><td>饰面夹板、塑料窗帘盒</td></tr>
<tr><td>020408003</td><td>金属窗帘盒</td></tr>
<tr><td>020408004</td><td>窗帘轨</td></tr>
</table>

9. 窗台板

工程量清单项目设置及工程量计算规则，应按表 6-50 的规定执行。

表 6-50　窗台板(编码:020409)

<table>
<tr><th>项目编码</th><th>项目名称</th><th>项目特征</th><th>计量单位</th><th>工程量计算规则</th><th>工程内容</th></tr>
<tr><td>020409001</td><td>木窗台板</td><td rowspan="4">1. 找平层厚度、砂浆配合比
2. 窗台板材质、规格、颜色
3. 防护材料种类
4. 油漆种类、刷漆遍数</td><td rowspan="4">m</td><td rowspan="4">按设计图示尺寸以长度计算</td><td rowspan="4">1. 基层清理
2. 抹找平层
3. 窗台板制作、安装
4. 刷防护材料、油漆</td></tr>
<tr><td>020409002</td><td>铝塑窗台板</td></tr>
<tr><td>020409003</td><td>石材窗台板</td></tr>
<tr><td>020409004</td><td>金属窗台板</td></tr>
</table>

相关知识

◆**工程量计算规格及用量表**

1. 胶合板幅面尺寸及厚度

胶合板幅面尺寸及厚度见表 6-51。

表 6-51　胶合板幅面尺寸及厚度表　　单位:mm

胶合板幅面尺寸及厚度						胶合板厚度	
宽度	长度					层数	厚度
915	915	1525	1830	2135		3	3～6
						5	5～12
1220	1220	1830	2135	2440		7	7～19
1525	1525					9	12.5～25
						11 以上	11～30

2. 构件木材后备长度

构件木材后备长度见表 6-52。

表 6-52　构件木材后备长度表

构件名称	说　明	增加后备长度(mm)
门框立坎	有下坎者按图标外口尺寸	20
	无下坎者按图标外口尺寸	50
门框上、中、下坎	按图标外口尺寸	20
窗框	按图标尺寸,每根料	20
门扇立梃	按图标尺寸	50
门扇冒头	按图标尺寸	20
门扇玻璃	按图标尺寸	20
门芯板	按图标尺寸,长宽各增加	20
窗扇立梃	按图标尺寸	40
窗扇上、下冒头	按图标尺寸	20
亮子料	按图标尺寸	20
窗扇玻璃	按图标尺寸	20
间壁墙墙筋	按图标尺寸	20
楼地木楞	按图标尺寸	50
天棚主楞	按图标尺寸	50
屋架料	上下弦按图标尺寸,每根料	50
	立人、拉杆、夹板、每根料	20
檩木	按图标尺寸,每根料	50
木装修板方	按图标尺寸	20

3. 主材用料量

1）松木门窗用料量见表 6-53。

表 6-53　松木门窗用料量表

序号	名　　称	松木毛料量(m^3/m^2)	序号	名　　称	松木毛料量(m^3/m^2)
1	纤维板门	0.0274	4	半截玻璃门带纱扇	0.0492
2	三合板门	0.0308	5	半截玻璃门	0.0330
3	五合板门	0.0308	6	全玻璃门	0.0438

续表

序号	名　　称	松木毛料量（m^3/m^2）	序号	名　　称	松木毛料量（m^3/m^2）
7	装纤维板门(中小学专用)	0.0356	25	内开一玻一纱窗	0.0411
8	拼板门	0.0490	26	内开单玻窗	0.0301
9	壁橱门	0.0265	27	杂用固定玻璃窗	0.0247
10	搁楼门	0.0363	28	杂用立转一玻一纱窗	0.0530
11	库房大门	0.0441	29	杂用立转玻璃窗	0.0308
12	变电室门	0.0362	30	推拉杂用窗(活扇)	0.0438
13	隔声门	0.0421	31	推拉杂用窗(固定扇)	0.0222
14	冷藏门	0.0777	32	提拉杂用窗	0.0188
15	机房门	0.0387	33	橱窗(带护窗板)	0.0450
16	厕浴门	0.0098	34	橱窗	0.0203
17	围墙大门	0.0742	35	中悬窗	0.0300
18	阳台门联窗带纱扇	0.0457	36	组合窗	0.0292
19	阳台门联窗	0.0344	37	双层玻璃窗	0.0603
20	保温隔声门(三合板)	0.0416	38	百叶窗	0.0421
21	保温隔声门(五合板)	0.0424	39	圆、半圆、多角形窗	0.0603
22	防火门	0.0551	40	半截玻璃隔断	0.0429
23	外开一玻一纱窗	0.0462	41	全玻璃隔断	0.0312
24	外开单玻窗	0.0335			

2）硬木门窗用料量见表 6-54。

表 6-54　硬木门窗用料量表

序号	名　　称	硬木毛料量（m^3/m^2）	序号	名　　称	硬木毛料量（m^3/m^2）
1	三合板门	0.0506	8	单层玻璃窗(活扇)	0.0407
2	五合板门	0.0506	9	单层玻璃窗(框安玻璃)	0.0259
3	半截玻璃门带纱扇	0.0779	10	双层一纱窗	0.0784
4	半截玻璃门	0.0564	11	双层玻璃窗(活扇)	0.0463
5	全玻璃门	0.0552	12	双层玻璃窗(框安玻璃)	0.0285
6	厕浴门及隔断	0.0114	13	半截玻璃隔断	0.0442
7	一玻一纱窗(活扇)	0.0590	14	全玻璃隔断	0.0312

3）钢框木门用料量见表 6-55。

表 6-55　钢框木门用料量表

序号	名　　称	松木毛料量(m^3/m^2)	钢框重量(kg/m^2)
1	纤维板门	0.0131	4.174
2	防盗门	0.0374	4.262
3	厕浴门	0.0114	4.694
4	半截玻璃门	0.0146	6.012
5	壁橱门	0.0110	3.929
6	搁楼门	0.0124	7.059
7	大门	0.0297	32.616
8	上翻车库门	—	19.814
9	隔断专用钢窗	—	6.972

4）门窗贴脸用料量见表 6-56。

表 6-56　门窗贴脸(100m)用料量参考

材料名称	规格(mm)	单　　位	数　　量
木方	20×47(毛料)	m^3	0.141
木方	17×17(毛料)	m^3	0.043
钉子	40	kg	0.85
钉子	50	kg	1.75

5）筒子板用料量见表 6-57。

表 6-57　筒子板($10m^2$)用料量参考

材料名称	规格(mm)	单　　位	数　　量
木方	30×30	m^3	0.05
木方	25×30	m^3	0.012
木方	19×35	m^3	0.008
木方	20×47	m^3	0.038
木砖	60×60×120	m^3	0.018
五层胶合板		m^2	10.3
油毡		m^2	11
钉子		kg	0.72

6）木窗台板用料量见表 6-58。

表 6-58　木窗台板(10m)用料量参考

材料名称	规格(mm)	单位	墙厚(mm)			240mm 墙时	
			240	370	490	推拉窗	提拉窗
木板	厚 25(毛料)	m^3	0.46	0.006	0.119	0.079	0.111
压条	25×25	m^3				0.0166	
压条	20×45	m^3				0.0238	

7）窗帘杆材料用量见表 6-59。

表 6-59　窗帘杆（根）材料用量表（按 $L=1.2m$ 计算）

钢筋窗帘杆				铅丝窗帘杆			
材料名称	规格(mm)	单位	数量	材料名称	规格(mm)	单位	数量
钢筋	$\phi 8$	kg	0.71	铅丝	14 号	kg	0.06
垫圈	$\phi 20, \delta=1.5$	个	2	长钩钉	$L=108$	个	2
铁板	$\delta=4$	kg	0.4	垫圈	$\phi 25, \delta=1.5$	个	1
螺形螺母	$\phi 8$	个	2	套钩	$\phi 6, L=100$	个	1
木螺丝	$\phi 4, L=35$	个	8	螺形螺母	$\phi 6$	个	1

8）窗帘盒用料量见表 6-60。

表 6-60　窗帘盒（个）用料量参考（按 $L=1m$ 计算）

材料名称	规格(mm)	单　位	数　量
木板	25×125(毛料)	m^2	0.0095
木板	20×120(毛料)	m^2	0.0055
扁铁	$-3\times 40, L=200$	kg	0.46
扁铁	$-2\times 20, L=55$	kg	0.05
钢筋	$\phi 8$	kg	0.56
钢筋	$\phi 12$	kg	0.27
木螺丝	$\phi 3.5, L=22$	个	8

9）普通钢门窗五金配件用量见表 6-61。

表 6-61　普通钢门窗五金配件用量表　　单位：$100m^2$

配件名称	规　格	单位	数量	普通冲压镀锌		说明
				单价(元)	合价(元)	
铆钉	$\phi 5\times 4$	百只	23.52	6.00	141.12	如采用普通冲压镀铬件、锌铜件者，单价允许调整
上撑	275mm(套眼撑)	件	52.00	1.30	67.60	
定位脚	直庄	件	52.00	0.47	24.44	
搁脚		件	52.00	0.18	9.36	
平开下撑	235mm(套眼撑)	件	158.00	1.25	197.50	
定位搁脚	弯庄	件	158.00	0.62	97.96	
执手		件	158.00	3.60	568.80	
轧头		件	158.00	0.65	102.70	
沉头螺钉	镀锌自攻螺丝 M5×8、M5×10	百只	12.69	1.99	25.25	
综合基价		元	—	—	1234.73	

实例分析

◆**例 6-5**

某宾馆玻璃隔断带电子感应自动门,某隔断为 12mm 厚钢化玻璃,边框为不锈钢,12mm 厚钢化玻璃门,带有电磁感应装置一套(日本 ABA)。试编制工程量清单计价表及综合单价计算表。

解:1. 经业主根据施工图计算

1) 12mm 厚钢化玻璃隔断 10.8m^2;

2) 电子感应门一樘。

2. 投标人根据施工图及施工方案计算

(1) 玻璃隔断

1) 12mm 厚钢化玻璃隔断,工程量为 10.8m^2。

人工费:16.53×10.8=178.52(元)

材料费:322.14×10.8=3479.11(元)

机械费:17.08×10.8=184.46(元)

2) 不锈钢边框,工程量为 1.26m^2。

人工费:28.57×1.26=36.00(元)

材料费:434.58×1.26=547.57(元)

机械费:19.18×1.26=24.17(元)

3) 综合:

直接费合计:4449.83 元

管理费:4449.83×34%=1512.94(元)

利润:4449.83×8%=355.99(元)

总计:6318.76 元

综合单价:6318.76÷10.8=585.07(元/m^2)

(2) 电子感应门

1) 电子感应玻璃门电磁感应装置,1 套。

人工费:72.90×1=72.90(元)

材料费:15012.26×1=15012.26(元)

机械费:3.02×1=3.02(元)

2) 12mm 厚钢化玻璃门,工程量为 9.6m^2。

人工费:45.58×9.6=437.57(元)

材料费:909.95×9.6=8735.52(元)

机械费:29.36×9.6=281.86(元)

3）综合：

直接费合计：24543.13 元

管理费：24543.13×34%＝8344.66（元）

利润：24543.13×8%＝1963.45（元）

总计：34851.24 元

综合单价：34851.24÷1＝34851.24（元/樘）

表 6-62　分部分项工程量清单计价表

序号	项目编号	项目名称	项目特征描述	计算单位	工程数量	金额（元）		
						综合单价	合价	其中：直接费
1	020209001001	隔断	玻璃隔断 12mm 厚钢化玻璃 边框为不锈钢 0.8mm 厚 玻璃胶嵌缝	m^2	10.8	585.07	6318.76	4449.83
2	020404001001	电子感应门	电磁感应装置（日本 ABA） 钢化玻璃门 12mm 厚	樘	1	34851.24	34851.24	24543.13

表 6-63　分部分项工程量清单综合单价计算表

项目编号	020209001001		项目名称	隔断		计量单位		m^2
清单综合单价组成明细										

定额编号	工程内容	单位	数量	单价（元）			合价（元）			
				人工费	材料费	机械费	人工费	材料费	机械费	管理费和利润
—	钢化玻璃隔断（厚 12mm）	m^2	10.8	16.53	322.14	17.08	178.52	3479.11	184.46	1613.68
—	不锈钢边框	m^2	1.26	28.57	434.58	19.18	36	547.57	24.17	255.25
小计							214.52	4026.68	208.63	1868.93
清单项目综合单价							585.07			

表 6-64　分部分项工程量清单综合单价计算表

项目编号	020404001001		项目名称	电子感应门		计量单位		樘

清单综合单价组成明细

定额编号	工程内容	单位	数量	单价（元）			合价（元）			
				人工费	材料费	机械费	人工费	材料费	机械费	管理费和利润
—	电磁感应装置	套	1	72.90	15012.26	.3.02	72.90	15012.26	3.02	6337.04
—	12mm 厚钢化玻璃	m^2	9.6	45.58	909.95	29.36	437.57	8735.52	281.86	3971.08
小计							510.47	23747.78	284.88	10308.12
清单项目综合单价							34851.24			

◆**例 6-6**

某工程有 20 个窗户，其窗帘盒为木制，如图 6-9 所示。试编制工程量清单计价表及综合单价计算表。

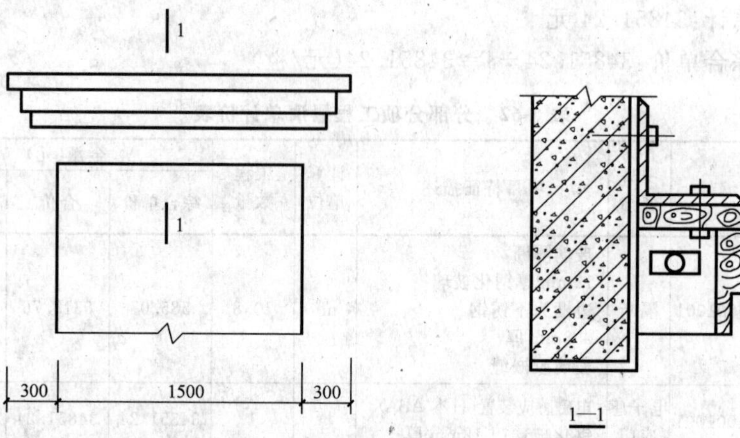

图 6-9　××工程木制窗帘盒立面及剖面示意图

解：1. 业主根据施工图计算

窗帘盒的工程量为：(1.5＋0.3×2)×20＝42(m)

2. 投标人根据施工图及施工方案计算

(1) 明装硬木单轨窗帘盒

1）人工费：11.89×42＝499.38(元)

2）材料费：31.52×42＝1323.84(元)

3）机械费：3.61×42＝151.62(元)

(2) 综合

1）直接费合计：499.38＋1323.84＋151.62＝1974.84(元)

2）管理费：1974.84×34%＝671.45(元)

3）利润：1974.84×8%＝157.99(元)

4）总计：1974.84＋671.45＋157.99＝2804.28(元)

5）综合单价：2804.28÷42＝66.77(元/m)

表 6-65　分部分项工程量清单计价表

序号	项目编号	项目名称	项目特征描述	计算单位	工程数量	金额(元)		
						综合单价	合价	其中：直接费
1	020408001001	木窗帘盒	硬木、单轨道、明装	m	42	66.77	2804.28	1974.84

表 6-66　分部分项工程量清单综合单价计算表

项目编号	020408001001	项目名称		木窗帘盒		计量单位		m
清单综合单价组成明细								
定额编号	工程内容	单位	数量	单价(元)			合价(元)			
				人工费	材料费	机械费	人工费	材料费	机械费	管理费和利润
—	明装硬木单轨道窗帘盒	m	42	11.89	31.52	3.61	499.38	1323.84	151.62	829.44
小计							499.38	1323.84	151.62	829.44
清单项目综合单价							66.77			

第五节　油漆、涂料、裱糊工程

要点

本节主要介绍油漆、涂料、裱糊工程的清单工程量计算有关问题说明及油漆、涂料、裱糊工程清单工程量计算规则，读者应侧重掌握油漆、涂料、裱糊工程工程清单工程量计算规则在实际中的应用。

解释

◆清单工程量计算有关问题说明

1. 油漆、涂料、裱糊工程工程量清单项目的划分与编码

(1) 清单项目的划分

1) 门油漆。

2) 窗油漆。

3) 木扶手和其他板条、线条油漆(木扶手及其他板条、线条包括木扶手、窗帘盒、封檐板、顺水板、挂衣板、黑板框、挂镜线、窗帘棍、单独木线)。

4) 木材面油漆(木材面包括木板纤维板、胶合板，木护墙木墙裙，窗台板筒子板、盖板、门窗套、踢脚线，清水板条天棚、檐口，木方格吊顶天棚，吸声板墙面、天棚面，暖气罩，木间壁，玻璃间壁露明墙筋，木栅栏，木栏杆(带扶手)，衣柜、壁柜，梁柱饰面，零星木装修，木地板、木地板烫硬蜡面)。

5) 金属面油漆。

6) 抹灰面油漆(包括抹灰面油漆、抹灰线条油漆)。

7) 喷刷涂料。

8) 花饰、线条刷涂料(包括空花格、栏杆刷涂料，线条刷涂料)。

9) 裱糊(包括墙纸裱糊、织锦缎裱糊)。

(2) 清单项目的编码

一级编码 02;二级编码 05(清单计价规范第五章,油漆、涂料、裱糊工程);三级编码自 01～09(包括门窗油漆、木材面油漆、金属面油漆等九个分部);四级编码从 001 开始,根据每个分部内包含的清单项目多少,第三位数字依次递增;五级编码自 001 开始。

2. 清单工程量计算有关问题说明

(1) 有关项目列项问题说明

1) 有关项目中已包括油漆、涂料的不再单独列项。

2) 连窗门可按门油漆项目编码列项。

3) 木扶手应区分带托板与不带托板,分别编码(第五级编码)列项。

(2) 有关工程特征的说明

1) 门类型应分为镶板门、木板门、胶合板门、装饰实木门、木纱门、木质防火门、联窗门、平开门、推拉门、单扇门、双扇门、带纱门、全玻门(带木扇框)、半玻门、半百叶门、全百叶门以及带亮子、不带亮子、有门框、无门框和单独门框等油漆。

2) 窗类型可分为平开窗、推拉窗、提拉窗、固定窗、空花窗、百叶窗以及单扇窗、双扇窗、多扇窗、单层窗、双层窗、带亮子、不带亮子等。

3) 腻子种类分为石膏油腻子(熟桐油、石膏粉、适量水)、胶腻子(大白、色粉、羧甲基纤维素)、漆片腻子(漆片、酒精、石膏粉、适量色粉)、油腻子(矾石粉、桐油、脂肪酸、松香)等。

4) 刮腻子要求,分为刮腻子遍数(道数)或满刮腻子或找补腻子等。

(3) 有关工程量计算的说明

1) 楼梯木扶手工程量按中心线斜长计算,弯头长度应计算在扶手长度内。

2) 挡风板工程量按中心线斜长计算,有大刀头的,每个大刀头增加长度 50cm。

3) 木板、纤维板、胶合板油漆,单面油漆按单面面积计算,双面油漆按双面面积计算。

4) 木护墙、木墙裙油漆按垂直投影面积计算。

5) 台板、筒子板、盖板、门窗套、踢脚线油漆按水平或垂直投影面积(门窗套的贴脸板和筒子板垂直投影面积合并)计算。

6) 清水板条天棚、檐口油漆、木方格吊顶天棚油漆以水平投影面积计算,不扣除空洞面积。

7) 暖气罩油漆,垂直面按垂直投影面积计算,突出墙面的水平面按水平投影面积计算,不扣除空洞面积。

8) 工程量以面积计算的油漆、涂料项目,线角、线条、压条等不展开计算。

(4) 有关工程内容的说明

1）有线角、线条、压条的油漆、涂料面的工料消耗应包括在报价内。

2）灰面的油漆、涂料，应注意其基层的类型，例如：一般抹灰墙柱面与拉条灰、拉毛灰、甩毛灰等油漆、涂料的耗工量与材料消耗量的不同。

3）空花格、栏杆刷涂料工程量按外框单面垂直投影面积计算，应注意其展开面积，工料消耗应包括在报价内。

4）刮腻子时应注意刮腻子遍数，是满刮，还是找补腻子。

5）墙纸和织锦缎的裱糊，应注意要求对花还是不对花。

◆油漆、涂料、裱糊工程清单工程量计算规则

1. 门油漆

工程量清单项目设置及工程量计算规则，应按表6-67的规定执行。

表6-67　门油漆（编码:020501）

项目编码	项目名称	项目特征	计量单位	工程量计算规则	工程内容
020501001	门油漆	1. 门类型 2. 腻子种类 3. 刮腻子要求 4. 防护材料种类 5. 油漆品种、刷漆遍数	樘/m^2	按设计图示数量或设计图示单面洞口面积计算	1. 基层清理 2. 刮腻子 3. 刷防护材料、油漆

2. 窗油漆

工程量清单项目设置及工程量计算规则，应按表6-68的规定执行。

表6-68　窗油漆（编码:020502）

项目编码	项目名称	项目特征	计量单位	工程量计算规则	工程内容
020502001	窗油漆	1. 窗类型 2. 腻子种类 3. 刮腻子要求 4. 防护材料种类 5. 油漆品种、刷漆遍数	樘/m^2	按设计图示数量或设计图示单面洞口面积计算	1. 基层清理 2. 刮腻子 3. 刷防护材料、油漆

3. 木扶手及其他板条、线条油漆

工程量清单项目设置及工程量计算规则，应按表6-69的规定执行。

表6-69　木扶手及其他板条线条油漆（编码:020503）

项目编码	项目名称	项目特征	计量单位	工程量计算规则	工程内容
020503001	木扶手油漆	1. 腻子种类 2. 刮腻子要求 3. 油漆体单位展开面积 4. 防护材料种类 5. 油漆品种、刷漆遍数	m	按设计图示尺寸以长度计算	1. 基层清理 2. 刮腻子 3. 刷防护材料、油漆
020503002	窗帘盒油漆				
020503003	封檐板、顺水板油漆				
020503004	挂衣板、黑板框油漆				
020503005	挂镜线、窗帘棍、单独木线油漆				

4. 木材面油漆

工程量清单项目设置及工程量计算规则，应按表6-70的规定执行。

表6-70　木材面油漆(编码:020504)

项目编码	项目名称	项目特征	计量单位	工程量计算规则	工程内容
020504001	木板、纤维板、胶合板油漆	1. 腻子种类 2. 刮腻子要求 3. 防护材料种类 4. 油漆品种、刷漆遍数	m^2	按设计图示尺寸以面积计算	1. 基层清理 2. 刮腻子 3. 刷防护材料、油漆
020504002	木护墙、木墙裙油漆				
020504003	窗台板、筒子板、盖板、门窗套、踢脚线油漆				
020504004	清水板条天棚、檐口油漆				
020504005	木方格吊顶天棚油漆				
020504006	吸声板墙面、天棚面油漆				
020504007	暖气罩油漆				
020504008	木间壁、木隔断油漆			按设计图示尺寸以单面外围面积计算	
020504009	玻璃间壁露明墙筋油漆				
020504010	木栅栏、木栏杆(带扶手)油漆				
020504011	衣柜、壁柜油漆			按设计图示尺寸以油漆部分展开面积计算	
020504012	梁柱饰面油漆				
020504013	零星木装修油漆				
020504014	木地板油漆				
020504015	木地板烫硬蜡面	1. 硬蜡品种 2. 面层处理要求		按设计图示尺寸以面积计算。空洞、空圈、暖气包槽、壁龛的开口部分并入相应的工程量内	1. 基层清理 2. 烫蜡

5. 金属面油漆

工程量清单项目设置及工程量计算规则，应按表6-71的规定执行。

表6-71　金属面油漆(编码:020505)

项目编码	项目名称	项目特征	计量单位	工程量计算规则	工程内容
020505001	金属面油漆	1. 腻子种类 2. 刮腻子要求 3. 防护材料种类 4. 油漆品种、刷漆遍数	t	按设计图示尺寸以重量计算	1. 基层清理 2. 刮腻子 3. 刷防护材料、油漆

6. 抹灰面油漆

工程量清单项目设置及工程量计算规则，应按表6-72的规定执行。

表6-72　抹灰面油漆(编码:020506)

项目编码	项目名称	项目特征	计量单位	工程量计算规则	工程内容
020506001	抹灰面油漆	1. 基层类型 2. 线条宽度、道数 3. 腻子种类 4. 刮腻子要求 5. 防护材料种类 6. 油漆品种、刷漆遍数	m^2	按设计图示尺寸以面积计算	1. 基层清理 2. 刮腻子 3. 刷防护材料、油漆
020506002	抹灰线条油漆		m	按设计图示尺寸以长度计算	

7. 喷刷、涂料

工程量清单项目设置及工程量计算规则，应按表6-73的规定执行。

表6-73　喷刷、涂料(编码:020507)

项目编码	项目名称	项目特征	计量单位	工程量计算规则	工程内容
020507001	刷喷涂料	1. 基层类型 2. 腻子种类 3. 刮腻子要求 4. 涂料品种、刷喷遍数	m^2	按设计图示尺寸以面积计算	1. 基层清理 2. 刮腻子 3. 刷、喷涂料

8. 花饰、线条刷涂料

工程量清单项目设置及工程量计算规则，应按表6-74的规定执行。

表6-74　花饰、线条刷涂料(编码:020508)

项目编码	项目名称	项目特征	计量单位	工程量计算规则	工程内容
020508001	空花格、栏杆刷涂料	1. 腻子种类 2. 线条宽度 3. 刮腻子要求 4. 涂料品种、刷喷遍数	m^2	按设计图示尺寸以单面外围面积计算	1. 基层清理 2. 刮腻子 3. 刷、喷涂料
020508002	线条刷涂料		m	按设计图示尺寸以长度计算	

9. 裱糊

工程量清单项目设置及工程量计算规则，应按表6-75的规定执行。

表 6-75　裱糊(编码:020509)

项目编码	项目名称	项 目 特 征	计量单位	工程量计算规则	工程内容
020509001	墙纸裱糊	1. 基层类型 2. 裱糊构件部位 3. 腻子种类 4. 刮腻子种类 5. 黏结材料种类 6. 防护材料种类 7. 面层材料品种、规格、品牌、颜色	m^2	按设计图示尺寸以面积计算	1. 基层清理 2. 刮腻子 3. 面层铺粘 4. 刷防护材料
020509002	织锦缎裱糊				

相关知识

◆油漆、涂料主材用料量

1）常用建筑涂料品种及用量参考见表 6-76。

表 6-76　常用建筑涂料品种及用量参考表

产 品 名 称	适 用 范 围	用量(m^2/kg)
多彩花纹装饰涂料	用于混凝土、砂浆、木材、岩石板、钢、铝等各种基层材料及室内墙、顶面	3～4
乙丙各色乳胶漆(外用)	用于室外墙面装饰涂料	5.7
乙丙各色乳胶漆(内用)	用于室内装饰涂料	5.7
乙—丙乳液厚涂料	用于外墙装饰涂料	2.3～3.3
苯—丙彩砂涂料	用于内、外墙装饰涂料	2～3.3
浮雕涂料	用于内、外墙装饰涂料	0.6～1.25
封底漆	用于内、外墙基体面	10～13
封固底漆	用于内、外墙增加结合力	10～13
各色乙酸乙烯无光乳胶漆	用于室内水泥墙面、天棚	5
ST 内墙涂料	水泥砂浆、石灰砂浆等内墙面，贮存为 6 个月	3～6
106 内墙涂料	水泥砂浆，新旧石灰墙面，贮存期为 2 个月	2.5～3.0
JQ—83 耐洗擦内墙涂料	混凝土，水泥砂浆，石棉水泥板，纸面膏板，贮存期 3 个月	3～4
KFT—831 建筑内墙涂料	室内装饰，贮存期 6 个月	3
LT—31 型Ⅱ型内墙涂料	混凝土，水泥砂浆，石灰砂浆等墙面	6～7
各种苯丙建筑涂料	内外墙、顶	1.5～3.0
高耐磨内墙涂料	内墙面，贮存期 1 年	5～6
各色丙烯酸有光、无光乳胶漆	混凝土、水泥砂浆等基面，贮存期 8 个月	4～5

续表

产品名称	适用范围	用量(m^2/kg)
各色丙烯酸凹凸乳胶底漆	水泥砂浆、混凝土基层(尤其适用于未干透者)贮存期1年	1.0
8201—4苯丙内墙乳胶漆	水泥砂浆、石灰砂浆等内墙面,贮存期6个月	5～7
B840水溶性丙烯醇封底漆	内外墙面,贮存期6个月	6～10
高级喷磁型外墙涂料	混凝土、水泥砂浆、石棉瓦楞板等基层	2～3
SB—2型复合凹凸墙面涂料	内、外墙面	4～5
LT苯丙厚浆乳胶涂料	外墙面	6～7
石头漆(材料)	内、外墙面	0.25
石头漆底漆	内、外墙面	3.3
石头漆面漆	内、外墙面	3.3

2）常见不同墙面涂料用量参考见表6-77。

表6-77　常见不同墙面涂料用量参考表　　单位:m^2/kg

涂料名称	平滑墙面用量	普通墙面用量	涂料名称	平滑墙面用量	普通墙面用量
106涂料	6.5～8	5～6.5	JQ-83耐擦洗涂料	4～5	3～4
LT-2平光乳胶涂料	6～7.5	5～6.5	8201-4苯丙内墙涂料	6～7	5～6
LT-31型Ⅱ型涂料	6～7.5	5～6.5	KFT-831内墙涂料	4	3.5
丙烯酸内墙涂料	3～4	2.5～3	PG-838可擦涂料	4.5	4

3）常见油漆材料单位面积参考用量见表6-78。

表6-78　常用油漆材料单位面积参考用量表

漆种	用途	材料项目	用量(kg/m^2)	
			普通油漆处理	精细油漆饰面
酚醛清漆	普通木饰面	酚醛清漆	0.12	
		松节油	0.02	
硝基清漆	木天棚、木墙裙、木造型、木线条及木家具的饰面	虫胶片	0.023	0.03
		工业酒精	0.14	0.2
		硝基清漆	0.15	0.22
		天那水或香蕉水	0.8	1.4
聚氨酯清漆	木天棚、木墙裙、木造型、木线条及木家具的饰面	虫胶片	0.023	0.03
		酒精	0.14	0.25
		聚氨酯清漆	0.12	0.15
硝基喷漆(手扫漆)	木造型、木线条、钢木家具	硝基磁漆	0.11	0.15
		天那水	1.2	1.8

续表

漆种	用途	材料项目	用量(kg/m²)	
			普通油漆处理	精细油漆饰面
硝基磁漆	木造型、木线条、钢木家具	硝基磁漆 天那水或香蕉水	0.11 1.1	0.15 1.6
酚醛磁漆	普通木饰面	酚醛磁漆 松节油	0.14 0.05	
各色酚醛地板漆	木质地板或水泥地面		0.3	0.35

4）常用腻子参考用量见表6-79。

表6-79　常用腻子用量参考表

腻子种类	用途	材料项目	用量(kg/m²)
石膏油腻子	墙面、柱面、地面、普通家具的不透木纹嵌底	石膏粉 熟桐油 松节油	0.22 0.06 0.02
血料腻子	中、高挡家具的不透木纹嵌底	熟猪血 老粉(富粉) 木胶粉	0.11 0.23 0.03
石膏清漆腻子	墙面、地面、家具面的露木纹嵌底	石膏粉 清漆	0.18 0.08
虫胶腻子	墙面、地面、家具面的露木纹嵌底	虫胶漆 老粉	0.11 0.15
硝基腻子	常用于木器透明涂饰的局部填嵌	硝基清漆 老粉	0.08 0.16

5）木材面油漆参考用量见表6-80。

表6-80　木材面油漆用量参考表

油漆名称	应用范围	施工方法	油漆面积(m²/kg)	油漆名称	应用范围	施工方法	油漆面积(m²/kg)
Y02-1(各色厚漆)	底	刷	6～8	F80-1(酚醛地板漆)	面	刷	6～8
Y02-2(锌白厚漆)	底	刷	6～8	白色醇酸无光磁漆	面	刷或喷	8
Y02-13(白厚漆)	底	刷	6～8	C04-44各色醇酸平光磁漆	面	刷或喷	8
抄白漆	底	刷	6～8	Q01-1硝基清漆	罩面	喷	8
虫胶漆	底	刷	6～8	Q22-1硝基木器漆	面	喷和揩	8
F01-1(醇醛清漆)	罩光	刷	8	B22-2丙烯酸木器液	面	刷或喷	8

6）普通木门窗油漆饰面参考用量见表 6-81。

表 6-81　普通木门窗油漆饰面用量参考表

饰面项目	材料用量（kg/m²）						
	深色调和漆	浅色调和漆	防锈漆	深色厚漆	浅色厚漆	熟桐油	松节油
深色普通窗	0.15			0.12		0.08	
深色普通门	0.21			0.16			0.05
深色木板壁	0.07			0.07			0.04
浅色普通窗		0.175			0.25		0.05
浅色普通门		0.24			0.33		0.08
浅色木板壁		0.08			0.12		0.04
旧门重油漆	0.21						0.04
旧窗重油漆	0.15						0.04
新钢门窗油漆	0.12		0.05				
旧钢门窗油漆	0.14		0.1				
一般铁窗栅油漆	0.06		0.1				

7）金属面油漆参考用量见表 6-82。

表 6-82　金属面油漆用量参考表

油漆名称	应用范围	施工方法	油漆面积（m²/kg）	油漆名称	应用范围	施工方法	油漆面积（m²/kg）
Y53-2 铁红（防锈漆）	底	刷	6～8	C04-48 各色醇酸磁漆	面	刷、喷	8
F03-1 各色酚醛调合漆	面	刷、喷	8	C06-1 铁红醇酸底漆	底	刷	6～8
F04-1 铝粉、金属酚醛磁漆	面	刷、喷	8	Q04-1 各色硝基磁漆	面	刷	8
F06-1 红灰酚醛底漆	底	刷、喷	6～8	H06-2 铁红	底	刷、喷	6～8
F06-9 锌黄，纯酚醛底漆	用于铝合金	刷	6～8	脱漆剂	除旧漆	刷、刮涂	4～6
C01-7 醇酸清漆	罩面	刷	8				

8）防火涂料参考用量见表 6-83。

表 6-83　防火涂料用量参考表

名　　称	型号	用量（kg/m²）	名　　称	型号	用量（kg/m²）
水性膨胀型防火涂料	ZSBF 型（双组分）	0.5～0.7	LB 钢结构膨胀防火涂料		底层 5 面层 0.5
水性膨胀型防火涂料	ZSBS 型（单组分）	0.5～0.7	木结构防火涂料	B60-2 型	0.5～0.7
改性氨基膨胀防火涂料	A60-1 型	0.5～0.7	混凝土梁防火隔热涂料	106 型	6

◆油漆、涂料用量计算

以一般厚漆用量为例，根据遮盖力试验，其遮盖力可按下式计算：

$$X=\frac{G(100-W)}{A}\times 10000-37.5 \tag{6-34}$$

式中 X——遮盖力(g/m^2)；

A——黑白格板的涂漆面积(cm^2)；

G——黑白格板完全遮盖时涂漆重量(g)；

W——涂料中含清油重量百分数。

将原漆与清油按 3：1 比例调匀混合后，经试验可测得以下各色厚漆遮盖力；

象牙、白色　≤220g/m²

红色　≤220g/m²

黄色　≤180g/m²

蓝色　≤120g/m²

黑色　≤40g/m²

灰、绿色　≤80g/m²

铁红色　≤70g/m²

其他种涂料的遮盖力详见表 6-84。

表 6-84　各种涂料遮盖力表

产品及颜色	遮盖力(g/m²)	产品及颜色	遮盖力(g/m²)
(1)各色各类调合漆		(5)各色硝基外用磁漆	
黑色	≤40	黑色	≤20
铁红色	≤60	铝色	≤30
绿色	≤80	深复色	≤40
蓝色	≤100	浅复色	≤50
红、黄色	≤180	正蓝、白色	≤60
白色	≤200	黄色	≤70
(2)各色醇胶磁漆		红色	≤80
黑色	≤40	紫红、深蓝色	≤100
铁红色	≤60	柠檬黄色	≤120
蓝、绿色	≤80	(6)各色过氯乙烯外用磁漆	
红、黄色	≤160	黑色	≤20
灰色	≤100	深复色	≤40
(3)各色酚醛磁漆		浅复色	≤50
黑色	≤40	正蓝、白色	≤60
铁红、草绿色	≤60	红色	≤80
绿灰色	≤70	黄色	≤90
蓝色	≤80	深蓝、紫红色	≤100
浅灰色	≤100	柠檬黄色	≤120
红、黄色	≤160	(7)聚氨酯磁漆	
乳白色	≤140	红色	≤140
地板漆(棕、红)	≤50	白色	≤140
(4)各色醇酸磁漆		黄色	≤150
黑色	≤40	黑色	≤40
灰、绿色	≤55	蓝灰绿色	≤80
蓝色	≤80	军黄、军绿色	≤110
白色	≤100		
红、黄色	≤140		

外墙涂料、内墙天棚涂料、地面涂料、特种涂料的参考用量见表6-85～表6-88。

表6-85　外墙涂料参考用量　　单位：m^2/kg

名　称	主要成分	适用范围	参考用量
(1)浮雕型涂料			
各色丙烯酸凸凹乳胶底漆	苯乙烯、丙烯酸酯	水泥砂浆、混凝土等基层，也适用内墙	1
无机高分子凸凹状涂料	硅溶胶	外墙	0.5～0.8
PG-838浮雕漆厚涂料	丙烯酸	水泥砂浆、混凝土、石棉水泥板、砖墙等基层	1
B-841水溶性丙烯酸浮雕漆	苯乙酸、丙烯酸酯	砖、水泥砂浆、天花板、纤维板、金属等基层	0.6～1.3
高级喷磁型外墙涂料	丙烯酸酯	混凝土、水泥砂浆等基层	底8 中6～7 面7～8
(2)彩砂类涂料			
彩砂涂料	苯乙烯、丙烯酸酯	水泥砂浆、混凝土、石棉水泥板、砖墙等基层	0.3～0.4
彩色砂粒状外墙涂料	苯乙烯、丙烯酸酯	水泥砂浆、混凝土等基层	0.3
丙烯酸砂壁状涂料	丙烯酸酯	水泥砂浆、混凝土、石膏板、胶合硬木板等基层	0.6～0.8
珠光彩砂外墙涂料	苯乙烯、丙烯酸酯	混凝土、水泥砂浆、加气混凝土等基层	0.2～0.3
彩砂外墙涂料	苯乙烯、丙烯酸酯	水泥砂浆、混凝土及各种板材	0.4～0.5
苯-丙彩砂涂料	苯乙烯、丙烯酸酯	水泥砂浆、混凝土等基层	0.3～0.5
(3)厚质类涂料			
乙丙乳液厚涂料	醋酸乙烯、丙烯酸酯	水泥砂浆、加气混凝土等基层	2
各色丙烯酸拉毛涂料	苯乙烯、丙烯酸酯	水泥砂浆等基层，也可用于室内天棚	1
TJW-2彩色弹涂料材料	硅酸钠	混凝土、水泥砂浆等基层	0.5
104外墙涂料	聚乙烯醇	水泥砂浆、混凝土、砖墙等基层	1～2
外墙多彩涂料	硅酸钠	外墙	0.8
(4)薄质类涂料			
BT丙烯酸外墙涂料	丙烯酸酯	水泥砂浆、混凝土、砖墙等基层	3

续表

名　称	主要成分	适用范围	参考用量
LT-2 有光乳胶漆	苯乙烯、丙烯酸酯	混凝土、木质及预涂底漆的钢质表面	6～7
SA-1 乙丙外墙涂料	醋酸乙烯、丙烯酸酯	水泥砂浆、混凝土、砖墙等基层	3.5～4.5
外墙平光乳胶涂料	苯乙烯、丙烯酸酯	外墙面	6～7
各色外用乳胶涂料	丙烯酸酯	水泥砂浆、白灰砂浆等基层	4～6

表 6-86　内墙、天棚涂料参考用量　　单位：m^2/kg

名　称	主要成分	适用范围	参考用量
(1)苯丙烯涂料			
苯丙有光乳胶漆	苯乙烯、丙烯酸酯	室内外墙体、天棚、木制门窗	4～5
苯丙无光内用乳胶漆	苯乙烯、丙烯酸酯	水泥砂浆、灰泥、石棉板、木材、纤维板	6
SJ 内墙滚花涂料	苯乙烯、丙烯酸酯	内墙面	5～6
彩色内墙涂料	丙烯酸酯	内墙面	3～4
(2)乙丙类涂料			
8010-5 内墙乳胶漆	醋酸乙烯、丙烯酸酯	室内装饰	4～6
乙-丙内墙涂漆	醋酸乙烯、丙烯酸酯	内墙面	6～8
高耐磨内墙涂料	醋酸乙烯、丙烯酸酯	内墙面	5～6
(3)聚乙烯醇类涂料			
ST-1 内墙涂料	聚乙烯醇	内墙面	6
象牌 2 型内墙涂料	聚乙烯醇	内墙面	3～4
811 号内墙涂料	聚乙烯醇	内墙面	3
HC-80 内墙涂料	聚乙烯醇、硅溶液	内墙面	2.5～3
(4)硅酸盐类涂料			
砂胶天棚涂料	有机和无机高分子黏结剂	天棚	1
C-3 毛面天棚涂料	有机和无机黏结剂	室内天棚	1
(5)复合类涂料			
FN-841 内墙涂料	复合高分子黏结剂 碳酸盐矿物盐	内墙面	2.5～4
TJ841 内墙装饰涂料	有机高分子	内墙面	3～4
(6)丙烯酸类涂料			
PG-838 内墙可擦洗涂料	丙烯酸系乳液、 改性水溶性树脂	水泥砂浆、混合砂浆、纸筋、麻刀灰抹面	3

续表

名　称	主要成分	适用范围	参考用量
JQ831 耐擦洗内墙涂料	丙烯酸乳液	内墙装饰	3～4
各色丙烯酸滚花涂料	丙烯胶乳液	水泥和抹灰墙面	3
(7)氯乙烯类涂料			
氯偏共聚乳液内墙涂料	氯乙烯、偏氯乙烯	内墙面	3.3
氯偏乳胶内墙涂料	氯乙烯、偏氯乙烯	内墙装饰	5
(8)其他类涂料			
建筑水性涂料	水溶性黏结剂	内墙面	4～5
854NW 涂料		水泥、灰、砖墙等墙面	3～5
内墙涂花装饰涂料		内墙面	3～4

表 6-87　地面涂料参考用量　　单位：m^2/kg

名　称	主要成分	适用范围	参考用量
F80-31 酚醛地板漆	酚醛树酯	木质地板	2～3
S-700 聚氨酯弹性地面涂料	聚醚	超净车间、精密机房	1.2
多功能聚氨酯弹性彩色地面涂料	聚氨酯	纺织、化工、电子仪表、文化体育建筑地面	0.8
505 地面涂料	聚醋酸乙烯	木质、水泥地面	2
过氯乙烯地面涂料	过氯化烯	新旧水泥地面	5
DJQ-1 地面漆	尼龙树酯	水泥面、有弹性	5
氯-偏地坪涂料	聚氯乙烯、偏氯乙烯	耐碱、耐化学腐蚀、水泥地面	5～7

表 6-88　特种涂料参考用量　　单位：m^2/kg

名　称	主要成分	适用范围	参考用量
(1)防水类涂料			
JS 内墙耐水涂料	聚乙烯醇缩甲醛苯乙烯、丙烯酸酯	浴室厕所、厨房等潮湿部分的内墙	3
NF 防水涂料		地下室及有防水要求的内外墙面	2.5～3
洞库防潮涂料(水乳型)	氯-偏聚合物	内墙防潮	0.2
(2)防霉防腐类涂料			
水泥内墙防霉涂料	氯偏乳液	食品厂以及地下室等易霉变的内墙	4
CP 防霉涂料	氯偏聚合物	内墙防霉	0.2

续表

名称	主要成分	适用范围	参考用量
各色丙烯酸过氯乙烯厂房防腐漆	丙烯酸、过氯乙烯	厂房内外墙防腐与涂刷装修	5～8
(3)防火类涂料			
YZ-196 发泡型防火涂料	氮杂环和氧杂环	木结构和木材制品	1(二道)
CT-01-03 微珠防火涂料	无机空心微珠	钢木结构、混凝土结构、木结构建筑、易燃设备	1.5
(4)文物保护类涂料			
古建筑保护涂料	丙烯酸、共聚树酯	石料、金箔、彩面、表面、保护装饰	4～5
丙烯酸文物保护涂料	甲基丙烯酸、108 胶	室多孔性文物和遗迹、陶器、砖瓦、壁画和古建筑物的保护	2
(5)其他类涂料			
WS-1 型卫生灭蚊涂料	聚乙烯醇丙烯酸复合杀蚊剂	城乡住宅、营房、医院、宾馆、畜舍以及有卫生要求的商店、工厂的内墙	2.5～3

实例分析

◆例 6-7

如图 6-10 所示,某房间墙面糊裱金属墙纸,计算其工程量。

解:工程量:

$$(3.5+4.5)\times2\times2.5-1.6\times1.2-0.8\times1.8=36.64\ (m^2)$$

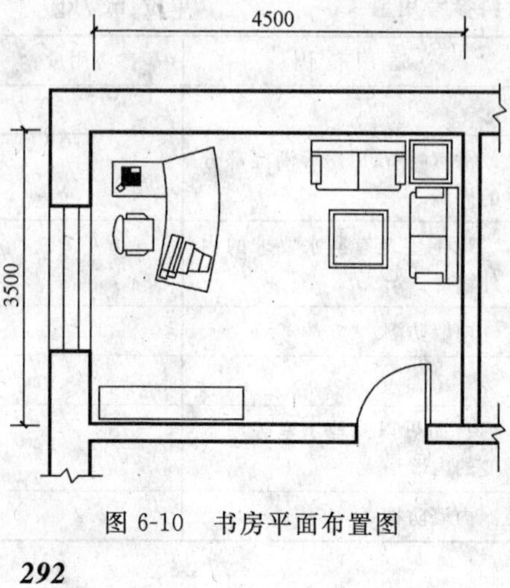

图 6-10　书房平面布置图

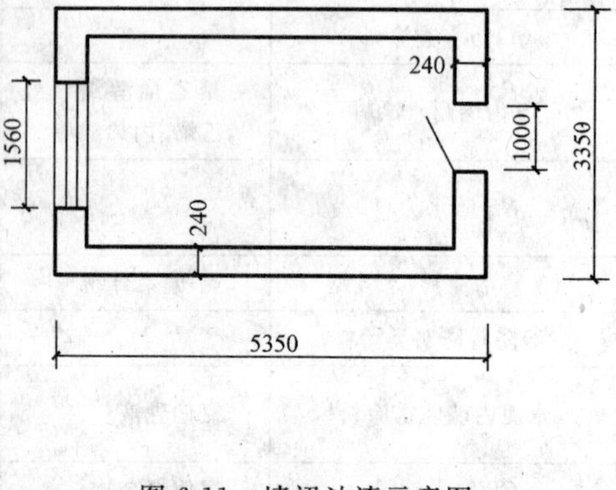

图 6-11　墙裙油漆示意图

◆例 6-8

如图 6-11 所示，某房间墙裙高 1.2m，窗台高 0.8m，窗洞侧油漆宽 100mm。求墙裙油漆的工程量。

解：墙裙油漆的工程量＝长×宽－∑应扣除面积＋∑应增加面积

$$=[(5.35-0.24\times2)\times2+(3.35-0.24\times2)\times2]\times1.56-[1.56\times(1.56-1.0)+1.0\times1.56]+(1.56-1.0)\times0.10\times2$$

$$=(9.74+5.74)\times1.56-2.43+0.11$$

$$=21.83\ (m^2)$$

第六节　其他工程

要点

本节主要介绍其他工程的清单工程量计算有关问题说明及其他工程清单工程量计算规则，读者应侧重掌握其他工程工程清单工程量计算规则在实际中的应用。

解释

◆清单工程量计算有关问题说明

1. 其他工程工程量清单项目的划分与编码

(1) 清单项目的划分

1) 柜类、货架(包括柜台、酒柜、衣柜、酒吧吊柜、收银台、试衣间等)。

2) 暖气罩(包括饰面板暖气罩、塑料板暖气罩、金属暖气罩)。

3) 浴厕配件(包括洗漱台、晒衣架、帘子杆、卫生纸盒、镜面玻璃、镜箱等)。

4) 压条、装饰线(包括金属、木质、石材、石膏、镜面玻璃、铝塑、塑料装饰线)。

5) 雨篷、旗杆(包括雨篷吊挂饰面、金属旗杆)。

6) 招牌、灯箱(包括平面、箱式招牌，竖式标箱，灯箱)。

7) 美术字(包括泡沫塑料字、有机玻璃字、木质字、金属字)。

(2) 清单项目的编码

一级编码为 02；二级编码为 06(清单计价规范第六章，其他工程)；三级编码自 01～07(从柜类、货架至美术字)；四级编码从 001 开始，第三位数字依次递增；五级编码从 001 开始，第三位数字依次递增。

2. 清单工程量计算有关问题说明

(1) 有关项目列项的说明

1) 厨房壁柜及厨房吊柜以嵌入墙内为壁柜,以支架固定在墙上的为吊柜。

2) 压条、装饰线项目已经包括在门扇、墙柱面、天棚等项目内的,不再单独列项。

3) 洗漱台项目适用于石质(天然石材、人造石材等)、玻璃等。

4) 旗杆的砌砖或混凝土台座,台座的饰面可按清单计价规范相关附录的章节另行编码列项,也可纳入旗杆报价内。

5) 美术字不分字体,应按大小规格分类。

(2) 有关项目特征的说明

1) 台柜的规格以能分离的成品单体长、宽、高来表示,例如:一个组合书柜分上、下两部分,下部为独立的矮柜,上部为敞开式的书柜,可以分上、下两部分标注尺寸。

2) 镜面玻璃和灯箱等的基层材料是指玻璃背后的衬垫材料,例如胶合板、油毡等。

3) 装饰线和美术字的基层类型是指装饰线、美术字依托体的材料,例如砖墙、木墙、石墙、混凝土墙、墙面抹灰、钢支架等。

4) 旗杆高度指旗杆台座上表面至杆顶的尺寸(包括球珠)。

5) 美术字的字体规格以字的外接矩形长、宽和字的厚度表示。固定方式指粘贴、焊接以及铁钉、螺栓、铆钉固定等方式。

(3) 有关工程量计算的说明

1) 台柜工程量以"个"计算,即能分离的同规格的单体个数计算,例如柜台有相同规格为 1500mm×400mm×1200mm 的 5 个单体,另有 1 个柜台规格为 1500mm×400mm×1150mm,台底安装 4 个胶轮,以便柜台内营业员由此出入,这样 1500mm×400mm×1200mm 规格的柜台数为 5 个,1500mm×400mm×1150mm 柜台数为 1 个。

2) 洗漱台放置洗面盆的地方必须要挖洞,根据洗漱台摆放的位置有些还需选形,产生挖弯、削角,为此洗漱台的工程量按外接矩形计算。挡板是指镜面玻璃下边沿至洗漱台面和侧墙与台面接触部位的竖挡板(一般挡板与台面使用同种材料品种,不同材料品种应另行计算)。吊沿指台面外边沿下方的竖挡板。挡板和吊沿均以面积并入台面面积内计算。

(4) 有关工程内容的说明

1) 台柜项目以"个"计算,应按设计图纸或说明,包括台柜、台面材料(石材、皮草、金属、实木等)、内隔板材料、连接件、配件等，均应包括在报价内。

2）洗漱台现场制作、切割、磨边等人工、机械的费用也应包括在报价内。

3）金属旗杆也可将旗杆台座及台座面层一并纳入报价中。

◆其他工程清单工程量计算规则

1. 柜类、货架

工程量清单项目设置及工程量计算规则，应按表6-89的规定执行。

表6-89　柜类、货架(编码:020601)

项目编码	项目名称	项 目 特 征	计量单位	工程量计算规则	工程内容
020601001	柜台	1. 台柜规格 2. 材料种类、规格 3. 五金种类、规格 4. 防护材料种类 5. 油漆品种、刷漆遍数	个	按设计图示数量计算	1. 台柜制作、运输、安装(安放) 2. 刷防护材料、油漆
020601002	酒柜				
020601003	衣柜				
020601004	存包柜				
020601005	鞋柜				
020601006	书柜				
020601007	厨房壁柜				
020601008	木壁柜				
020601009	厨房低柜				
0206010010	厨房吊柜				
0206010011	矮柜				
0206010012	吧台背柜				
0206010013	酒吧吊柜				
0206010014	酒吧台				
0206010015	展台				
0206010016	收银台				
0206010017	试衣间				
0206010018	货架				
0206010019	书架				
0206010020	服务台				

2. 暖气罩

工程量清单项目设置及工程量计算规则，应按表 6-90 的规定执行。

表 6-90 暖气罩(编码:020602)

项目编码	项目名称	项目特征	计量单位	工程量计算规则	工程内容
020602001	饰面板暖气罩	1. 暖气罩材质 2. 单个罩垂直投影面积 3. 防护材料种类 4. 油漆品种、刷漆遍数	m^2	按设计图示尺寸以垂直投影面积(不展开)计算	1. 暖气罩制作、运输、安装 2. 刷防护材料、油漆
020602002	塑料板暖气罩				
020602003	金属暖气罩				

3. 浴厕配件

工程量清单项目设置及工程量计算规则，应按表 6-91 的规定执行。

表 6-91 浴厕配件(编码:020603)

项目编码	项目名称	项目特征	计量单位	工程量计算规则	工程内容
020603001	洗漱台	1. 材料品种、规格、品牌、颜色 2. 支架、配件品种、规格、品牌 3. 油漆品种、刷漆遍数	m^2	按设计图示尺寸以台面外接矩形面积计算。不扣除孔洞、挖弯、削角所占面积，挡板、吊沿板面积并入台面面积内	1. 台面及支架制作、运输、安装 2. 杆、环、盒、配件安装 3. 刷油漆
020603002	晒衣架		根(套)	按设计图示数量计算	
020603003	帘子杆				
020603004	浴缸拉手				
020603005	毛巾杆(架)				
020603006	毛巾环		副		
020603007	卫生纸盒		个		
020603008	肥皂盒				
020603009	镜面玻璃	1. 镜面玻璃品种、规格 2. 框材质、断面尺寸 3. 基层材料种类 4. 防护材料种类 5. 油漆品种、刷漆遍数	m^2	按设计图示尺寸以边框外围面积计算	1. 基层安装 2. 玻璃及框制作、运输、安装 3. 刷防护材料、油漆
02063010	镜箱	1. 箱材质、规格 2. 玻璃品种、规格 3. 基层材料种类 4. 防护材料种类 5. 油漆品种、刷漆遍数	个	按设计图示数量计算	1. 基层安装 2. 箱体制作、运输、安装 3. 玻璃安装 4. 刷防护材料、油漆

4. 装饰线

工程量清单项目设置及工程量计算规则，应按表 6-92 的规定执行。

表 6-92　装饰线（编码：020604）

项目编码	项目名称	项目特征	计量单位	工程量计算规则	工程内容
020604001	金属装饰线	1. 基层类型 2. 线条材料品种、规格、颜色 3. 防护材料种类 4. 油漆品种、刷漆遍数	m	按设计图示尺寸以长度计算	1. 线条制作、安装 2. 刷防护材料、油漆
020604002	木质装饰线				
020604003	石材装饰线				
020604004	石膏装饰线				
020604005	镜面玻璃线				
020604006	铝塑装饰线				
020604007	塑料装饰线				

5. 雨篷、旗杆

工程量清单项目设置及工程量计算规则，应按表 6-93 的规定执行。

表 6-93　雨篷、旗杆（编码：020605）

项目编码	项目名称	项目特征	计量单位	工程量计算规则	工程内容
020605001	雨篷吊挂饰面	1. 基层类型 2. 龙骨材料种类、规格、中距 3. 面层材料品种、规格、品牌 4. 吊顶（天棚）材料、品种、规格、品牌 5. 嵌缝材料种类 6. 防护材料种类 7. 油漆品种、刷漆遍数	m^2	按设计图示尺寸以水平投影面积计算	1. 底层抹灰 2. 龙骨基层安装 3. 面层安装 4. 刷防护材料、油漆
020605002	金属旗杆	1. 旗杆材料、种类、规格 2. 旗杆高度 3. 基础材料种类 4. 基座材料种类 5. 基座面层材料、种类、规格	根	按设计图示数量计算	1. 土（石）方挖填 2. 基础混凝土浇筑 3. 旗杆制作、安装 4. 旗杆台座制作、饰面

6. 招牌、灯箱

工程量清单项目设置及工程量计算规则，应按表 6-94 的规定执行。

表 6-94　招牌、灯箱(编码:020606)

项目编码	项目名称	项 目 特 征	计量单位	工程量计算规则	工程内容
020606001	平面、箱式招牌	1. 箱体规格 2. 基层材料种类 3. 面层材料种类 4. 防护材料种类 5. 油漆品种、刷漆遍数	m^2	按设计图示尺寸以正方面边框外围面积计算。复杂形的凸凹造型部分不增加面积	1. 基层安装 2. 箱体及支架制作、运输、安装 3. 面层制作、安装 4. 刷防护材料、油漆
020606002	竖式标箱		个	按设计图示数量计算	
020606003	灯箱				

7. 美术字

工程量清单项目设置及工程量计算规则,应按表 6-95 的规定执行。

表 6-95　美术字(编码:020607)

项目编码	项目名称	项 目 特 征	计量单位	工程量计算规则	工程内容
020607001	泡沫塑料字	1. 基层类型 2. 镌字材料品种、颜色 3. 字体规格 4. 固定方式 5. 油漆品种、刷漆遍数	个	按设计图示数量计算	1. 字制作、运输、安装 2. 刷油漆
020607002	有机玻璃字				
020607003	木质字				
020607004	金属字				

◆其他工程清单项目编制应注意的问题

1) 台柜的规格。台柜的规格是以能分离的成品单体长、宽、高来表示的,若一个组合书柜分上、下两部分,下部为独立的矮柜、上部为敞开式的书柜,可以上下两部分标注尺寸。

2) 金属旗杆。工作内容包括土石方挖填、基础混凝土浇筑、旗杆制作、旗杆安装、旗杆台座制作、饰面。金属旗杆不仅要对旗杆自身的材料种类、规格进行描述,还要将旗杆的高度、基座描述清楚。旗杆的高度是指旗杆台座至杆顶的尺寸(包括球珠)。旗杆的砌砖或混凝土台座、台座的饰面可按相关的规范另行列项,也可纳入旗杆报价中。

3) 已经包括在门扇、墙柱面、顶棚等项目内的压条、装饰线条,不单独列项。

相关知识

◆常用材料型号及规格

1. 木线条型号和规格

木线条型号和规格(图 6-12～图 6-19、表 6-96)。

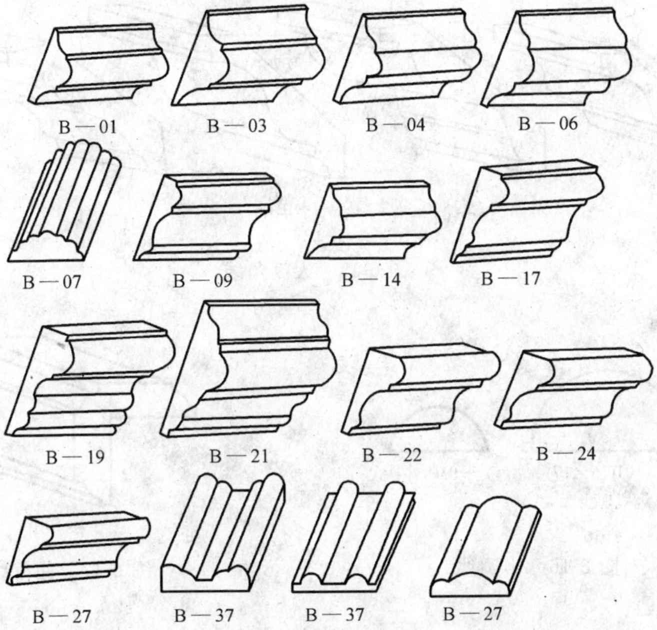

图 6-12　封边线

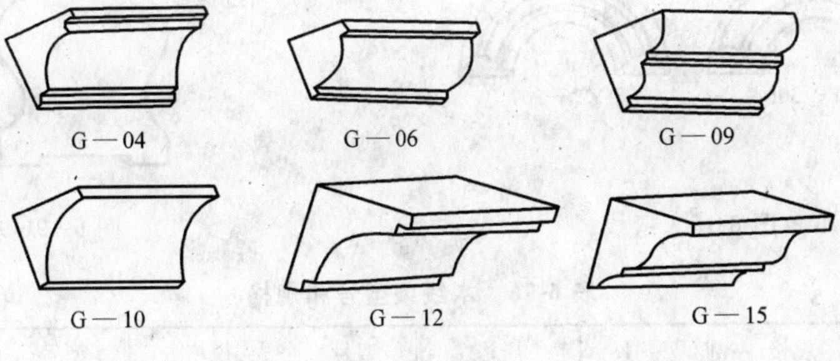

图 6-13　压角线

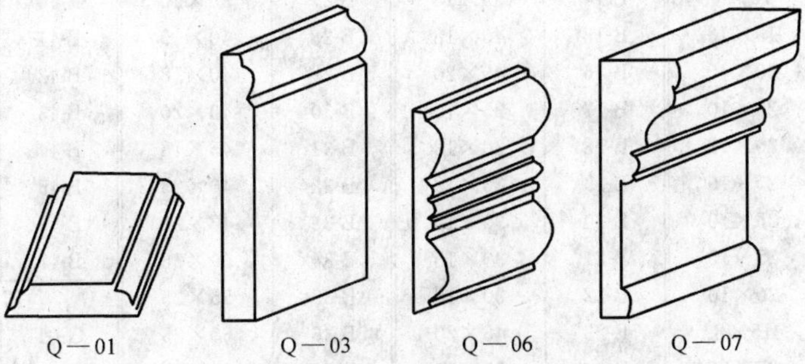

图 6-14　墙腰线

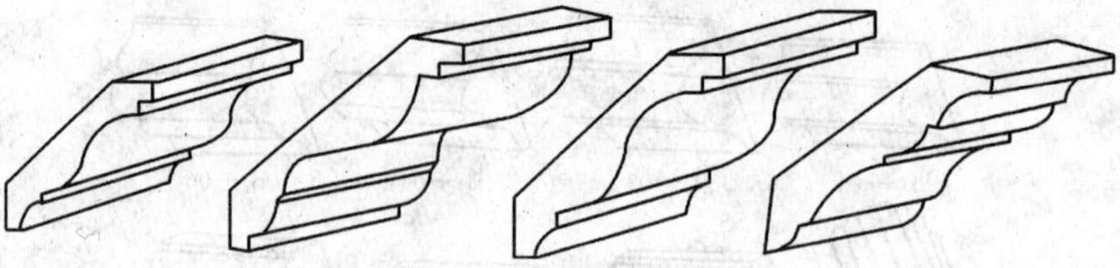

F—03　F—05　T—07　T—11

图 6-15　天棚角线

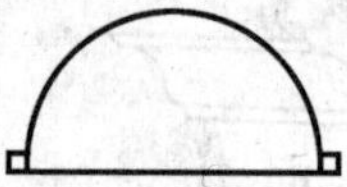

Y—01(15×17)　Y—05(8×4)

图 6-16　半圆线

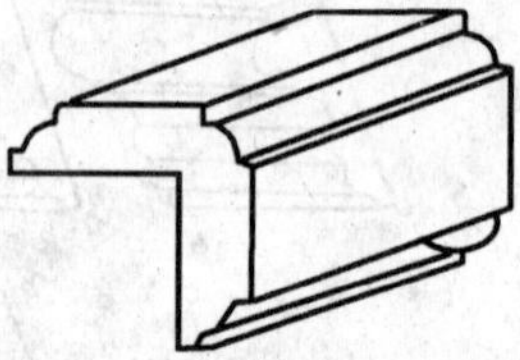

Z—01

图 6-17　柱角线

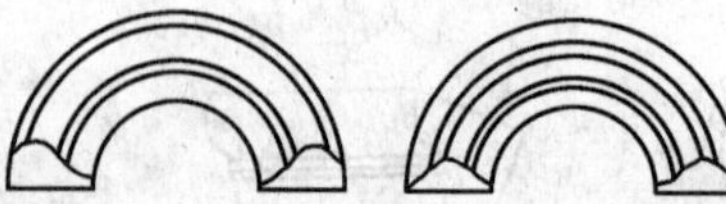

YT—305　YT—307

图 6-18　弯线

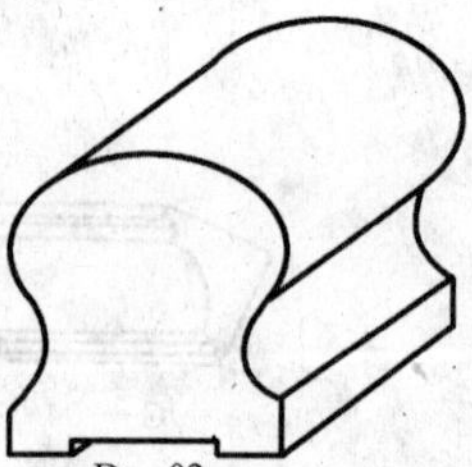

D—02

图 6-19　扶手

表 6-96　木线条型号和规格　　单位:mm

型号	规格	型号	规格	型号	规格	型号	规格
封边线		B-13	30×15	B-26	35×20	B-39	30×8
B-01	15×7	B-14	35×15	B-27	35×20	B-40	30×10
B-02	15×13	B-15	40×18	B-28	40×15	B-41	65×30
B-03	20×10	B-16	40×20	B-29	40×18	B-42	60×30
B-04	20×10	B-17	25×10	B-30	40×20	B-43	30×10
B-05	20×12	B-18	30×12	B-31	45×18	B-44	25×8
B-06	25×10	B-19	30×12	B-32	40×25	B-45	50×14
B-07	25×10	B-20	30×15	B-33	45×20	B-46	45×10
B-08	25×15	B-21	30×15	B-34	50×25	B-47	50×10
B-09	20×10	B-22	30×18	B-35	55×25	压角线	
B-10	15×8	B-23	45×20	B-36	60×25	G-01	10×10
B-11	25×15	B-24	55×20	B-37	20×10	G-02	15×12
B-12	25×15	B-25	35×15	B-38	25×8	G-03	15×15

续表

型号	规格	型号	规格	型号	规格	型号	规格
G-04	15×16	Q-03	50×10	T-10	60×15	Z-03	30×30
G-05	20×20	Q-04	55×13	T-11	100×20	Z-04	40×40
G-06	20×20	Q-05	70×15	半圆线		弯线	
G-07	20×20	Q-06	80×15	Y-01	15×17	YT-301	ϕ70×19×17
G-08	25×13	Q-07	85×25	Y-02	20×10	YT-302	ϕ70×19×17
G-09	25×25	Q-08	95×13	Y-03	25×13	YT-303	ϕ70×11×19
G-10	25×25	天棚角线		Y-04	40×20	YT-304	ϕ70×11×19
G-11	25×25	T-01	35×10	Y-05	8×4	YT-305	ϕ89×8×13
G-12	33×27	T-02	40×12	Y-06	13×6	YT-306	ϕ95×8×13
G-13	30×30	T-03	70×15	Y-07	15×7	扶手	
G-14	30×30	T-04	65×15	Y-08	20×10	D-01	75×65
G-15	35×35	T-05	90×20	Y-09	25×13		
G-16	40×40	T-06	50×15	Y-10	35×17	D-02	75×65
墙腰线		T-07	50×15	柱角线		镜框压边线	
Q-01	40×10	T-08	15×12	Z-01	25×27	K-1	6×19
Q-02	45×12	T-09	60×15	Z-02	30×20	K-2	5×15

2. 铝合金线条品种规格

铝合金线条品种规格见表 6-97。

表 6-97　铝合金线条品种规格表　　　单位:mm

截面形状	宽 B	高 H	壁厚 T	长度 L	截面形状	宽 B	高 H	壁厚 T	长度 L
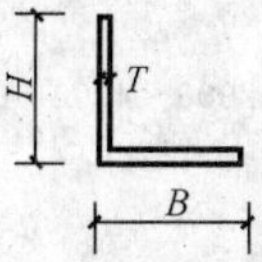	9.50	9.50	1	6000	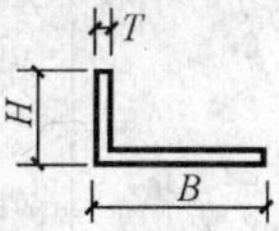	19	12.70	1.20	6000
	12.50	12.50	1			21	19	1.00	
	15.00	15.00	1			25	19	1.50	
	25.40	25.40	1			30	18	3	
	25.40	25.40	1.50			38	25	3	
	25.40	25.40	2.30						
	30	30	1.50						
	30	30	3						
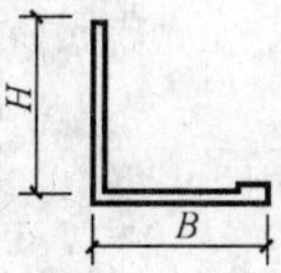	25.40	25.40		6000	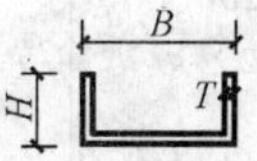	9.50	9.50	1	6000
	29.80	29.80				9.50	9.50	1.50	
						12	5	1	
						12.70	12.70	1	
						12.70	12.70	1.50	
						19	12.70	1.60	
						19	19	1	
						7.70	13.10	1.30	
						50.8	12.70	1.5	

3. 铜线条品种规格

铜线条品种规格见表 6-98。

表 6-98　铜线条品种规格表　　单位:mm

截面形状	宽 B	高 H	厚 T	长度 L
	3	6		2000
	3.5	6		
	4	8		
	4.5	8		
	5	9		
	6	9		
	7	10		
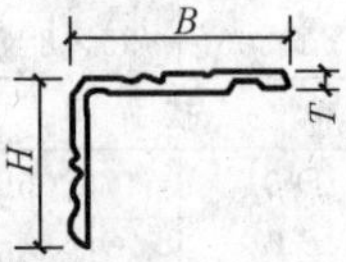	50	17	5	2000
	50	20	5	
	75	50	3	
	50	30	3	
水磨石分格铜条	2	12		2000

4. 不锈钢品种规格

不锈钢品种规格见表 6-99。

表 6-99　不锈钢品种规格表　　单位:mm

截面形状	宽 B	高 H	壁厚 T	长度 L
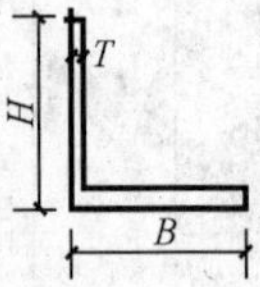	15.90	15.90	0.50	2000～4000
	15.90	15.90	1	
	19	19	0.50	
	19	19	1	
	20	20	0.50	
	20	20	1	
	22	22	0.80	
	22	22	1.50	
	25.4	25.4	0.80	
	25.4	25.4	2	
	30	30	1.50	
	30	30	2	
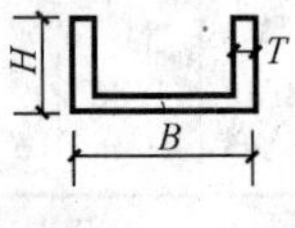	20	10	0.50	2000～4000
	25	13	0.50	
	25	13	1	
	32	16	0.8	
	32	16	1.50	
	38.1	25.4	1.50	
	38.1	25.4	0.80	
	75	45	1.20	
	75	45	2	
	90	45	1.50	
	100	25	2	

5. 常见挂镜线规格

常见挂镜线规格如图 6-20 所示。

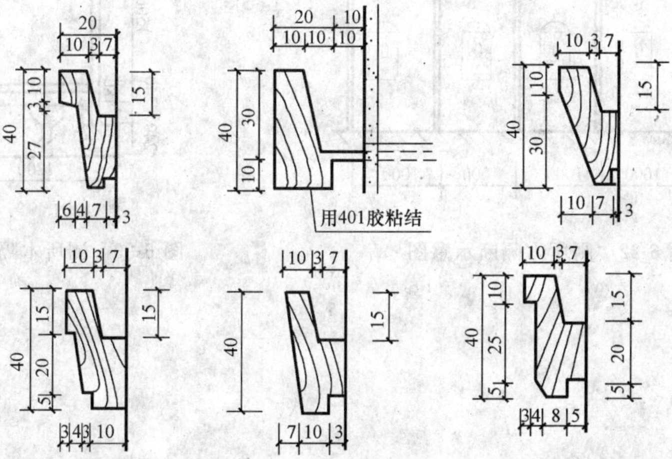

图 6-20　常见挂镜线规格

实例分析

◆**例 6-9**

如图 6-21 所示，一木骨架全玻璃隔墙，求其工程量。

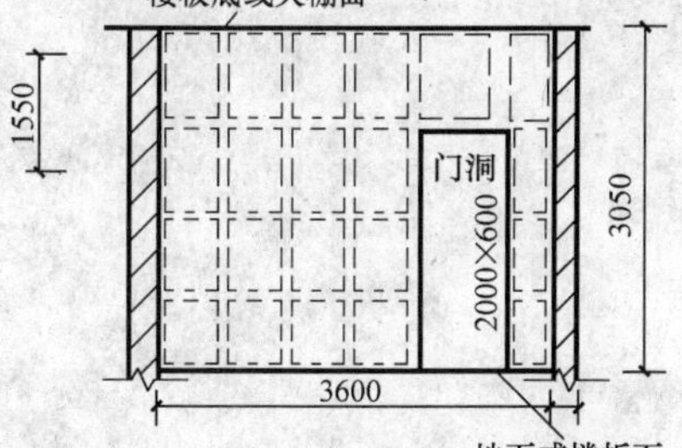

图 6-21　木骨架全玻璃隔墙示意图

解：工程量＝间墙面积－门洞面积

$$=3.6\times3.05-2.0\times0.6$$

$$=9.78\ (m^2)$$

◆**例 6-10**

某卫生间木隔断，如图 6-22 和图 6-23 所示，求卫生间隔断工程量。

解：工程量计算如下：

$$(1.0\times4+1.2\times4)\times1.5=13.2\ (m^2)$$

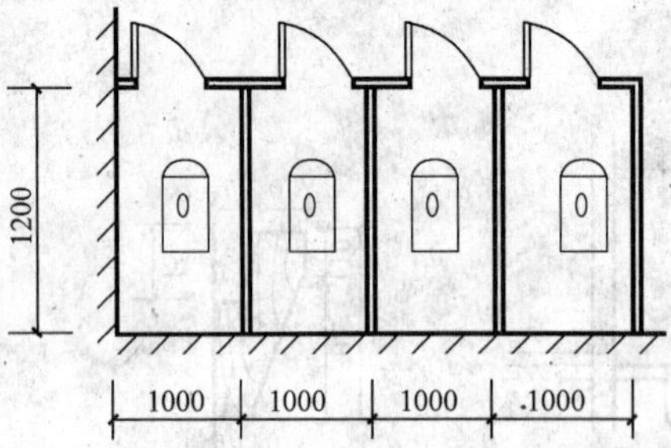

图 6-22　厕所木隔断示意图

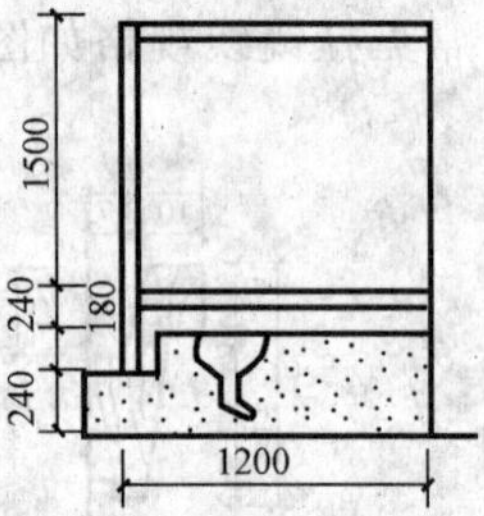

图 6-23　厕所木隔断示意图

第七章 装饰装修工程造价工作的编制与审查

第一节 设计概算的内容与编制

要点

建设项目设计概算是初步设计文件的重要组成部分，它是在投资估算的控制下由设计单位根据初步设计或扩大初步设计的图纸及说明，利用国家或地区颁发的概算指标、概算定额或综合指标预算定额、设备材料预算价格等资料，按照设计要求，概略地计算建筑物或构筑物造价的文件。

解释

◆设计概算的内容

设计概算的编制应包括编制期价格、费率、利率、汇率等确定静态投资和编制期到竣工验收前的工程价格变化等多种因素的动态投资两部分。

设计概算可分为单位工程概算、单项工程综合概算和建设项目总概算三级。如图 7-1 所示。

1. 单位工程概算

单位工程概算是确定各单位工程建设费用的文件，是编制单项工程综合概算的依据，是单项工程综合概算的组成部分。

单位工程概算按工程性质分为：建筑工程概算、设备及安装工程概算两大类。

建筑工程概算包括：土建工程概算，给排水、采暖工程概算，通风、空调工程概算，电气、照明工程概算，弱电工程概算，特殊构筑物工程概算等。

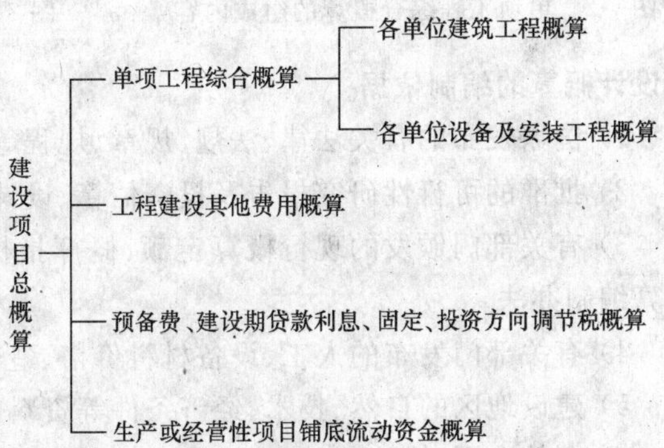

图 7-1 设计概算的三级概算关系图

设备及安装工程概算包括:机械设备及安装工程概算,电气设备及安装工程概算,热力设备及安装工程概算,工具、器具及生产家具购置费概算等。

2. 单项工程综合概算

单项工程综合概算是确定一个单项工程所需建设费用的独立文件,建成后可以独立发挥生产能力或工程效益的项目。是由单项工程中的各单位工程概算汇总编制而成的,是建设项目总概算的组成部分。单项工程概算的组成内容如图 7-2 所示。

3. 建设项目总概算

建设项目总概算是确定整个建设项目从筹建到竣工验收交付使用所需全部费用的文件,是由各单项工程综合概算、工程建设其他费用概算、预备费、建设期贷款利息、固定资产投资方向调节税概算和生产或经营性项目铺底流动资金概算汇总编制而成的,如图 7-3 所示。

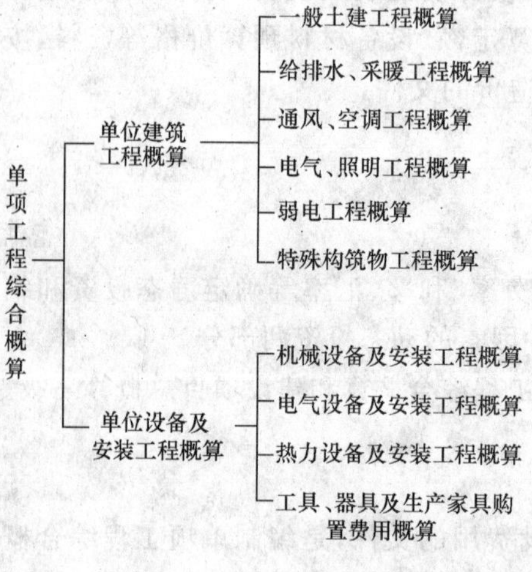

图 7-2 单项工程综合概算的组成内容

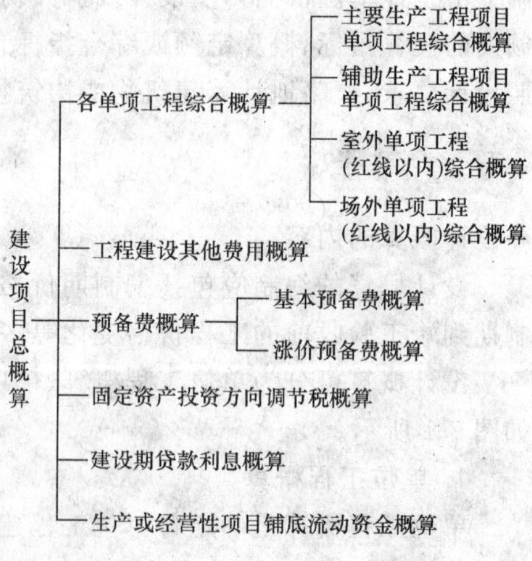

图 7-3 建设项目总概算的组成内容

◆设计概算的编制依据

1) 国家发布的有关法律、法规、规章、规程等。

2) 批准的可行性研究报告及投资估算、设计图纸等有关资料。

3) 有关部门颁发的现行概算定额、概算指标、费用定额等和建设项目设计概算编制办法。

4) 有关部门发布的人工、设备材料价格、造价指数。

5) 建设地区的自然、技术、经济条件等资料。

6) 有关合同、协议等。

7) 其他有关资料。

◆**设计概算的编制原则**

1. 严格执行国家的建设方针和经济政策的原则

设计概算是一项重要的技术经济工作,要严格按照党和国家的方针、政策办事,坚决执行勤俭节约的方针,严格执行规定的设计标准。

2. 完整、准确地反映设计内容的原则

编制设计概算时,要认真了解设计意图,根据设计文件、图纸准确计算工程量,避免重算和漏算。设计修改后,要及时修正概算。

3. 坚持结合拟建工程的实际反映当时所在地价格水平的原则

为提高设计概算的准确性,要实事求是地对工程所在地的建设条件、可能影响造价的各种因素进行认真调查研究。在此基础上正确使用定额、指标、费率和价格等各项编制依据,按照现行工程造价的构成,根据有关部门发布的价格信息及价格调整指数,考虑建设期的价格变化因素,使概算尽可能地反映设计内容、施工条件和实际价格。

◆**设计概算的编制方法**

建设项目设计概算的编制,一般首先编制单位工程的设计概算,然后再逐级汇总,形成单项工程综合概算及建设项目总概算。因此,下面分别介绍单位工程设计概算、单项工程综合概算和建设项目总概算的编制方法。

1. 单位工程设计概算的编制方法

单位工程是指具有单独设计文件,可以独立组织施工,但不能独立发挥生产能力或使用效益的工程。单位工程概算是确定单位工程建设费用的文件,是单项工程综合概算的组成部分。它由直接费、间接费、利润和税金组成。

单位工程概算分建筑工程概算和设备及安装工程概算两大类。

(1) 建筑单位工程概算编制

建筑单位工程概算的编制方法有:概算定额法、概算指标法、类似工程预算法等。

1) 概算定额法。概算定额法又叫扩大单价法或扩大结构定额法。它是使用概算定额来编制建筑工程概算。具体步骤主要有:根据初步设计图纸、资料,按概算定额的项目划分,计算工程数量,然后套用概算定额单位(基价),汇总后,再计取有关费用,确定建筑工程概算造价。

概算定额法要求初步设计达到一定深度,建筑结构比较明确,能按照初步设计的平面、立面、剖面图纸计算出楼地面、墙身、门窗和屋面等扩大分项工程(或扩大结构构件)项目的工程量时,才可采用。

2) 概算指标法。概算指标法是用拟建的厂房、住宅建筑面积乘以技术条件相同或基本相同的概算指标得出间接费、利润和税金等,编制出单位工程概算的方法。

概算指标法适用于初步设计深度不够,不能准确地计算出工程量,但工程设计是采用技术比较成熟而且又有类似工程概算指标可以利用时。如普通的住宅、小型通用厂房工程。

由于拟建工程(设计对象)往往与类似工程的概算指标的技术条件不尽相同,而且概算指标编制年份的设备、人工、材料价格与拟建工程当时当地的价格也不会一样,因此,必须对其进行调整。调整方法是:

① 设计对象的结构特征与概算指标有局部差异时的调整。

$$结构变化修正概算指标(元/m^2)=J+Q_1P_1-Q_2P_2 \quad (7\text{-}1)$$

式中 J——原概算指标;

Q_1——换入新结构的数量;

Q_2——换出旧结构的数量;

P_1——换入新结构的单价;

P_2——换出旧结构的单价。

或

结构变化修正概算指标的人工、材料、机械消耗量=
原概算指标的人工、材料、机械消耗量+换入结构件工程量×
相应定额人工、材料、机械消耗量-换出结构件工程量×
相应定额人工、材料、机械消耗量 (7-2)

以上两种方法,前者是直接修正结构件指标单价,后者是修正结构件指标人工、材料、机械台班消耗量。

② 设备、人工、材料、机械台班费用的调整。

设备、人工、材料、机械修正概算费用=原概算指标的设备、人工、材料、
机械使用+∑(换入设备、人工、材料、机械消耗量×拟建地区相应单价)-
∑(换出设备、人工、材料、机械消耗量×厚概预
算指标设备、人工、材料、机械单位) (7-3)

3) 类似工程预算法。类似工程预算法是利用技术条件与设计对象相类似的已完工程或在建工程的工程造价资料来编制拟建工程设计概算的方法。

类似工程预算法适用于拟建工程初步设计与已完工程或在建工程的设计相类似又没有可用的概算指标时采用,但必须对建筑结构差异和价差进行调整。建筑结构差异调整方法与概算指标法的调整方法相同。具体有综合系数法、价格(费用)变动系数法、地区价差系数法、结构(材质)差异换算法等。

(2) 单位工程设备安装工程概算的编制方法

设备及安装工程概算包括设备购置费用概算和设备安装工程费概算两大部分。

1) 设备购置费概算。设备购置费是根据初步设计的设备清单计算出设备

原价，并汇总求出设备总原价，然后按有关规定的设备运杂费率乘以设备总原价，两项相加即为设备购置费概算。

2）设备安装工程费概算的编制方法。

① 预算单价法。当初步设计深度不够，有详细的设备清单时，可直接按安装工程预算定额单价编制安装工程费概算，概算编制程序基本同安装工程施工图预算，这种方法有计算比较具体、精确性较高的优点；

② 扩大单价法。当初步设计深度不够，设备清单不完备，只有主体设备或仅有成套设备重量时，可采用主体设备、成套设备的综合扩大安装单价来编制概算；

上述两种方法的具体操作与建筑工程概算类似。

③ 设备价值百分比法。又称安装设备百分比法。当初步设计深度不够，只有设备出厂价而无详细规格、重量时，安装费可按占设备费的百分比计算。其百分比值（即安装费费率）由主管部门制定或由设计单位根据已完类似工程确定。该法常用于价格波动不大的定型产品和通用设备产品。公式为：

$$设备安装费=设备原价\times安装费率 \qquad (7\text{-}4)$$

④ 综合吨位指标法。当初步设计提供的设备清单有规格和设备重量时，可采用综合吨位指标编制概算，其综合吨位指标由主管部门或由设计院根据已完类似工程资料确定。这种方法常用于设备价格波动较大的非标准设备和引进设备安装工程概算。公式为：

$$设备安装费=设备重量(t)\times设备安装费(元/t) \qquad (7\text{-}5)$$

2. 单项工程综合概算的编制方法

单项工程综合概算是确定单项工程费用的综合性文件。它是由该单项工程的各专业的单位工程概算汇总而成的，是建设项目总概算的组成部分。

单项工程综合概算文件一般包括编制说明（不编制总概算时列入）和综合概算表（含其所附的单位工程概算表和建筑材料表）两大部分。当建设项目只有一个单项工程时，这时综合概算文件除包括上述两大部分外，还应当包括工程建设其他费用、建设期贷款利息、预备费和固定资产投资方向调节税（实为总概算）。

（1）编制说明

编制说明应列在综合概算表的前面，其内容为：

1）编制依据。包括国家和有关部门的规定、设计文件、现行概算定额或概算指标、设备材料的预算价格和费用指标等。

2）编制方法。说明设计概算采用哪种方法编制的。

3）主要设备、材料（钢材、木材、水泥）的数量。

4）其他需要说明的有关问题。

(2) 综合概算表

综合概算表是根据单项工程所辖范围内的各单位工程概算等基础资料，按照国家或相关部委所规定的统一表格进行编制。

1) 综合概算表项目的组成。工业建设项目综合概算表由建筑工程和设备及安装工程两大部分组成；民用工程项目综合概算表就包括建筑工程一项。

2) 综合概算表费用的组成。一般由建筑工程费用、安装工程费用、设备购置及工器具和生产家具购置费组成。当不编制总概算表时，还应包括工程建设其他费用、建设期贷款利息、预备费和固定资产投资方向调节税等费用项目。

3. 建设项目总概算的编制方法

建设项目总概算是设计文件的重要组成部分，是确定整个建设项目从筹建到竣工交付使用所预计花费的全部费用文件。它是由各单项工程综合概算、工程建设其他费用、建设期贷款利息、预备费、固定资产投资方向调节税和生产或经营性项目的铺底流动资金概算组成。按照主管部门规定的统一表格进行编制而成。

总概算一般应包括：封面及目录、编制说明、总概算表、工程建设其他费用概算表、各单项工程综合概算书、单位工程概算表、工程量计算表、分年度投资汇总表与分年度资金流量汇总表以及主要材料汇总表与工日数量表。

相关知识

◆设计概算的作用

1. 设计概算是编制建设项目投资计划、确定和控制建设项目投资的依据

国家规定，编制年度固定资产投资计划，确定计划投资总额及其构成数额，要以批准的初步设计概算为依据，没有批准的初步设计文件及其概算，建设工程就不能列入年度固定资产投资计划。

设计概算一经批准，将作为控制建设项目投资的最高限额。竣工结算不能突破施工图预算，施工图预算不能突破设计概算。如果由于设计变更等原因导致建设费用超过概算，必须重新审查批准。

2. 设计概算是签订建设工程合同和贷款合同的依据

在国家颁布的合同法中明确规定，建设工程合同价款是以设计概、预算价为依据，且总承包合同不得超过设计总概算的投资额。银行贷款或各单项工程的拨款累计总额不能超过设计概算，如果项目投资计划所列支投资额与贷款突破设计概算时，必须查明原因，之后由建设单位报请上级主管部门调整或追加设计概算总投资，凡未批准之前，银行对其超支部分不予拨付。

3. 设计概算是控制施工图设计和施工图预算的依据

设计单位必须按照批准的初步设计和总概算进行施工图设计，施工图预算不得突破设计概算，如确需突破总概算，应按规定程序报批。

4. 设计概算是衡量设计方案技术经济合理性和选择最佳设计方案的依据

设计部门在初步设计阶段要选择最佳设计方案，设计概算是从经济角度衡量设计方案经济合理性的重要依据。因此，设计概算是衡量设计方案技术经济合理性和选择最佳设计方案的依据。

5. 设计概算是考核建设项目投资效果的依据

通过设计概算与竣工决算对比，可以分析和考核投资效果的好坏，同时还可以验证设计概算的准确性，有利于加强设计概算管理和建设项目的造价管理工作。

第二节　设计概算的审查

要点

本节主要介绍设计概算的审查内容与审查设计概算的方法，读者应对此部分内容有所了解。

解释

◆设计概算的审查内容

1. 审查设计概算的编制依据

1）审查编制依据的合法性。采用的各种编制依据必须经过国家和授权机关的批准，符合国家的编制规定，未经批准的不能采用。不能以情况特殊为由，擅自提高概算定额、指标或费用标准。

2）审查编制依据的时效性。各种依据，如定额、指标、价格、取费标准等，都应根据国家有关部门的现行规定进行，注意有无调整和新的规定，如有，应按新的调整办法和规定执行。

3）审查编制依据的适用范围。各种编制依据都有规定的适用范围，如各主管部门规定的各种专业定额及其取费标准，只适用于该部门的专业工程；各地区规定的各种定额及其取费标准，只适用于该地区范围内，尤其是地区的材料预算价格区域性更强。

2. 审查概算的编制深度

1）审查编制说明。审查编制说明可以检查概算的编制方法、深度和编制依据等重大原则问题，若编制说明有差错，具体概算必有差错。

2）审查概算编制的完整性。一般大、中型项目的设计概算，应有完整的编制说明和“三级概算”（即总概算表、单项工程综合概算表、单位工程概算表），并按有关规定的深度进行编制。审查是否有符合规定的“三级概算”，各级概算的编制、核对、审核是否按规定签署，有无随意简化，有无把“三级概算”简化为“二级概算”，甚至“一级概算”。

3）审查概算的编制范围。审查概算编制范围及具体内容是否与主管部门批准的建设项目范围及具体工程内容一致；审查分期建设项目的建筑范围及具体工程内容有无重复交叉，是否重复计算或漏算；审查其他费用应列的项目是否符合规定，静态投资、动态投资和经营性项目铺底流动资金是否分别列出等。

3. 审查工程概算的内容

1）审查概算的编制是否符合党的方针、政策，是否根据工程所在地的自然条件进行编制。

2）审查建设规模（投资规模、生产能力等）、建设标准（用地指标、建筑标准等）、配套工程、设计定员等是否符合原批准的可行性研究报告或立项批文的标准。对总概算投资超过批准投资估算10%以上的，应查明其原因，重新上报审批。

3）审查编制方法、计价依据及程序是否符合现行规定，包括定额或指标的适用范围和调整方法是否正确。进行定额或指标的补充时，要求补充定额或指标的项目划分、内容组成、编制原则等要与现行的规定相一致等。

4）审查工程量是否正确。工程量的计算是否是依据初步设计图纸、概算定额、工程量计算规则和施工组织设计的要求进行，有无多算、重算和漏算，特别是对工程量大，造价高的项目要重点审查。

5）审查设备规格、数量和配置是否符合设计要求，是否与设备清单一致，设备预算价格是否真实，设备原价和运杂费的计算是否正确，非标准设备原价的计价方法是否符合规定，进口设备的各项费用的组成及其计算程序、方法是否符合国家主管部门的规定。

6）审查材料用量和价格。审查主要材料（钢材、木材、水泥、砖）的用量数据是否正确，材料预算价格是否符合工程所在地的价格水平，材料价差调整是否符合现行规定以及其计算是否正确等。

7）审查建筑安装工程的各项费用的计取是否符合国家或地方有关部门的现行规定，计算程序和取费标准是否正确。

8）审查综合概算、总概算的编制内容、方法是否符合现行规定和设计文件的要求，有无设计文件外项目，有无将非生产性项目以生产性项目列入。

9）审查总概算文件的组成内容，是否完整地包括建设项目从筹建到竣工投产为止的全部费用构成。

10）审查工程建设其他各项费用。这部分费用内容多、弹性大，而它的投资约占项目总投资的25%以上，要按国家和地区规定逐项审查，不属于总概算范围的费用项目不能列入概算，具体费率或计取标准是否按照国家、行业有关部门规定计算,有无随意列项、有无多列、交叉计列和漏项等。

11)审查技术经济指标。技术经济指标计算方法和程序是否正确,综合指标和单项指标与同类型工程指标相比,是偏高还是偏低,查明原因并予以纠正。

12)审查投资经济效果。设计概算是初步设计经济效果的反映,要按照生产规模、工艺流程、产品品种和质量,从企业的投资效益和投产后的运营效益全面分析,是否达到了先进可靠、经济合理的要求。

13)审查项目的“三废”(废水、废气、废渣)治理。拟建项目必须同时安排“三废”的治理方案和投资,对于未作安排或漏项或多算、重算的项目,要按国家有关规定核实投资,以达到“三废”排放国家标准。

◆审查设计概算的方法

采用适当方法审查设计概算,是确保审查质量、提高审查效率的关键。较常用方法有:对比分析法、查询核实法以及联合会审法,下面分别予以介绍。

1. 对比分析法

对比分析法主要是通过建设规模、标准与立项批文对比;工程数量与设计图纸对比;综合范围、内容与编制方法、规定对比;各项取费与规定标准对比;材料、人工单价与市场信息对比;引进设备、技术投资与报价要求对比;技术经济指标与同类工程对比等。通过上述对比,容易发现设计概算存在的主要问题及偏差。

2. 查询核实法

查询核实法是对一些关键设备和设施、重要装置、引进工程图纸不全、难以核算的较大投资进行多方查询核对、逐项落实的方法。主要设备的市场价向设备供应部门或招标代理公司查询核实;重要生产装置、设施向同类企业(工程)查询了解;引进设备价格及有关税费向进出口公司调查落实;复杂的建设工程向同类工程的建设、承包、施工单位征求意见;深度不够或不清楚的问题直接向原概算编制人员、设计者询问清楚。

3. 联合会审法

联合会审前,可先采取多种形式分头审查,包括设计单位自审,主管、建设、承包单位初审,工程造价咨询公司评审,邀请同行专家预审,审批部门复审等,经层层审查把关后,由相关单位和专家进行联合会审。在会审会议上,由设计单位介绍概算编制情况及有关问题,各相关单位、专家汇报初审和预审意见。然后进行认真分析、讨论,结合对各专业技术方案的审查意见所产生的投资增减,逐一核实原概算出现的问题。经过充分协商,认真听取设计单位意见后,实事求是地处理、调整。

通过以上复审后,对审查中发现的问题和偏差,按照单项、单位工程的顺序,先按设备费、安装费、建筑费和工程建设其他费用分类整理。然后按照静态投资部分、动态投资部分和铺底流动资金三大类,汇总核增或核减的项目及其投资额。最后将具体审核数据,按照“原编概算”、“审核结果”、“增减投资”、“增减幅度”四栏列表,并按照原总概算表汇总顺序,将增减项目逐一列出,相应调整所属项目投资合计数,再依次汇总审核后的总投资及增减投资额。对于差错较多、问题较大或不能满足要求的,责成×××按会审意见修改返工后重新报批;对于无重大原则问题,深度基本满足要求,投资增减不多的,当场核定概算投资额,并提交审批部门复核后,正式下达审批概算。

相关知识

◆审查设计概算的意义

1）审查设计概算,有利于合理分配投资资金、加强投资计划管理,有助于合理确定和有效控制工程造价。设计概算编制偏高或偏低,不仅影响工程造价的控制,也会影响投资计划的真实性,影响投资资金的合理分配。

2）审查设计概算,有利于促进概算编制单位严格执行国家有关概算的编制规定和费用标准,从而提高概算的编制质量。

3）审查设计概算,有利于促进设计的技术先进性与经济合理性。概算中的技术经济指标,是概算的综合反映,与同类工程对比,便可看出它的先进与合理程度。

4）审查设计概算,有利于核定建设项目的投资规模,可以使建设项目总投资力求做到准确、完整,防止任意扩大投资规模或出现漏项,从而减少投资缺口、缩小概算与预算之间的差距,避免故意压低概算投资,搞钓鱼项目,最后导致实际造价大幅度地突破概算。

5）经审查的概算,有利于为建设项目投资的落实提供可靠的依据。打足投资,不留缺口,有助于提高建设项目的投资效益。

第三节　施工图预算的内容与编制

要点

施工图预算又称施工图设计预算或设计预算。它是由设计单位在施工图设计完成后,根据施工图纸、现行定额以及地区设备、材料、人工、施工机械台班等价格编制和确定建筑工程造价的文件。

解释

◆施工图预算的内容

施工图预算以单位工程为对象进行编制。

单位工程预算包括建筑工程预算和设备安装工程预算。建筑工程预算按其工程性质可分为一般土建工程预算、卫生工程预算(包括室内外给排水工程、采暖通风工程、煤气工程等)、电气照明工程预算、弱电工程预算、特殊构筑物(如炉窑、烟囱、水塔等)工程预算和工业管道工程预算等。设备安装工程预算可分为机械设备安装工程预算、电气设备安装工程预算和热力设备安装工程预算等。

◆施工图预算编制的两种模式

1. 传统定额计价模式

我国传统的定额计价模式是采用国家、部门或地区统一规定的预算定额、单位估价表、取费标准、计价程序进行工程造价计价的模式,通常也称为定额计价模式。由于清单计价模式中也要用到消耗量定额,为避免歧义,此处称为传统定额计价模式,它是我国长期使用的一种施工图预算的编制方法。

在传统的定额计价模式下,国家或地方主管部门颁布工程预算定额,并且规定了相关取费标准,发布有关资源价格信息。建设单位与施工单位均先根据预算定额中规定的工程量计算规则、定额单价计算直接工程费,再按照规定的费率和取费程序计取间接费、利润和税金,汇总得到工程造价。

即使在预算定额从指令性走向指导性的过程中,虽然预算定额中的一些因素可以按市场变化做一些调整,但其调整(包括人工、材料和机械价格的调整)也都是按造价管理部门发布的造价信息进行,造价管理部门不可能把握市场价格的随时变化,其公布的造价信息与市场实际价格信息总有一定的滞后与偏离,这就决定了定额计价模式的局限性。

2. 工程量清单计价模式

工程量清单计价模式是招标人按照国家统一的工程量清单计价规范中的工程量计算规则提供工程量清单和技术说明,由投标人依据企业自身的条件和市场价格对工程量清单自主报价的工程造价计价模式。

工程量清单计价模式是国际通行的计价方法,为了使我国工程造价管理与国际接轨,逐步向市场化过渡,我国于 2003 年 7 月 1 日开始实施国家标准《建设工程工程量清单计价规范》GB 50500—2003,并于 2008 年 12 月 1 日进行了修订。工程量清单计价方法参见本书第四章的介绍。

◆施工图预算的编制依据

1）国家、行业和地方政府有关工程建设和造价管理的法律、法规和规定。

2）经过批准的设计概算文件。

3）经过批准的初步设计方案。

4）经过批准和会审的全部施工图纸、说明书和标准图集。

5）工程地质勘察资料。

6）企业定额,现行建筑工程和安装工程预算定额和费用定额,单位估价表、有关费用规定等文件。

7）材料与构配件市场价格、价格指数。

8）施工组织设计或施工方案。

9）项目划分规则及工程量计算规则。

10）地区单位估价表、地区工程建设费用定额，地区材料、人工、机械台班预算价格。

11）建设场地中的自然条件和施工条件。

12）工程承包合同，指标文件。

◆施工图预算的编制方法

施工图预算由单位工程施工图预算、单项工程施工图预算和建设项目施工图预算三级逐级编制汇总而成。由于施工图预算是以单位工程为单位编制的，按单项工程汇总而成，所以施工图预算编制的关键在于编制好单位工程施工图预算。

单位工程施工图预算有工料单价法和综合单价法两种计价方法。工料单价法是传统的定额计价模式下的施工图预算编制方法，而综合单价法是与国际接轨、符合市场经济体制的一种计价模式。

1. 工料单价法

工料单价法是指分部分项工程的单价为直接工程费单价，以分部分项工程量乘以对应分部分项工程单价后的合计为单位直接工程费，直接工程费汇总后另加措施费、间接费、利润、税金生成施工图预算造价。

按照分部分项工程单价产生的方法不同，工料单价法又可以分为预算单价法和实物法。

(1) 预算单价法

预算单价法编制施工图预算，就是利用各地区、部门颁发的预算定额，根据预算定额的规定计算出各分项工程量，分别乘以相应的预算定额单价，汇总后就是工程项目的直接工程费，再以直接工程费为基数，乘以相应的取费费率，计算出直接费、间接费、利润和税金，最终计算出建筑安装工程费。

预算单价法的编制步骤：

1）掌握编制施工图预算的基础资料。施工图预算的基础资料包括设计资料、预算资料、施工组织设计资料和施工合同等。

2）熟悉预算定额及其有关规定。正确掌握施工图预算定额及其有关规定，熟悉预算定额的全部内容和项目划分，定额子目的工程内容、施工方法、材料规格、质量要求、计量单位、工程量计算方法，项目之间的相互关系以及调整换算定额的规定条件和方法，以便正确地应用定额。

3）了解和掌握施工组织设计的有关内容。施工图预算工作需要深入施工现场，了解现场地形地貌、地质、水文、施工现场用地、自然地坪标高、施工方法、施工进度、施工机械、挖土方式、施工现场总平面布置以及与预算定额有关而直接影响施工经济效益的各项因素。

4）熟悉设计图纸和设计说明书。设计图纸和设计说明书不仅是施工的依据，也是编制施工图预算的重要基础资料。设计图纸和设计说明书上所表示或说明的工程构造、材料做法、材料品种及其规格质量、设计尺寸等设计要求，为编制施工图预算、结合预算定额确定分项工程项目、选择套用定额子目等提供了重要依据。

5）计算建筑面积。严格按照《建筑工程建筑面积计算规则》GB/T 50353—2005 结合设计图纸逐层计算，最后汇总出全部建筑面积。它是控制基本建设规模、计算单位建筑面积技术经济指标等的依据。

6）计算工程量。工程量的计算必须根据设计图纸和设计说明书提供的工程构造、设计尺寸和做法要求，结合施工组织设计和现场情况，按照预算定额的项目划分、工程量计算规则和计量单位的规定，对每个分项工程的工程量进行具体计算。它是施工图预算编制工作中的一个重要环节，约有 90%以上的时间是消耗在工程量计算阶段内。施工图预算造价的正确与否，取决于工程量的计算是否正确，项目是否齐全，有无遗漏和错误。

7）编表、套定额单价、取费及工料分析。工程量计算的成果是与定额分部、分项相对应的各项工程量，将其填入“单位工程预算表”，并填写相应定额编号及单价（包括必要的工料分析），然后计算分部、分项直接工程费，再汇总成单位工程直接费。最后以单位工程直接费为基础，进行取费、调差，汇总工程造价。

另外，一般还要求编制工料分析表，以供工程结算时作进一步调整工料价差的依据。由于目前电算技术的迅速发展，许多预算软件可以实现图形算量套价，大大提高了预算的质量和速度。

（2）实物法

用实物法编制单位工程施工图预算，实行“量”、“价”分离，定额子目中只有人、材、机的消耗量，而无相应的单价法。

编制单位工程施工图预算时，首先依据设计图纸计算各分部分项工程量，分别乘以预算定额的人工、材料、施工机械台班消耗量，从而分别计算出人工、各种材料、各种机械台班的总消耗量。预算人员根据人、材、机的市场价格确定单价，然后用人、材、机的相应消耗量乘以相应的单价，计算出直接工程费，以直接工程费为基数，经过二次取费，计算出直接费、间接费、利润和税金，汇总工程造价。

实物法的编制步骤与预算单价法有很多共同之处。在熟悉预算单价法的基础上，定额实物法的编制步骤如下。

1）掌握编制施工图预算的基础资料。

2) 熟悉预算定额及其有关规定。

3) 了解和掌握施工组织设计的有关内容。

4) 熟悉设计图纸和设计说明书。

5) 计算建筑面积。

6) 计算工程量。

7) 套用预算人工、材料、机械定额用量。

8) 求出各分项人工、材料、机械消耗数量。

$$各分项人、材、机消耗量=\sum(各分项工程量\times相应的预算人、材、机定额消耗量) \tag{7-6}$$

9) 按当时当地人、材、机单价汇总人工费、材料费和机械费。

① 人工工日消耗量的确定。预算定额中人工工日消耗量是指在正常施工生产条件下,生产单位合格产品必须消耗的人工工日数量,是由分项工程所综合的各个工序劳动定额包括的基本用工、其他用工以及劳动定额与预算定额工日消耗量的幅度差三部分组成的。

a. 基本用工指完成单位合格产品所必须消耗的技术工种用工。包括:

a) 完成定额计量单位的主要用工。按综合取定的工程量和相应劳动定额进行计算,计算公式为:

$$基本用工=\sum(综合取定的工程量\times劳动定额) \tag{7-7}$$

例如工程实际中的砖基础,有一砖厚、一砖半厚、二砖厚等之分,用工各不相同,在预算定额中由于不区分厚度,需要按统计的比例,加权平均(即上述公式中的综合取定)得出用工量。

b) 按劳动定额规定应增加计算的用工量。例如砖基础埋深超过 1.5m,超过部分要增加用工量。预算定额中应按一定比例给予增加。又例如砖墙项目要增加附墙烟囱孔、垃圾道、壁橱等零星组合部分的加工。

c) 由于预算定额以劳动定额子目综合扩大的,包括的工作内容较多,施工的工效视具体部位而不一样,需要另外增加用工量,列入基本用工内。

b. 其他用工。预算定额内的其他用工,包括材料超运距运输用工和辅助工作用工。

a) 材料超运距运输用工,是指预算定额取定的材料、半成品等运距超过劳动定额规定的运距应增加的工日。其用工量以超运距(预算定额取定的运距减去劳动定额取定的运距)和劳动定额计算,计算公式为:

$$超运距用工=\sum(超运距材料数量\times时间定额) \tag{7-8}$$

b) 辅助工作用工。辅助工作用工是指劳动定额中未包括的各种辅助工序用工,如材料的零星加工用工、土建工程的筛砂子、淋石灰膏、洗石子等增加的用工量。辅助工作用工量一般按加工的材料数量乘以时间定额计算。

c）人工幅度差。人工幅度差是指预算定额对在劳动定额规定的用工范围内没有包括，而在一般正常情况下又不可避免的一些零星用工，常以百分率计算。一般在确定预算定额用工量时，按基本用工、超运距用工、辅助工作用工之和的10％～15％范围内取定，其计算公式为：

人工幅度差（工日）＝（基本用工＋超运距用工＋辅助用工）×人工幅度差百分率 (7-9)

在组织编制或修订预算定额时，如果劳动定额的水平已经不能适应编修期生产技术和劳动效率情况，而又来不及修订劳动定额时，可以根据编修期的生产技术与施工管理水平以及劳动效率的实际情况，确定一个统一的调整系数，供计算人工消耗指标时使用。

② 材料消耗量计算。预算定额中的材料消耗量是在合理和节约使用材料的条件下，生产单位假定工程产品（即分部分项工程或结构件）必须消耗的一定品种规格的材料、半成品、构配件等的数量标准。材料消耗量计算方法主要有：

a. 凡有标准规格的材料，按规范要求计算定额计量单位的耗用量，如砖、防水卷材、块料面层等。

b. 凡设计图纸标注尺寸及下料要求的按设计图纸尺寸计算材料净用量，如门窗制作用材料、方、板料等。

c. 换算法。各种胶结、涂料等材料的配合比用料，可以根据要求条件换算，得出材料用量。

d. 测定法。包括试验室试验法和现场观察法。指各种强度等级的混凝土及砌筑砂浆配合比的耗用原材料数量的计算，需按照规范要求试配经过试压合格以后并经过必要的调整后得出的水泥、砂子、石子、水的用量。对新材料、新结构又不能用其他方法计算定额消耗用量时，需用现场测定方法来确定，根据不同条件可以采用写实记录法和观察法得出定额的消耗量。

材料损耗量指在正常条件下不可避免的材料损耗，如现场内材料运输及施工操作过程中的损耗等，其关系式为：

材料损耗率＝（损耗量/净用量）×100％ (7-10)

材料损耗量＝材料净用量×损耗率 (7-11)

材料消耗量＝材料净用量＋损耗量 (7-12)

或 材料消耗量＝材料净用量×（1＋损耗率） (7-13)

其他材料的确定，一般按工艺测算，在定额项目材料计算表内列出名称、数量，并依编制期价格以其他材料占主要材料的比率计算，列在定额材料栏之下，定额内可不列材料名称及消耗量。

③ 机械台班消耗量的计算。预算定额中的机械台班消耗量是指在正常施工条件下，生产单位合格产品（分部分项工程或结构件）必须消耗的某类某种型

号施工机械的台班数量。它由分项工程综合的有关工序劳动定额确定的机械台班消耗量以及劳动定额与预算定额的机械台班幅度差组成。

垂直运输机械依工期定额分别测算台班量，以台班/100m^2 建筑面积表示。

确定预算定额中的机械台班消耗量指标，应根据《全国统一建筑安装工程劳动定额》中各种机械施工项目所规定的台班产量加机械幅度差进行计算。若按实际需要计算机械台班消耗量，不应再增加机械幅度差。

机械幅度差是指在劳动定额(机械台班量)中未曾包括的，而机械在合理的施工组织条件下所必需的停歇时间，在编制预算定额时，应予以考虑，其内容包括：

a. 施工机械转移工作面及配套机械互相影响损失的时间；

b. 在正常的施工情况下，机械施工中不可避免的工序间歇；

c. 检查工程质量影响机械操作的时间；

d. 临时水、电线路在施工中移动位置所发生的机械停歇时间；

e. 工程结尾时，工作量不饱满所损失的时间。

机械幅度差系数一般根据测定和统计资料取定。大型机械幅度差系数为土方机械 1.25，打桩机械 1.33，吊装机械 1.3，其他均按统一规定的系数计算。

由于垂直运输用的塔吊、卷扬机及砂浆、混凝土搅拌机是按小组配合，应以小组产量计算机械台班产量，不另增加机械幅度差。

综上所述，预算定额的机械台班消耗量按下式计算：

$$\text{预算定额机械耗用台班}=\text{施工定额机械耗用台班}\times(1+\text{机械幅度差系数}) \tag{7-14}$$

占比重不大的零星小型机械按劳动定额小组成员计算出机械台班使用量，以“机械费”或“其他机械费”表示，不再列台班数量。

2. 综合单价法

综合单价法是指分项工程单价综合了直接工程费以外的多项费用，按照单价综合的内容不同，综合单价法可分为全费用综合单价和清单综合单价。

(1) 全费用综合单价

全费用综合单价即单价中综合了分项工程人工费、材料费、机械费、管理费、利润、规费以及有关文件规定的调价、税金以及一定范围的风险等全部费用。以各分项工程量乘以全费用单价的合价汇总后，再加上措施项目的完全价格，就生成了单位工程施工图造价。公式如下：

$$\text{建筑安装工程预算造价}=(\sum\text{分项工程量}\times\text{分项工程全费用单价})+\text{措施项目完全价格} \tag{7-15}$$

(2) 清单综合单价

分部分项工程清单综合单价中综合了人工费、材料费、施工机械使用费，企业管理费、利润，并考虑了一定范围的风险费用，但并未包括措施费、规费和税金，因此它是一种不完全单价。以各分部分项工程量乘以该综合单价的合价汇总后，再加上措施项目费、规费和税金后，就是单位工程的造价。公式如下：

$$\text{建筑安装工程预算造价}=(\sum\text{分项工程量}\times\text{分项工程不完全单价})+\text{措施项目不完全价格}+\text{规费}+\text{税金} \quad (7\text{-}16)$$

相关知识

◆施工图预算的作用

施工图作为建设工程程序中一个重要的技术经济文件，在工程建设实施过程中具有十分重要的作用，可以归纳为以下几个方面：

1）施工图预算是设计阶段控制工程造价的重要环节，是控制施工图设计不突破设计概算的重要措施。

2）施工图预算仅是对建筑工程造价作出的概算，可对承发包价格进行一定范围内的预测，并可作为业主施工发包目标期望值的重要参考。

3）对于实行施工招标的工程，施工图预算是编制标底的参考依据。

4）施工图预算是施工企业控制工程成本的依据。

5）施工图预算是进行“两算”对比的依据。施工企业可以通过施工图预算和施工预算的对比分析，找出差距，采取必要的措施。

第四节　施工图预算的审查

要点

本节主要介绍审查施工图预算的内容、方法及步骤，读者对此部分内容应予以了解。

解释

◆审查施工图预算的内容

1）审查工程量。

2）审查设备、材料的预算价格。

3）审查预算单价的套用。

4）审查有关费用项目及其计取。审查施工图预算的重点，应该放在工程量计算、预算单价套用、设备材料预算价格取定是否正确，各项费用标准是否符合现行规定等方面。

◆审查施工图预算的方法

审查施工图预算的方法较多，主要有全面审查法、标准预算审查法、分组计算审查法、对比审查法、筛选审查法、重点抽查法、利用手册审查法和分解对比审查法八种。

1. 全面审查法

全面审查法也称为逐项审查法，就是按预算定额顺序或施工的先后顺序，逐一全部进行审查的方法。其具体计算方法和审查过程与编制施工图预算基本一致。该方法的优点是全面、细致，经审查的工程预算差错比较少，质量比较高。缺点是工作量比较大。所以在一些工程量比较小、工艺比较简单的工程，编制工程预算的技术力量又比较薄弱的，采用全面审查法的相对较多。

2. 标准预算审查法

对于利用标准图纸或通用图纸施工的工程，先集中力量编制标准预算，以此为标准审查预算的方法。按标准图纸设计或通用图纸施工的工程一般上部结构和做法相同，可集中力量细审一份预算或编制一份预算，作为这种标准图纸的标准预算，或用这种标准图纸的工程量为标准，对照审查，而对局部不同部分作单独审查即可。这种方法的优点是时间短、效果好、好定案；缺点是只适用于按标准图纸设计的工程，适用范围小。

3. 分组计算审查法

分组计算审查法是一种加快审查工程量速度的方法，把预算中的项目划分为若干个组，并把相邻且有一定内在联系的项目编为一组，审查或计算同一组中某个分项工程量，利用工程量间具有相同或相似计算基础的关系，判断同组中其他几个分项工程量计算的准确程度的方法。

4. 对比审查法

对比审查法是用已建成工程的预算或虽未建成但已审查修正的工程预算对比审查拟建的类似工程预算的一种方法。对比审查法，通常有下述几种情况，应根据工程的不同条件，区别对待。

1）两个工程采用同一个施工图，但基础部分和现场条件不同。其新建工程基础以上部分可采用对比审查法；不同部分可分别采用相应的审查方法进行审查。

2）两个工程设计相同，但建筑面积不同。根据两个工程建筑面积之比与两个工程分部分项工程量之比例基本一致的特点，可审查新建工程各分部分项工程的工程量。或者用两个工程每平方米建筑面积造价以及每平方米建筑面积的各分部分项工程量进行对比审查，如果基本一致时，说明新建工程预算是正确的，反之，说明新建工程预算有问题，找出差错原因，加以更正。

3）两个工程的面积相同，但设计图纸不完全相同时，可把相同的部分进行工程量的对比审查，不能对比的分部分项工程按图纸计算。

5. 筛选审查法

筛选法是统筹法的一种，也是一种对比方法。建筑工程虽然有建筑面积及高度的不同，但是它们的各个分部分项工程的工程量、造价、用工量在每个单位面积上的数值变化不大，我们把这些数据加以汇集，优选，归纳为工程量、造价(价值)、用工三个单方基本值表，并注明其适用的建筑标准。这些基本值就像“筛子孔”，用来筛选各分部分项工程，筛下去的就不审查了，没有筛下去的就意味着此分部分项的单位建筑面积数值不在基本值范围之内，应对该分部分项工程详细审查。当所审查的预算的建筑面积标准与“基本值”所适用标准不同时，就要对其进行调整。

筛选法的优点是简单易懂，便于掌握，审查速度和发现问题快。但要解决差错、分析其原因时需继续审查。因此，此法适用于住宅工程或不具备全面审查条件的工程。

6. 重点抽查法

重点抽查法是抓住工程预算中的重点进行审查的方法。审查的重点一般是工程量大或造价较高、工程结构复杂的工程，补充单位估价表，计取的各项费用(计费基础、取费标准等)。

重点抽查法的优点是重点突出、审查时间短、效果好。

7. 利用手册审查法

利用手册审查法是把工程中常用的构件、配件，事先整理成预算手册，按手册对照审查的方法。例如我们可以将工程常用的预制构件配件按标准图集计算出工程量，套上单价，编制成预算手册使用，可大大简化预结算的编审工作。

8. 分解对比审查法

一个单位工程，按直接费与间接费进行分解，然后再把直接费按工种和分部工程进行解，分别与审定的标准预算进行对比分析的方法，叫分解对比审查法。

分解对比审查法一般有三个步骤：

第一步，全面审查某种建筑的定型标准施工图或重复使用的施工图的工程预算。经审定后作为审查其他类似工程预算的对比基础。而且将审定预算按直接费与应取费用分解成两部分，再把直接费分解为各工种工程和分部工程预算，分别计算出每平方米预算价格。

第二步，把拟审的工程预算与同类型预算单方造价进行对比，若出入在1%～3%(根据本地区要求)，再按分部分项工程进行分解，边分解边对比，对出入较大者进一步审查。

第三步，对比审查。其方法是：

① 经分析对比，若发现应取费用相差较大，应考虑建设项目的投资来源和工程类别及其取费项目和取费标准是否符合现行规定；材料调价相差较大，则应进一步审查《材料调价统计表》，将各种调价材料的用量、单位差价及其调增数量等进行对比；

② 经过分解对比，若发现土建工程预算价格出入较大，首先审查其土方和基础工程，因为±0.000以下的工程一般相差较大。再对比其余各个分部工程，发现某一分部工程预算价格相差较大时，再进一步对比各分项工程或工程细目。在对比时，先检查所列工程细目是否正确，预算价格是否相同。发现相差较大者，再进一步审查所套预算单价，最后审查该项工程细目的工程量。

由于工程规模、繁简程度不同，施工方法和施工企业情况不一样，所编工程预算的质量也不同，因此，需选择适当的审查方法进行审查。综合整理审查资料，并与编制单位交换意见，定案后编制调整预算。审查后，需要进行增加或核减的，经与编制单位协商，统一意见后，进行相应的修正。

◆审查施工图预算的步骤

(1) 应做好审查前的准备工作

1) 熟悉施工图纸。施工图是编审预算分项数量的重要依据，必须全面熟悉了解，核查所有图纸，清点无误后，依次识读。

2) 了解预算包括的范围。根据预算编制说明，了解预算包括的工程内容。例如：室外管线、道路以及会审图纸后的设计变更等。

3) 弄清预算采用的单位估价表。任何单位估价表或预算定额都有一定的适用范围，根据工程性质收集熟悉相应的单价、定额资料。

(2) 应选择合适的审查方法，按相应内容审查

由于工程规模、繁简程度不同，施工方法和施工企业情况不一样，所编工程预算和性质也不同，因此需选择适当的审查方法进行审查。

(3) 需要调整预算

综合整理审查资料，并与编制单位交换意见，定案后编制调整预算。审查后需要进行加或减的，经与编制单位协商，统一意见后进行相应的修正。

相关知识

◆施工图预算审查的意义

施工图预算编完之后，需要认真审查。加强施工图预算的审查，对于提高预算的准确性，正确贯彻党和国家的有关方针政策，降低工程造价具有重要的现实意义。具体表现为：

1) 有利于控制工程造价，克服和防止预算超概算。

2）有利于加强固定资产投资管理，节约建设资金。

3）有利于对施工承包合同价的合理确定和控制。

4）有利于积累和分析各项技术经济指标，不断提高设计水平。通过审查工程预算，核实了预算价值，为积累和分析技术经济指标提供了准确数据，进而通过有关指标的比较，找出设计中的薄弱环节，以便及时改进，不断提高设计水平。

第五节　工程价款的结算

要点

装饰装修工程价款的结算是指承包商在工程实施过程中，依据承包合同中关于付款条件的规定和已经完成的工程量，并按照规定的程序向建设单位收取工程价款的一项经济活动。本节主要介绍工程价款结算的分类与工程价款结算的方式。

解释

◆工程价款的主要结算方式

工程价款结算是指对建设工程的发包、承包合同价款进行约定和依据合同约定进行工程预付款、工程进度款、工程竣工价款结算的活动。工程价款结算应按合同约定办理，合同未作约定或约定不明的，发、承包双方应依照下列规定与文件协商处理：

1）国家有关法律、法规和规章制度。

2）国务院建设行政主管部门，省、自治区、直辖市或有关部门发布的工程造价计价标准、计价办法等有关规定。

3）建设项目的补充协议、变更签证和现场签证，以及经发、承包人认可的其他有效文件。

4）其他可依据的材料。

工程价款的结算方式主要有以下两种。

1. 按月结算与支付

即实行按月支付进度款，竣工后清算的办法。合同工期在两个年度以上的工程，在年终进行工程盘点，办理年度结算。

2. 分段结算与支付

即当年开工、当年不能竣工的工程，按照工程形象进度划分不同阶段支付工程进度款。具体划分在合同中明确。

除上述两种主要方式外,双方还可以约定其他结算方式。

◆**工程预付款的支付及其计算**

目前,我国工程承发包中,大部分工程实行包工包料,就是说承包商必须有一定数量的备料周转金。通常在工程承包合同中,会明确规定发包方(甲方)在开工前拨付给承包方(乙方)一定数额的工程预付款。该预付款构成承包商为工程项目储备主要材料、构件所需要的流动资金。

按照《建设工程价款结算暂行办法》的规定,在具备施工条件的前提下,发包人应在双方签订合同后的一个月内或不迟于约定的开工日期前的7d内预付工程款,发包人不按约定预付,承包人应在预付时间到期后10d内向发包人发出要求预付的通知,发包人收到通知后仍不按要求预付,承包人可在发出通知14d后停止施工,发包人应从约定应付之日起向承包人支付应付款的利息(利率按同期银行贷款利率计),并承担违约责任。

1. 工程预付款的数额

包工包料工程的预付款按合同约定拨付,原则上预付比例不低于合同金额的10%,不高于合同金额的30%,对重大工程项目,按年度工程计划逐年预付,计价执行《建设工程工程量清单计价规范》GB 50500—2008的工程,实体性消耗和非实体性消耗部分应在合同中分别约定预付款比例。

在实际工作中,工程预付款的数额,要根据各工程类型、合同工期、承包方式和供应体制等不同条件而定。例如,工业项目中钢结构和管道安装占比重较大的工程,其主要材料所占比重比一般安装工程要高,因而工程预付款数额也要相应提高;工期短的工程比工期长的要高,材料由承包人自购的比由发包人提供材料的要高。

对于只包工不包料的工程项目,则可以不预付备料款。

2. 工程预付款的扣回

由于发包方拨付给承包方的预付款属于预支性质,那么在工程进行中,随着工程所需主要材料储备的逐步减少,应以抵充工程价款的方式扣回。其扣款方式有两种:

1)可以从未施工工程尚需的主要材料及构件的价值相当于工程预付款数额时起扣,从每次结算工程价款中,按材料比重扣抵工程价款,竣工前全部扣清。其基本表达公式是:

$$T=p-\frac{M}{N} \tag{7-17}$$

式中 T——起扣点,即工程预付款开始扣回时的累计完成工作量金额;

M——工程预付款限额;

N——主要材料及构件所占比重;

P——承包工程价款总额。

$$主材比重=主要材料费\div工程承包合同造价 \tag{7-18}$$

2）原建设部《招标文件范本》中明确规定，在乙方完成金额累计达到合同总价的10%后，由乙方开始向甲方还款，甲方从每次应付给的金额中扣回工程预付款，甲方至少在合同规定的完工期前3个月将工程预付款的总计金额按逐次分摊的办法扣回，当甲方一次付给乙方的余额少于规定扣回的金额时，其差额应转入下一次支付中作为债务结转。甲方不按规定支付工程预付款，乙方按《建设工程施工合同文本》第二十一条享有权利。

在实际经济活动中，情况比较复杂，有些工程工期较短，就无须分期扣回。有些工程工期较长，如跨年度施工，工程预付款可以不扣或少扣，并于次年按应付工程预付款调整，多退少补。具体地说，跨年度工程，预计次年承包工程价值大于或相当于当年承包工程价值时，可以不扣回当年的工程预付款，如小于当年承包工程价值时，应按实际承包工程价值进行调整，在当年扣回部分工程预付款，并将未扣回部分转入次年，直到竣工年度再按上述办法扣回。

在颁发工程接收证书前，由于不可抗力或其他原因解除合同时，尚未扣清的预付款余额应作为承包人的到期应付款。

◆工程进度款的支付（中间结算）

建安企业在工程施工中，按照每月形象进度或者控制界面等完成的工程数量计算各项费用，向建设单位（业主）办理工程进度款的支付（即中间结算）。

1. 已完工程量的计量

根据工程量清单计价规范形成的合同价中包含综合单价和总价包干两种不同形式，应采取不同的计量方法。除专用合同条款另有约定外，综合单价子目已完成工程量按月计算，总价包干子目的计量周期按批准的支付分解报告确定。

（1）综合单价的计算

已标价工程量清单中的单价子目工程量为估算工程量。若发现工程量清单中出现漏项、工程量计算偏差以及工程量变更引起的工程量增减，应在工程进度款支付即中间结算时调整，结算工程量是承包人在履行合同义务过程中实际完成并按合同约定的计量方法进行计量的工程量。

（2）总价包干子目的计算

总价包干子目的计量和支付应以总价为基础，不因物价波动引起的价格调整的因素而进行调整。承包人实际完成的工程量，是进行工程目标管理和控制进度支付的依据。承包人在合同约定的每个计量周期内，对已完成的工程进行计量，并提交专用条款约定的合同总价支付分解表所表示的阶段性或分项计量的支持性资料，以及所达到工程形象目标或分阶段需完成的工程量和有关计量资料。总价包干子目的支付分解表形成一般有以下三种方式：

1）对于工期较短的项目，将总价包干子目的价格按合同约定的计量周期平均。

2）对于合同价值不大的项目，按照总价包干子目的价格占签约合同价的百分比，以及各个支付周期内所完成的总价值，以固定百分比方式均摊支付。

3）根据有合同约束力的进度计划，预先确定的里程碑形象进度节点（或者支付周期）、组成总价子目的价格要素的性质[与时间、方法和（或）当期完成合同价值等的关联性]。将组成总价包干子目的价格分解到各个形象进度节点（或者支付周期中），汇总形成支付分解表。实际支付时，经检查核实其实际形象进度，达到支付分解表的要求后，即可支付经批准的每阶段总价包干子目的支付金额。

2. 已完工程量复核

当发、承包双方在合同中未对工程量的复核时间、程序、方法和要求作约定时，按以下规定办理：

1）承包人应在每个月末或合同约定的工程段完成后向发包人递交上月或上一工程段已完工程量报告；发包人应在接到报告后 7d 内按施工图纸（含设计变更）核对已完工程量，并在计量前 24h 通知承包人。承包人应提供条件并按时参加。如承包人收到通知后不参加计量核对，则发包人核实的计量应认为是对工程量的正确计量。如发包人未在规定的核对时间内通知承包人，致使承包人未能参加计量核对的，则由发包人所作的计量核实结果无效。如发、承包双方均同意计量结果，则双方应签字确认。

2）如发包人未在规定的核对时间内进行计量核对，承包人提交的工程计量视为发包人已经认可。

3）对于承包人超出施工图纸范围或因承包人原因造成返工的工程量，发包人不予计量。

4）如承包人不同意发包人核实的计量结果，承包人应在收到上述结果后 7d 内向发包人提出，申明承包人认为不正确的详细情况。发包人收到后，应在 2d 内重新核对有关工程量的计量，或予以确认，或将其修改。

发、承包双方认可的核对后的计量结果，应作为支付工程进度款的依据。

3. 承包人提交进度款支付申请

在工程量经复核认可后，承包人应在每个付款周期末，向发包人递交进度款支付申请，并附相应的证明文件。除合同另有约定外，进度款支付申请应包括下列内容：

1）本期已实施工程的价款；2）累计已完成的工程价款；3）累计已支付的工程价款；4）本周期已完成计日工金额；5）应增加和扣减的变更金额；6）应增加和扣减的索赔金额；7）应抵扣的工程预付款；8）应扣减的质量保证金；9）根据合同应增加和扣减的其他金额；10）本付款周期实际应支付的工程价款。

4. 工程进度款支付时间

我国工商行政管理总局,原建设部颁布的《建设工程施工合同文本》中对工程进度款支付作了如下规定:

1) 工程进度款在双方计量确认后14d内,甲方应向乙方支付工程进度款。同期用于工程上的甲方供应材料设备的价款以及按约定时间甲方应按比例扣回的预付款,同期结算。

2) 符合规定范围的合同价款的调整,工程变更调整的合同价款及其他条款中约定的追加合同价款,应与工程进度款同期调整支付。

3) 甲方超过约定的支付时间不付工程进度款,乙方可向甲方发出要求付款通知,甲方收到乙方通知后仍不能按要求付款,可与乙方协商签订延期付款协议,经乙方同意后可延期支付。协议须明确延期支付时间和从甲方计量签字后第15天起计算应付款的贷款利息。

4) 甲方不按合同约定支付工程进度款,双方又未达成延期付款协议,导致施工无法进行,乙方可停止施工,由甲方承担违约责任。

◆工程价款调整

1. 工程合同价款中综合单价的调整

对实行工程量清单计价的工程,应采用单价合同方式。即合同约定的工程价款中所包含的工程量清单项目综合单价在约定条件内是固定的,不予调整,工程量允许调整。工程量清单项目综合单价在约定的条件外,允许调整。调整方式、方法应在合同中约定。若合同未作约定,可参照以下原则办理:

1) 当工程量清单项目工程量的变化幅度在10%以内时,其综合单价不做调整,执行原有综合单价。

2) 当工程量清单项目工程量的变化幅度在10%以外,且影响分部分项工程费超过0.1%时,其综合单价以及对应的措施费(如有)均应作调整。调整的方法是由承包人对增加的工程量或减少后剩余的工程量提出新的综合单价和措施项目费,经发包人确认后调整。

2. 物价波动引起的价格调整

一般情况下,因物价波动引起的价格调整,可采用以下两种方法中的某一种计算。

(1) 采用价格指数调整价格差额

此方式主要适用于使用的材料品种较少,但每种材料使用量较大的土木工程,如公路、水坝等。

因人工、材料和设备等价格波动影响合同价格时,根据投标函附录中的价格指数和权重表约定的数据,按以下价格调整公式计算差额并调整合同价格:

$$\Delta p=p_0\left[A+\left(B_1\times\frac{F_{t1}}{F_{01}}+B_2\times\frac{F_{t2}}{F_{02}}+B_3\times\frac{F_{t3}}{F_{03}}+\cdots+B_n\times\frac{F_{tn}}{F_{0n}}\right)-1\right] \quad (7\text{-}19)$$

式中 Δp——需调整的价格差额。

P_0——根据进度付款、竣工付款和最终结清等付款证书中，承包人应得到的已完成工程量的金额；此项金额应不包括价格调整、不计质量保证金的扣留和支付以及预付款的支付和扣回；变更及其他金额已按现行价格计价的，也不计在内；

A——定值权重(即不调部分的权重)；

$B_1,B_2,B_3\cdots B_n$——各可调因子的变值权重(即可调部分的权重)为各可调因子在投标函投标总报价中所占的比例；

$F_{t1},F_{t2},F_{t3}\cdots,F_{tn}$——各可调因子的现行价格指数，指根据进度付款、竣工付款和最终结清等约定的付款证书相关周期最后一天的前42d的各可调因子的价格指数；

$F_{01},F_{02},F_{03}\cdots F_{0n}$——各可调因子的基本价格指数，指基准日期(即投标截止时间前28d)的各可调因子的价格指数。

以上价格调整公式中的各可调因子、定值和变值权重，以及基本价格指数及其来源在投标函附录价格指数和权重表中约定。价格指数应首先采用有关部门提供的价格指数，缺乏上述价格指数时，可采用有关部门提供的价格代替。

(2) 采用造价信息调整价格差额

此方式适用于使用的材料品种较多，相对而言每种材料使用量较小的房屋建筑与装饰工程。施工期内，因人工、材料、设备和机械台班价格波动影响合同价格时，人工、机械使用费按照国家或省、自治区、直辖市建设行政管理部门、行业建设管理部门或其授权的工程造价管理机构发布的人工成本信息、机械台班单价或机械使用费系数进行调整；需要进行价格调整的材料，其单价和采购数应由监理人复核，监理人确认需调整的材料单价及数量，作为调整工程合同价格差额的依据。

1) 人工单价发生变化时，发、承包双方应按省级或行业建设主管部门或其授权的工程造价管理机构发布的人工成本文件调整工程价款。

2) 材料价格变化，超过省级或行业建设主管部门或其授权的工程造价管理机构规定的幅度时应当调整，承包人在采购材料前就采购数量和新的材料单价报发包人核对，确认用于本合同工程时，发包人应确认采购材料的数量和单价。发包人在收到承包人报送的确认资料后3个工作日内不予答复的视为已经认可，作为调整工程价款的依据。如果承包人未报经发包人核对即自行采购材料，再报发包人确认调整工程价款的，如发包人不同意，则不做调整。

3）施工机械台班单价或施工机械使用费发生变化超过省级或行业建设主管部门或其授权的工程造价管理机构规定的范围时，按其规定进行调整。

3. 法律、政策变化引起的价格调整

在基准日后，因法律、政策变化导致承包人在合同履行中所需要的工程费用发生增减时，监理人应根据法律、国家或省、自治区、直辖市有关部门的规定，商定或确定需调整的合同价款。

4. 工程价款调整的程序

工程价款调整报告应由受益方在合同约定时间内向合同的另一方提出，经对方确认后调整合同价款。受益方未在合同约定时间内提出工程价款调整报告的，视为不涉及合同价款的调整。当合同未作约定时，可按下列规定办理：

1）调整因素确定后 14d 内，由受益方向对方递交调整工程价款报告。受益方在 14d 内未递交调整工程价款报告的，视为不调整工程价款。

2）收到调整工程价值报告的一方应在收到之日起 14d 内予以确认或提出协商意见，如在 14d 内未作确认也未提出协商意见时，视为调整工程价款报告已被确认。

经发、承包双方确定调整的工程价款，作为追加（减）合同价款，与工程进度款同期支付。

相关知识

◆工程价款结算的主要作用

1）工程价款结算是反映工程进度的主要指标。在施工过程中，工程价款结算的依据之一是已完成的工程量。这意味着，承包商完成的工程量越多，所应结算工程价款就应越多，所以，根据累计已结算的工程价款占合同总价款的比例，能够近似地反映工程的进度情况。

2）工程价款结算是加速资金周转的重要环节。承包商能够尽快尽早地结算工程价款，有利于债务偿还和资金回笼，从而降低运营成本，提高资金使用的有效性。

3）工程价款结算是考核经济效益的重要指标。对于承包商来说，只有当工程价款如数结算，才意味着完成了“惊险一跳”，避免了经营风险；也只有这样，才能获得相应的利润，而取得良好的经济效益。

第六节　竣工决算的内容与编制

要点

竣工决算又称为竣工成本决算，是以实物数量和货币指标为计量单位，综合反映项目从筹建开始到项目竣工交付使用为止的全部建设费用、建设成果和财务情况的总结性文件,分为施工企业内部单位工程竣工成本决算和装饰装修项目竣工决算。前者是指施工企业内部进行实际成本分析,反映经营效果,以工程竣工后的工程结算为依据核算一个单位工程(概)预算成本、实际成本和成本降低额,编制竣工成本决算,总结经验,提高企业管理水平。

装饰装修工程项目竣工决算即基本建设项目竣工决算,是基本建设经济效果的全面反映,是核定新增固定资产和流动资产价值、办理交付使用的依据。进行基本建设的目的是提供新的固定资产并及时交付使用;通过竣工决算及时办理移交,不仅能够正确反映基本建设项目(装饰装修项目)实际造价和投资效果,而且对投入生产或使用后的经营管理也有重要的作用。通过竣工决算与(概)预算的对比分析,考核建设成本,总结经验,积累技术经济资料,可促进提高投资效果。

本节主要介绍装饰装修工程竣工决算的内容与编制。

解释

◆竣工决算的内容

建设项目竣工决算应包括从筹集到竣工投产全过程的全部实际费用,即包括建筑工程费、安装工程费、设备工器具购置费用及预备费等费用。按照财政部、国家发展改革委和住房和城乡建设部的有关文件规定,竣工决算是由竣工财务决算说明书、竣工财务决算报表、工程竣工图和工程竣工造价对比分析四部分组成。其中,竣工财务决算说明书和竣工财务决算报表两部分又称建设项目竣工财务决算,是竣工决算的核心内容。

大中型建设项目竣工决算报表通常包括建设项目竣工财务决算审批表、竣工工程概况表、竣工财务决算表、建设项目交付使用资产总表以及明细表、建设项目建成交付使用后的投资效益表等;小型建设项目竣工决算报表是由建设项目竣工财务决算审批表、竣工财务决算总表和交付使用资产明细表组成。

1. 竣工决算报告说明书

竣工决算报告说明书概括了竣工工程建设成果和经验,是全面考核分析工程投资与造价的书面总结,也是竣工决算报告的重要组成部分,主要内容如下:

1) 建设项目概况及对工程的评价。

2) 资金来源及运用等财务分析。主要包括工程价款结算、会计账务的处理、财产物资情况及债权债务的清偿情况。

3) 基本建设收入、投资包干结余、竣工结余资金的上交分配情况;通过对基本建设投资包干情况的分析,说明投资包干数、实际支用数和节约额、投资包干节余的有机构成和包干节余的分配情况。

4）各项经济技术指标的分析。概算执行情况分析，根据实际投资完成额与概算进行对比分析；新增生产能力的效益分析，说明支付使用财产占总投资额的比例、占支付使用财产的比例，不增加固定资产的造价占投资总额的比例，分析有机构成和成果。

5）工程建设的经验及项目管理工作以及竣工财务决算中有待解释的问题。

6）需要说明的其他事项。

2. 竣工财务决算报表

建设项目竣工财务决算报表根据大、中型建设项目和小型建设项目分别制定。根据财政部关于《基本建设财务管理若干规定》的通知以及《基本建设项目竣工财务决算报表》和《基本建设项目竣工财务决算报表填表说明》的通知，大、中型建设项目竣工决算报表包括：建设项目竣工财务决算审批表，大、中型建设项目概况表，大、中型建设项目竣工财务决算表，大、中型建设项目交付使用资产总表，建设项目交付使用资产明细表。小型建设项目竣工财务决算报表包括建设项目竣工财务决算审批表、竣工财务决算总表、建设项目交付使用资产明细表等。

3. 建设工程竣工图

工程竣工图是真实地记录和反映各种建筑物、构筑物等情况的技术文件，是工程交工验收、改建和扩建的依据，是国家的重要技术档案。对竣工图的要求是：

1）凡按图竣工没有变动的，由施工单位在原施工图上加盖"竣工图"图章标志后，即可作为竣工图。

2）施工过程中尽管发生了一些设计变更，但可以将原施工图加以修改补充作为竣工图的，可以不重新绘制，由施工单位负责在原施工图（必须是新蓝图）上注明修改的部分，并附以设计变更通知单和施工说明，加盖"竣工图"图章标志后作为竣工图。

3）凡结构形式改变、工艺变化、平面布置改变、项目改变以及有其他重大改变时，不宜再在原施工图上修改、补充者，应重新绘制改变后的竣工图。属设计原因造成的，由设计单位负责重新绘制；属施工原因造成的，由施工单位负责重新绘制；属其他原因造成的，由建设单位自行绘制或委托设计单位绘图，施工单位负责在新图上加盖"竣工图"图章标志，并附以记录和说明，作为竣工图。

4）为满足竣工验收和竣工决算需要，应绘制能反映竣工工程全部内容的工程设计平面示意图。

5）重大的改建、扩建工程项目涉及原有的工程项目变更时，应将相关项目的竣工图资料统一整理归档，并在原图案卷内增补必要的说明。

◆竣工决算的编制依据

1）经批准的可行性研究报告、投资估算书，初步设计或扩大初步设计，修正总概算及其批复文件。

2）经批准的施工图设计及其施工图预算书。

3）设计交底或图纸会审会议纪要。

4）设计变更记录、施工记录或施工签证单及其他施工发生的费用记录。

5）招标控制价，承包合同、工程结算等有关资料。

6）历年基建计划、历年财务决算及批复文件。

7）设备、材料调价文件和调价记录。

8）有关财务核算制度、办法和其他有关资料。

◆竣工决算的编制要求

为了严格执行建设项目竣工验收制度，正确核定新增固定资产价值，考核分析投资效果，建立健全的经济责任制度，所有新建、扩建和改建等建设项目竣工后，都应及时、完整、正确地编制好竣工决算。建设单位要做好以下工作：

1. 按照规定组织竣工验收，保证竣工决算的及时性

竣工结算是对建设工程的全面考核。所有的建设项目(或单项工程)按照批准的设计文件所规定的内容建成后，具备了投产和使用条件的，都要及时组织验收。对于竣工验收中发现的问题，应及时查明原因，采取措施加以解决，以保证建设项目能按时交付使用和及时编制竣工决算。

2. 积累、整理竣工项目资料，保证竣工决算的完整性

积累、整理竣工项目资料是编制竣工决算的基础工作，它关系到竣工决算的完整性和质量的好坏。因此，在建设过程中，建设单位必须随时收集项目建设的各种资料，并在竣工验收前，对各种资料进行系统整理，分类立卷，为编制竣工决算提供完整的数据资料，为投产后加强固定资产管理提供依据。在工程竣工时，建设单位应将各种基础资料与竣工决算一起移交给生产单位或使用单位。

3. 清理、核对各项账目，保证竣工决算的正确性

工程竣工后，建设单位要认真核实各项交付使用资产的建设成本；做好各项账务、物资以及债权的清理结算工作，应偿还的及时偿还，该收回的及时收回，对各种结余的材料、设备、施工机械工具等，要逐项清点核实，妥善保管，按照国家有关规定进行处理，不得任意侵占；对竣工后的结余资金，要按规定上交财政部门或上级主管部门。在完成上述工作，核实了各项数字的基础上，正确编制从年初起到竣工月份止的竣工年度财务决算，以便根据历年的财务决算和竣工年度财务决算进行整理汇总，编制建设项目决算。

按照规定，竣工决算应在竣工项目办理验收交付手续后一个月内编好，并上报主管部门，有关财务成本部分，还应送经办银行审查签证。主管部门和财政部

门对报送的竣工决算审批后，建设单位即可办理决算调整和结束有关工作。

◆竣工决算的编制步骤

1）收集、整理和分析有关依据资料。在编制竣工决算文件之前，应系统地整理所有的技术资料、工料结算的经济文件、施工图纸和各种变更与签证资料，并分析它们的准确性。完整、齐全的资料，是准确、迅速编制竣工决算的必要条件。

2）清理各项财务、债务和结余物资。在收集、整理和分析有关资料中，要特别注意建设工程从筹建到竣工投产或使用的全部费用的各项账务，债权和债务的清理，做到工程完毕账目清晰，既要核对账目，又要查点库存实物的数量，做到账与物相等，账与账相符，对结余的各种材料、工器具和设备，要逐项清点核实，妥善管理，并按规定及时处理，收回资金。对各种往来款项要及时进行全面清理，为编制竣工决算提供准确的数据和结果。

3）核实工程变动情况。重新核实各单位工程、单项工程造价，将竣工资料与原设计图纸进行查对、核实，必要时可实地测量，确认实际变更情况；根据经审定的承包人竣工结算等原始资料，按照有关规定对原概、预算进行增减调整，重新核定工程造价。

4）编制建设工程竣工决算说明。按照建设工程竣工决算说明的内容要求，根据编制依据材料填写在报表中的结果，编写文字说明。

5）填写竣工决算报表。按照建设工程决算表格中的内容，根据编制依据中的有关资料进行统计或计算各个项目和数量，并将其结果填到相应表格的栏目内，完成所有报表的填写。

6）做好工程造价对比分析。

7）清理、装订好竣工图。

8）上报主管部门审查存档。

上述编写的文字说明和填写的表格经核对无误，装订成册，即建设工程竣工决算文件。将其上报主管部门审查，并把其中财务成本部分送交开户银行签证。竣工决算在上报主管部门的同时，抄送有关设计单位。大中型建设项目的竣工决算还应抄送财政部、建设银行总行和省、自治区、直辖市的财政局和建设银行分行各一份。建设工程竣工决算的文件，由建设单位负责组织人员编写，在竣工建设项目办理验收使用1个月之内完成。

相关知识

◆竣工决算的作用

装饰装修工程竣工决算的作用如下：

1）装饰装修工程竣工决算是综合、全面地反映竣工项目建设成果及财务情况的总结性文件，它采用货币指标、实物数量、建设工期和各种技术经济指标，综合、全面地反映建设项目自开始建设到竣工为止的全部建设成果和财务状况。

2）装饰装修工程竣工决算是办理交付使用资产的依据，也是竣工验收报告的重要组成部分。建设单位与使用单位在办理交付资产的验收交接手续时，通过竣工决算反映了交付资产的全部价值及相关明细资料。

3）装饰装修工程竣工决算是分析和检查设计概算的执行情况、考核投资效果的依据。竣工决算反映了竣工项目计划、实际的建设规模、建设工期以及设计和实际的生产能力，反映了概算总投资和实际的建设成本，同时还反映了所达到的主要技术经济指标。通过对这些指标计划数、概算数与实际数进行对比分析，不仅可以全面掌握建设项目计划和概算执行情况，还可以考核建设项目投资效果，为今后制订基建计划、降低建设成本、提高投资效果提供必要的资料。

◆竣工验收

竣工验收是基本建设的最后阶段，是检验工程质量的重要环节。同时也是编制竣工决算的前提。建设单位应根据国家建委《关于基本建设竣工项目验收暂行规定》，对单项工程竣工后已能满足生产要求或具备使用条件的，即可组织验收。建设项目全部竣工后，应组织设计、施工单位进行初验，并向主管部门呈报竣工验收申请报告，由主管部门及时组织验收。对于初验时发现的工程质量以及影响生产等问题，应及时予以处理或解决，以保证尽早进行正式验收、交付使用和编制竣工决算。

第七节 竣工结算的编制与审查

要点

工程竣工结算是指承包人按照合同规定的内容全部完成所承包的工程，经验收质量合格并符合合同要求之后，向发包人进行的最终工程价款结算。工程竣工结算分为单位工程竣工结算、单项工程竣工结算和建设项目竣工总结算，其中单位工程竣工结算和单项工程竣工结算也可看做是分阶段结算。单位工程竣工结算由承包人编制，发包人审查；实行总承包的工程，由具体承包人编制，在总包人审查的基础上，发包人审查。单项工程竣工结算或建设项目竣工总结算由总(承)包人编制，发包人可直接进行审查，也可以委托具有相应资质的工程造价咨询机构进行审查。政府投资项目，由同级财政部门审查。单项工程竣工结算或建设项目竣工总结算经发、承包人签字盖章后有效。

解释

◆竣工结算的编制

工程竣工结算由承包人或受其委托具有相应资质的工程造价咨询人编制。

1. 工程竣工结算编制的主要依据

综合《建设工程工程量清单计价规范》GB 50500—2008 和《建设项目工程结算编审规程》CECA/GC 3—2007 的规定，工程竣工结算编制的主要依据包括以下内容：

1）国家有关法律、法规、规章制度和相关的司法解释。

2）建设工程工程量清单计价规范。

3）施工承发包合同、专业分包合同及补充合同，有关材料、设备采购合同。

4）招标投标文件，包括招标答疑文件、投标承诺、中标报价书及其组成内容。

5）工程竣工图或施工图、施工图会审记录，经批准的施工组织设计，以及设计变更、工程洽商和相关会议纪要。

6）经批准的开、竣工报告或停、复工报告。

7）双方确认的工程量。

8）双方确认追加（减）的工程价款。

9）双方确认的索赔、现场签证事项及价款。

10）其他依据。

2. 工程竣工结算的编制内容

在采用工程量清单计价的方式下，工程竣工结算的编制内容应包括工程量清单计价表所包含的各项费用内容：

1）分部分项工程费应依据双方确认的工程量、合同约定的综合单价计算，如发生调整的，以发、承包双方确认调整的综合单价计算。

2）措施项目费的计算应遵循以下原则：

① 采用综合单价计价的措施项目，应依据发、承包双方确认的工程量和综合单价计算；

② 明确采用“项”计价的措施项目，应依据合同约定的措施项目和金额或发、承包双方确认调整后的措施项目费金额计算；

③ 措施项目费中的安全文明施工费应按照国家或省级、行业建设主管部门的规定计算。施工过程中，国家或省级、行业建设主管部门对安全文明施工费进行了调整的，措施项目费中的安全文明施工费应作相应调整。

3）其他项目费应按以下规定计算：

① 计日工的费用应按发包人实际签证确认的数量和合同约定的相应项目

综合单价计算；

② 暂估价中的材料单价应按发、承包双方最终确认价在综合单价中调整；专业工程暂估价应按中标价或发包人、承包人与分包人最终确认价计算；

③ 总承包服务费应依据合同约定金额计算，如发生调整的，以发、承包双方确认调整的金额计算；

④ 索赔费用应依据发、承包双方确认的索赔事项和金额计算；

⑤ 现场签证费用应依据发、承包双方签证资料确认的金额计算；

⑥ 暂列金额应减去工程价款调整与索赔、现场签证金额计算，如有余额归发包人。

4）规费和税金应按照国家或省级、行业建设主管部门对规费和税金的计取标准计算。

◆竣工结算的支付流程

1. 承包人递交竣工结算书

承包人应在合同规定时间内编制完成竣工结算书，并在提交竣工验收报告时递交给发包人。承包人未能在合同约定时间内递交竣工结算书，经发包后 14d 内仍未提供或没有明确答复的，发包人可以根据已有资料办理结由承包人自负，且若发包人要求交付竣工工程的，承包人应当交付。

2. 发包人进行核对

发包人在收到承包人递交的竣工结算书后，应按合同约定时间核对。合同中对核对竣工结算时间没有约定或约定不明的，可以按照《建设工程价款结算暂行办法》(财建[2004]369 号)的规定进行。即单项工程竣工后，承包人应按规定程序向发包人递交竣工结算报告及完整的结算资料，发包人应按表 7-1 规定的时限进行核对(审查)，并提出审查意见。

表 7-1　工程竣工结算审查时限

工程竣工结算报告金额	审查时间
500 万元以下	从接到竣工结算报告和完整的竣工结算资料之日起 20d
500 万～2000 万元	从接到竣工结算报告和完整的竣工结算资料之日起 30d
2000 万～5000 万元	从接到竣工结算报告和完整的竣工结算资料之日起 45d
5000 万元以上	从接到竣工结算报告和完整的竣工结算资料之日起 60d

建设项目竣工总结算在最后一个单项工程竣工结算审查确认后 15d 内汇总，送发包人后 30d 内审查完成。

发包人或受其委托的工程造价咨询人收到递交的竣工结算书后，在合同约定的时间内，不核对竣工结算或未提出核对意见的，视为承包人递交的竣工结算书已被认可，发包人应向承包人支付工程结算价款。

承包人在接到发包人提出的核对意见后，在合同约定的时间内，不确认也未提出异议的，视为发包人提出的核对意见已被认可，竣工结算办理完毕。竣工结算办理完毕，发包人应将竣工结算书报送工程所在地工程造价管理机构备案。竣工结算书作为工程竣工验收备案、交付使用的必备文件。

3. 工程竣工结算价款的支付

竣工结算办理完毕，发包人应根据确认的竣工结算书在合同约定时间内向承包人支付工程竣工结算价款。若合同中没有约定或约定不明的，根据《建设工程价款结算暂行办法》(财建[2004]369号)的规定，发包人应在竣工结算书确认后15d内向承包人支付工程结算价款。

发包人未在合同约定时间内向承包人支付工程结算价款的，承包人可催告发包人支付结算价款。如达成延期支付协议的，发包人应按同期银行同类贷款利率支付拖欠工程价款的利息。如未达成延期支付协议，承包人可以与发包人协商将该工程折价，或申请人民法院将该工程依法拍卖，承包人就该工程折价或者拍卖的价款优先受偿。

相关知识

◆竣工结算的争议处理

发包人以对工程质量有异议，拒绝办理工程竣工结算的，已竣工验收或已竣工未验收但实际投入使用的工程，其质量争议按该工程保修合同执行，竣工结算按合同约定办理；已竣工未验收且未实际投入使用的工程以及停工、停建工程的质量争议，双方应就有争议的部分委托有资质的检测鉴定机构进行检测，根据检测结果确定解决方案，或按工程质量监督机构的处理决定执行后办理竣工结算，无争议部分的竣工结算按合同约定办理。

参考文献

[1] 中华人民共和国住房和城乡建设部. GB 50500—2008 建设工程工程量清单计价规范[S]. 北京:中国计划出版社,2008.

[2] 《建设工程工程量清单计价规范》编制组.《建设工程工程量清单计介规范(GB 50500—2008)》宣贯辅助导教材[M]. 北京:中国计划出版社,2008.

[3] 中华人民共和国住房和城乡建设部. GJD—101—95 全国统一建筑工程基础定额(土建工程)[S]. 北京:中国计划出版社,2002.

[4] 中华人民共和国住房和城乡建设部. GJDGZ—101—95 全国统一建筑工程预算工程量计算规则(土建工程)[S]. 北京:中国计划出版社,2002.

[5] 中华人民工共和国住房和城乡建设部. GYD—901—2002 全国统一建筑装饰装修工程消耗量定额[S]. 北京:中国计划出版社,2005.

[6] 中华人民共和国住房和城乡建设部. GB/T 50353—2005 建筑工程建筑面积计算规范[S]. 北京:中国计划出版社,2005.

[7] 朱志杰. 建筑装饰工程参考定额与报价(2008 年版)[M]. 北京:中国计划出版社,2008.

[8] 韩秀君. 一图一算·建筑·装饰工程造价[M]. 北京:机械工业出版社,2009.

[9] 程磊. 例解装饰修工程工程量清单计价[M]. 武汉:华中科技大学出版社,2010..

[10] 李文利. 建筑装饰工程概预算[M]. 北京:机械工业出版社,2004.

[11] 李建峰. 工程计价与造价管理[M]. 北京:中国电力出版社,2005.

[12] 刘镇. 工程造价控制[M]. 北京:中国建材工业出版社,2010.